한 번에 끝내는 PLC 제어 GMWIN

Programmable Logic Controller

정용섭 | 변지수 지음

카오스북
CHAOS BOOK

지은이

정용섭 yongsub@kopo.ac.kr
전 경북대학교 산업전자전기공학부 겸임교수
현 한국폴리텍대학 울산캠퍼스 자동화시스템과 교수

변지수 byeon@knu.ac.kr
전 Univ. of Alabama at Birmingham Department of Physics 박사 후 연구원
전 한국전자통신연구원 창의연구사업단 선임연구원
전 광주과학기술원 고등광기술연구소 선임연구원/실장
현 경북대학교 기계공학부 교수

한 번에 끝내는 PLC 제어 GMWIN

펴낸날 2014년 3월 25일 초판 1쇄
지은이 정용섭·변지수
펴낸이 오성준
펴낸곳 카오스북
출판등록 제 406-2012-000111호
전화 031-949-2765
팩스 031-949-2766
편집 디자인 콤마

정가 25,000원
ISBN 978-89-98338-47-3 93560

홈페이지 www.chaosbook.co.kr

머리말

정보화 산업은 각종 센서를 이용한 생산자동화 시스템을 요구하고 있는 추세이며, 특히 전기설비를 이용한 생산자동화에 종사하는 기술자들에게 있어서 PLC 제어기술은 매우 중요한 분야라 할 수 있다.

이에 본 교재에서는 PLC를 이용한 생산자동화의 기초에서 활용 등을 다양하게 구성하였으며, 생산자동화산업기사 실기를 준비하는 수험생들이 쉽게 따라할 수 있도록 구성하였다.

본 교재는 유접점 제어기기를 약간 접해 본 경우라면 더욱 쉽게 이해할 수 있으며, 각종 스위치, 램프, 7-segment(FND), 디지털 스위치, DC 모터, 스텝 모터, 생산자동화에서 다루는 각종 센서 등을 간단히 소개하고 실험실습을 통하여 다루고자 하였다.

아울러 본 교재가 생산자동화 분야에 관심이 있는 학생 및 일반 기술자들을 위한 지침서가 될 수 있도록 체계적인 이론과 산업현장의 자동화 설비를 위한 제어회로 등을 다양하게 보강하고자 노력할 계획이다.

끝으로 본 교재로 공부하는 모든 이들이 보다 쉽고 빠르게 국가기술자격증을 취득하고 관련 산업사회에서 꼭 필요한 인재가 되기를 기원한다.

2014년 3월

저자 일동

강의계획표

주	빠른 속도	중간 속도	수험생
1	1장	1장	1, 2, 3, 4장
2	2장	2장	5, 6장
3	3장	3장	7, 8, 9장
4	4장	4장	10, 11, 12장
5	5장	4장	13, 14장
6	5장	5장	기출문제
7	6장	5장	실기시험
8	중간고사		
9	7장	6장	
10	8장	8장	
11	9, 10장	8장	
12	11장	9장	
13	12장	10장	
14	13장	11장	
15	14장	12장	
16	기말고사		

목차

part 01 PLC 기초

part 03 기본 제어 실습

part 04 응용 제어 실습

PART

1

PLC 기초

CHAPTER

1

PLC 개요 및 구조

1 PLC 개요

1) 제어 요소

(1) **입력장치** : 외부의 sensor(감지기)에서 물리적 신호를 전기신호로 변환하여 제어장치로 전송하는 장치이다.

(2) **제어장치** : 입력 조건에 따른 제어 정책 및 제어 알고리즘을 수행하여 제어신호를 출력장치로 내보내는 장치이다.

(3) **출력장치** : 제어장치에서 만들어지는 신호를 실제 구동장치를 유발시키는 조작신호로 변환하는 장치이다.

그림 1-1 제어 시스템의 요소

2) PLC의 정의

PLC(Programmable Logic Controller)란 종래에 사용하던 제어반에 사용하는 릴레이, 타이머, 카운터 등의 기능을 IC, 트랜지스터 등의 반도체 소자로 대체시켜, 기본적인 시퀀스 제어 기능에 수치 연산기능을 추가하여 프로그램 제어가 가능하도록 한 자율성이 높은 제어장치이며 미국전기공업협회(NEMA : National Electrical Manufacturers Association)에서는 "디지털 또는 아날로그 입·출력 모듈을 통하여 로직, 시퀀스, 타이밍, 카운트, 연산과 같은 특수한 기능을 수행하기 위하여 프로그램 가능한 메모리를 사용하고 여러 종류의 기계나 프로세서를 제어하는 디지털 동작의 전자 장치"로 정의하고 있다.

3) PLC의 발달과정

산업사회의 발전에 따라 각 공정들이 대규모, 고도화, 복잡화되고 다양한 형태의 제어 시스템이 요구되고 있다. 이러한 제어시스템을 유기적으로 연결 또는 변경하기 위해서는 많은 시간과 비용이 소요된다. 자동화를 위한 지금까지의 제어 시스템은 회로도에 따라 여러 관련소자(Relay, Contractor, Timer, Counter 등)들을 연결하여 사용함으로써 실제 배선작업이 어렵고, 시퀀스 제어를 위하여 많은 공간이 필요하였으며, 처리속도에 한계가 있다는 문제점이 발생하였다. 이러한 조건이 PLC 개발의 계기가 되었다. 표 1-1은 PLC의 역사를 연도별로 정리한 것이다.

표 1-1 PLC의 역사

구분	발달 과정
1968	PLC의 개념 태동
1970	논리지시 및 1K 기억용량과 128 I/O 점수 제어기 등장
1974	타이머, 카운터, 산술연산 기능과 12K 기억용량과 1024 I/O 점수처리
1976	원격 입·출력 시스템 소개(최초로 규격 제정 - 미국)
1977	마이크로프로세서 PLC 등장
1980	고성능 I/O 모듈, 고성능 통신장비, 고기능 소프트웨어 등장 및 프로그래밍 도구로 마이크로컴퓨터 사용
1983	저렴한 소형 PLC 등장
1985	표준화, 컴퓨터와의 네트워크 기능으로 분산 및 계층 제어 가능
1991	퍼지이론을 도입한 퍼지 모듈 및 전용 퍼지 제어기 등장

4) PLC의 특징 및 적용분야

(1) PLC의 특징

PLC와 다른 제어장치들의 특징을 아래의 표 1-2에서 나열하였으며, 나열된 제어장치들의 기능과 장·단점을 살펴 볼 수 있으며, 다음과 같은 특징을 얻을 수 있다.

표 1-2 제어장치의 비교

구 분	릴레이 제어반	디지털 로직	컴퓨터	PLC
가격	매우 저가	저가	고가	저가
크기	대형	매우 소형	적당	매우 소형
처리속도	느림	매우 빠름	매우 빠름	빠름
노이즈	우수	양호	아주 우수	양호
제어	설계와 설치 시 많은 시간 소요	설계 시 많은 시간 소요	Program 시 아주 많은 시간 소요	간단
복합기능	없다.	있다.	있다.	있다.
기능의 변화	매우 어렵다.	어렵다.	아주 쉽다.	아주 쉽다.
유지보수	매우 어렵다.	어렵다.	아주 쉽다.	아주 쉽다.

(2) PLC의 적용분야

설비의 자동화와 고 능률화의 요구에 따라 PLC의 적용범위는 확대되고 있다. 특히 공장 자동화와 FMS에 따른 PLC의 요구는 과거 중규모 이상의 릴레이 제어반 대체 효과에서 현재 고기능화, 고속화의 추세로 소규모 공작기계에서 대규모 시스템설비 등에 적용되고 있다.

표 1-3 PLC의 적용분야

분 야	제 어 대 상
식료산업	컨베이어 총괄 제어, 생산라인 자동제어
제철, 제강산업	작업장 하역 제어, 원료 수송 제어, 압연 라인 제어, 하역운반 제어
섬유, 화학공업	원조 수입출하 제어, 컨베이어 제어, 직조 염색 라인 제어
자동차 공업	전송라인 제어, 자동조립라인 제어
기계 산업	산업용 로봇 제어, 공작기계 제어, 송·배수펌프 제어
상하수도	정수장 제어, 하수처리 제어, 송·배수펌프 제어
물류산업	자동창고 제어, 하역설비 제어, 반송라인 제어
공장설비	압축기 제어
공해방지산업	쓰레기 소각로 자동 제어, 공해 방지기 제어

2 PLC 구조

PLC는 마이크로프로세서(Microprocessor) 및 메모리를 중심으로 구성되어 인간의 두뇌 역할을 하는 중앙처리장치(CPU), 외부 기기와의 신호를 연결시켜 주는 입·출력부, 각 부에 전원을 공급하는 전원부, PLC내의 메모리에 프로그램을 기록하는 주변 장치로 구성되어 있다. 그림 1-2는 PLC의 전체 구성도를 나타낸 것이다.

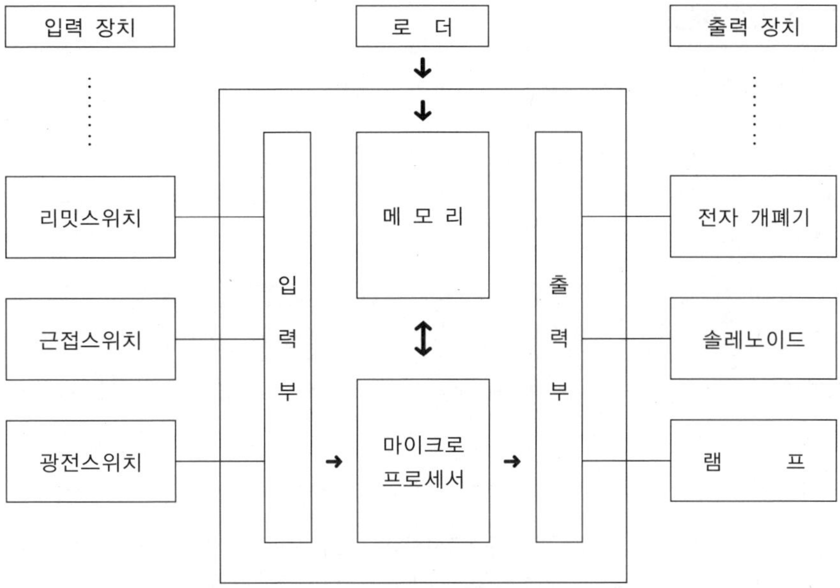

그림 1-2 PLC의 전체 구성도

1968년 미국의 자동차 메이커인 제너럴모터스(General Motors)사는 표 1-4에서와 같이 PLC의 10가지 조건을 제시하였다.

표 1-4 GM의 10가지 조건

(1) 프로그램 및 시퀀스 시스템의 작성과 변경이 용이할 것
(2) 점검 및 보수가 용이하고 Plug-In 방식일 것
(3) 계전기 제어반 보다 신뢰성이 높을 것
(4) 출력은 상위 컴퓨터와 결합기능을 가질 것
(5) 계전기 제어반보다 소형일 것
(6) 계전기 제어반보다 가격 면에서 유리할 것
(7) 입력을 AC115[V]를 공급받을 것
(8) 출력은 AC115[V], 2[A]를 공급받을 것
(9) 전체 시스템 변경을 최소화하면서 기본 시스템은 확장이 가능할 것
(10) 최저 4K Word까지 확장 가능한 프로그래머블 메모리를 가질 것

1) PLC의 CPU

PLC의 두뇌에 해당하는 부분으로서, 메모리에 저장되어 있는 프로그램을 하나씩 꺼내서 해독하여 처리 내용을 실행한다. 이 절차는 매우 빠른 속도로 반복되며, 모든 정보는 2진수로 처리된다.

2) PLC CPU의 메모리

(1) 메모리의 종류

IC 메모리 종류에는 ROM과 RAM이 있다. ROM은 읽기 전용으로, 메모리 내용을 변경할 수 없다. 따라서 고정된 정보를 써 넣는다. 이 영역의 정보는 전원이 끊어져도 기억 내용이 보존되는 불휘발성 메모리이다.

RAM은 메모리에 정보를 수시로 읽고 쓰기가 가능하여 정보를 일시 저장하는 용도로 사용되나, 전원이 끊어지면 기억시킨 정보 내용을 상실하는 휘발성 메모리이다. 그러나 필요에 따라 RAM 영역 일부를 배터리 백업에 의하여 불휘발성 영역으로 사용할 수 있다.

(2) 메모리 내용

PLC의 메모리는 사용자 프로그램 메모리, 데이터 메모리, 시스템 메모리의 3가지로 구분된다. 사용자 프로그램 메모리는 제어하고자 하는 시스템 사양에 따라 사용자가 작성한 프로그램이 저장되는 영역으로, 제어 내용이 프로그램 완성 전이나, 완성 후에도 바뀔 수 있으므로 RAM이 사용된다.

프로그램이 완성되어 고정이 되면 ROM에 써넣어 ROM 운전을 할 수 있다. 데이터 메모리는 입·출력 릴레이, 보조 릴레이, 타이머와 카운터의 접점상태 및 설정 값, 현재 값 등의 정보가 저장되는 영역으로 정보가 수시로 바뀌므로 RAM 영역이 사용된다.

시스템 메모리는 PLC 제작 회사에서 작성한 시스템 프로그램이 저장되는 영역이다. 이 시스템 프로그램은 PLC의 기능이나 성능을 결정하는 중요한 프로그램으로, PLC 메이커에서 직접 ROM에 써 넣는다.

3) PLC의 입·출력 구조

PLC의 입·출력부는 현장의 외부 기기에 직접 접속하여 사용한다. PLC 내부는 DC+5(V)의 전원(TTL 레벨)을 사용하지만 입·출력부는 다른 전압 레벨을 사용하므로 PLC 내부와 입·출력의 접속(interface)은 시스템 안정에 결정적인 요소가 된다. 입·출력에 접속되는 외부 기기의 예는 표 1-5와 같다.

표 1-5 입·출력기기

I/O	구분	부착장소	외부 기기의 명칭
입력부	조작입력	제어반과 조작반	푸시버튼스위치 선택스위치 토클스위치
	검출입력 (센서)	기계장치	리밋스위치 광전스위치 근접스위치 레벨스위치
출력부	표시경보 출력	제어반 및 조작반	파일럿램프 부저
	구동출력 (액추에이터)	기계장치	전자밸브 전자 클러치 전자 브레이크 전자 개폐기

(1) 입력부

외부 기기로부터의 신호를 CPU의 연산부로 전달해 주는 역할을 한다. 입력의 종류는 DC 24[V], AC 110/220[V]등이 있고, 그 밖의 특수 입력모듈로는 아날로그 입력(A/D)모듈, 고속카운터(high speed counter)모듈 등이 있다. 입력부 회로의 예는 그림 1-3과 같다.

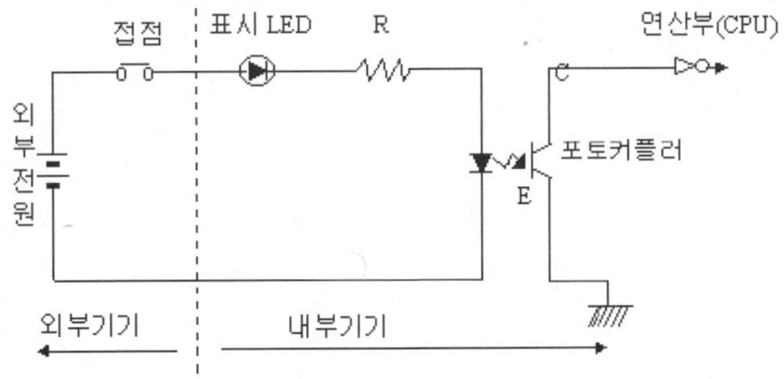

그림 1-3 입력부 회로

(2) 출력부

내부 연산의 결과를 외부에 접속된 전자 접촉기나 솔레노이드에 전달하여 구동시키는 부분이다. 출력의 종류에는 릴레이 출력, 트랜지스터 출력, SSR(Solid State Relay) 출력 등이 있고 그

밖의 출력 모듈로는 아날로그 출력(D/A) 모듈, 위치결정(POP) 모듈 등이 있다. 트랜지스터 출력부 회로의 예는 그림 1-4와 같다.

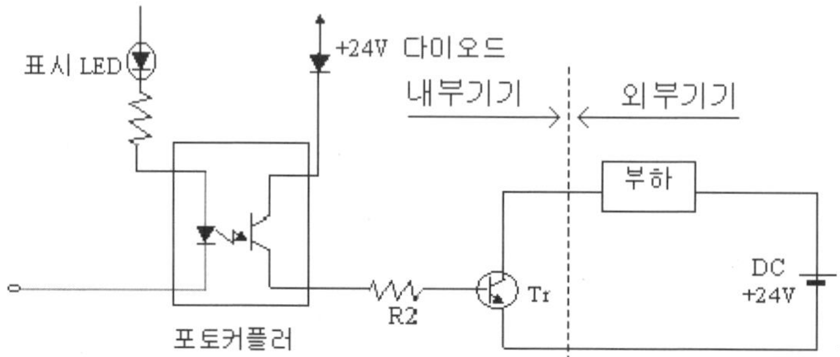

그림 1-4 트랜지스터 출력회로

표 1-6 PLC 출력 모듈의 종류

출력 신호 종류	개폐 소자	
	유접점	무접점(반도체)
직류(DC)	릴레이 출력	트랜지스터 출력
교류(AC)	릴레이 출력	SSR 출력

위의 표 1-6에서와 같이 릴레이 출력은 직류나 교류를 모두 사용할 수 있으나 기계적 수명의 한계 때문에 접점의 개폐가 빈번할 경우는 교류전용인 무접점 SSR 출력이나 직류 전원 전용인 트랜지스터 출력을 사용하여야 한다.

※ 특수모듈

① 위치 제어 모듈 : 지정된 주파수 영역과 전압레벨로 고속 접점 출력을 처리한다.

② PID 제어 모듈 : 아날로그 입력모듈에서 받은 현장 데이터를 정해진 설정 값에 도달하도록 최적의 조건에 의해 연산하여 그 결과를 아날로그 출력 모듈로 출력시킨다.

③ 설정치 제어 모듈 : 정해진 시간 동안 정해진 설정치를 상승, 유지, 하강을 반복하며 제어한다.

④ 기타 : 통신모듈, 네트워크 모듈, 특정기기의 제어 모듈 등이 있다.

4) 소프트웨어의 구조

(1) 프로그래밍의 개요

PLC를 사용할 경우의 제어 Sequence와 종래의 Relay, Timer 등을 사용한 경우의 Sequence와는 근본적으로 차이가 없다. Sequence를 이해하고 작성하기 위해서는 다음의 3가지 사항을 이해하여야 한다.

① 제어해야 할 대상의 특성을 이해하여야 한다. 즉, 제어 목적, 운전 방법, 동작 등의 각종 전기적인 조건을 알고 있어야 한다.

② 제어 장치에 대한 지식이 있어야 한다. 즉, Relay와 PLC의 특성 및 사용방법을 알고 있어야 한다.

③ Sequence를 작성하기 위한 약속을 알고 있어야 한다. 즉, 도 기호, 기구 번호, 상태 등에 대한 약속(규칙)을 알고 있어야 한다.

PLC를 사용 하든지, Relay/Timer를 사용 하든지 간에 상기의 항에는 차이가 없다. 따라서 PLC를 사용한 경우의 제어 Sequence를 이해하기 위해서는 PLC의 특성과 그 사용 방법을 아는 것이 중요하다.

예를 들면, 입·출력 카드의 정격전압, 접점 수 등과 같은 물리적 특성(Hardware)과 논리연산, Timer, Counter와 같은 기능적인 특성(Software)이 있다. 이것에 대해서는 통상 Catalog의 사양 항목에 기재되어 있다.

따라서 PLC가 갖고 있는 많은 기능 중에서 제어장치의 어떤 부분의 기능을 실행시키는가 하는 것이 PLC를 사용하는 방법으로 가장 중요한 점이다.

(2) 릴레이 시퀀스와 PLC 프로그램의 차이점

PLC는 LSI 등 전자 부품의 집합으로 릴레이 시퀀스와 같은 접점이나 코일은 존재하지 않으며, 접점이나 코일을 연결하는 동작은 소프트웨어로 처리되므로 실제로 눈에 보이는 것이 아니다. 또, 동작도 코일이 여자되면 접점이 닫혀 회로가 활성화되는 릴레이 시퀀스와는 달리, 메모리에 프로그램을 기억시켜 놓고 순차적으로 내용을 읽어서 그 내용에 따라 동작하는 방식으로 사용자가 제어 로직에 맞게 프로그램의 내용을 마음대로 작성할 수 있는 차이점이 있다.

① 직렬처리와 병렬처리

PLC제어와 릴레이 시퀀스의 가장 근본적인 차이점은 그림 1-5에 나타낸 것과 같이 "직렬처리와 병렬처리"라는 동작상의 차이에 있다. PLC는 메모리에 있는 프로그램을 순차적으로 연산하는 직렬처리 방식이고, 릴레이 시퀀스는 여러 회로가 전기적인 신호에 의해 동시에 동작하는 병렬처리 방식이다. 따라서 PLC는 어느 한 순간을 포착해 보면 한 가지 일밖에 하지 않는다.

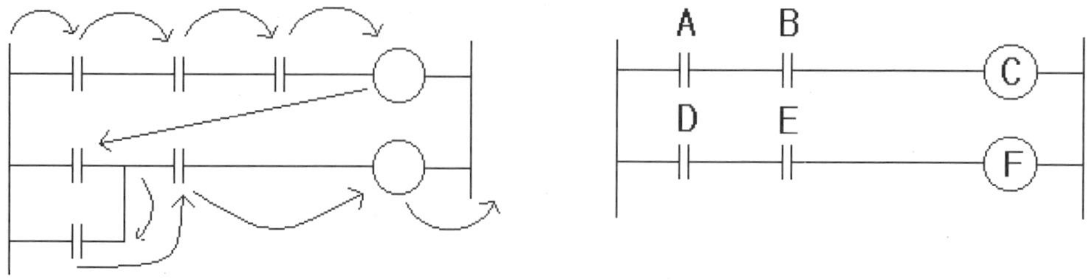

(a) 직렬처리 방식

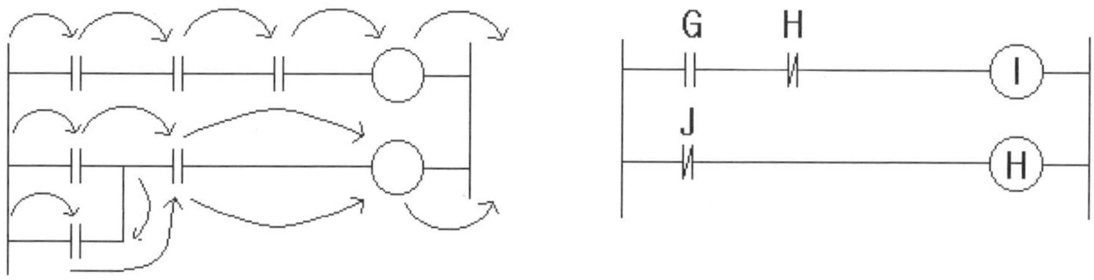

(b) 병렬처리 방식

그림 1-5 릴레이 시퀀스도 연산처리 방식

먼저 그림 1-5(a)의 시퀀스도로 PLC와 릴레이의 동작상의 차이점을 설명한다. 릴레이 시퀀스에서는 전원이 투입되어 접점 "A"와 "B", 그리고 접점 "D"와 "E"가 동시에 닫히면, 출력 "C"와 "F"는 동작하고 어느 한쪽이 빠를수록 먼저 동작한다. 이에 비하면 PLC는 연산 순서에 따라 "C"가 먼저 출력되고 다음에 "F"가 출력된다.

PLC와 릴레이의 동작상의 차이점을 그림 1-5(b)의 경우에서 살펴보면, 먼저 릴레이 시퀀스에서는 전원이 투입되면 접점 "J"가 닫힘과 동시에 "H"가 동작되어 출력 "I"는 동작될 수 없다. PLC는 직렬 연산 처리되므로 최초의 연산 때 "G"가 닫히면 "I"가 출력되고 "J"가 닫히면 "H"가 출력된다. 둘째 번 연산 때 비로소 최초의 연산 때 출력된 "H"에 의해서 "I"의 출력이 해제된다.

② 사용 접점 수의 제한

릴레이는 일반적으로 개당 가질 수 있는 접점 수에 한계가 있다. 따라서 릴레이 시퀀스를 작성할 때에는 가능한 접점 수를 절약해야 한다. 이에 비하여 PLC는 동일 접점에 대하여 사용 횟수에 제한을 받지 않으며 이는 접점에 대한 정보(ON/OFF)를 정해진 메모리에 저장해 놓고 연산할 때 메모리에 있는 정보를 읽어서 처리하기 때문이다.

③ 접점이나 코일 위치의 제한

PLC는 릴레이 시퀀스에 없는 약속 사항이 있다. 그 하나는 코일 이후 접점을 금지하는 사항이며 출력코일을 반드시 오른쪽 모선에 붙여서 작성해야 한다. 그 밖에, PLC는 항상 신호가 왼쪽에서 오른쪽으로 전달되도록 구성되어 있어 릴레이 시퀀스와는 다르게 오른쪽에서 왼쪽으로 그리고 상하로 흐르는 회로 구성을 금지하고 있다.

그림 1-6은 PLC 시퀀스의 약속사항을 나타내고 있다.

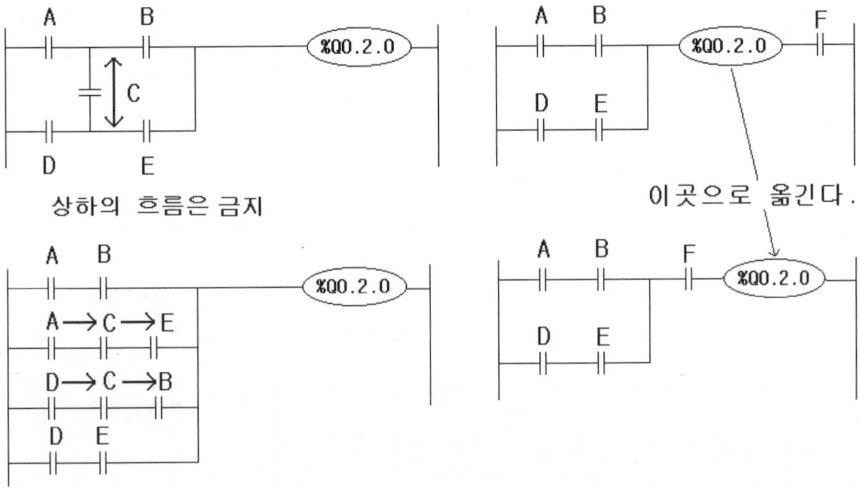

그림 1-6 PLC 시퀀스의 약속 사항

④ PLC 구성 시 주의 사항

릴레이 회로의 경우 고장이 발생해도 그 이상 동작은 한정되지만 PLC의 경우는 시스템 전체의 이상 동작을 일으킨다. 이러한 점에서 제어 전체를 PLC에 맡기는 것은 좋은 방법이 아니며, 기계의 고장이나 전압 기기의 조작 회로 등은 PLC의 외부에서 구성시켜야 한다. 또, PLC에 전원을 투입하는 순간에 출력 유니트의 출력이 ON으로 될 경우 사고를 일으키기 쉬우므로 다음과 같이 외부 출력기기 동작을 방지할 필요가 있다.

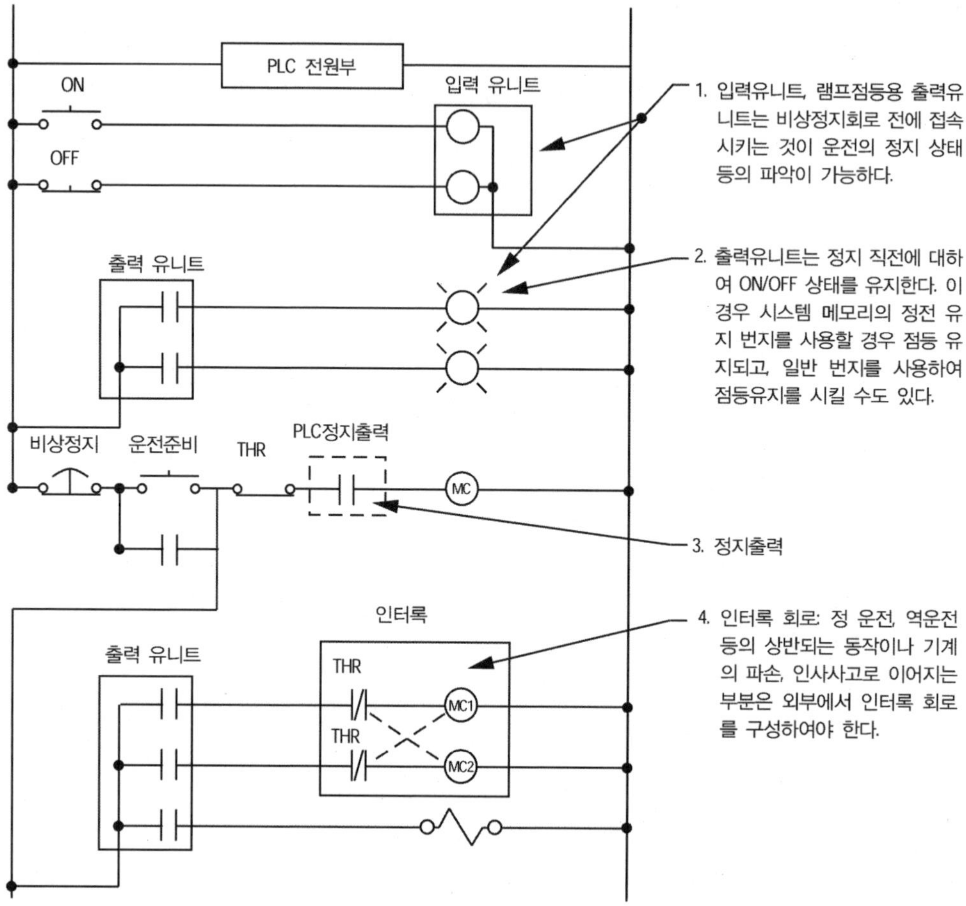

그림 1-7 PLC 구성 시 주의 사항

⑤ PLC 프로그래밍의 설계 순서

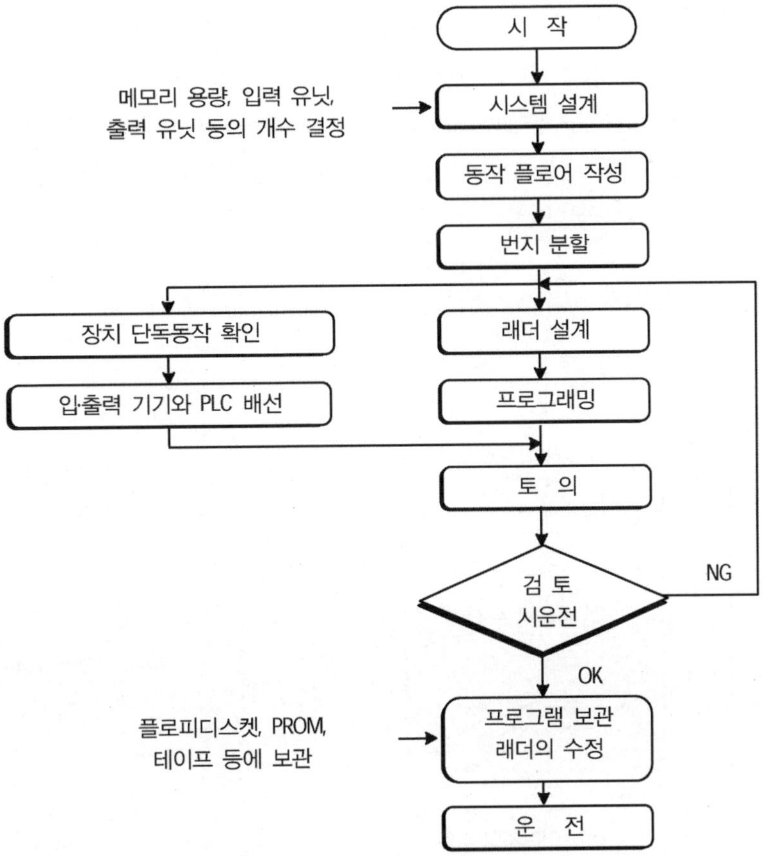

그림 1-8 PLC 프로그래밍의 설계 순서

3 연산처리

1) 스캔 타임 (Scan time)

PLC의 연산 처리 방법은 입력 리프레시(refresh)된 상태에서 이들 조건으로 프로그램을 처음부터 마지막까지 순차적으로 연산을 실행하고 출력 리프레시(refresh)를 한다. 이러한 동작은 고속으로 반복되는데, 이러한 방식을 '반복 연산 방식'이라 하며 한 번 실행하는 데 걸리는 시간을 '1 스캔 타임'(1 연산 주기)이라고 한다.

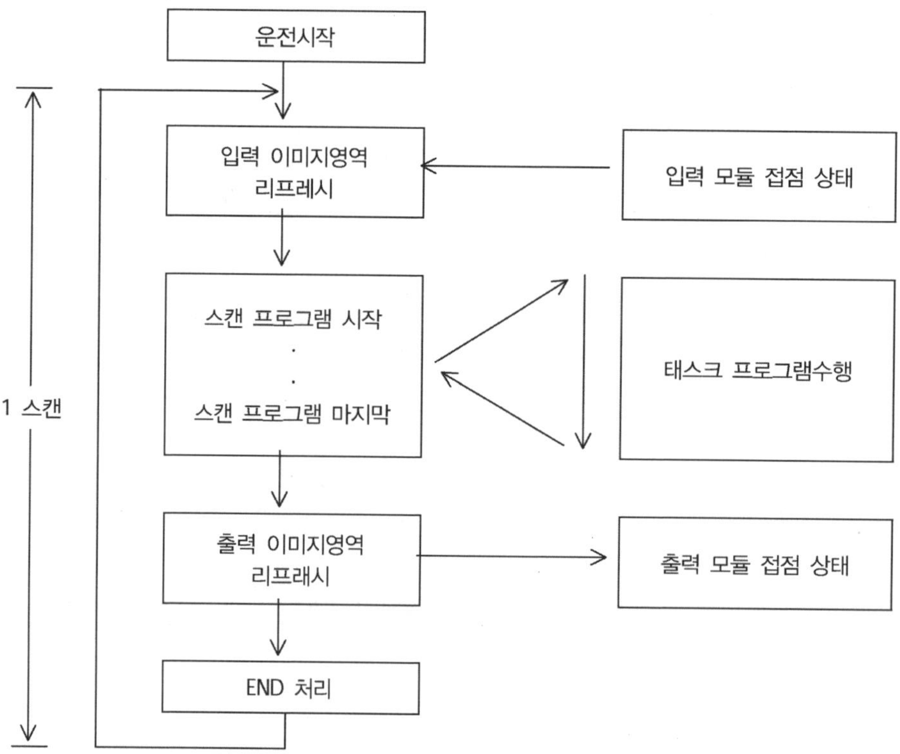

그림 1-9 스캔 타임

2) 입·출력 리프레시

프로그램의 연산을 시작하기 전에 입력 모듈로부터 접점의 상태를 읽어 들여 입력 이미지(input image) 영역에 저장하고, 프로그램의 연산이 끝나면 프로그램 실행에 의해 변화된 출력 이미지(output image) 결과 값을 출력 모듈에 쓰는데 이를 '입·출력 리프레시'(I/O refresh)라고 한다.

3) 입·출력 이미지 영역

GLOFA PLC는 반복 연산 방식이므로 프로그램 연산 도중에는 입·출력의 상태를 직접 바꾸지 않고, 스캔 단위로 입·출력 리프레시를 수행한다. 따라서 프로그램 연산 도중 변화된 각 입·출력 접점의 상태를 PLC 내의 메모리 영역에 저장해 놓는데, 이 영역을 입·출력 이미지 영역이라고 한다.

4 운전 모드

1) RUN 모드

프로그램 연산을 정상적으로 수행하는 모드이다.

(1) 모드 변경 시 처리

처음 스캔 시작 시에 데이터 영역의 초기화가 수행된다.

(2) 연산 처리 내용

입·출력 리프레시와 프로그램의 연산을 수행한다.

2) PAUSE 모드

프로그램의 연산이 일시 정지되는 모드이다. 다시 RUN 모드로 돌아갈 경우에는 정지되기 이전의 상태부터 연속하여 운전된다.

(1) 모드 변경 시 처리

데이터 영역의 초기화와 입·출력 이미지 영역의 클리어(clear)를 수행하지 않고 모드 변경 직전의 운전 상태를 유지한다.

(2) 연산 처리 내용

입·출력 리프레시를 수행한다.

3) STOP 모드

프로그램 연산을 하지 않는 정지 상태인 모드이다. 리모트 STOP 모드에서만 GMWIN을 통한 프로그램의 전송이 가능하다.

(1) 모드 변경 시 처리

출력 이미지 영역을 소거하고 출력 리프레시를 수행한다.

(2) 연산 처리 내용

입·출력 리프레시를 수행하여 장착된 모듈의 정상동작, 착·탈 여부 검사를 판단하며, 통신 서비스 및 기타 내부 처리를 한다.

4) DEBUG 모드

프로그램의 오류를 찾거나 연산 과정을 추적하기 위한 모드로 이 모드로의 전환은 STOP에서만 가능하다. 프로그램의 수행상태와 각 데이터의 내용을 확인해 보며 프로그램을 검증할 수 있다.

(1) 모드 변경 시의 처리

모드 변경 초기에 파라미터에 설정된 리스타트 모드에 따라 데이터 영역이 초기화되며, 출력 이미지 영역을 소거하고 입력 리프레시를 수행한다.

(2) 연산처리 내용

① 입력 리프레시를 수행한다.
② 설정 상태에 따른 디버그 운전을 한다.
③ 프로그램의 마지막까지 디버그 운전을 한 후, 출력 리프레시를 수행한다.
④ 장착된 모듈의 정상 동작, 착·탈 여부를 검사한다.
⑤ 통신 등 기타 서비스를 수행한다.

5) 모드 변경의 변경 방법

(1) 모드 변경의 방법

① CPU 모듈의 모드 Key에 의한 변경
② CPU 모듈의 통신 포트에 GMWIN을 접속하여 변경
③ GMWIN을 F-net 상에 연결된 다른 CPU 모듈에 접속하여 변경
④ FAM, 컴퓨터 링크 모듈 등을 이용하여 사용자 명령으로 변경
⑤ 프로그램 수행 중 'STOP 펑션'에 의한 변경

(2) 모드 키에 의한 운전 모드 변경

리모트 RUN 모드에서 모드 키에 의해 로컬 RUN 모드로 변경되는 경우 PLC는 중단 없이 연속 운전한다.

표 1-7 모드 키 위치에 따른 운전 모드

모드 키 위치	운전 모드
RUN	로컬 RUN
STOP	로컬 STOP
STOP → PAU/REM	리모트 STOP
PAU/REM → RUN *	로컬 RUN
RUN → PAU/REM	로컬 PAUSE
PAU/REM → STOP	로컬 STOP

(3) 리모트 운전 모드 변경

리모트 모드 변경은 모드 키의 위치가 리모트 STOP으로 설정된 경우만 가능하다(모드 키가 STOP → PAU/REM의 위치에 있을 경우).

표 1-8 리모트 운전 모드 변경

모드 키 위치	모드 변경	GMWIN에 의한 모드 변경	FAM, 컴퓨터 통신 등을 이용한 변경
PAU/REM	리모트 STOP → 리모트 RUN	○	○
	리모트 STOP → 리모트 PAUSE	×	○
	리모트 STOP → DEBUG	○	×
	리모트 RUN → 리모트 PAUSE	○	○
	리모트 RUN → 리모트 STOP	○	○
	리모트 RUN → DEBUG	×	×
	리모트 PAUSE → 리모트 RUN	○	○
	리모트 PAUSE → 리모트 STOP	○	○
	리모트 PAUSE → 리모트 DEBUG	×	×
	DEBUG → 리모트 STOP	○	○
	DEBUG → 리모트 RUN	×	×
	DEBUG → 리모트 PAUSE	×	×

(4) 리모트 운전 모드 변경 허가

시스템의 보호를 위하여 운전 모드 변경 소스(Source)중 일부가 모드 변경을 할 수 없도록 할 수 있으며, 리모트 운전 모드 변경 금지 시에는 모드 키와 GMWIN에 의해서 운전 모드 변경이 가능하다. 설정은 기본 파라미터의 '통신에 의한 PLC 제어 허용' 항에서 한다.

6) 리스타트 모드

리스타트 모드는 전원을 재투입하거나 또는 모드 전환에 의해서 RUN 모드로 운전을 시작할 때, 변수 및 시스템을 어떻게 초기화한 후 RUN 모드 운전을 할 것인가를 설정하는 것으로, 콜드, 웜, 핫의 3종류가 있으며, 각 리스타트 모드의 수행조건은 다음과 같다.

(1) 콜드 리스타트(Cold Restart)

① 파라미터의 리스타트 모드를 콜드 리스타트로 설정하는 경우 수행된다.

② 모든 데이터를 '0'으로 소거하고, 초기값이 설정된 변수에 대해서만 그 값으로 설정한다.

③ 파라미터를 웜 리스타트 모드로 설정해도 수행할 프로그램이 변경된 후 최초 수행 시는 콜드 리스타트 모드로 수행된다.

④ 운전 중 수동 리셋스위치를 누르면(GMWIN에서 리셋 명령을 한 경우와 동일) 파라미터에 설정된 리스타트 모드에 관계없이 콜드 리스타트 모드로 수행된다.

(2) 웜 리스타트(Warm Restart)

① 파라미터의 리스타트 모드를 웜 리스타트로 설정하는 경우 수행된다.

② 이전 값 유지를 설정한 데이터는 이전 값을 그대로 유지하고, 초기값만 설정된 데이터는 초기값으로 설정한다. 이외의 데이터는 '0'으로 소거한다.

③ 파라미터를 웜 리스타트 모드로 설정해도, 프로그램 다운로드 및 에러에 의한 운전 정지 후 최초 수행 시는 콜드 리스타트 모드로 수행된다.

④ 파라미터를 웜 리스타트 모드로 설정해도, 데이터 내용이 비정상일 경우(데이터의 정전 유지가 되지 못함)에는 콜드 리스타트 모드로 수행된다.

→ 변수의 종류를 정전 시 값이 유지되는 VAR_RETAIN으로 설정하였을 경우 다음의 규칙에 따른다.

- 파라미터를 웜 리스타트 모드로 설정해야 정전 시 그 값이 유지된다.
- 파라미터를 콜드 리스타트 모드로 설정하면 사용자가 정의한 초기값이나 기본 초기값으로 초기화된다.

→ VAR_RETAIN으로 선언하지 않은 변수는 콜드 리스타트나 웜 리스타트 어느 경우에도 사용자가 정의한 초기값이나 기본 초기값으로 초기화된다.

(3) 핫 리스타트(Hot Restart)

① 정상 운전 중 전원이 꺼진 후 전원이 재투입될 때 RUN 모드이고, 전원이 꺼진 후 재투입되기까지의 시간이 핫 리스타트 허용 시간 이내이면, 핫 리스타트 모드를 수행한다.

② 모든 데이터와 프로그램 수행 요소들을 전원이 꺼지기 이전의 상태로 복원하여 수행한다.

③ 전원이 꺼지기 직전의 상태에서 다시 프로그램을 수행하므로, 순간적인 정전 등에도 프로그램의 연속성을 유지할 수 있다.

④ 핫 리스타트 허용 시간 초과 시는 파라미터에 설정된 리스타트 모드(콜드/웜)로 수행된다.

⑤ 데이터 내용이 비정상일 경우(데이터의 정전 유지가 되지 못함)에는 콜드 리스타트 모드로 수행된다.

(4) 리스타트 모드에 따른 데이터의 초기화

리스타트 모드 수행 시 각 변수에 대한 초기화 방법은 다음과 같다.

표 1-9 리스타트 모드에 따른 데이터의 초기화

모드 \ 변수지정	콜드(COLD)	웜(WARM)	핫(HOT)
디폴트	"0" 으로 초기화	"0"으로 초기화	이전 값 유지
리테인	"0" 으로 초기화	이전 값 유지	이전 값 유지
초기화	사용자 지정 값으로 초기화	사용자 지정 값으로 초기화	이전 값 유지
리테인 & 초기화	사용자 지정 값으로 초기화	이전 값 유지	이전 값 유지

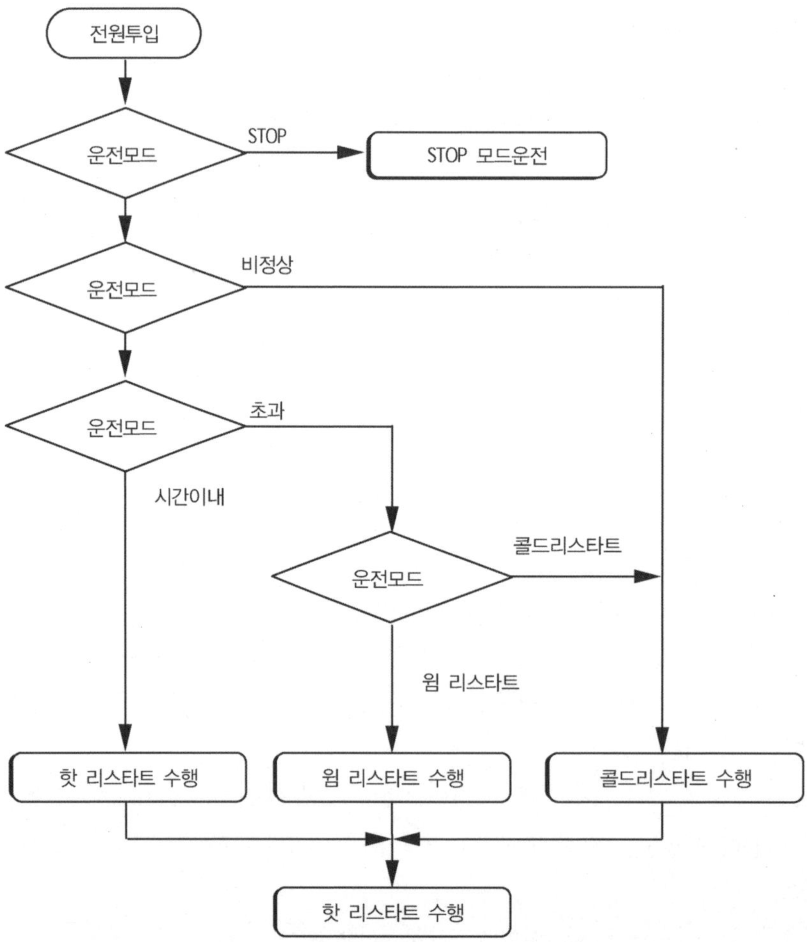

그림 1-10 운전 중 전원 재투입 시 리스타트 모드 수행도

CHAPTER

2

프로그래밍

1 프로그램 시작

1) GMWIN의 기동

(1) GMWIN의 프로그램

다음 그림 2-1과 같이 윈도우 바탕화면에서 GMWIN 4 아이콘을 클릭하면 그림 2-2와 같은 창이 나타난다(GMWIN 4 소프트웨어 설치는 부록을 참조).

그림 2-1 GMWIN의 프로그램 창

(2) 프로젝트 창

(1)항을 실행하면 아래와 같이 GMWIM 초기화면이 나오는데 새로운 프로그램을 작성하기 위하여 그림 2-2의 프로젝트에서 새 프로젝트를 클릭한다.

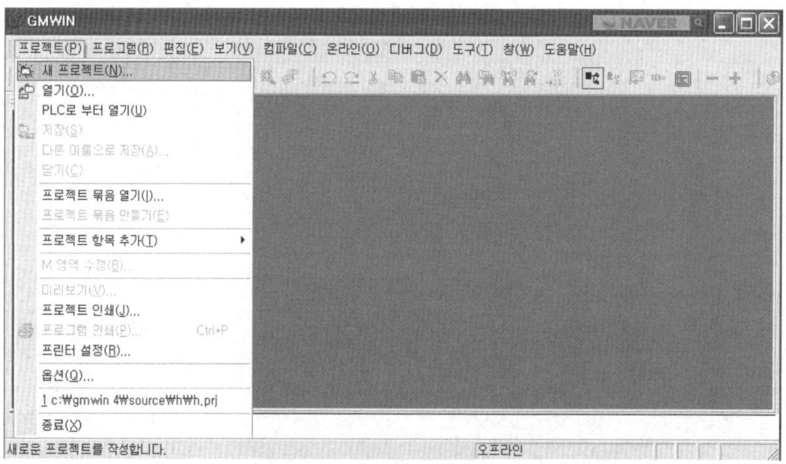

그림 2-2 GMWIN의 프로젝트 창

(3) 프로젝트

새 프로젝트 창 중 프로젝트 파일 이름은 사용자가 작성한 프로젝트 파일명이며 작성을 하지 않아도 디폴트 네임이 자동적으로 생성된다. PLC의 종류는 사용하고자 하는 PLC의 종류를 선택하면 된다. 또한 저자, 설명문은 프로젝트 파일 이름에 대한 참고자료이며 기록을 하지 않아도 무방하다(그림 2-3 참조).

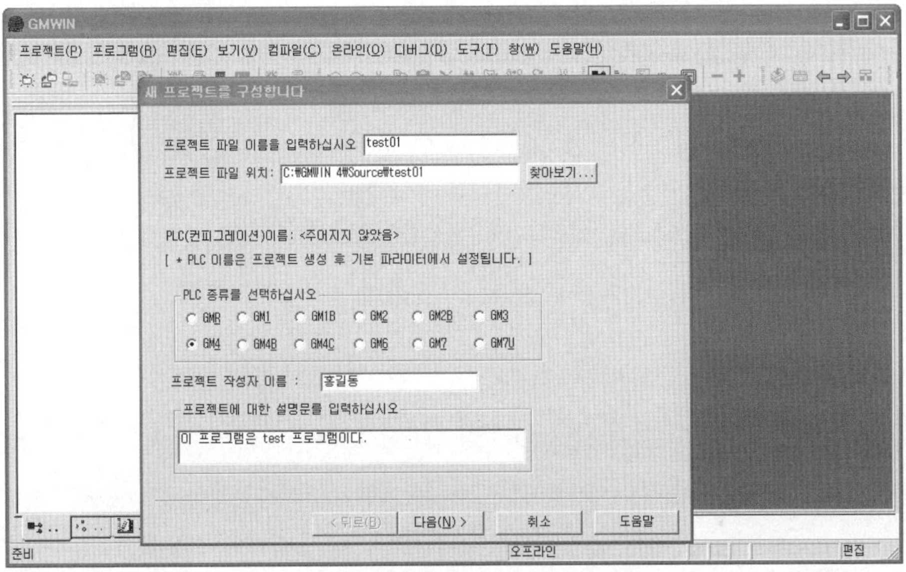

그림 2-3 GMWIN의 새 프로젝트 창

(4) 프로그램 정의

그림 2-4는 프로그램 정의 창이며 인스턴스는 사용자가 새로운 프로그램명을 주어도 되지만, 때에 따라 인스턴스 이름을 기억해야만 파일을 열 수 있으므로 디폴트값으로 사용하기를 추천한다.

수행조건에서 태스크는 프로그램을 실행시킬 조건을 정의할 때 사용하므로 조건에 관계없이 실행시키는 스캔 프로그램을 선택한다. 프로그램 파일 이름은 프로젝트 파일명과 동일한 파일명을 주면 사용이 편리하며, 이미 작성되어진 프로그램 파일은 찾아보기를 눌러서 사용할 파일을 선택하면 된다(컴파일 시 몇 개의 다른 확장자가 생기는데 프로젝트명과 프로그램명이 다르면 구분하기 곤란하다).

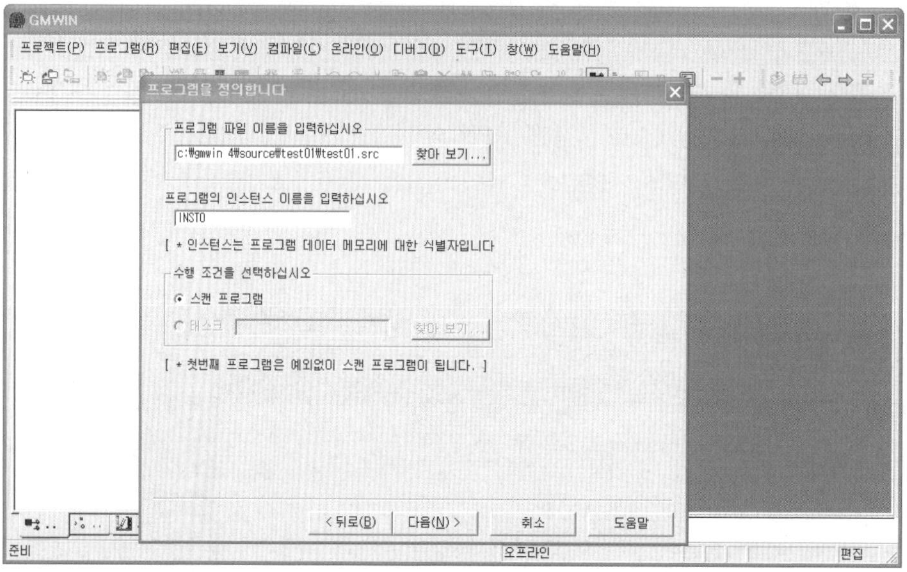

그림 2-4 GMWIN의 프로그램 정의 창

(5) 프로그램

그림 2-5는 프로그램의 사용 언어를 지정하는 창으로 사용언어는 SFC, LD, IL 중 사용하기 편리한 기능을 선택하는데, 본 장에서는 LD(Ladder Diagram)를 설명하고자 한다.

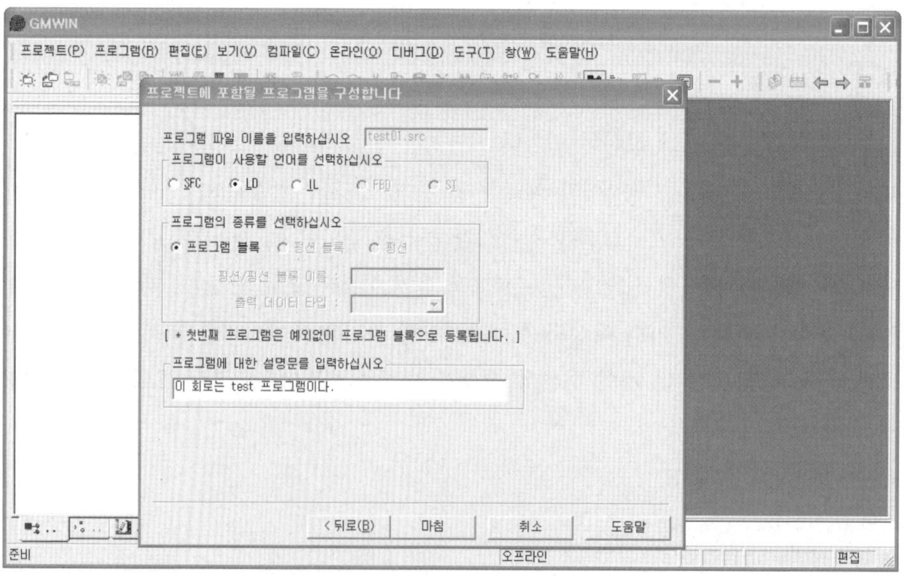

그림 2-5 GMWIN의 새 프로그램 창

2 화면구성

GMWIN 화면은 그림 2-6과 같이 프로그램 창과 도구상자 창 그리고 프로젝트 구조 창으로 구분되어 있으며 프로그램 창과 도구상자 창에 대해서는 다음 부분에서 자세히 설명한다.

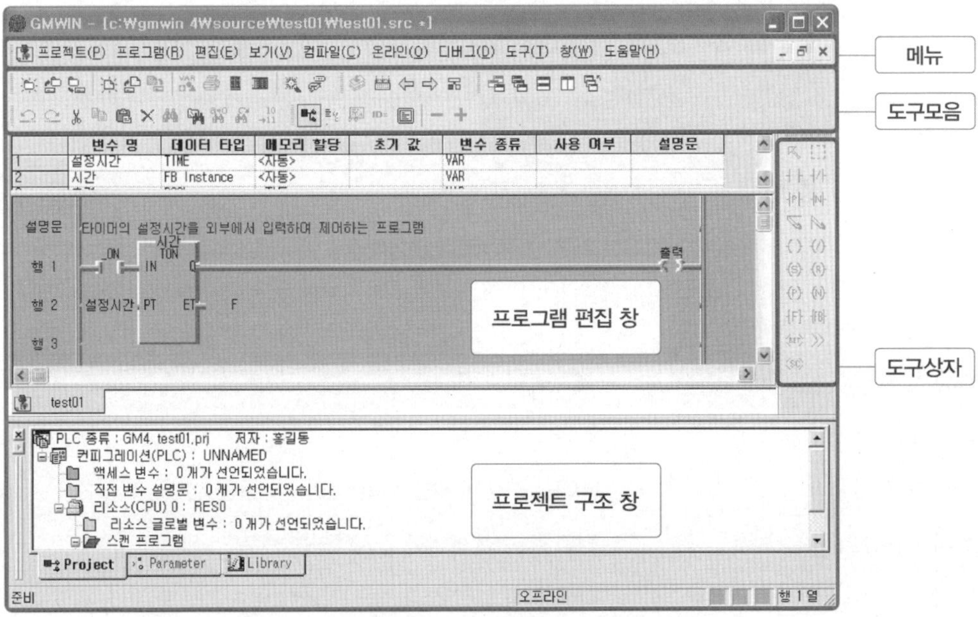

그림 2-6 GMWIN의 화면구성

3 프로젝트 구성

프로젝트는 GLOFA PLC의 프로그램을 구성하는 가장 기본적인 요소로서 PLC 시스템당 하나의 프로젝트를 작성하는 것을 기본으로 한다. 프로젝트는 크게 컨피그레이션(Configuration)부, 파라미터(Parameter)부, 삽입된 라이브러리 파일들로 나눌 수 있으며, 컨피그레이션부는 글로벌(Global) 변수, 액세스(Access) 변수, 리소스(Resource) 내용 등 소프트웨어(Software)적인 것들을 작성하는 부분이고, 파라미터부는 기본 파라미터, I/O 파라미터, 링크 파라미터 등 하드웨어(Hardware)적인 것들을 작성하는 부분이다.

그리고 삽입된 라이브러리 파일들에서 라이브러리 파일을 추가, 삭제할 수 있다. 프로젝트는 그림 2-7과 같은 구조이며 이들의 기능은 표 2-1과 같다.

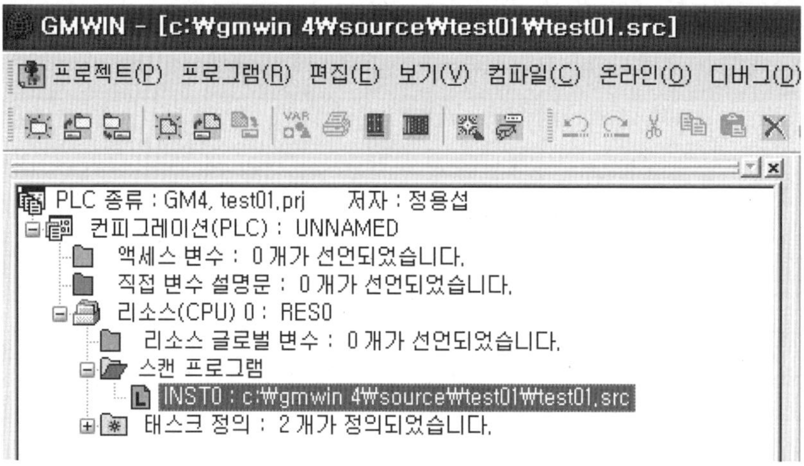

그림 2-7 프로젝트의 구성화면

표 2-1 프로젝트 계층 구조

계층 항목	설 명
프로젝트	PLC시스템 전체를 정의
컨피그레이션	PLC프로그램에 관한 여러 정의 사항들을 설정
컨피그레이션 글로벌 변수	컨피그레이션 전체에서 사용되는 변수 리스트
액세스 변수	다른 컨피그레이션이 접근 가능한 변수 리스트
리소스	CPU 모듈에 해당
리소스 글로벌 변수	한 리소스 전체에서 사용되는 변수 리스트
태스크 정의	프로그램의 실행 조건 정의
프로그램 정의	각 프로그램과 그 실행 조건 기술
직접 변수 설명문	직접 변수에 사용한 설명문 리스트
파라미터	PLC시스템의 하드웨어에 관한 내용 정의
기본 파라미터	기본적인 하드웨어 파라미터 정의
I/O 파라미터	입·출력 모듈에 관한 내용 기술
고속 링크 파라미터	고속 링크 파라미터에 관한 내용 기술
삽입된 라이브러리 파일들	현재 삽입되어 있는 라이브러리 파일들의 리스트

4 프로그램 편집

LD 프로그램은 릴레이 논리 다이어그램에서 사용되는 코일이나 접점 등의 그래픽 기호를 통하여 PLC 프로그램을 표현하는 것이다.

아래 그림 2-8에서 '렁 설명문'이란 해당 렁에 관한 설명문이다. 렁이란 세로로 연결되어 있는 연속된 줄의 모양이다. 즉, 아래 그림 2-8에서는 행1에서 행4까지가 하나의 렁이 되며, 행5도 하나의 렁이 된다.

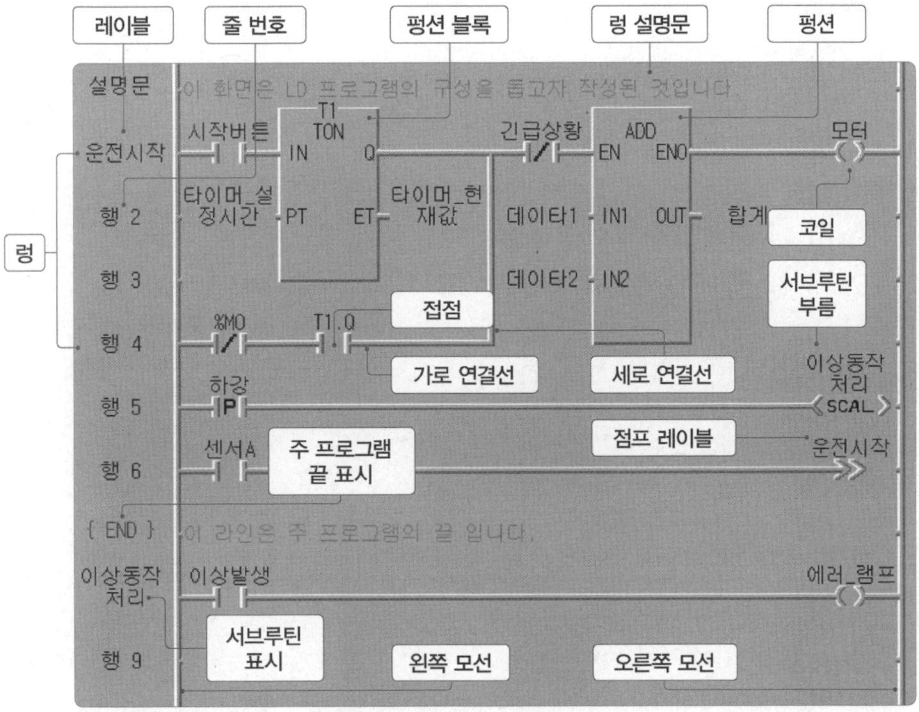

그림 2-8 프로그램 편집

위의 그림 2-8에서 행 7의 {END}는 주프로그램의 끝을 표시하는 것이다. 다음 행에 이어지는 이상동작 처리는 서브프로그램의 한 형태로 행5에서 이 서브루틴을 부르고 있다.

도구상자의 임의의 요소를 선택하면 마우스의 모양이 그 요소 같은 모양으로 나타나며, 원하는 위치로 마우스를 옮긴 후에 마우스 왼쪽 단추를 누르면 접점이 생성된다.

실습과제 2-1

A접점을 이용한 램프 ON/OFF

1. 실험목적

1) PLC의 I/O(INPUT/OUTPUT) MAP을 익힐 수 있다.
2) 램프에 대한 동작원리를 이해한다.
3) 접점의 동작원리를 이해할 수 있다.

2. 관계지식

1) 전기적인 신호의 흐름을 이해할 수 있어야 한다.
2) 기본적인 시퀀스 회로를 보고 이해할 수 있어야 한다.

3. 동작조건

1) PB1(스위치)을 ON하였을 때 PL1(램프)이 같이 ON 되며, PB1(스위치)이 OFF 되면 PL1(램프)도 OFF 되도록 구성한다.
2) PLC I/O MAP의 구성은 아래와 같이 한다.

구 분	간접 변수 명	I/O할당	비 고
입 력	PB1	%IX0.1.8	스위치
출 력	PL1	%QX0.3.8	램프

3) PLC 입력 전원은 DC 24V로 구성하며 PLC 입력 COM 단자에 DC 24V(+)로 전원을 연결하고, PLC 출력 COM 단자에 DC 0V(−)를 연결한다.
4) PLC I/O MAP을 구성하는 일은 대단히 중요한 일이다. PLC I/O MAP이 입·출력 점수를 산정하는 일이며 입·출력 구성과 컨트롤을 의미한다.

4. 프로그램 실습

1) GMWIN을 실행시킨다.
2) 프로젝트 및 프로그램 창을 연다.
3) 프로그램을 작성한다.

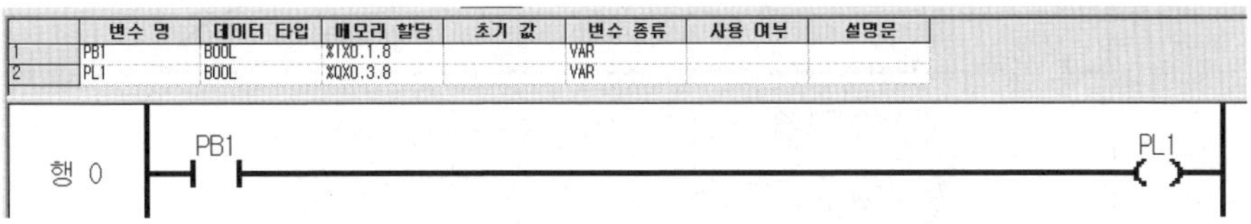
변수 명
데이터 타입
메모리 할당
초기 값
변수 종류
사용 여부
설명문
PB1 BOOL %IX0.1.8 VAR
PL1 BOOL %QX0.3.8 VAR
행 0
PB1
PL1

5. 시뮬레이터 시작

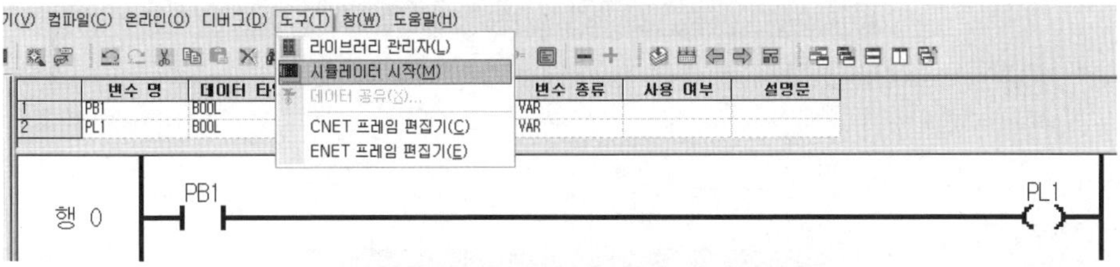
컴파일(C) 온라인(O) 디버그(D) 도구(T) 창(W) 도움말(H)
라이브러리 관리자(L)
시뮬레이터 시작(M)
데이터 공유(S)...
CNET 프레임 편집기(C)
ENET 프레임 편집기(E)
행 0
PB1
PL1

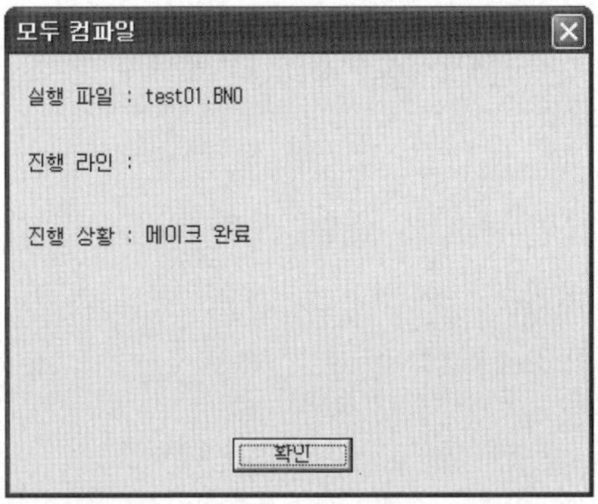
모두 컴파일
실행 파일 : test01.BNO
진행 라인 :
진행 상황 : 메이크 완료
확인

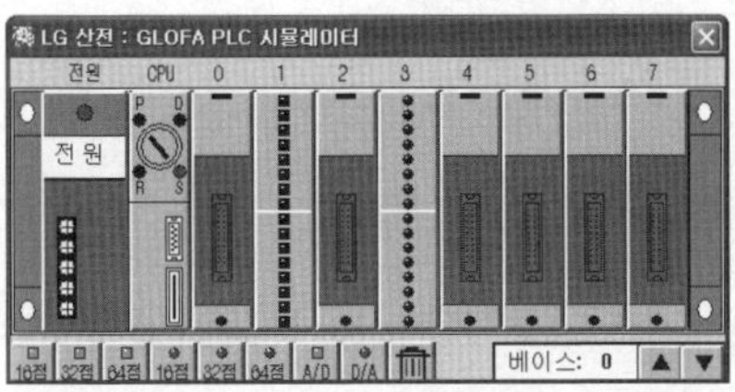
LG 산전 : GLOFA PLC 시뮬레이터
전원
CPU
베이스: 0

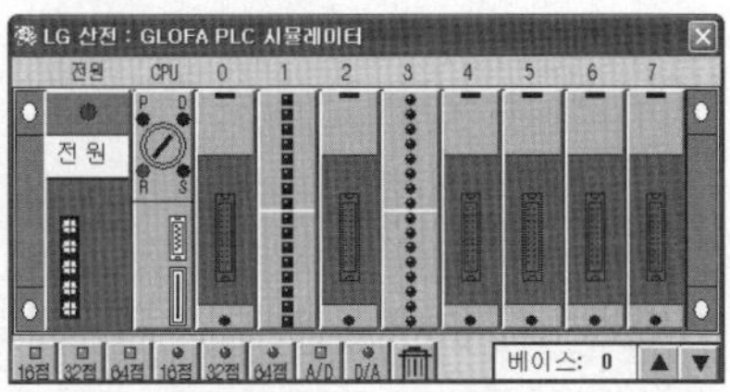
LG 산전 : GLOFA PLC 시뮬레이터
전원
CPU
베이스: 0

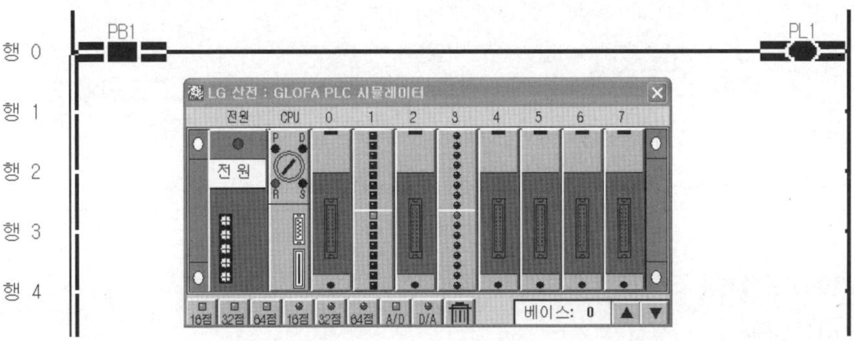
행 0
행 1
행 2
행 3
행 4
PB1
PL1
LG 산전 : GLOFA PLC 시뮬레이터
전원
CPU
베이스: 0

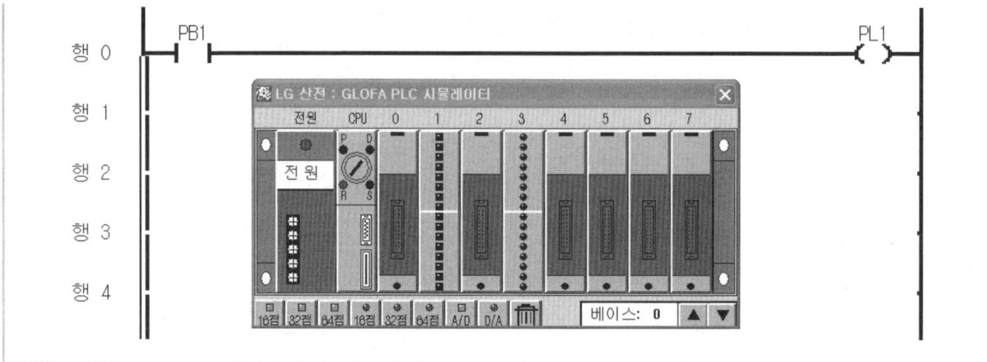

B접점을 이용한 램프 ON/OFF

1. 실험목적

1) PLC의 I/O(INPUT/OUTPUT) MAP을 익힐 수 있다.
2) 램프에 대한 동작원리를 이해한다.
3) 접점의 동작원리를 이해할 수 있다.

2. 관계지식

1) 전기적인 신호의 흐름을 이해할 수 있어야 한다.
2) 기본적인 시퀀스 회로를 보고 이해할 수 있어야 한다.

3. 동작조건

1) PB1(스위치)을 ON하였을 때 PL1(램프)이 같이 ON 되며, PB1(스위치)이 OFF 되면 PL1(램프)도 OFF 되도록 구성한다.
2) PLC I/O MAP의 구성은 아래와 같이 한다.

구 분	간접 변수 명	I/O할당	비 고
입 력	PB1	%IX0.1.8	스위치
출 력	PL1	%QX0.3.8	램프

4. 프로그램 실습

1) GMWIN을 실행시킨다.

2) 프로젝트 및 프로그램 창을 연다.

3) 프로그램을 작성한다.

	변수 명	데이터 타입	메모리 할당	초기 값	변수 종류	사용 여부	설명문
1	PB1	BOOL	%IX0.1.8		VAR	*	
2	PL1	BOOL	%QX0.3.8		VAR	*	

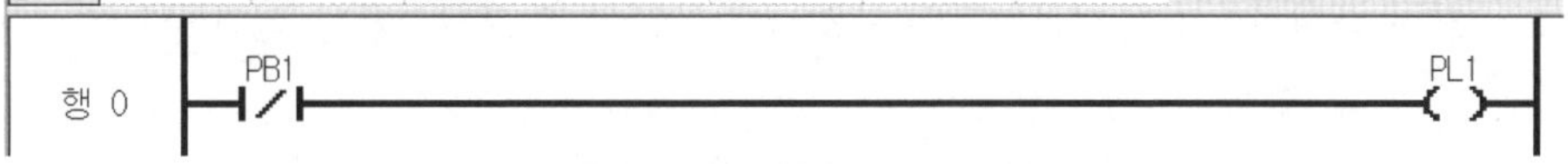

5. 업-로드

압축된 프로젝트 파일과 소스 파일을 PLC의 RAM(프로그램 영역) 또는 플래시 메모리에 저장한 후 PLC로부터 프로그램을 업-로드한다.

1) 업-로드 파일 만들기

프로젝트 – 옵션 (그림 2-9)에서 메이크할 때 업-로드 파일을 만들도록 하고, 메이크 메뉴를 선택하면 업-로드 파일을 생성한다. 업-로드 파일은 프로젝트, 프로그램, 프로그램에서 사용한 사용자 펑션, 펑션 블록이 포함되어 있다.

- 메뉴 프로젝트 – 옵션을 선택하여 옵션 대화상자를 부른다.
- 메이크 옵션 대화상자에서 업-로드 프로그램을 선택하고 확인 단추를 누른다. 변수 테이블은 선택할 필요가 없다(추후 타 기기로 변수를 모니터하기 위해 마련).

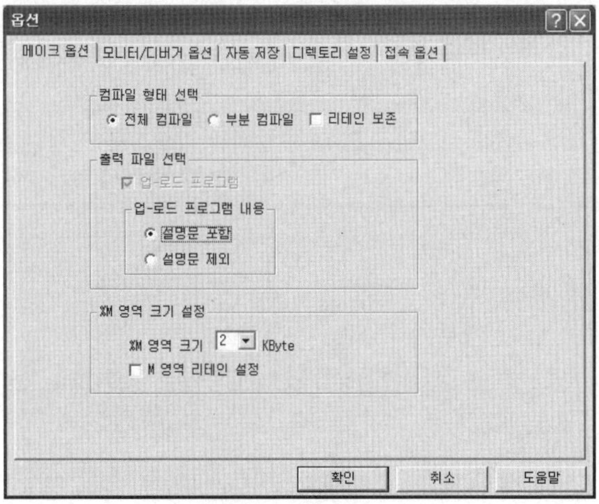

그림 2-9 옵션 창

이때 PLC 프로그램 실행 파일과 업-로드 프로그램을 생성한다.

2) PLC에 쓰기

PLC에 프로그램을 쓸 때 업-로드 프로그램을 선택한다.

- 메뉴 온라인 - 쓰기를 선택한다.
- 쓰기 대화상자에서 파라미터와 프로그램, 업-로드 프로그램을 선택한다.

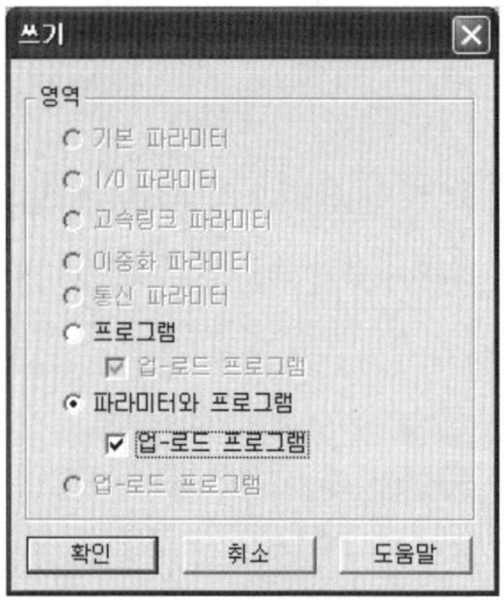

그림 2-10 쓰기 창

프로그램 크기에 따라 다음과 같이 실행한다.

표 2-2 프로그램 크기에 따른 실행

프로그램 크기	업-로드 프로그램이 저장되는 위치
(실행프로그램 + 업-로드 프로그램) 크기 < 프로그램 램 크기	CPU의 램(RAM)에 저장된다.
프로그램 램 크기 > (실행프로그램 + 업-로드 프로그램) 크기	플래시 메모리가 장착된 경우 사용자에게 확인한 후 플래시 메모리에 저장된다.

3) PLC로부터 읽기(업-로드)

- 메뉴 프로젝트 - PLC로부터 열기를 선택한다.

PLC로부터 업-로드 파일을 읽어서 프로젝트, 프로그램 파일, 사용자 라이브러리를 생성한 후 프로젝트를 연다.

GMWIN에 이미 같은 이름의 프로젝트나 프로그램이 있을 경우 Overwrite시키거나, 사용자가 지정한 다른 디렉토리 또는 다른 이름으로 저장한다.

5 프로그램 파일

사용자가 프로젝트를 생성하고 프로그램을 편집하여 PLC실행 파일을 만들면 다음과 같은 확장자를 가진 파일이 만들어진다.

① * . PRJ : 사용자가 작성한 프로젝트 파일

② * . BNO : PLC 실행 파일

③ * . MON : 모니터링을 위한 정보 파일

④ * . CRO : PLC 실행 파일을 만들 때 생성

⑤ * . SRC : 사용자가 작성한 프로그램 파일

⑥ * . ASV : 사용자가 작성한 프로그램을 이 이름으로 주기적으로 저장한다.

⑦ * . OP? : 프로그램을 컴파일하면 생성된다(프로그램 블록인 경우).

⑧ * . OB? : 프로그램을 컴파일하면 생성된다(펑션 블록인 경우).

⑨ * . OP? : 프로그램을 컴파일하면 생성된다(펑션인 경우).

1) 파일 열기

사용자가 기존의 프로젝트를 열고 프로그램을 작성하려면 파일을 열어야 한다.

(1) 프로젝트를 열 경우

◈ 메뉴 프로젝트 – 열기를 선택한다.

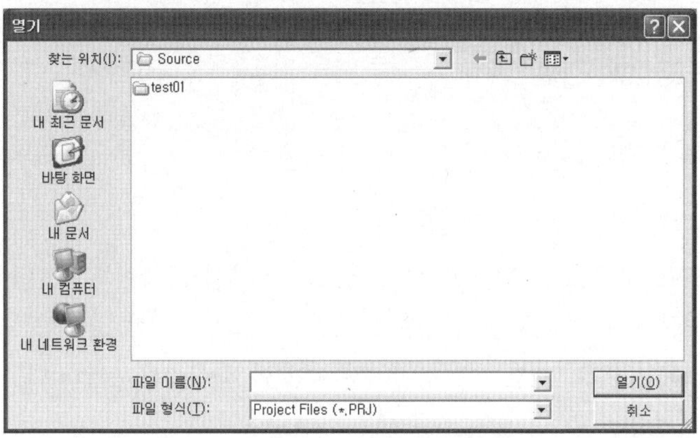

그림 2-12 프로젝트 열기 창

(2) 프로그램을 열 경우

① 메뉴 – 프로그램 – 열기를 선택한다.

② 파일이 있는 위치를 지정하기 위하여 위치 목록 상자에서 드라이브 및 디렉토리를 선택한다.

③ 파일 이름 입력란에 파일 이름을 직접 입력하거나 목록 상자에서 선택한다.
파일형식 목록 상자에서 선택된 확장자를 가진 파일만 나타난다.
◈ 프로젝트 파일 : *.PRJ 프로그램 파일 : *.SRC

④ 열기 단추를 누른다.

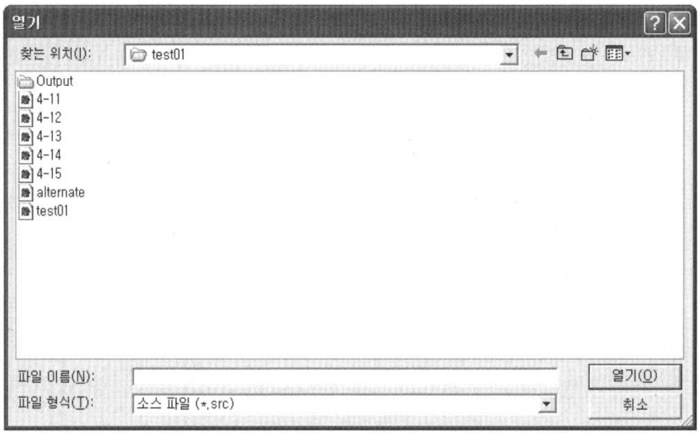

그림 2-13 프로그램 열기 창

2) 파일 저장

(1) **새로운 파일 저장** : 한 번도 저장하지 않은 새 파일을 저장한다.

(2) **프로젝트를 저장할 경우** : 메뉴 – 프로젝트 – 저장을 선택한다.

(3) 프로그램을 저장할 경우

① 메뉴 – 프로그램 – 저장을 선택한다.

② 파일 저장 위치를 지정하기 위하여 위치 목록 상자에서 드라이브 및 디렉토리 선택한다.

③ 파일이름 입력란에 파일 이름을 입력한다.
프로젝트 파일에는 PRJ, 프로그램 파일에는 SRC의 확장자를 입력한다.

④ 저장 단추를 누른다.

(4) 작업 중 파일 저장

① 프로젝트를 저장할 경우 : 메뉴 – 프로젝트 – 저장을 선택한다.

② 프로그램을 저장할 경우 : 메뉴 – 프로그램 – 저장을 선택한다.

(5) 다른 이름으로 저장

프로젝트 이름 또는 프로그램 이름을 변경한다.

① 프로젝트를 저장할 경우 : 메뉴 – 프로젝트 – 다른 이름으로 저장을 선택한다.

② 프로그램을 저장할 경우

1. 메뉴 – 프로그램 – 다른 이름으로 저장을 선택한다.
2. 파일이 저장될 위치를 찾기 위하여 위치 목록 상자에서 드라이브 및 디렉토리를 선택한다.
3. 파일이름 입력란에 파일 이름을 입력한다.
   프로젝트 파일에는 PRJ, 프로그램 파일에는 SRC 확장자를 입력한다.
4. 저장 단추를 누른다.

(6) 파일 닫기

① 방법 1 : 해당 창의 왼쪽 위 모서리의 조절메뉴 상자를 두 번 누른다.

② 방법 2

1. 프로젝트를 닫을 경우 : 메뉴 – 프로젝트 – 닫기를 선택한다.
2. 프로그램을 닫을 경우 : 메뉴 – 프로그램 – 닫기를 선택한다.

CHAPTER

3

변수

1 데이터의 구성

프로그램 안에서 사용되는 데이터는 값을 가지고 있는데, 프로그램이 실행되는 동안에 값이 바뀌지 않는 상수와 그 값이 변하는 변수가 있다. 프로그램 블록, 펑션, 펑션 블록 등의 프로그램 구성 요소에서 변수를 사용하기 위해서는 우선 변수의 표현 방식을 결정해야 한다. 변수 표현 방식은 직접변수와 네임드 변수의 두 가지로 구분된다.

① 직접변수 : 변수 선언 불필요(종래의 PLC 방식)
② 네임드 변수 : 변수 선언 필요

첫 번째 변수 표현 방식은 사용자가 이름을 부여하지 않고 이미 Maker에 의해 지정된 메모리 영역의 식별자를 사용하는 직접변수 방식이고, 두 번째 변수 표현 방식은 사용자가 이름으로 부여하고 사용하는 네임드(Named) 변수방식이다.

1) 직접변수

직접변수에는 %I, %Q의 입·출력 변수와 %M의 내부 메모리 변수가 있다.
직접변수는 반드시 퍼센트 문자(%)로 시작하고 다음에 위치 접두어와 크기 접두어를 붙이며, 그리고 마침표로 분리되는 하나 이상의 부호 없는 정수의 순으로 나타낸다.

(1) 직접변수 지정의 예

입력 변수 지정 : %I0.0.0, %I0.0.1, %I0.0.2 등
출력 변수 지정 : %Q0.2.0, %Q0.2.1, %Q0.2.2 등
내부메모리 변수 지정 : %M0, %M1, %M2 등

(2) 위치 접두어

표 3-1 위치 접두어

번 호	접두어	의 미
1	I	입력 위치(Input Location)
2	Q	출력 위치(Output Location)
3	M	내부 메모리 위치(Memory Location)

(3) 크기 접두어

표 3-2 크기 접두어

번 호	접두어	의 미
1	X	1 비트의 크기(X 문자에 한하여 생략 가능)
2	B	1 바이트(8 비트)의 크기
3	W	1 워드(16 비트)의 크기
4	D	1 더블워드(32 비트)의 크기
5	L	1 롱 워드(64 비트)의 크기

※ 직접변수의 입·출력 표시형식

% [위치 접두어] [크기 접두어] [베이스 번호]. [슬롯 번호]. [접점 번호]

입력 % I X 0. 0. 0
출력 % Q X 0. 3. 0

- 0 : 입·출력 모듈의 접점번호를 나타내며, 최대 0~63의 값을 갖는다.
- 3. : 입·출력 모듈이 장착된 슬롯번호를 나타내며, 0~7의 값을 갖는다.
- 0. : 베이스 번호 : 0~3의 값을 갖는다.
- X : 크기접두어 : X는 1비트의 크기를 나타낸다.
- Q : 위치접두어 : I(입력), Q(출력), M(내부메모리)으로 나타낸다.
- % : 직접변수임을 나타내는 예약어

[예] %IX0.0.3 : 직접변수, 입력, 비트단위, 0번 베이스, 0번 슬롯, 3번 접점

%QX0.2.7 : 직접변수, 출력, 비트단위, 0번 베이스, 2번 슬롯, 7번 접점

(4) 내부 메모리

표 3-3 내부 메모리

번호	내부메모리	의 미
1	%MX0	0의 위치에 있는 비트 단위의 접점 번호를 나타낸다.
2	%MB1	1의 위치에 있는 바이트 단위의 메모리를 나타낸다.
3	%MD48	48의 위치에 있는 더블 워드 단위의 메모리를 나타낸다.
4	%MW20.3	20의 위치에 있는 워드 단위의 메모리 중 3번 비트를 나타낸다.

(5) 내부 메모리 M 구조

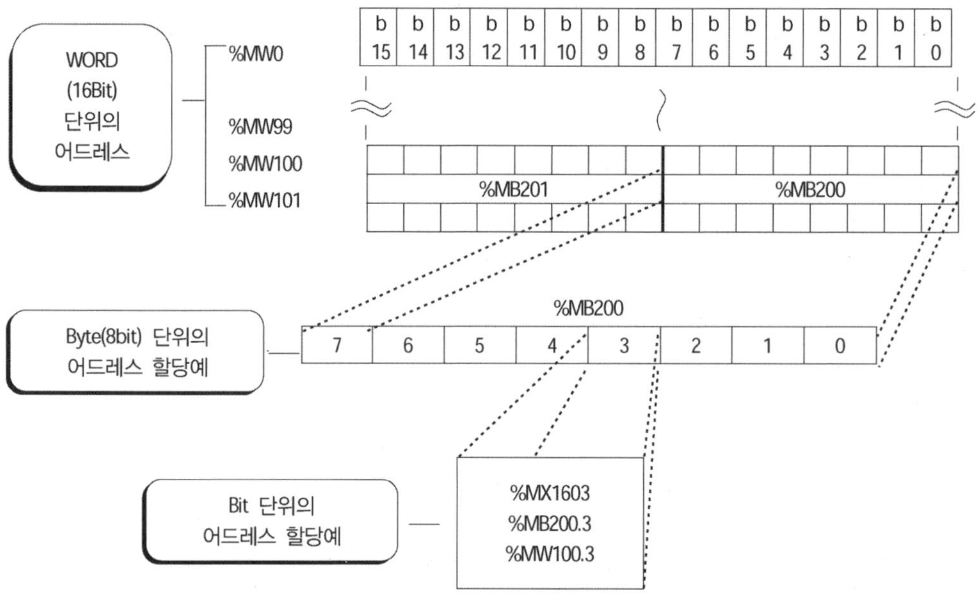

그림 3-1 내부 메모리 M

2) 네임드(Named) 변수

네임드 변수는 사용자가 변수 이름과 형 등을 선언하고 사용한다.

① 네임드 변수의 이름은 한글은 8자, 영문은 16자까지 선언 가능하며

② 한글 영문, 숫자 및 밑줄(_)문자를 조합하여 사용할 수 있다.

③ 영문의 경우 대소문자를 구별하지 않고 모두 대문자로 인식하며 빈칸을 포함하지 않아야 한다.

(1) 네임드 변수의 예

표 3-4 네임드 변수의 예

종 류	사용 예
한글, 숫자 및 밑줄 문자	모터10, 디지털_스위치1, 누름_검출, 수동_배출_스위치밸브1, 설비_자동_운전 중, 사이클_정지_완료
한글, 영문, 숫자 및 밑줄 문자	AGV_주행_완료, 모터2_ON, BCD값, VAL2, 자동_SOL배출

(2) 네임드 변수의 종류

표 3-5 네임드 변수의 종류

번 호	변수 종류	의 미
1	VAR	읽고 쓸 수 있는 일반적인 변수
2	VAR_RETAIN	정전 시 값이 유지되는 변수
3	VAR_CONSTANT	읽기만 할 수 있는 변수
4	VAR_EXTERNAL	외부 변수(VAR_GLOBAL)임을 지정하는 변수

(3) Named(네임드) 변수의 데이터 형(Type)(데이터의 고유 성질을 나타냄)

① 데이터형은 크게 수치(ANY_NUM)와 비트 상태(ANY_BIT)로 구분할 수 있다.

② 수치의 대표적인 경우는 정수(INT : Integer)인데 셀 수 있고 산술 연산을 할 수 있다.

③ 정수의 예는 카운터의 현재 값, A/D(아날로그 입력) 변환값 등이 있다.

④ 비트 상태는 BOOL(Boolean : 1 비트), BYTE(8개의 비트 열), WORD(16개의 비트열) 등이 있는데 비트 열의 ON/OFF 상태를 나타내며 논리 연산을 할 수 있다.

⑤ 비트 상태의 예는 입력 스위치의 ON/OFF 상태, 출력 램프의 소등/점등 상태 등이 있다.

⑥ BCD는 10진수를 4비트의 2진 코드로 나타낸 것이므로 비트 상태(ANY_BIT)이다.

⑦ 비트 상태는 산술연산이 불가능하지만 형(Type) 변환 펑션을 사용하여 수치로 변환하면 산술 연산이 가능하다.

2 기본 데이터 형

표 3-6 기본 데이터 형

구 분	예약어	데이터 형	크기 (비트)	범 위
수치 (ANY_NUM)	SINT	Short Integer	8	-128 ~ 127
	INT	Integer	16	-32768 ~ 32767
	DINT	Double Integer	32	-2147483648 ~ 2147483647
	LINT	Long Integer	64	-2^{63} ~ $-2^{63}-1$
	USINT	Unsigned Short Integer	8	0 ~ 255
	UINT	Unsigned Integer	16	0 ~ 65535
	UDINT	Unsigned Double Integer	32	0 ~ 4294967295
	ULINT	Unsigned Long Integer	64	0 ~ 2^{64} ~ -1
	REAL	Real Numbers	32	-3.402823E38 ~ -1.401298E-451. 401298E-45 ~ 3.402823E38
	LREAL	Long Reals	64	-1.7976931E308 ~ -4.9406564E-324 4.9406564E-324 ~ 1.7976931E308
시간	TIME	Duration	32	T#OS ~ T#49D17H2M47S295MS
날짜	DATE	Date	16	D#1984-01-01 ~ D#2163-6-6
	TIME_OF_DAY	Time Of Day	32	TOD#00 : 00 : 00 ~ TOD#23 : 59 : 59.999
	DATE_AND _TIME	Date And Time Of Day	64	DT#1984-01-01-00 : 00 : 00 ~ DT#2163-12-31-23 : 59 : 59.999
문자열	STRING	Character String	30×8	-
비트상태 (ANY_BIT)	BOOL	Boolean	1	0,1
	BYTE	Bit String Of Length 8	8	16#0 ~ 16#FF
	WORD	Bit String Of Length 26	16	16#0 ~ 16FFFF
	DWORD	Bit String Of Length 32	32	16#0 ~ 16FFFFFFFF
	LWORD	Bit String Of Length 64	64	16#0 ~ 16FFFFFFFFFFFFFFFF

1) 데이터 형(Type) 계층도

GLOFA PLC에서 사용되는 데이터 타입은 다음과 같이 분류하여 표현한다.

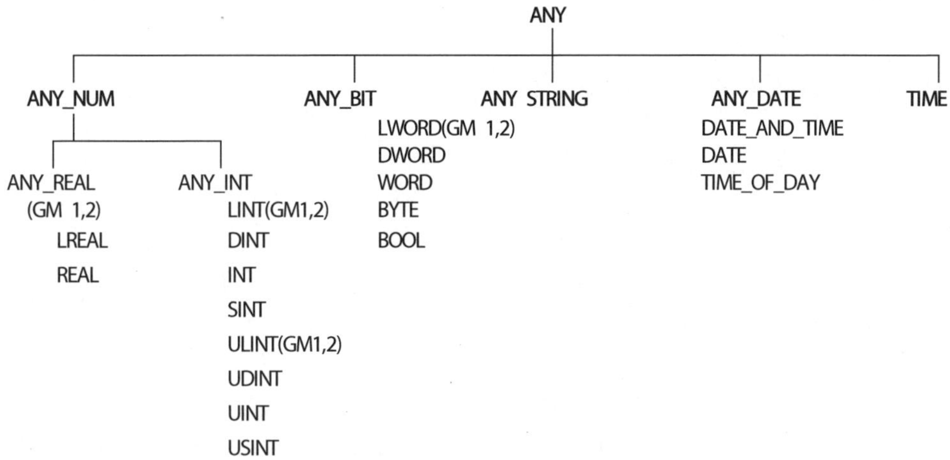

그림 3-2 데이터 형 계층도

① ANY_REAL(LREAL, REAL) 및 LINT, ULINT, LWORD는 GM1, GM2만 적용된다.

② 앞으로 데이터 타입을 표현할 때 ANY_NUM으로 나타내면 위의 계층도와 같이 LREAL, REAL, LINT, DINT, INT, SINT, ULINT, UDINT, UINT, USINT를 모두 포함한다.

③ 예를 들어 GM3에서 타입이 ANY_BIT로 표현되면, DWORD, WORD, BYTE, BOOL 중 하나를 사용할 수 있다.

2) 초기값(데이터의 초기값을 지정하지 않으면 자동적으로 아래와 같이 지정된다)

표 3-7 데이터 타입별 초기값

데이터 타입	초 기 값
SINT, INT, DINT, LINT, USINT, UINT, UDINT, ULINT	0
BOOL, BYTE, WORD, DWORD, LWORD	0
REAL, LREAL	0.0
TIME	T#0s
DATE	D#1984-01-01
TIME_OF_DAY	TOD#00 : 00 : 00
DATE_AND_TIME	DT#1984-01-01-00 : 00 : 00
STRING	"(empty string)"

① VAR_EXTERNAL의 선언은 외부에서 선언한 변수를 간접 지정한 것이므로 초기값을 줄 수 없다.

② 변수 선언 시 %I와 %Q로 할당한 변수는 입·출력에 해당하므로 초기값을 줄 수 없다.

3) Named(네임드) 변수의 메모리 할당

네임드 변수의 메모리 할당에는 자동 할당과 사용자 정의가 있다.

4) 자동 할당

컴파일러가 내부 메모리 영역에 변수 위치를 자동으로 지정한다. 예를 들어 "밸브 1"이란 변수를 자동 메모리 할당으로 지정할 경우 변수의 내부 위치는 프로그램이 작성된 후 컴파일(Compile) 과정에서 정해지므로 사용자는 변수 위치에 신경을 쓸 필요가 없다. 선언된 변수는 외부 입·출력과 관계없이 내부 연산 도중 신호의 중계, 신호 상태(내부 정보)의 일시 저장, 타이머나 카운터의 접점 이름(펑션 블록의 인스턴스) 지정 등에 사용된다.

5) 사용자 정의

사용자가 직접 변수(%I, %Q, %M)를 사용하여 강제로 위치를 지정한다. 선언된 변수는 입·출력용(%I, %Q) 변수와 통신 파라미터에서 사용할 통신용 변수에 사용한다.

※ 데이터의 유형 : 상당히 중요함으로 예제를 다룰 때 자세히 언급하기로 하고, 이러한 데이터의 유형들은 기본적인 시퀀스 제어 이외에 산술연산 또는 비교, 변환 등의 명령어 사용 시 주의를 해야 한다.

CHAPTER

4

기본명령어

1 도구상자의 활용

프로그램 편집, 변수 모니터, 타임 차트, I/O 모니터링 등을 할 때 자주 사용하는 명령을 도구상자를 통해서 실행할 수 있다. 또한 메뉴 – 도구상자 – 도구상자 형태를 선택하면 도구상자의 위치와 화면상에 출현을 조정할 수 있으며 그림 4–1과 같다.

그림 4–1 도구상자

1) 화살표()

접점, 코일, 평선, 평선 블록 등을 선택하여 이동, 편집, 삭제할 경우 사용한다.

2) 블록지정()

한 행 이상을 삭제, 복사 등의 편집기능을 할 경우 사용된다.

※ 블록지정 아이콘을 선택 후 설정하고자 하는 부분으로 이동하여 마우스 좌측을 누르고 드래그하여 설정하고자 하는 부분을 설정하여 편집한다.

2 입력 접점

1) 평상시 열린 접점(Normally Open Contact)()

평상시 열린 접점으로 시퀀스 제어의 "A"접점이라고 생각하면 된다(단축키 F2).

※ 아이콘을 이용하여 편집하고자 하는 부분에 커서를 이동시키고 좌측 마우스를 누른다.

2) 평상시 닫힌 접점(Normally Closed Contact)()

평상시 닫힌 접점으로 시퀀스 제어의 "B"접점이라고 생각하면 된다(단축키 F3).

※ 아이콘을 이용하여 편집하고자 하는 부분에 커서를 위치시키고 좌측 마우스를 누른다.
[주의] 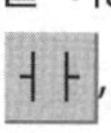, 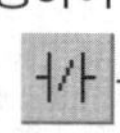은 맨 오른쪽 끝에는 올 수 없다(약속사항).

3) 양 변환 검출접점(┤P├)

양 변환 검출 접점이란 접점이 동작되는 순간 즉 “0”에서 “1”로 변환하는 순간을 검출하여 오른쪽 연결선이 해당 스캔에서 1스캔 동안 연결된다(단축키 Shift + F1).

※양 변환 검출 접점 아이콘을 이용하여 편집하고자 하는 부분에 커서를 이동시키고 좌측 마우스를 누른다.

실습과제 4-1

양 변환 음 변환 회로

1. 실험목적

1) PLC의 I/O(INPUT/OUTPUT) MAP을 익힐 수 있다.
2) 양 변환 회로와 음 변환 회로의 특성을 이해할 수 있다.

2. 관계지식

1) PLC의 기본 명령어를 이해할 수 있어야 한다.
2) 양 변환 접점 및 음 변환 접점의 의미를 이해할 수 있어야 한다.
3) 스캔타임의 의미를 이해하여야 한다.

3. 동작조건

1) 3개의 스위치를 이용하여 램프의 점등 및 소등 회로를 구성한다.
2) PLC I/O MAP의 구성은 아래와 같이 한다.

구 분	간접 변수 명	I/O할당	비 고
입 력	PB1	%IX0.1.8	스위치
	PB2	%IX0.1.9	스위치
	PB3	%IX0.1.10	스위치
출 력	PL1	%QX0.3.8	램프

3) PLC 입력 전원은 DC 24V로 구성하며 PLC 입력 COM 단자에 DC 24V(+)로 전원을 연결하고, PLC 출력 COM 단자에 DC 0V(−)를 연결한다.
4) PB1을 ON하면 양 변환 접점이 PB1이 OFF에서 ON이 될 때(상승 시) 1스캔 동안만

동작하여 램프를 점등하며(자기유지에 의해 계속 점등) PB3에 의해 램프는 소등된다.

5) PB2를 ON하면 음 변환 접점에 의해 PB2가 ON에서 OFF로 될 때(하강 시) 1스캔 동안만 램프를 점등하며(자기유지에 의해 계속 점등) PB3에 의해램프는 소등된다.

4. 프로그램 실습

4) 음 변환 검출접점( )

음 변환 검출 접점이란 접점이 동작되는 순간 즉 "1"에서 "0"으로 변환하는 순간을 검출하여 오른쪽 연결선이 해당 스캔에서 1스캔 동안 연결된다(단축키 Shift + F2).

※ 음 변환 검출 접점 아이콘을 이용하여 편집하고자 하는 부분에 커서를 이동시키고 좌측 마우스를 누른다.

3 출력 코일

1) 코일과 역 코일(,)

코일은 출력을 나타내며 왼쪽의 입력이 ON상태이면 여자되고 OFF 상태이면 소자된다. 역 코일 또한 출력을 나타내며 왼쪽의 입력이 ON상태이면 소자되고 OFF 상태이면 여자된다.

표 4-1 코일과 역코일

구 분	왼쪽 회로 입력이 ON인 경우	왼쪽 회로 입력이 OFF인 경우
코 일	여 자	소 자
역 코일	소 자	여 자

※ 사용법 및 기능 설명

아래 회로는 코일인 경우와 역 코일인 경우를 비교하여 설명하고 있다.

◈ 코일인 경우 : %I0.0.0이 "1"이면 코일 %Q0.2.0은 출력 "1"이 나온다.
%I0.0.0이 "0"이면 코일 %Q0.2.0은 출력이 "0"이 나온다.

◈ 역 코일인 경우는 코일과 반대 동작을 한다.
%I0.0.0이 "1"이면 코일 %Q0.3.0은 출력 "0"이 나온다.
%I0.0.0이 "0"이면 코일 %Q0.3.0은 출력이 "1"이 나온다.

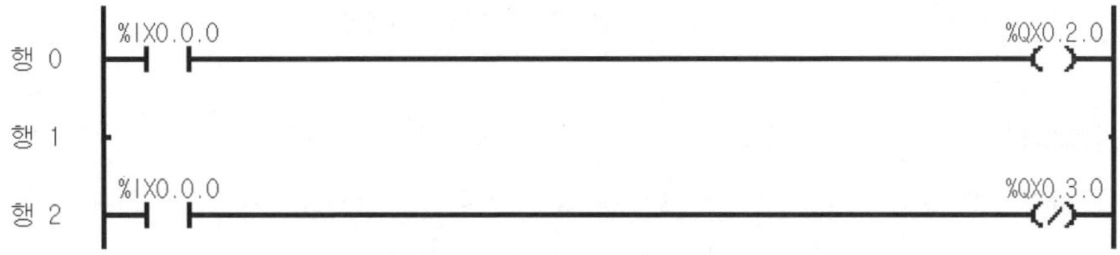

그림 4-2 코일과 역코일의 예

2) 세팅 코일과 리셋코일(, 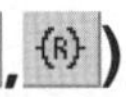)

세팅 코일은 왼편의 연결선 상태가 ON이 되었을 때 관련된 부울 변수는 ON이 되고, RESET 코일에 의해 reset되기 전까지는 set되어 있는 상태로 유지가 된다.
리셋 코일은 셋 코일에 의하여 ON 되어 있는 코일상태를 reset시키고자 할 때 사용한다(단축키 Ctrl+F3, Ctrl+F4).

※ 사용법 및 기능 설명

◈ 아래 회로와 같이 셋 접점 신호가 ON인 경우 세팅 코일 %Q0.2.0이 ON 되며 셋 접점이 OFF 시에도 계속 자기유지 상태로 유지된다.

◈ 리셋 접점을 ON시켰을 경우 %Q0.2.0 출력 리셋코일이 ON 되며 세팅 코일의 자기유지가 해제된다.

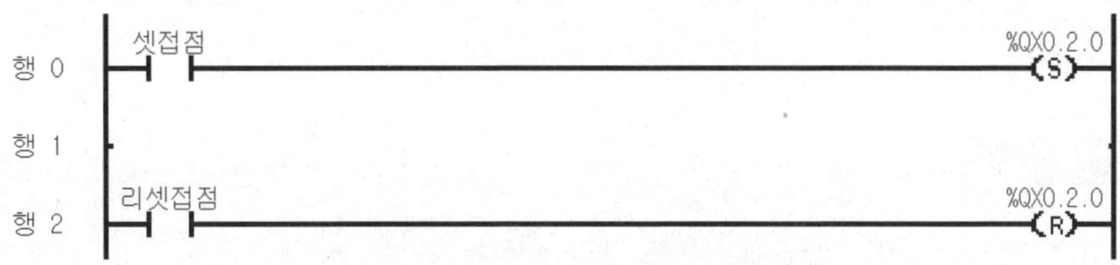

그림 4-3 세팅코일과 리셋코일의 예

실습과제 4-2

SET, RESET 코일회로

1. 실험목적

1) PLC의 I/O(INPUT/OUTPUT) MAP을 익힐 수 있다.

2) SET코일과 RESET코일의 사용방법 및 원리를 이해할 수 있다.

2. 관계지식

1) 전기적인 신호의 흐름을 이해할 수 있어야 한다.

2) PLC의 기본 명령어를 이해할 수 있어야 한다.

3. 동작조건

1) PB1을 ON하면 PL1이 ON 되고, PB2를 ON하면 PL1이 OFF 되는 회로를 구성하라.

2) PLC I/O MAP의 구성은 아래와 같이 한다.

구 분	간접 변수 명	I/O할당	비 고
입 력	PB1	%IX0.1.8	스위치
	PB2	%IX0.1.9	스위치
출 력	PL1	%QX0.3.8	램프

4. 프로그램 실습

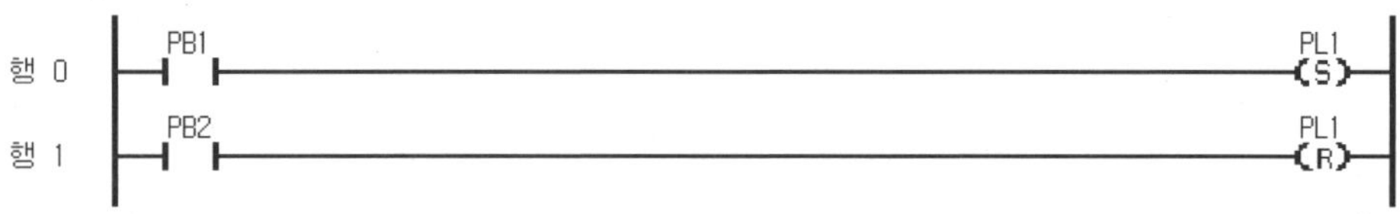

실습과제 4-3

SET와 RESET를 이용한 프로그램 실습

1. 실험목적

1) PLC의 명령어 SET과 RESET 명령어를 익힐 수 있다.

2) PLC TRAINER의 구조와 원리를 이해할 수 있다.

2. 관계지식

1) PLC의 기본 명령어를 이해할 수 있어야 한다.
2) SET와 RESET의 의미를 이해할 수 있어야 한다.

3. 동작조건

1) 두 개의 스위치(운전, 정지)를 이용하여 모터의 기동 및 정지회로를 구성한다.
2) PLC I/O MAP의 구성은 아래와 같이 한다.

구 분	간접 변수 명	I/O할당	비 고
입 력	기동스위치	%IX0.0.2	푸시스위치 S-2
	정지스위치	%IX0.0.1	푸시스위치 S-3
	스위치 A	%IX0.0.0	토글스위치 0
출 력	모 터(MC)	%QX0.2.2	MOTOR-1 (-)
	운전램프	%QX0.2.1	램프 L-1
	정지램프	%QX0.2.0	램프 L-2

3) PLC 입력 전원은 DC 24V로 구성하며 PLC 입력 COM 단자에 DC 24V(+)로 전원을 연결하고, PLC 출력 COM 단자에 DC 0V(−)를 연결한다.
4) 기동스위치를 ON하면 모터의 SET가 동작되어 운전하며 모터의 운전램프가 점등한다.
5) 정지스위치를 ON하면 모터의 RESET가 동작되며 운전이 정지되고 운전램프가 소등되며 정지램프가 점등한다.
6) 기동스위치로 운전 시 스위치 A로 회로를 차단하여도 모터의 SET가 RESET될 때까지 계속 동작한다.
7) SET 명령어는 RESET 명령이 동작될 때까지 계속 동작하는 것이 특징이다.

4. 프로그램 실습

1) GMWIN을 기동하여 프로젝트 및 프로그램 창을 연다.
2) PLC I/O MAP을 이용하여 프로그램을 구성한다.
3) 프로그램을 작성하는 방법은 전 과제를 참고한다.
4) 아래의 그림은 모터의 기동 정지를 SET 명령어와 RESET 명령어를 이용하여 나타낸 프로그램이다.

	변수 명	데이터 타입	메모리 할당	초기 값	변수 종류	사용 여부	설명문
1	기동스위치	BOOL	%IX0.0.2		VAR		
2	모터	BOOL	%QX0.2.2		VAR		
3	스위치A	BOOL	%IX0.0.0		VAR		
4	운전램프	BOOL	%QX0.2.1		VAR		
5	정지램프	BOOL	%QX0.2.0		VAR		
6	정지스위치	BOOL	%IX0.0.1		VAR		

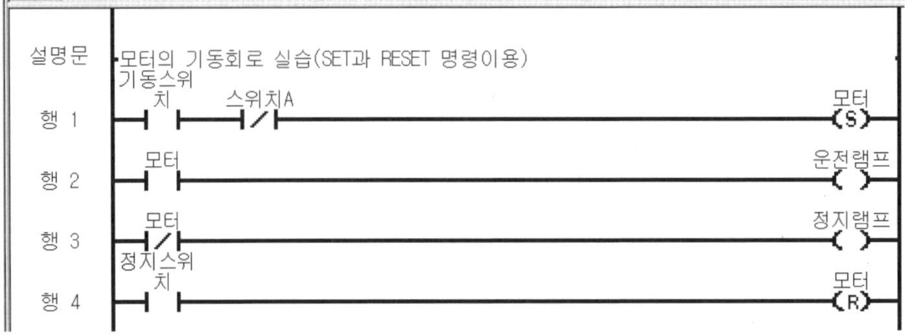

5) 상기 프로그램을 실습과제3 모터의 기동 정지회로와 비교하여 보면 여러 가지의 차이점을 구별할 수 있을 것이다. 각각의 차이점을 구별하시오.

6) PLC로 전송 시 업로드를 이용하여 전송하시오(MASTER－K와 다른 특징).

7) PLC로 전송 시 업로드 프로그램을 선택하지 아니하면 PLC로부터 프로그램을 역으로 전송 받을 수가 없다(PLC로부터 PC로 전송을 받는 경우). 7항 참조.

5. 프로그램의 실행(시뮬레이터 이용)

1) 위에서 언급한 사항을 확인하기 위하여 GLOFA의 특징인 시뮬레이터를 이용하여 회로의 이상 유무 및 동작을 실험하기로 한다(그림 참조).

   ① 시뮬레이터를 선택하고 CPU를 RUN 모드로 실행하여 기동스위치를 ON할 경우 모터의 SET가 동작되면서 운전램프가 점등된 경우이다.

   ② 정지스위치에 의해서 모터 RESET가 동작되어야만 모터는 정지한다.

   ③ 기동스위치에 의해 운전된 경우 스위치 A를 ON하여도 상기의 그림처럼 모터는 RESET가 동작하지 않았으므로 계속 운전 상태를 유지한다.

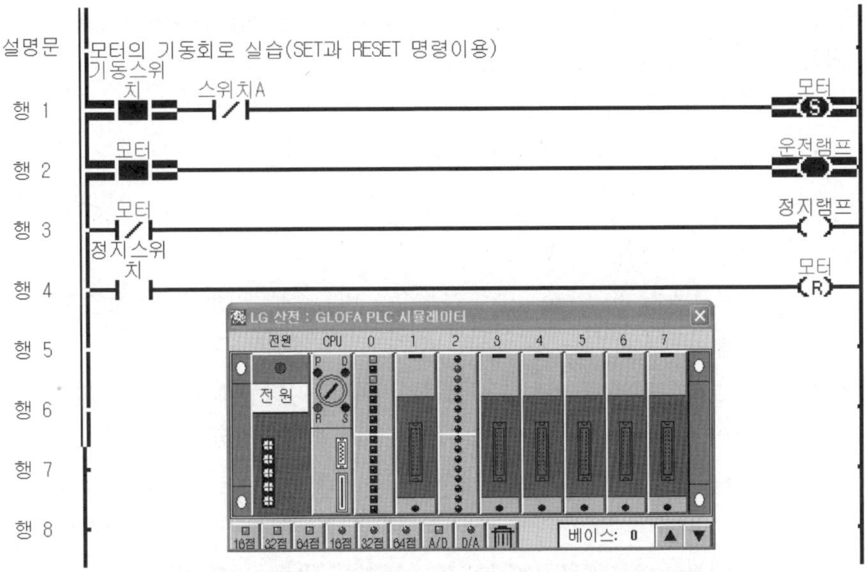

④ SET 명령어는 RESET 명령어에 의해서만 CLEAR된다.

⑤ 시뮬레이터를 종료하려면 시뮬레이터 우측 상단의 단축아이콘 ☒을 선택하면 된다.

2) 장비와의 결선도

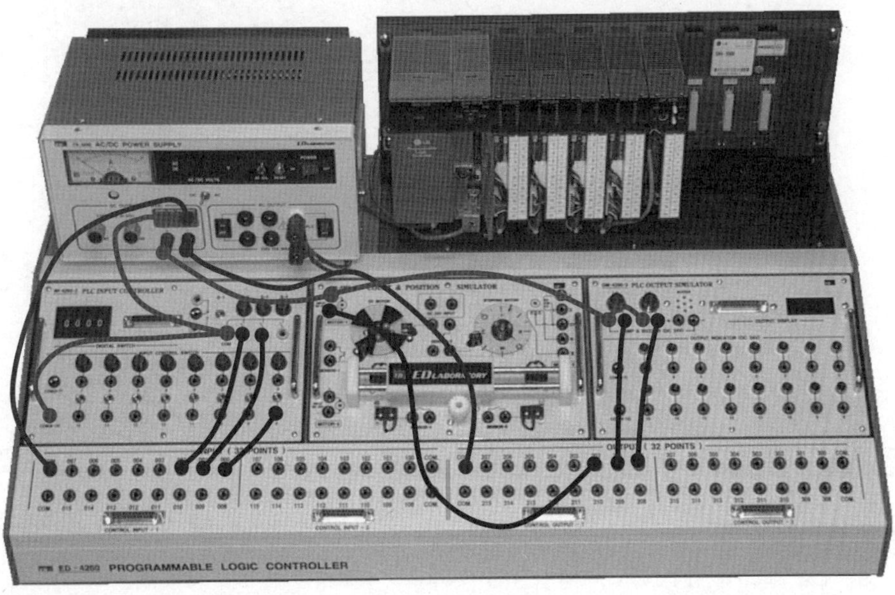

6. PC의 데이터(프로젝트 및 source파일 포함)를 PLC로 전송하려면 다음과 같이 정의되어야 한다(PLC 업로드 프로그램).

1) RS-232 케이블을 접속한다(PC와 PLC의 CPU와 서로 연결).
2) 메뉴의 프로젝트에서 옵션을 선택한다(아래 그림 참조).
3) 메이크 옵션에서 출력 파일을 선택하여 업로드 프로그램을 선택하고 설명문은 필요에 따라 포함 또는 제외하면 된다.
4) 업로드 프로그램을 미 설정하고 전송할 경우 PLC로부터 데이터를 전송 받을 수가 없기 때문이다(MASTER-K와 다른 기능임).
5) PLC의 프로그램을 PC로 전송을 받으려면 메뉴의 온라인에서 읽기(PC를 기준으로 읽기는 PLC에서 PC로 전송을 받는 것을 의미)를 선택하면 된다.

* 온라인 메뉴에서 쓰기는 PC를 기준으로 PC에서 PLC로 전송하는 것을 의미한다.

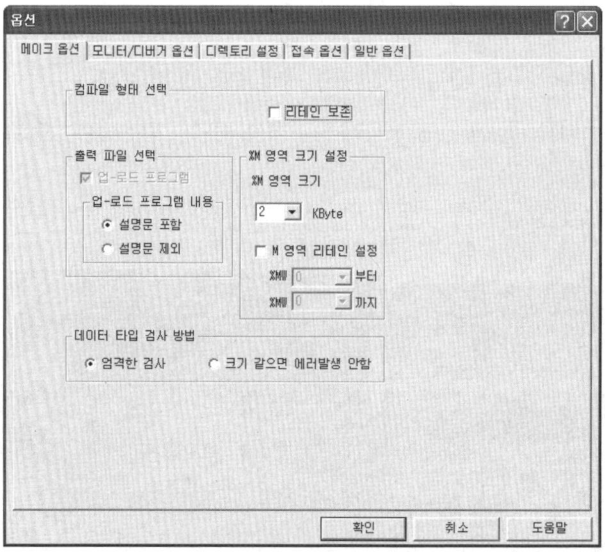

업로드 프로그램을 설정하기 위한 그림

3) 양 변환 검출코일과 음 변환 검출코일((P), (N))

양 변환 검출코일은 왼편의 연결선 상태가 바로 전 스캔에서 OFF였던 것이 현재 스캔에서 ON이 되는 상승에지 상태에서 1스캔 동안만 ON이 된다.

음 변환 검출코일은 왼편의 연결선 상태가 바로 전 스캔에서 ON이었던 것이 현재 스캔에서 OFF 되는 하강에지 상태에서 1스캔 동안만 ON이 된다.

※ 사용법 및 기능 설명

◈ 양 변환 검출 코일은 아래 타임차트에서와 같이 %I0.0.1의 입력 스위치가 ON이 되는 순간 M1이 1스캔 동안 ON이 되며, 그 후로는 동작하지 않으므로 자기유지 접점을 추가하였다. 출력 %Q0.2.1의 여자는 %I0.0.0의 입력 스위치에 의하여 소자된다.

◈ 음 변환 검출 코일은 입력 스위치 %I0.0.2를 눌렀다 떼는 순간 M2가 동작하고 %Q0.2.2의 출력 코일에 의하여 자기유지가 된다.

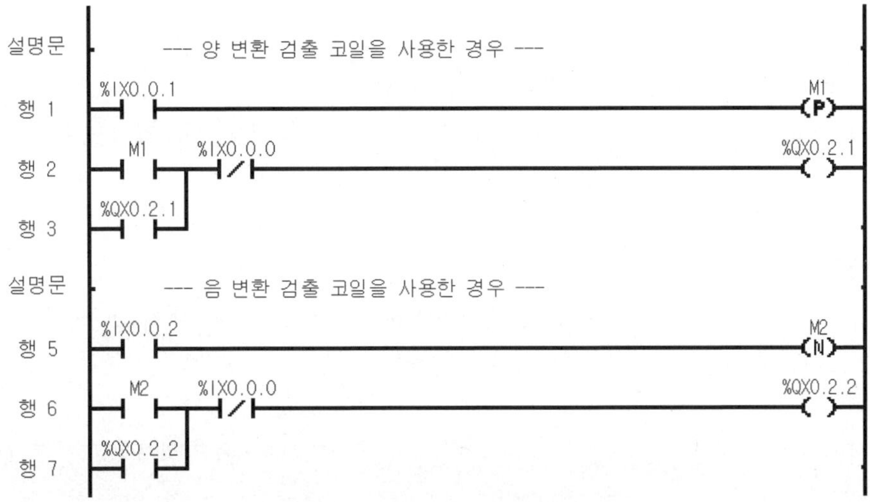

그림 4-4 양/음 변환 검출코일의 예

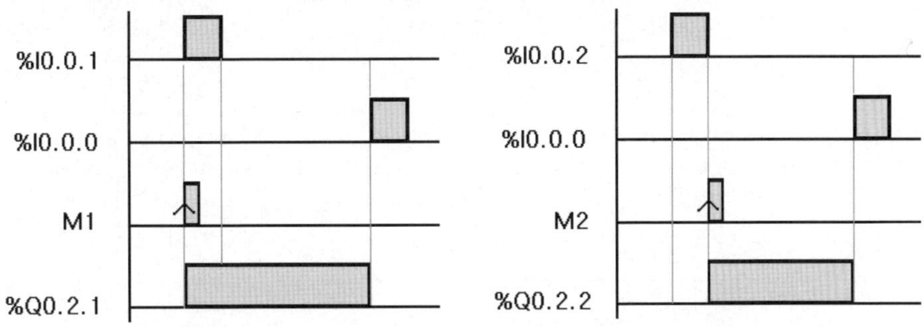

(a) 양 변환 검출 코일 (b) 음 변환 검출 코일

그림 4-5 양/음 변환 검출 코일의 타임차트

실습과제 4-4

양 변환 검출 및 음 변환 검출 코일 프로그램 실습

1. 실험목적

PLC의 명령어 양 변환 검출 코일 및 음 변환 검출 코일 명령어를 익힐 수 있다.

2. 관계지식

1) PLC의 기본 명령어를 이해할 수 있어야 한다.
2) 양 변환 검출 코일 및 음 변환 검출 코일의 의미를 이해할 수 있어야 한다.
3) 스캔타임의 의미를 이해하여야 한다.

3. 동작조건

1) 세 개의 스위치(기동1, 기동2, 정지)를 이용하여 모터의 기동 및 정지회로를 구성한다.
2) PLC 메모리 할당은 아래와 같이 구성한다.

구 분	간접 변수 명	I/O할당	비 고
입 력	기동스위치 1	%IX0.0.2	푸시스위치 S-2
	기동스위치 2	%IX0.0.1	푸시스위치 S-3
	정지스위치	%IX0.0.0	토글스위치 0
출 력	모 터	%QX0.2.2	MOTOR-1 (-)
	양변환 검출	자동	
	음변환 검출	자동	
	운전램프	%QX0.2.1	램프 L-1
	정지램프	%QX0.2.0	램프 L-2

3) PLC 입력 전원은 DC 24V로 구성하며 PLC 입력 COM 단자에 DC 24V(+)로 전원을 연결하고, PLC 출력 COM 단자에 DC 0V(−)를 연결한다.
4) 기동스위치 1을 ON하면 양 변환 검출코일이 기동스위치1이 OFF에서 ON이 될 때(상승 시) 1스캔 동안만 동작하여 모터를 운전하며(자기유지에 의해 계속 운전) 정지스위치에 의해 모터가 정지한다.

5) 기동스위치 2를 ON하면 음 변환 검출 코일이 기동스위치2가 ON에서 OFF로 될 때 (하강 시) 1스캔 동안만 동작하여 모터를 운전하며(자기유지에 의해 계속 운전) 정지스위치에 의해 모터가 정지한다.

4. 프로그램 실습

1) GMWIN을 실행시켜 프로젝트 및 프로그램 창을 연다.
2) PLC I/O MAP을 이용하여 프로그램을 구성한다.
3) 프로그램을 작성하는 방법은 전 과제를 참고한다.
4) 아래의 그림은 양 변환 검출코일과 음 변환 검출코일 명령어를 이용하여 모터의 기동 정지 회로를 나타낸 프로그램이다.

	변수 명	데이터 타입	메모리 할당	초기 값	변수 종류	사용 여부	설명문
1	기동스위치1	BOOL	%IX0.0.2		VAR		
2	기동스위치2	BOOL	%IX0.0.1		VAR		
3	모터	BOOL	%QX0.2.2		VAR		
4	양변환검출	BOOL	<자동>		VAR		
5	운전램프	BOOL	%QX0.2.1		VAR		
6	음변환검출	BOOL	<자동>		VAR		
7	정지램프	BOOL	%QX0.2.0		VAR		
8	정지스위치	BOOL	%IX0.0.0		VAR		

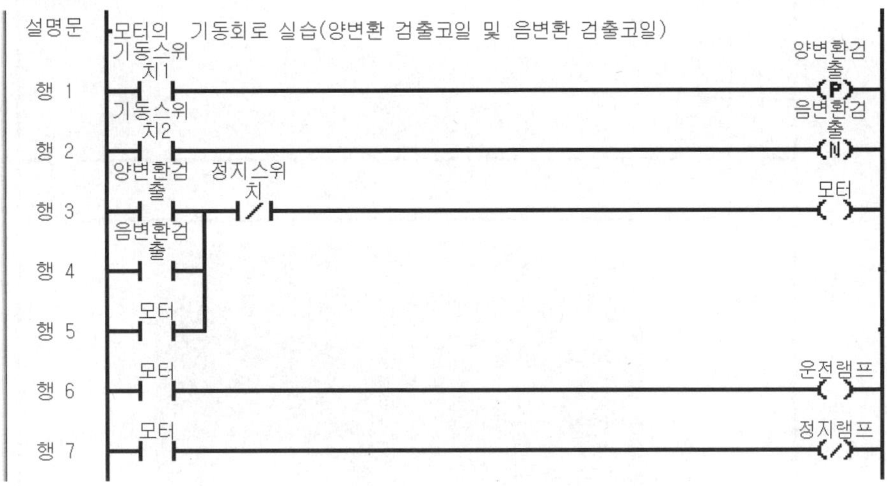

5) 상기 프로그램을 실습과제3 모터의 기동 정지회로와 비교하여 보면 차이점을 구별할 수 있을 것이다(상승출력 접점과 하강출력 접점의 차이점을 구별).

5. 프로그램의 실행(시뮬레이터 이용)

1) 위 상기사항을 확인하기 위하여 GLOFA의 특징인 시뮬레이터를 이용하여 회로의 이상 유무 및 동작을 실험하기로 한다(그림 참조).

① 다음 그림은 시뮬레이터를 선택하고 CPU를 RUN(R) 모드로 실행하여 기동스위치를 ON한 경우 정지램프가 점등된 경우이다(정지램프 출력 도구는 역 코일을 사용한 예임).

② 기동스위치 1을 ON함과 동시에 상승 출력 검출이 되어 모터가 운전하고 정지스위치에 의해 정지한다.

③ 기동스위치 2를 ON했다가 OFF로 되는 순간에 하강 출력 검출이 되어 모터가 운전하고 정지스위치에 의해 정지한다.

④ 시뮬레이터를 종료하려면 시뮬레이터 우측 상단의 단축아이콘 ✕을 선택하면 된다.

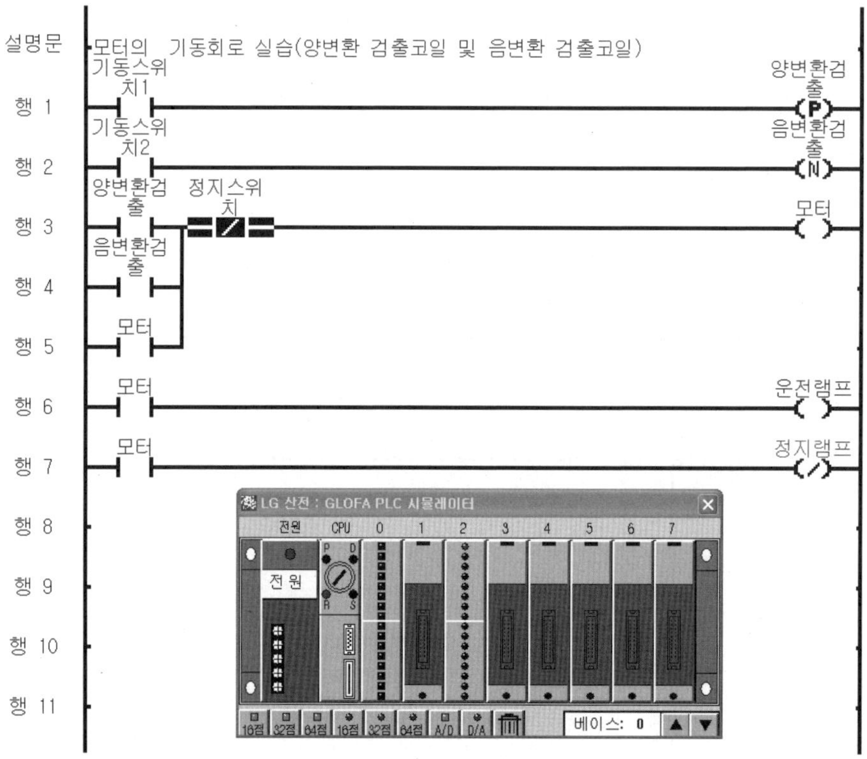

2) 장비와의 결선도

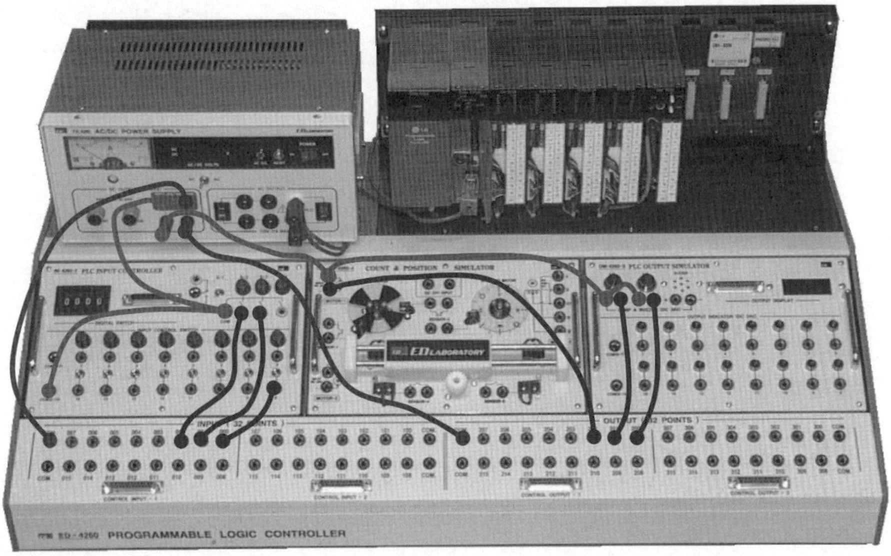

4) 연산에 따른 타임차트

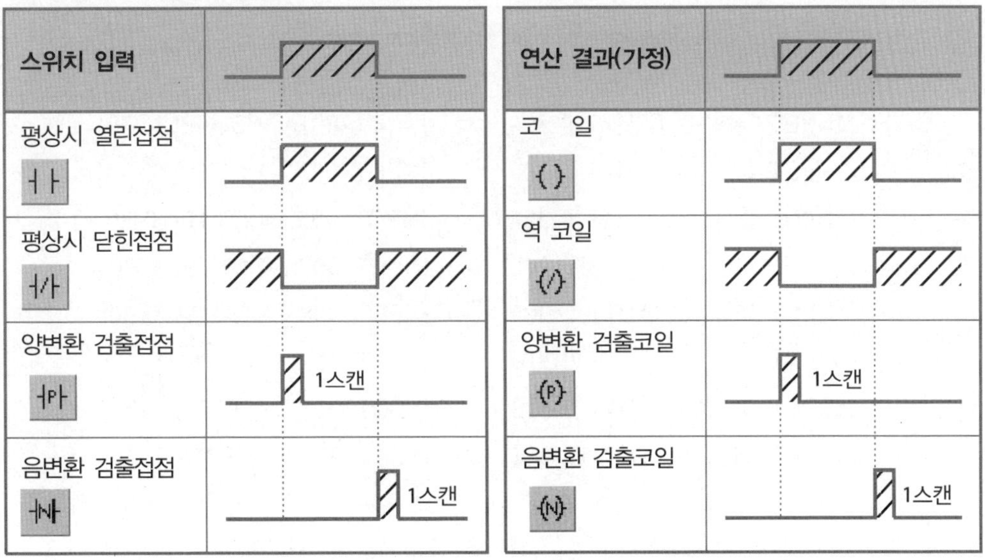

그림 4-6 연산에 따른 입·출력 도구 타임차트

실습과제 4-5

PLC I/O 실험실습

1. 실험목적

1) PLC의 입·출력 장치의 원리를 이해한다.
2) PLC의 기본원리를 익힐 수 있다.
3) 시퀀스와 PLC의 차이점을 구별할 수 있다.
4) PLC TRAINER의 구조와 원리를 이해할 수 있다.

2. 관계지식

1) 전기적인 신호의 흐름을 이해할 수 있어야 한다.
2) 기본적인 시퀀스 회로를 보고 이해할 수 있어야 한다.

3. 동작조건

1) INPUT 16point와 OUTPUT 16point가 1 : 1로 구동할 수 있도록 프로그램을 구성한다.
2) PLC TRAINER의 본체와 입력 스위치 모듈 및 출력 램프 모듈을 이용하여 INPUT 000번지에 입력을 주면 OUTPUT 300 번지로 출력 LAMP가 켜지도록 아래와 같이 조건에 맞도록 동작 회로를 구성한다(TRAINER 기준).

INPUT 000 → OUTPUT 300	INPUT 001 → OUTPUT 301
INPUT 002 → OUTPUT 302	INPUT 003 → OUTPUT 303
INPUT 004 → OUTPUT 304	INPUT 005 → OUTPUT 305
INPUT 006 → OUTPUT 306	INPUT 007 → OUTPUT 307
INPUT 008 → OUTPUT 308	INPUT 008 → OUTPUT 309
INPUT 010 → OUTPUT 310	INPUT 011 → OUTPUT 311
INPUT 012 → OUTPUT 312	INPUT 013 → OUTPUT 313
INPUT 014 → OUTPUT 314	INPUT 015 → OUTPUT 315

3) INPUT 000은 입력 모듈의 "0"번 스위치에 접속하여 입력회로를 구성한다(이하 동일 구성).
4) OUTPUT 300은 출력 모듈의 "0"번 램프에 접속하여 출력 회로를 구성한다(이하 동일 구성).

5) 전원은 DC 24V로 구성하며 참고 사항을 참조하여 전원을 구성한다.

※ 참고 사항 : 앞으로 실습에서 사용되는 입력 모듈과 출력 모듈의 전원은 다음을 참고한다.

- PLC 입력 모듈 전원 : FIX 24V 고정 전원을 사용하여 PLC COM은 DC 0V(-)에, 스위치 COM은 DC 24V(+)로 전원을 연결한다. 단 센서의 종류에 따라 NPN, PNP 형을 고려하여야 한다. NPN 형 센서를 사용할 경우 PLC COM은 DC 24V(+)를 연결해야 한다.
- PLC 출력 모듈 전원 : 가변전원 DC 0~24V를 사용한다. 가변전원을 출력으로 사용하는 이유는 입력 전원과 출력 전원의 분리사용 실습을 하기 위함이며, 제어 대상에 따라 전압을 임의로 조정해야 할 필요가 있다. 주의사항은 current VR을 최대로 놓고 전압을 조정해야 한다.

4. PLC와의 접속

PLC와의 접속방법은 메뉴의 프로젝트창 → 옵션 → 접속방식에서 RS−232C와 로컬을 선택한 후 통신포트를 COM1~C0M4중 PC의 접속 형태에 따라 선택한다.

5. 프로그램 실습

1) GMWIN PROGRAM을 실행시킨다.
2) 프로젝트 메뉴에서 새 프로젝트를 선택한다.
3) 새 프로젝트의 대화상자에서 프로젝트 파일 이름은 본인이 쉽게 찾을 수 있도록 정의하며 PLC의 종류는 GM4를 선택하고, 저자와 설명문은 주석형태로 작성한다.

* MOVE 명령어를 사용하면 아래와 같이 조건에 맞는 회로를 간단하게 작성할 수 있다.

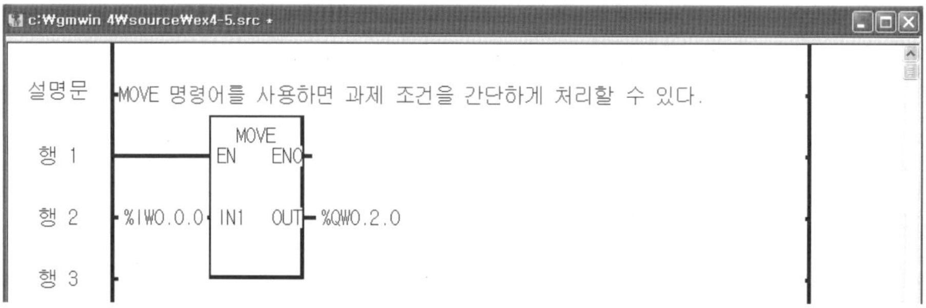

4) 프로그램의 실행(시뮬레이션)

① 상기사항을 확인하기 위하여 GLOFA의 특징인 시뮬레이터를 이용하여 회로의 이상 유무 및 동작을 실험하기로 한다.

② 메뉴의 프로젝트를 선택하고 시뮬레이터 시작을 선택하면 실행파일이 생성되고 확인 버튼을 누르면 아래 화면처럼 시뮬레이터 그림이 나타난다.

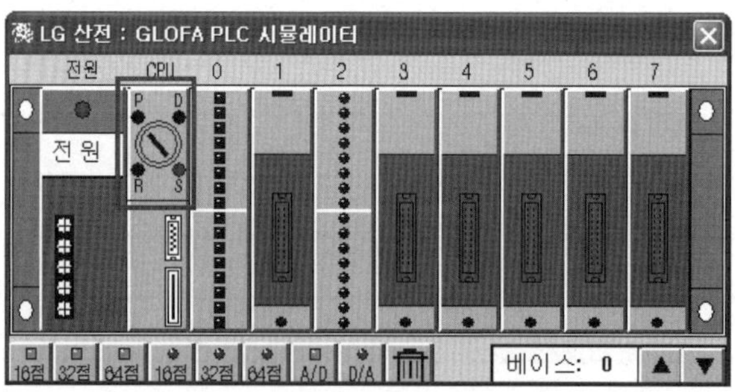

③ 상기 그림에서 베이스 번호와 슬롯의 형태는 INPUT/OUTPUT의 작성된 프로그램 설정 변수에 따라 자동으로 생성된다.

④ 상기 시뮬레이터의 실험은 시뮬레이터상의 CPU를 STOP(S) 모드에서 RUN(R) 모드로 설정한 뒤 슬롯번호 "0"의 입력 스위치를 선택하면 그에 따라 출력이 슬롯

번호 "3"에서 적색의 램프로 출력이 확인된다(실행그림 참조).

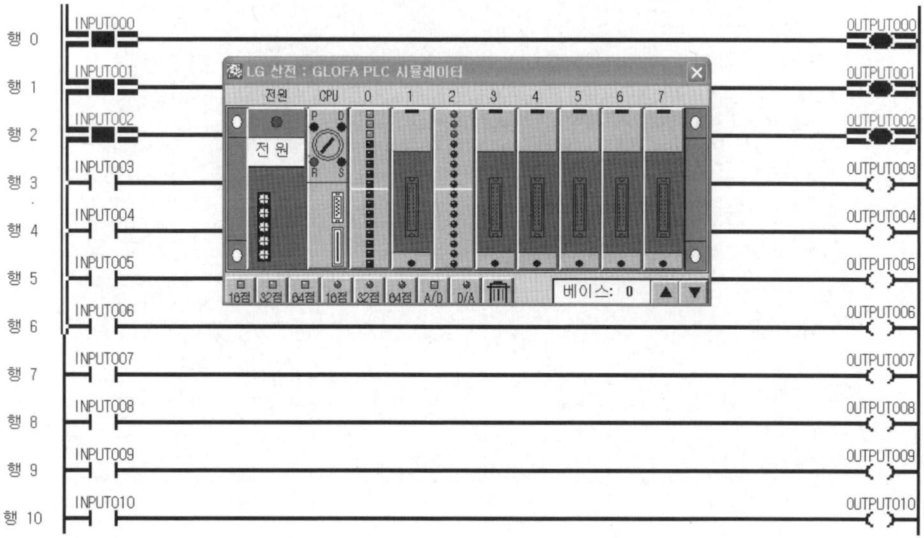

5) PC에서 PLC로의 데이터 전송

① 메뉴의 온라인에서 접속+쓰기+모드전환+모니터시작을 선택하면 RS-232 케이블의 접속 상태와 PLC 기종을 확인한 후 접속된다.

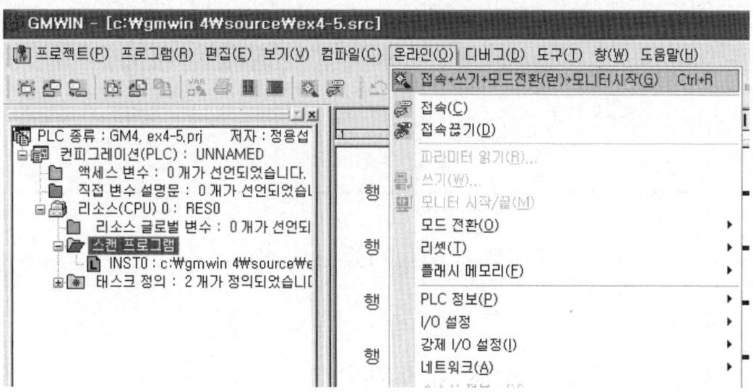

② 접속을 종료하려면 **접속 끊기** 단축아이콘( )을 선택하면 된다.

6) 장비와의 결선도

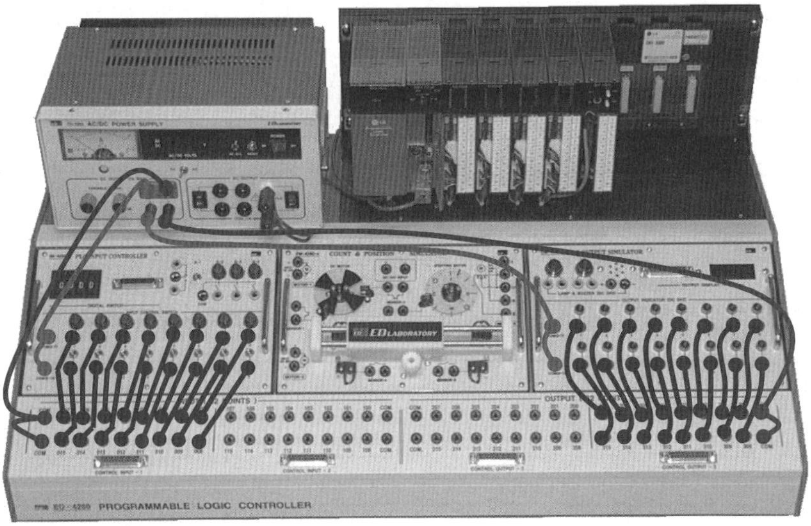

4 레이블

1) END 명령어 이 후에 불러오기를 하고자 하는 행에 마우스를 두고 더블 클릭한다.

2) 레이블 / 렁 설명문 / 주프로그램 끝 표시 대화상자에서 레이블을 선택한다.

3) 레이블 추가 대화상자에서 레이블 명을 “NEO”로 정의한다(최대 16자).

5 END

1) 프로그램의 끝 행에 마우스를 두고 (행2)를 더블 클릭한다.

2) 레이블 / 렁 설명문 / 주프로그램 끝 표시 대화상자에서 “주프로그램 끝 표시”를 선택한다.

6 부프로그램

1) 서브루틴(CALL)(<SC>)

LD 프로그램에서 END 명령어를 만나면 프로그램을 종료한다. 그러나 불가피하게 END 명령어 이후에 프로그램이 존재할 경우 그 프로그램을 불러와야 할 때가 있는데 이러한 경우, 서브루틴 명령어를 사용하면 편리하다.

(1) 도구 상자에서 <SC>을 선택한다.

(2) LD 프로그램 윈도우에서 원하는 위치로 마우스를 옮긴 후에 왼쪽 단추를 누른다.

(3) 아이콘 ↖ 을 선택하고 작성된 서브루틴 LD를 더블 클릭하여 레이블 명을 "ABC"라고 입력한다.

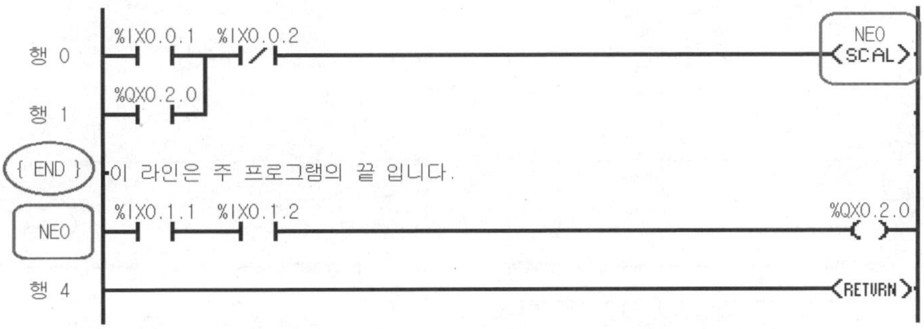

그림 4-7 레이블의 예

(4) 시뮬레이션 결과

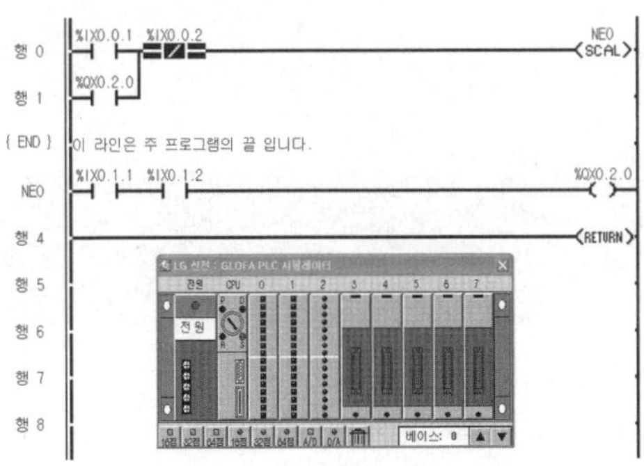

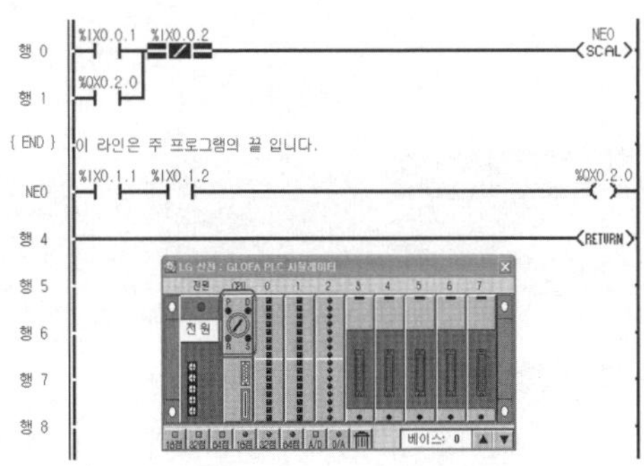

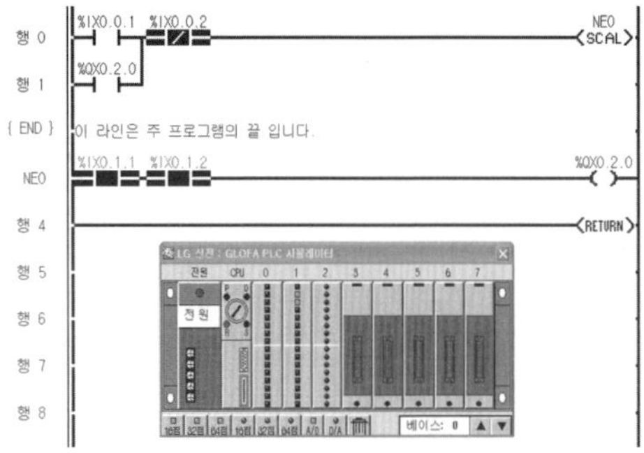

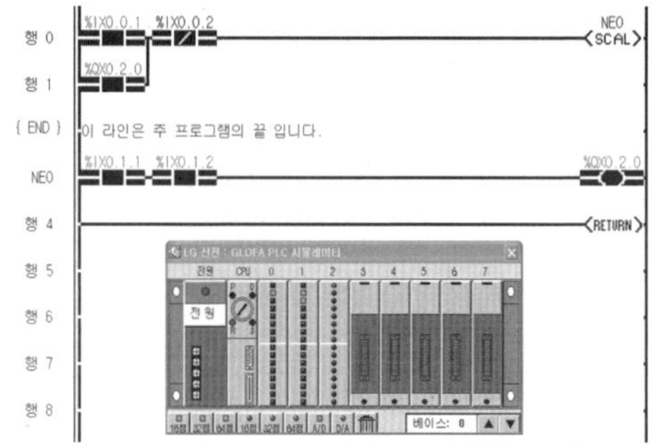

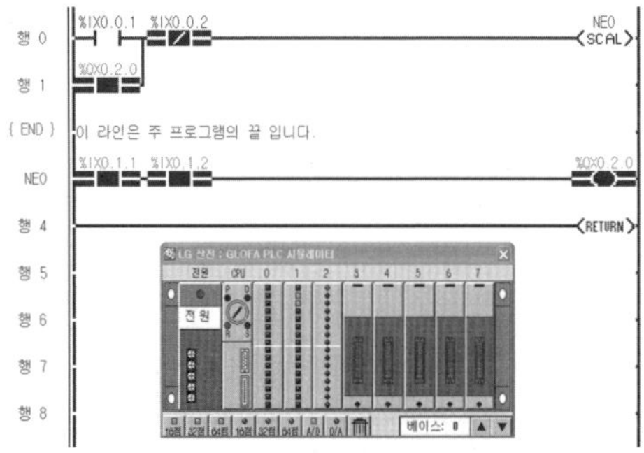

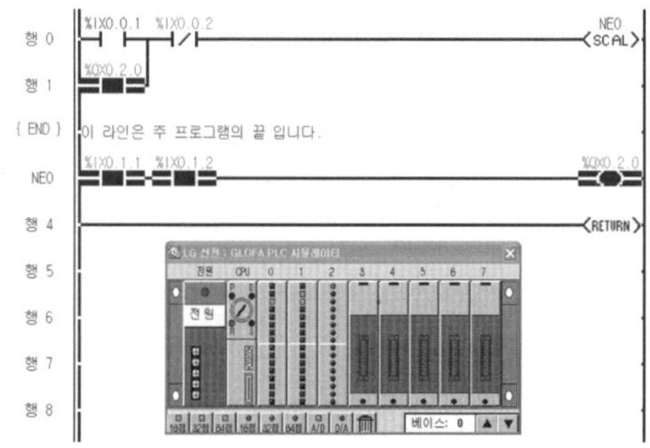

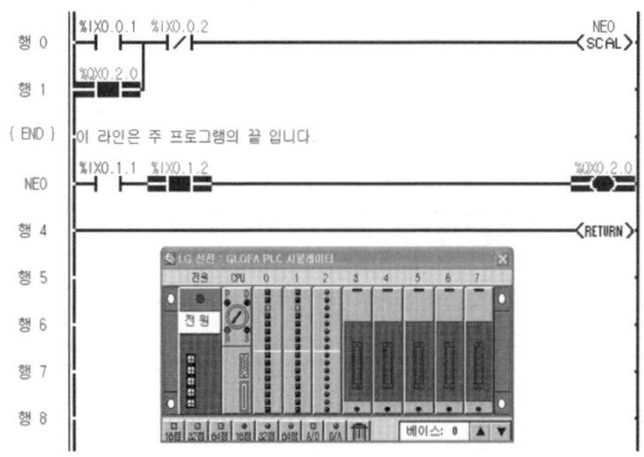

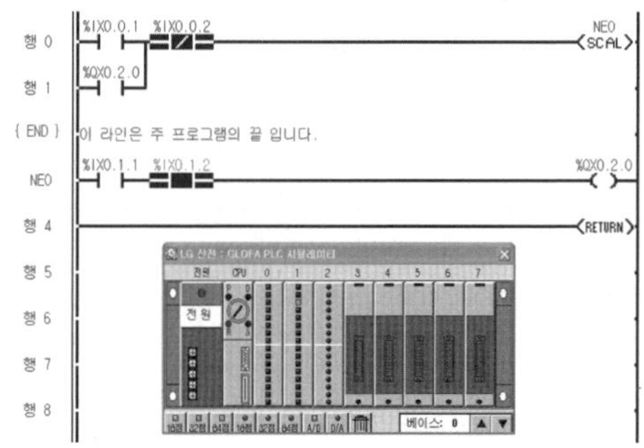

실습과제 4-6

서브루틴명령 회로

1. 실험목적

1) PLC의 I/O(INPUT/OUTPUT) MAP을 익힐 수 있다.

2) 응용펑션 블록의 사용방법과 원리를 이해할 수 있다.

2. 관계지식

1) 전기적인 신호의 흐름을 이해할 수 있어야 한다.
2) PLC의 기본 명령어를 이해할 수 있어야 한다.
3) 서브루틴의 기본 지식을 이해할 수 있어야 한다.
4) 주프로그램과 보조프로그램의 의미를 이해할 수 있어야 한다.

3. 동작조건

1) 주스위치가 동작하면 주 출력 램프가 동작하고(주프로그램 종료), 보조스위치에 의해 보조출력이 동작하며, 스톱스위치에 의해 주출력 램프 및 보조출력이 초기화된다.
2) 주출력 램프가 동작하지 않으면 보조스위치에 의한 보조출력도 동작하지 않는다.
3) PLC I/O MAP의 구성은 아래와 같이 한다.

구 분	간접 변수 명	I/O할당	비 고
입 력	PB1	%IX0.1.8	스위치
	PB2	%IW0.1.9	스위치
	PB3	%IX0.1.10	스위치
출 력	PL1	%QX0.3.8	램프
	PL2	%QX0.3.9	램프

4. 프로그램 실습

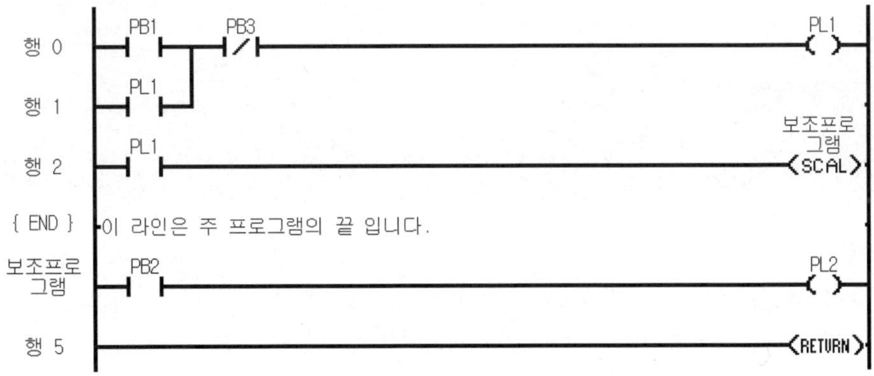

2) 리턴(Return)(<RET>)

프로그램 중 [Return]을 만나면 프로그램을 종료하는 명령으로 [Return] 이후의 프로그램은 실행하지 않는다(단축키 Shift + F7).

(1) 기능 설명

① 도구 상자에서 <RET>을 선택한다.

② LD 프로그램 윈도우에서 원하는 위치로 마우스를 옮긴 후에 왼쪽 단추를 누른다.

③ LD 프로그램 윈도우에서 리턴을 입력할 위치로 커서를 이동시킨다.

④ 메뉴 도구 상자 내의 명령 중 리턴(Shift−F7)을 선택한다.

(2) 프로그램의 적용

아래 회로에서와 같이 2행 [Return]의 표시가 있는 부분까지만 실행한다.

프로그램 중 [Return]을 만나면 프로그램을 종료함으로 4행의 프로그램은 실행하지 않는다.

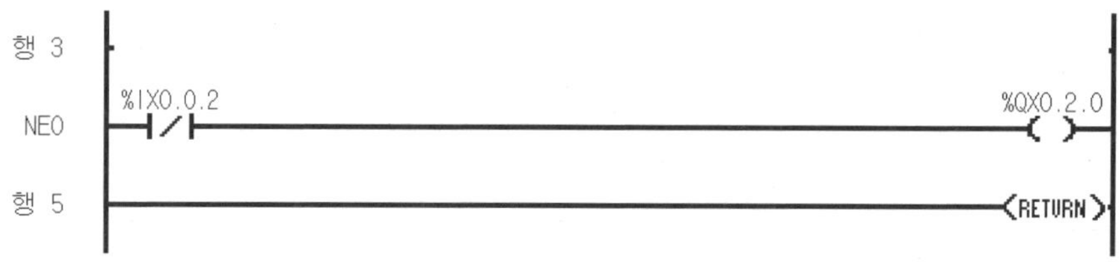

그림 4-8 리턴의 예

실습과제 4-7

리턴 명령회로

1. 실험목적

1) PLC의 I/O(INPUT/OUTPUT) MAP을 익힐 수 있다.

2) 응용펑션 블록의 사용방법과 원리를 이해할 수 있다.

2. 관계지식

1) 전기적인 신호의 흐름을 이해할 수 있어야 한다.

2) PLC의 기본 명령어를 이해할 수 있어야 한다.

3) 프로그램 종료에 대하여 이해할 수 있어야한다.

3. 동작조건

1) PB1의 접점이 동작하면 PL1이 ON 되고 [Return]을 만나면 프로그램이 종료되며, [Return] 이후의 프로그램인 PB2의 접점에 의해 출력되는 PL2는 동작하지 않는다.
2) PLC I/O MAP의 구성은 아래와 같이 한다.

구 분	간접 변수 명	I/O할당	비 고
입 력	PB1	%IX0.0.0	스위치
	PB2	%IW0.1.0	스위치
출 력	PL1	%QX0.3.8	램프
	PL2	%QX0.3.9	램프

3) PLC 입력 전원은 DC 24V로 구성하며 PLC 입력 COM 단자에 DC 24V(+)로 전원을 연결하고, PLC 출력 COM 단자에 DC 0V(−)를 연결한다.

4. 프로그램 실습

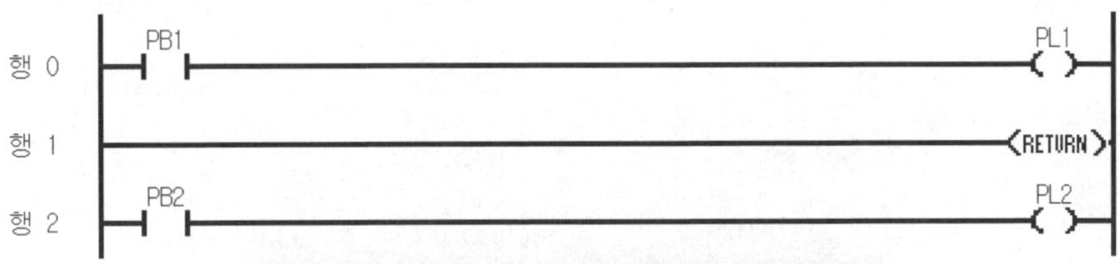

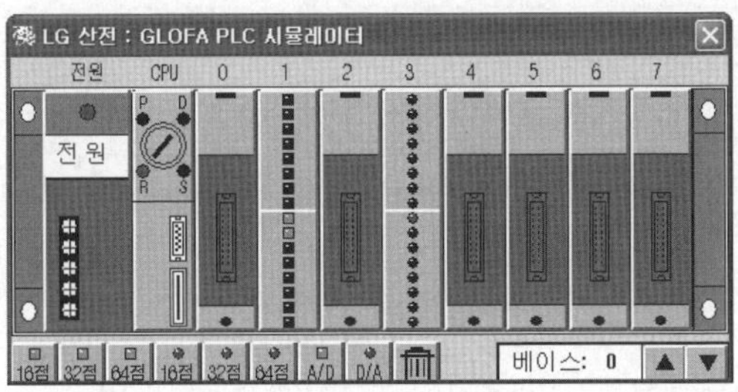

실습과제 4-8

서브루틴 명령어를 이용한 프로그램 실습

1. 실험목적

서브루틴 명령어를 이용하여 보조프로그램 및 호출에 대해서 익힐 수 있다.

2. 관계지식

1) 서브루틴의 기본 지식을 이해할 수 있어야 한다.

2) 주프로그램과 보조프로그램의 의미를 이해할 수 있어야 한다.

3. 동작조건

1) 주스위치가 동작하면 주출력 램프가 동작하고(주프로그램 종료), 보조스위치에 의해 보조출력이 동작하며, 스톱스위치에 의해 주출력 램프 및 보조출력이 초기화된다.

2) 주출력 램프가 동작하지 않으면 보조스위치에 의한 보조출력도 동작하지 않는다.

3) PLC I/O MAP의 구성은 아래와 같이 한다.

구 분	간접 변수 명	I/O할당	비 고
입 력	주스위치	%IX0.0.1	토글스위치 1
	보조스위치	%IX0.0.2	토글스위치 2
	스톱스위치	%IX0.0.0	토글스위치 0
출 력	주 출력 램프	%QX0.2.0	램프 L-2
	보조 출력 램프	%QX0.2.1	램프 L-1

3) PLC 입력 전원은 DC 24V로 구성하며 PLC 입력 COM 단자에 DC 24V(+)로 전원을 연결하고, PLC 출력 COM 단자에 DC 0V(−)를 연결한다.

4. 프로그램 실습

1) GMWIN을 기동하여 프로젝트 및 프로그램 창을 연다.

2) PLC I/O MAP을 이용하여 프로그램을 구성한다.

3) 프로그램을 작성하는 방법은 전 과제를 참고한다.

4) 아래의 그림은 서브루틴 명령어를 이용하여 회로를 구현한 프로그램이다.

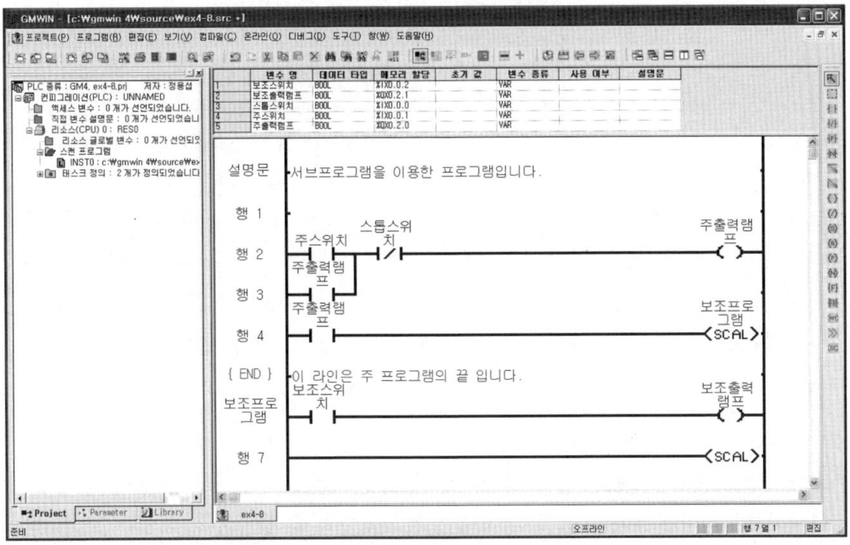

5) 설명문과 레이블의 사용법

① 설명문 또는 레이블을 삽입하고자 하는 행에서 마우스의 왼쪽버튼을 더블 클릭하면 아래의 왼쪽 화면이 나타난다.

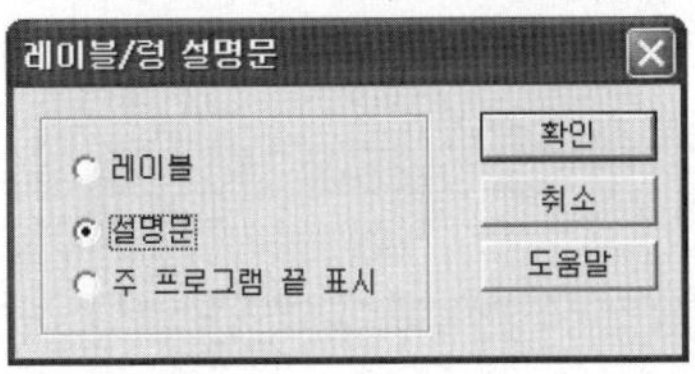

② 설명문을 선택하면 오른쪽 화면처럼 설명문에 삽입할 내용을 작성할 메시지 상자(렁 설명문 창)가 나타난다. 설명문에 "서브프로그램을 이용한 프로그램입니다." 라고 작성하면 아래의 그림처럼 나타난다.

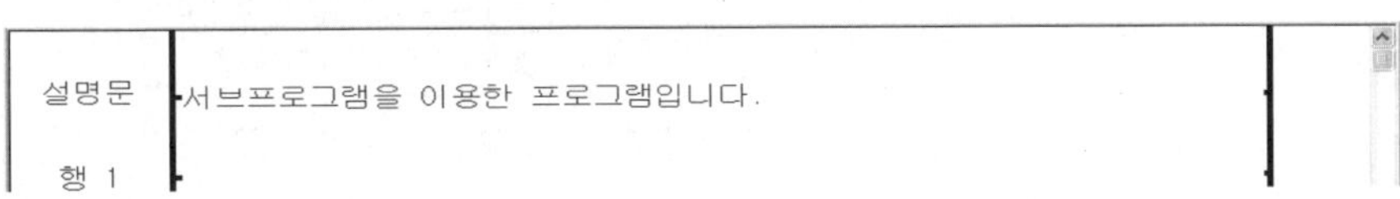

③ 서브프로그램을 작성하려면 작성하려는 프로그램에 <SC>을 선택하고 레이블을 작성하면 된다(아래 그림 참조).

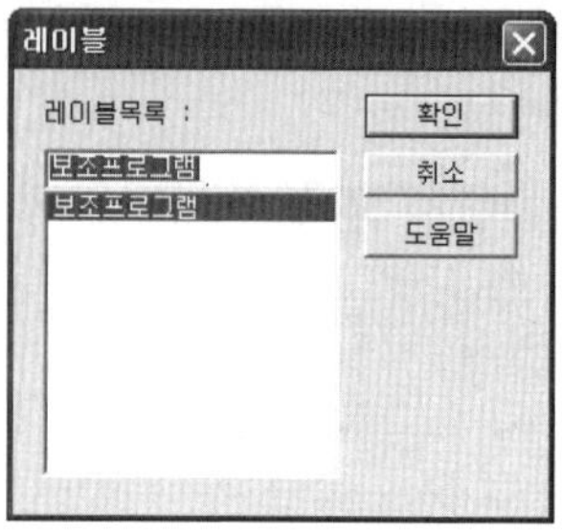

레이블 작성 시 설명문 작성과 마찬가지로 서브프로그램을 작성하면 된다(호출 시 사용할 명을 상기 프로그램에서는 "보조프로그램"이라 지칭함).

작성된 후 설명문에는 프로그램 종료에 사용될 레이블/렁 설명문 메뉴 중 "주프로그램 끝 표시"를 선택하면 LD 프로그램에 END라고 기입되면서 설명문은 "이 라인은 주프로그램의 끝 입니다"라고 기입된다.

보조프로그램(서브루틴 프로그램)을 선택 받으려면 서브프로그램을 작성할 9행에 "레이블"을 선택하여 레이블 목록에 있는 "보조프로그램"을 선택하면 호출 프로그램의 작성이 완료된다(아래의 그림 참조).

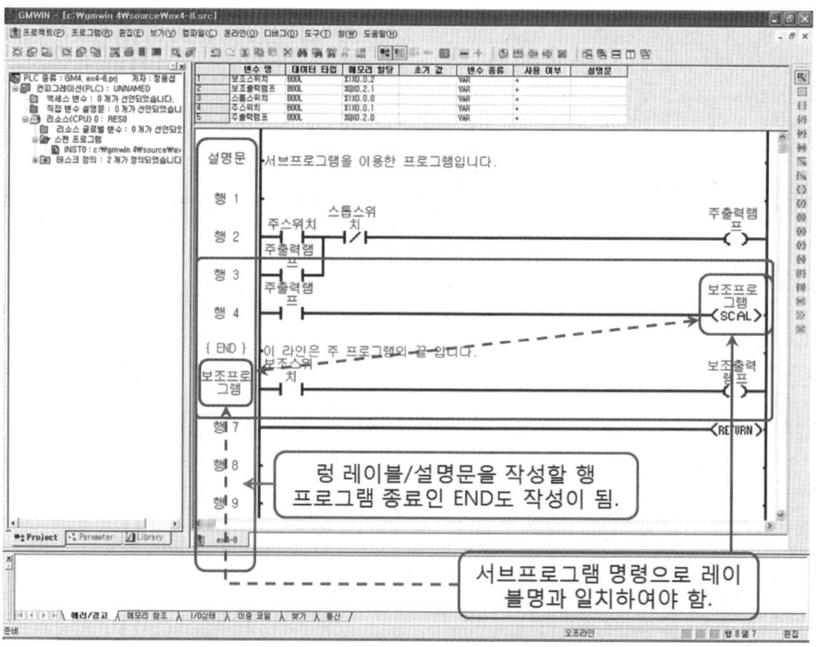

5. 프로그램의 실행(시뮬레이터 이용)

1) 위 사항을 확인하기 위하여 GLOFA의 특징인 시뮬레이터를 이용하여 회로의 이상 유무 및 동작을 실험하기로 한다(그림 참조).

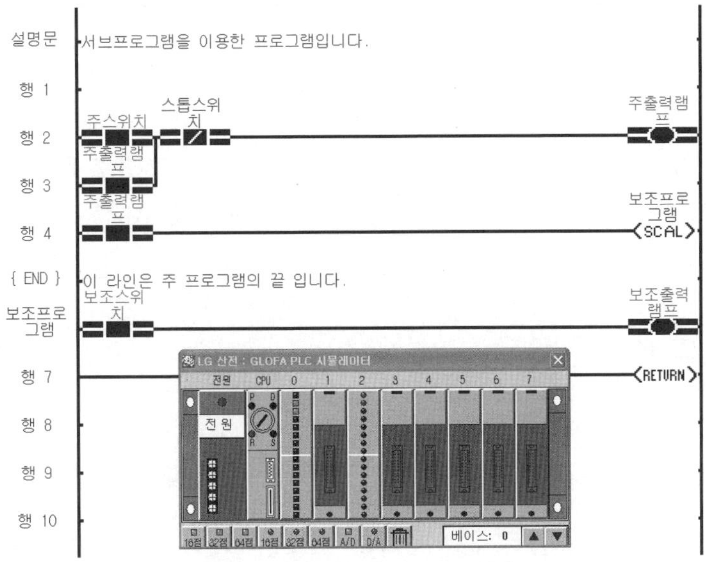

① 상기 그림은 시뮬레이터를 선택하고 CPU를 RUN 모드로 실행하여 주스위치를 ON하여 주 출력 램프를 동작시키고, 주 출력 램프에 의해 보조프로그램으로 점프하며(서브루틴), 이때 보조스위치를 ON하여 보조출력이 점등된 경우이다.

② 시뮬레이터를 종료하려면 시뮬레이터 우측 상단의 단축아이콘 ☒을 선택하면 된다.

2) 장비와의 결선도

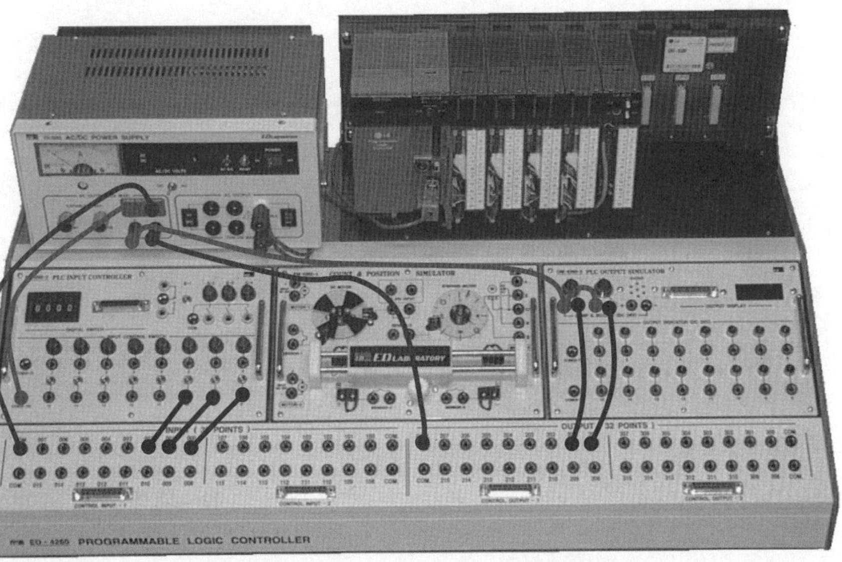

7 분기 (»)

점프는 LD 프로그램 중에 분기하고자 하는 곳(레이블 명)으로 직접 갈 수 있는 방법이다. 목적지는 레이블로 나타낸다. 서브루틴을 포함하는 LD 프로그램에서 주프로그램에 포함된 점프는 주프로그램에 포함된 레이블을 입력해야 하고, 서브루틴 영역에 있는 점프는 서브루틴 안에 있는 레이블로만 분기할 수 있다.

1) 프로그램의 예

(1) 도구 상자에서 » 을 선택한다.

(2) LD 프로그램 윈도우에서 원하는 위치로 마우스를 옮긴 후에 왼쪽 단추를 누른다.

(3) 아이콘 » 을 더블 클릭하여 레이블 명을 "TRUENEO"라고 입력한다.

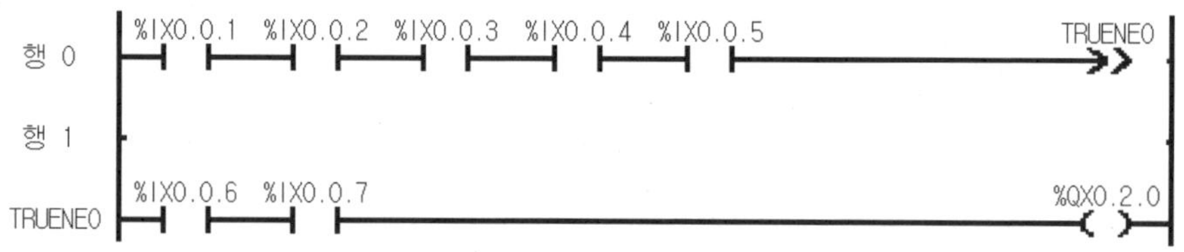

그림 4-9 분기의 예

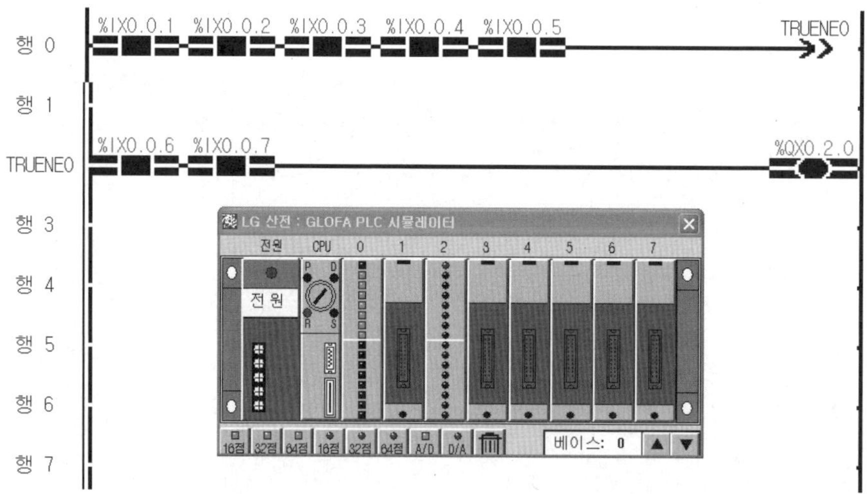

실습과제 4-9

분기 JUMP 명령어를 이용한 프로그램 실습

1. 실험목적

점프 명령어를 이용하여 LD 프로그램 내에 프로그램 점프(서브프로그램)에 대해서 익힐 수 있다.

2. 관계지식

1) 점프와 콜의 기본 지식을 이해할 수 있어야 한다.
2) 서브루틴 프로그램을 이해할 수 있어야 한다.

3. 동작조건

1) 스위치1은 출력1을 제어하고, 스위치2는 출력2를 제어한다. 단 분기(점프) 명령어를 사용했을 때 출력1은 스위치1에 의해서 제어되지 않도록 회로를 구성한다. 출력2는 스위치2에 의해서 분기(점프) 명령에 관계없이 동작되어야 한다.
2) PLC I/O MAP의 구성은 아래와 같이 한다.

구 분	간접 변수 명	I/O할당	비 고
입 력	스위치 1	%IX0.0.1	토글스위치 1
	스위치 2	%IX0.0.2	토글스위치 2
	분기스위치	%IX0.0.0	토글스위치 3
출 력	출력 1	%QX0.2.1	램프 L-1
	출력 2	%QX0.2.0	램프 L-2

3) PLC 입력 전원은 DC 24V로 구성하며 PLC 입력 COM 단자에 DC 24V(+)로 전원을 연결하고, PLC 출력 COM 단자에 DC 0V(−)를 연결한다.

4. 프로그램 실습

1) GMWIN을 실행시켜 프로젝트 및 프로그램 창을 연다.
2) PLC I/O MAP을 이용하여 프로그램을 구성한다.

3) 프로그램을 작성하는 방법은 전 과제를 참고한다.

4) 아래의 그림은 점프 명령어를 이용하여 상기조건을 구현한 프로그램이다.

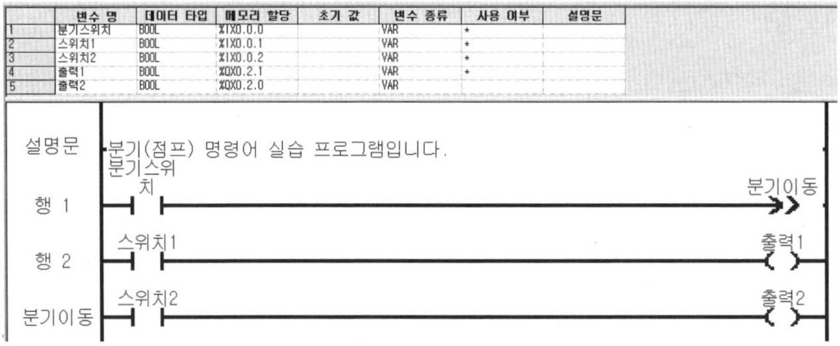

5) 점프 명령어의 사용법

① 분기 명령어를 사용하려면 작성하려는 프로그램에 을 선택하고 레이블을 작성하면 된다(설명문 또는 레이블 작성은 서브루틴 명령어 참조).

② 분기 명령어는 위 예제 프로그램에서 보는 바와 같이 분기 명령어는 분기 명령 실행 이후 프로그램은 동작하지 않고 점프될 지점의 레이블까지 이동한다.

※ 분기(점프) 명령

분기명령어는 프로그램 중에 분기하고자 하는 곳으로 직접 갈 수 있는 명령어로 목적지는 레이블로 나타낸다. 서브루틴을 포함하는 프로그램에서 주프로그램에 포함된 점프는 주프로그램에 포함된 레이블을 입력해야 하고, 서브루틴 영역에 있는 점프는 서브루틴 안에 레이블을 입력해야 하며 점프는 서브루틴 레이블로만 분기할 수 있다.
사용하는 용도로는 주프로그램과 보조 프로그램 등을 구분하고 또는 프로그램 중 프로그램을 점프하여야 할 경우에 사용된다.

5. 프로그램의 실행(시뮬레이터 이용)

1) 위 사항을 확인하기 위하여 GLOFA의 특징인 시뮬레이터를 이용하여 회로의 이상 유무 및 동작을 실험하기로 한다(그림 참조).

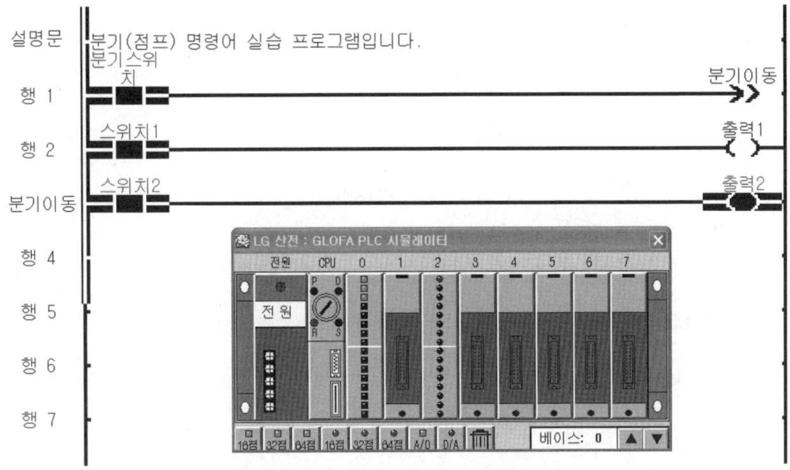

분기스위치 ON →스위치1 ON →스위치2 ON 상태

① 상기 그림은 시뮬레이터를 선택하고 CPU를 RUN(R) 모드로 실행하여 분기스위치를 실행한 후, 스위치1과 스위치2를 ON하여 출력2가 점등된 경우이다.

② 분기스위치의 접점이 동작하면 점프 목적지인 레이블 분기이동으로 점프되어 스위치1의 접점을 동작시켜도 출력1은 동작하지 않는다. 단 점프 명령이 없는 상태에서는 출력1의 출력이 동작하고, 출력1이 동작 중인 상태에서 점프 명령이 떨어지면 스위치1의 접점이 OFF 되어도 출력은 유지되며, 점프 명령이 해제될 때 스위치1에 의해 제어된다. 출력2의 출력은 점프 명령에 관계없이 스위치2에 의해 동작한다.

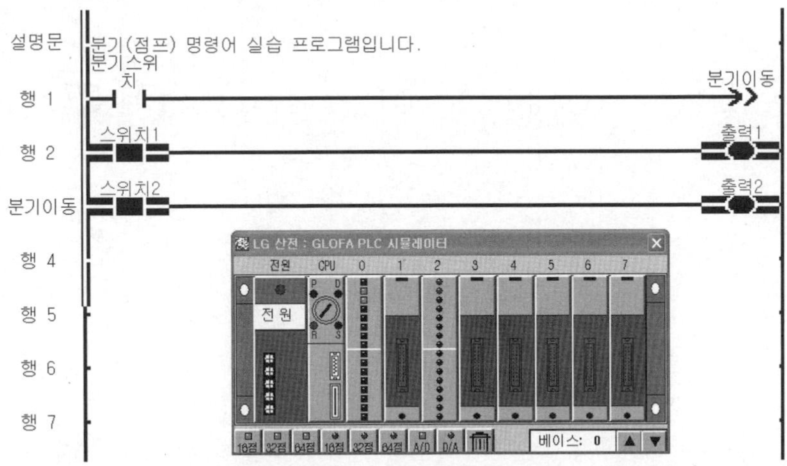

스위치1 ON → 스위치2 ON 상태

③ 상기 그림은 시뮬레이터를 선택하고 CPU를 RUN(R) 모드로 실행하여 스위치1을 실행한 후, 스위치2를 ON하여 출력1과 출력2가 모두 점등된 경우이다

④ 분기스위치의 접점이 동작하지 않으면 일반적인 프로그램과 동일하게 작동된다.

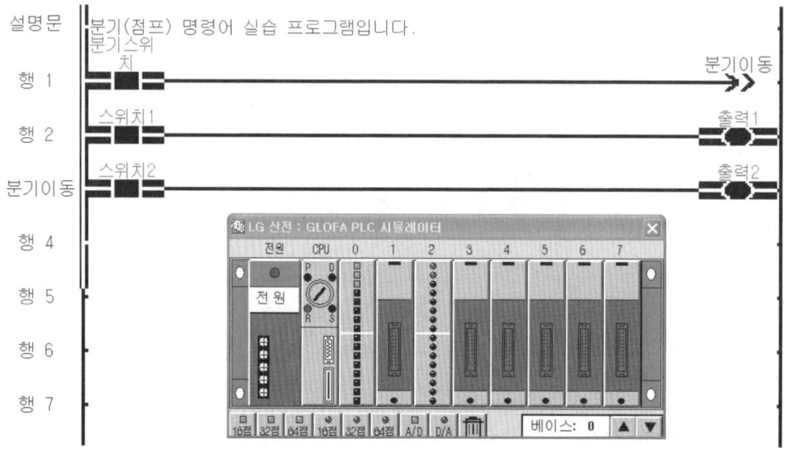

스위치1 ON →스위치2 ON → 분기스위치 ON 상태

⑤ 상기 그림은 시뮬레이터를 선택하고 CPU를 RUN(R) 모드로 실행하여 스위치1을 실행한 후, 분기스위치와 스위치2를 ON하여 출력1과 출력2가 모두 점등된 경우이다.

⑥ 프로그램은 위에서 아래로 실행되므로 행2의 스위치1의 접점이 먼저 동작하면 우선적으로 출력1이 점등되고, 이후 분기스위치의 접점이 동작하면 점프 목적지인 레이블 분기이동으로 점프되어 스위치2의 접점을 동작시켜 출력2를 점등하게 된다.

⑦ 시뮬레이터를 종료하려면 시뮬레이터 우측 상단의 단축아이콘 을 선택하면 된다.

2) 장비와의 결선도

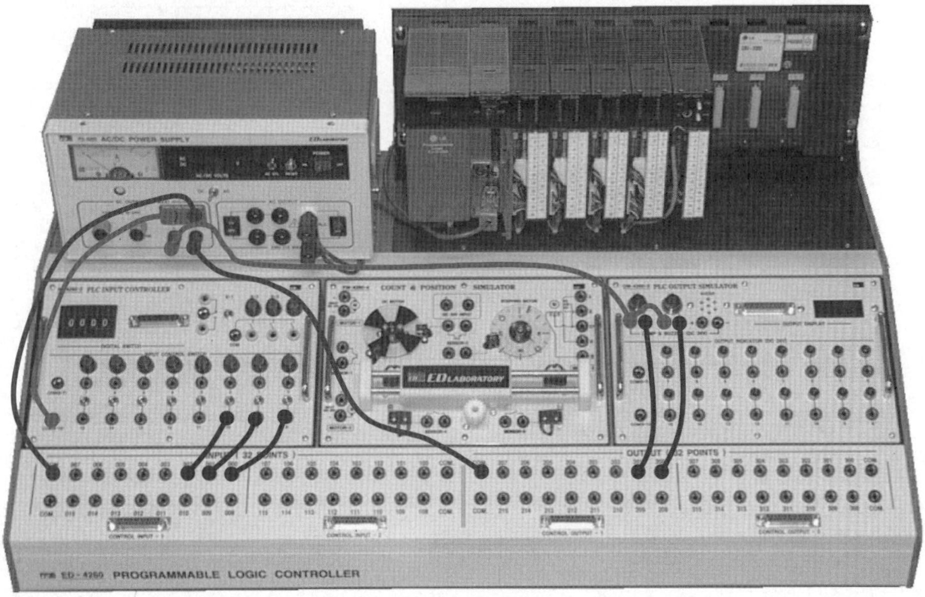

※ 서브루틴과 점프의 차이점

1) 서브루틴은 명령어의 END 이후에 사용된다.

2) 점프는 프로그램 내에 분기하고자 하는 곳까지 점프한다.

3) 분기는 분기 이후부터 점프되는 부분까지의 프로그램은 동작되지 않는다.

8 시퀀스 연산자

표 4-2 시퀀스 연산자

구분	명 령 어	기 호	기 능 설 명	비 고
시퀀스 연산자	평상시 열린접점	┤├	접점 연산	A 접점
	평상시 닫힌접점	┤/├	접점 연산	B 접점
	양변환 검출접점	┤P├	상승 에지에서 1 Scan On 접점	
	음변환 검출접점	┤N├	하강 에지에서 1 Scan On 접점	
	코일	( )	연산결과 출력	
	역 코일	(/)	연산결과 반전출력	
	양변환 검출코일	(P)	상승에지에서 1 Scan On 접점	
	음변환 검출코일	(N)	하강에지에서 1 Scan On 접점	
	세팅 코일	(S)	연산결과 세트출력	
	리셋 코일	(R)	연산결과 리셋출력	
	점프	>>	레이블 위치로 점프	
	프로그램 종료	<RET>	Return을 만나면 현재 프로그램 종료	
		<SC>	END 명령어를 만나면 현재 프로그램 종료	

1) 시퀀스 수식

시퀀스 회로는 다음 수식을 이용하여 완성할 수 있다.

$$R_1 = ([ST] \cdot R_{n-1} \cdot C_n + R_n) \cdot \overline{R_{n+1}}$$

$$R_{2..n-1} = (R_{n-1} \cdot C_n + R_n) \cdot \overline{R_{n+1}}$$

$$R_n = (R_{n-1} \cdot C_n + R_n) \cdot \overline{[ST]}$$

여기에서,

- R_n : 현재 행정의 릴레이의 "a" 접점
- $[ST]$: 시작 스위치 값 (첫 행정 때만 사용, 입력 조건에 따라 선택적으로 사용)
- $\overline{[ST]}$: 시작 스위치의 “b” 접점 값
- C_n : 현재 행정의 조건들 (limit switch 조건 값)
- R_{n-1} : 이전 행정의 릴레이
- $\overline{R_{n+1}}$: 다음 행정 릴레이의 “b” 접점
- $+$: 병렬연결
- $\cdot$: 직렬연결

을 나타낸다.

각 행정 릴레이에 따라 첫 번째 행정 릴레이는 R_1 수식을 이용하고, 그 다음부터는 $R_{2..n-1}$ 수식을 이용한다. 그리고 맨 마지막 행정 릴레이는 R_n 수식을 이용하면 시퀀스 행정을 쉽게 완성할 수 있다.

실습과제 4-10

양솔을 이용한 기본 행정

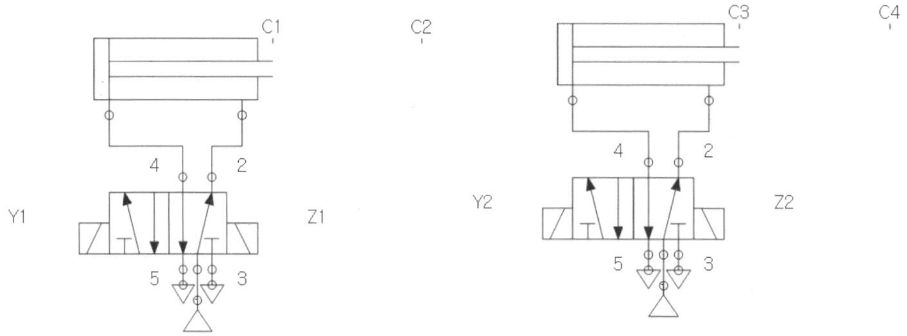

1. 타임차트

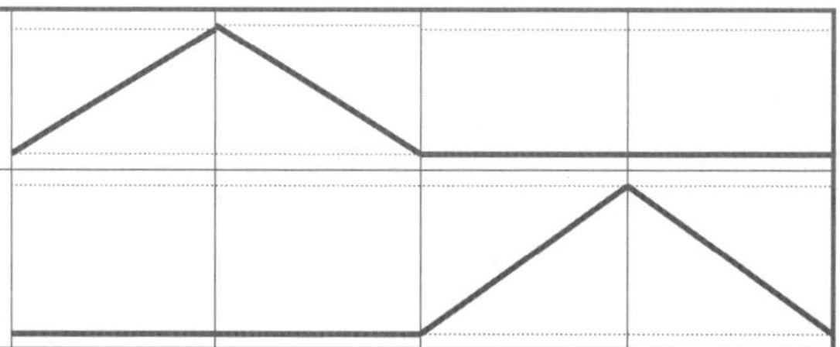

양솔	A	C2 / C1				
양솔	B	C4 / C3				
Relay			R1	R2	R3	R4
Condition			C1 · C3	C2	C1	C4
Solenoid valve			Y1	Z1	Y2	Z2

2. 관계지식

$$R_1 = ([ST] \cdot R_{n-1} \cdot C_n + R_n) \cdot \overline{R_{n+1}}$$

$$R_{2..n-1} = (R_{n-1} \cdot C_n + R_n) \cdot \overline{R_{n+1}}$$

$$R_n = (R_{n-1} \cdot C_n + R_n) \cdot \overline{[ST]}$$

3. IEC 회로

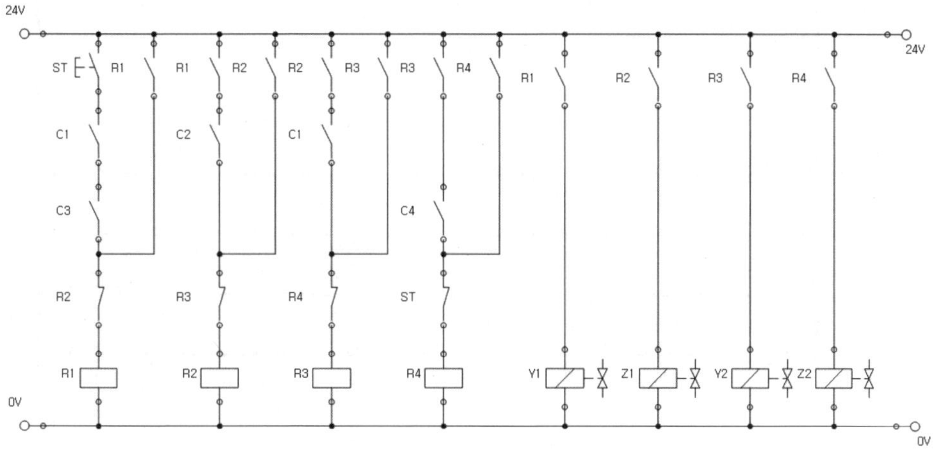

4. 프로그램 실습

1) 변수 선언

	변수 명	데이터 타입	메모리 할당	초기 값	변수 종류	사용 여부	설명문
1	C1	BOOL	%IX0.1.1		VAR	*	
2	C2	BOOL	%IX0.1.2		VAR	*	
3	C3	BOOL	%IX0.1.3		VAR	*	
4	C4	BOOL	%IX0.1.4		VAR	*	
5	R1	BOOL	<자동>		VAR	*	
6	R2	BOOL	<자동>		VAR	*	
7	R3	BOOL	<자동>		VAR	*	
8	R4	BOOL	<자동>		VAR	*	
9	ST	BOOL	%IX0.0.0		VAR	*	
10	Y1	BOOL	%QX0.3.1		VAR	*	
11	Y2	BOOL	%QX0.3.3		VAR	*	
12	Z1	BOOL	%QX0.3.2		VAR	*	
13	Z2	BOOL	%QX0.3.4		VAR	*	

2) 프로그램 실습

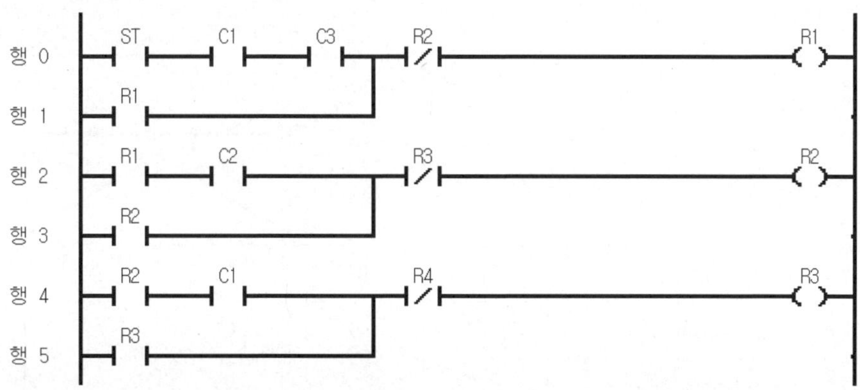

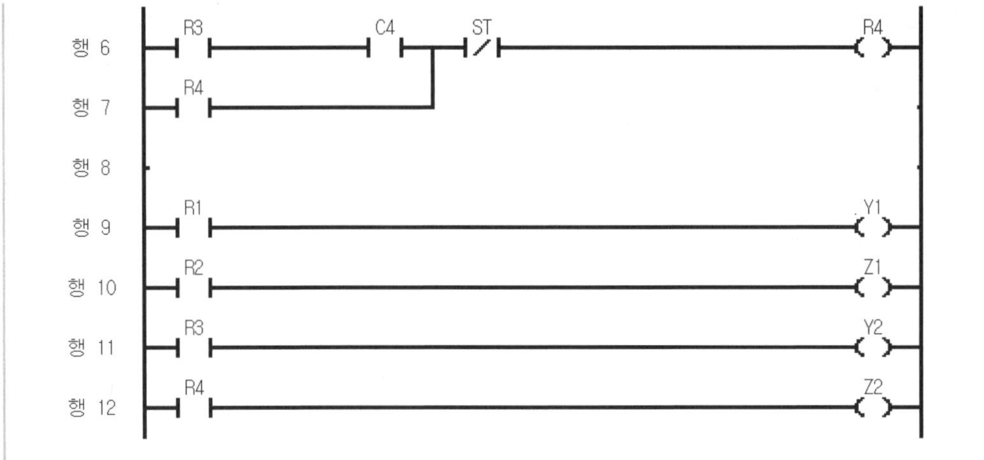

실습과제 4-11

편솔을 이용한 기본 행정

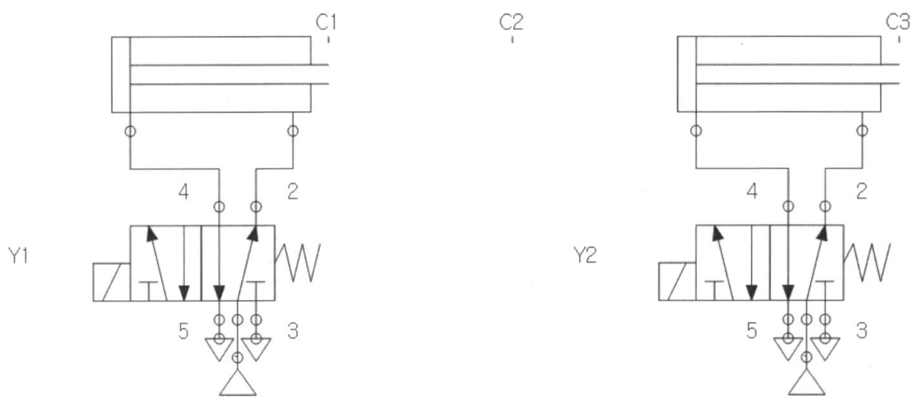

1. 타임차트

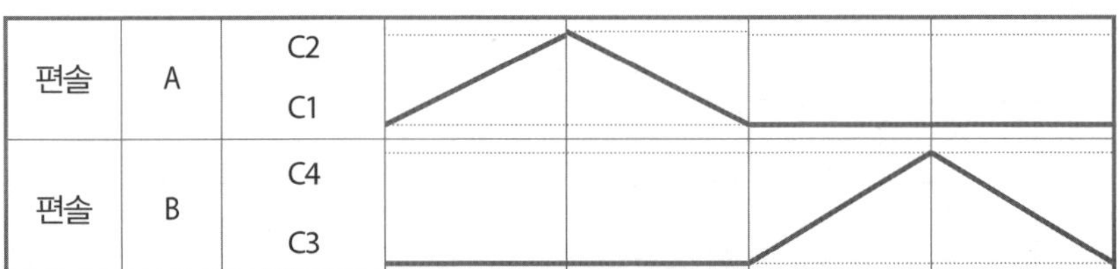

Relay	R1	R2	R3	R4
Condition	C1 · C3	C2	C1	C4
Solenoid valve	Y1		Y2	

2. 관계지식

$$R_1 = ([ST] \cdot R_{n-1} \cdot C_n + R_n) \cdot \overline{R_{n+1}}$$

$$R_{2..n-1} = (R_{n-1} \cdot C_n + R_n) \cdot \overline{R_{n+1}}$$

$$R_n = (R_{n-1} \cdot C_n + R_n) \cdot \overline{[ST]}$$

3. IEC 회로

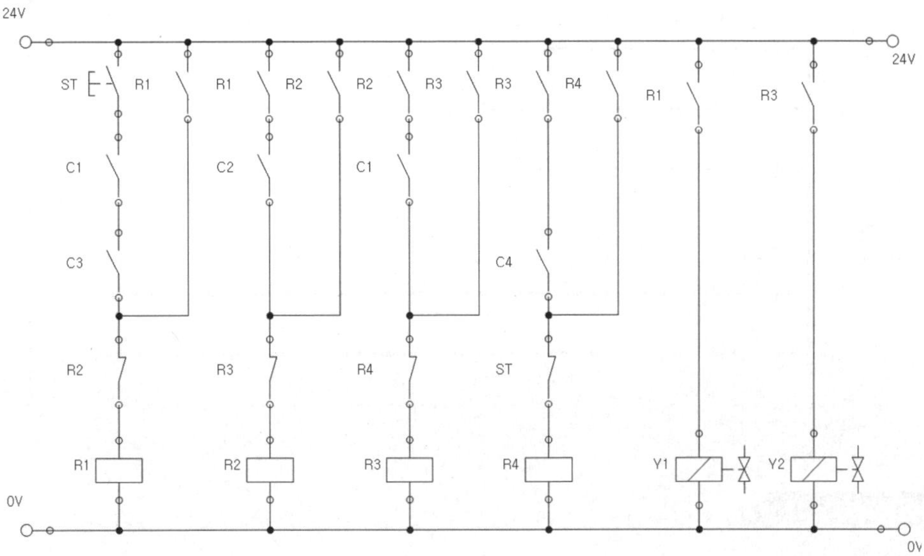

4. 프로그램 실습

1) 변수 선언

	변수 명	데이터 타입	메모리 할당	초기 값	변수 종류	사용 여부	설명문
1	C1	BOOL	%IX0.1.1		VAR	*	
2	C2	BOOL	%IX0.1.2		VAR	*	
3	C3	BOOL	%IX0.1.3		VAR	*	
4	C4	BOOL	%IX0.1.4		VAR	*	
5	R1	BOOL	<자동>		VAR	*	
6	R2	BOOL	<자동>		VAR	*	
7	R3	BOOL	<자동>		VAR	*	
8	R4	BOOL	<자동>		VAR	*	
9	ST	BOOL	%IX0.0.0		VAR	*	
10	Y1	BOOL	%QX0.3.1		VAR	*	
11	Z1	BOOL	%QX0.3.2		VAR	*	

2) 프로그램 실습

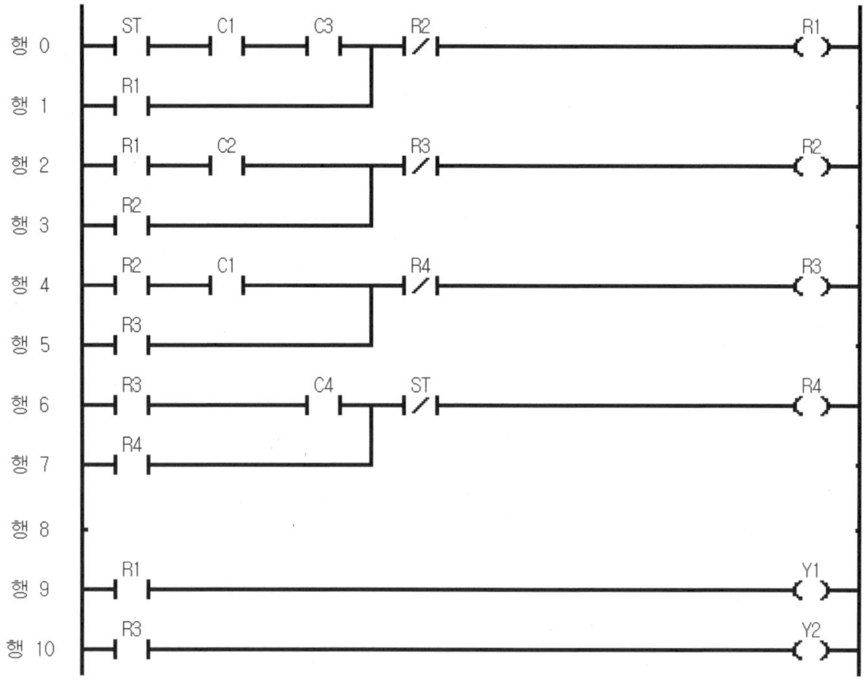

실습과제 4-12

편솔, 양솔을 이용한 기본 행정

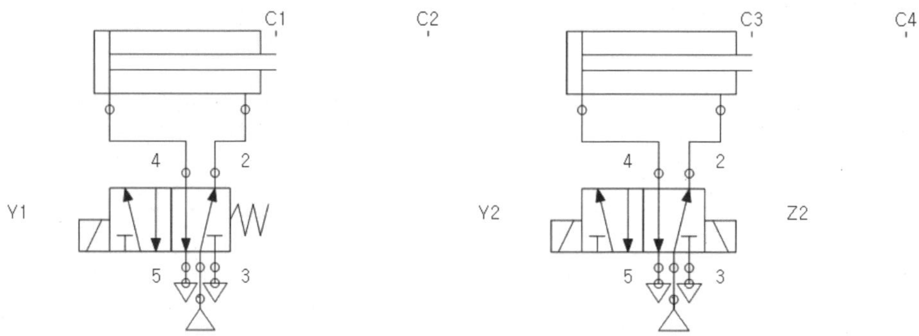

1. 타임차트

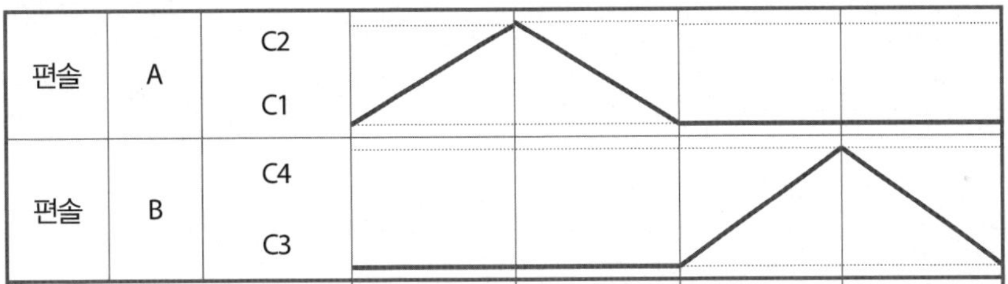

Relay	R1	R2	R3	R4
Condition	C1 · C3	C2	C1	C4
Solenoid valve	Y1		Y2	Z2

2. 관계지식

$$R_1 = ([ST] \cdot R_{n-1} \cdot C_n + R_n) \cdot \overline{R_{n+1}}$$

$$R_{2..n-1} = (R_{n-1} \cdot C_n + R_n) \cdot \overline{R_{n+1}}$$

$$R_n = (R_{n-1} \cdot C_n + R_n) \cdot \overline{[ST]}$$

3. IEC 회로

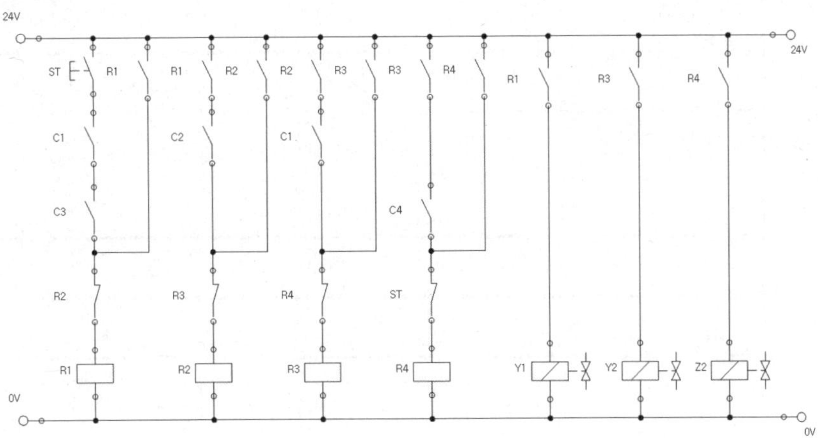

4. 프로그램 실습

1) 변수 선언

	변수 명	데이터 타입	메모리 할당	초기 값	변수 종류	사용 여부	설명문
1	C1	BOOL	%IX0.1.1		VAR	*	
2	C2	BOOL	%IX0.1.2		VAR	*	
3	C3	BOOL	%IX0.1.3		VAR	*	
4	C4	BOOL	%IX0.1.4		VAR	*	
5	R1	BOOL	<자동>		VAR	*	
6	R2	BOOL	<자동>		VAR	*	
7	R3	BOOL	<자동>		VAR	*	
8	R4	BOOL	<자동>		VAR	*	
9	ST	BOOL	%IX0.0.0		VAR	*	
10	Y1	BOOL	%QX0.3.1		VAR	*	
11	Z1	BOOL	%QX0.3.2		VAR	*	
12	Z2	BOOL	%QX0.3.4		VAR		

2) 프로그램 실습

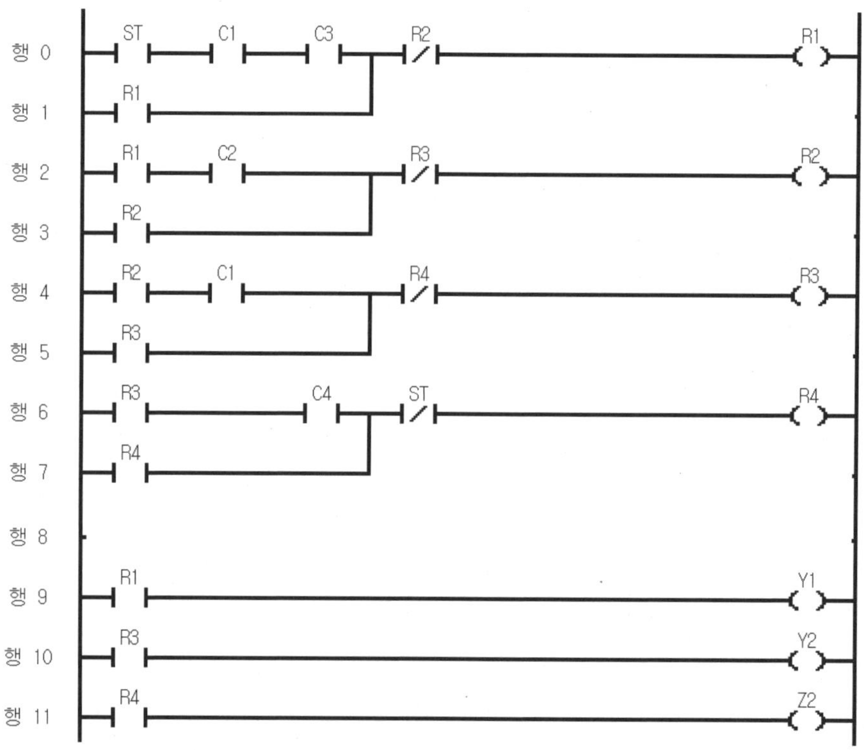

실습과제 4-13

양솔을 이용한 기본 행정 (1사이클 완료 후 램프점등)

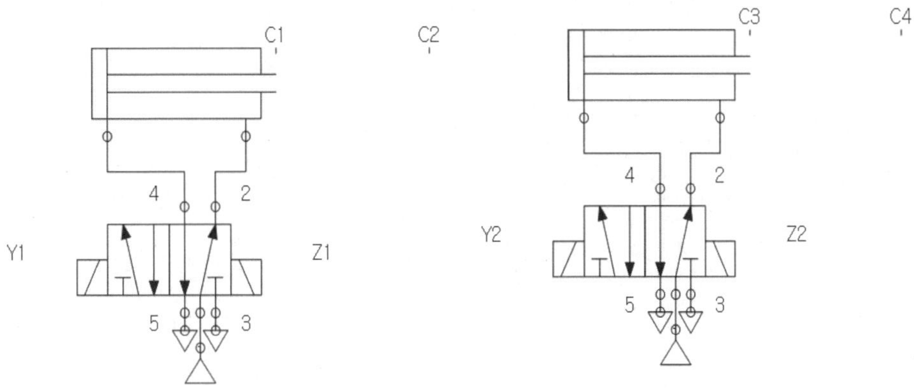

1. 타임차트

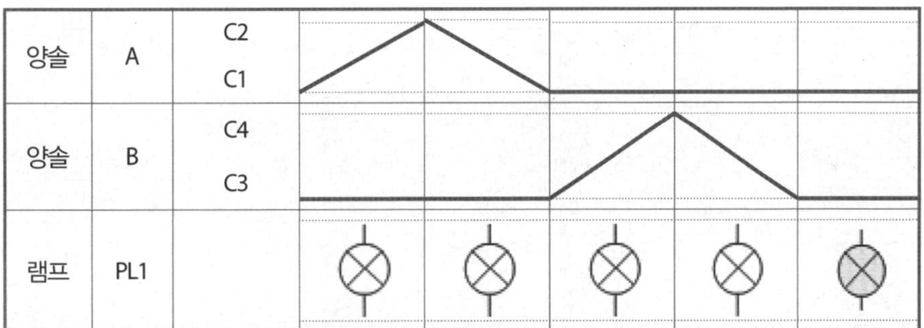

Relay	R1	R2	R3	R4	R4
Condition	C1 · C3	C2	C1	C4	C3
Solenoid valve	Y1	Z1	Y2	Z2	PL1

2. 관계지식

$$R_1 = ([ST] \cdot R_{n-1} \cdot C_n + R_n) \cdot \overline{R_{n+1}}$$

$$R_{2..n-1} = (R_{n-1} \cdot C_n + R_n) \cdot \overline{R_{n+1}}$$

$$R_n = (R_{n-1} \cdot C_n + R_n) \cdot \overline{[ST]}$$

3. IEC 회로

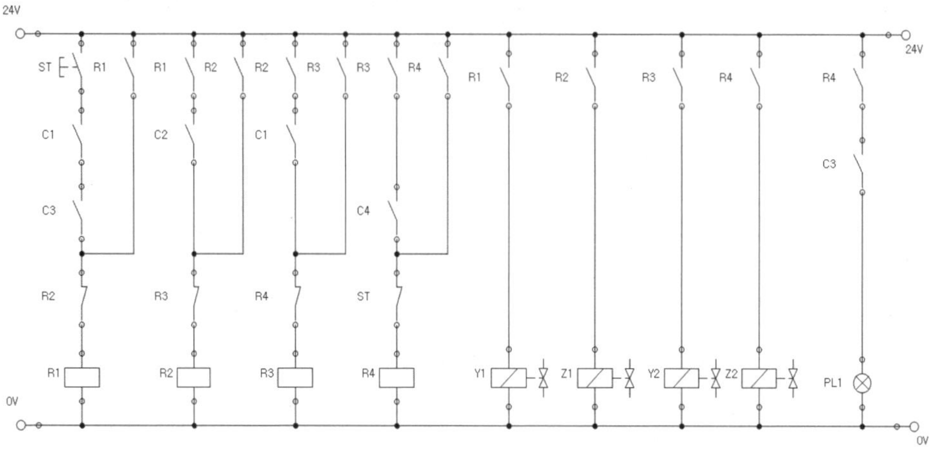

4. 프로그램 실습

1) 변수 선언

	변수 명	데이터 타입	메모리 할당	초기 값	변수 종류	사용 여부	설명문
1	C1	BOOL	%IX0.1.1		VAR	*	
2	C2	BOOL	%IX0.1.2		VAR	*	
3	C3	BOOL	%IX0.1.3		VAR	*	
4	C4	BOOL	%IX0.1.4		VAR	*	
5	PL1	BOOL	%QX0.2.1		VAR	*	
6	R1	BOOL	<자동>		VAR	*	
7	R2	BOOL	<자동>		VAR	*	
8	R3	BOOL	<자동>		VAR	*	
9	R4	BOOL	<자동>		VAR	*	
10	ST	BOOL	%IX0.0.0		VAR	*	
11	Y1	BOOL	%QX0.3.1		VAR	*	
12	Y2	BOOL	%QX0.3.3		VAR	*	
13	Z1	BOOL	%QX0.3.2		VAR	*	
14	Z2	BOOL	%QX0.3.4		VAR	*	

2) 프로그램 실습

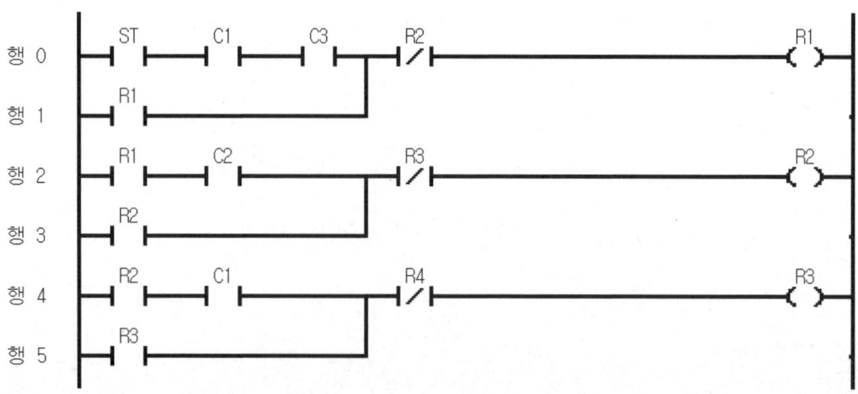

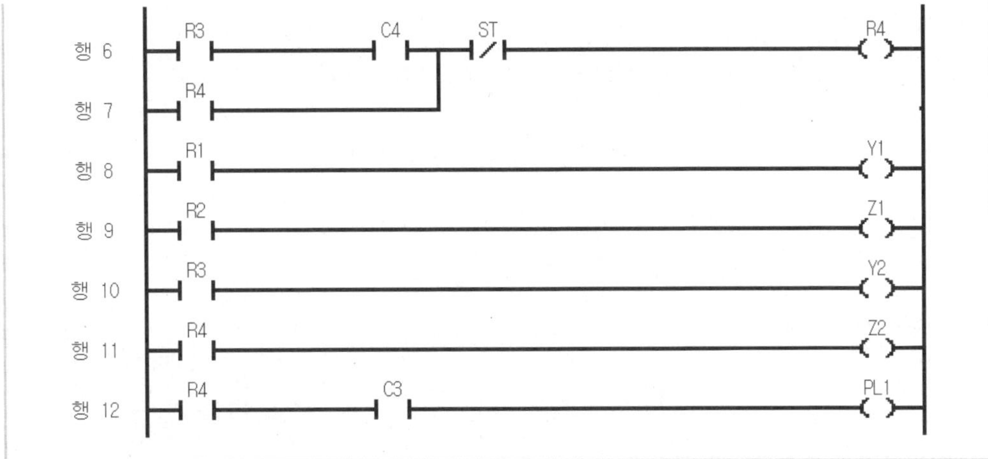

실습과제 4-14

편솔을 이용한 기본 행정 (1사이클 완료 후 램프점등)

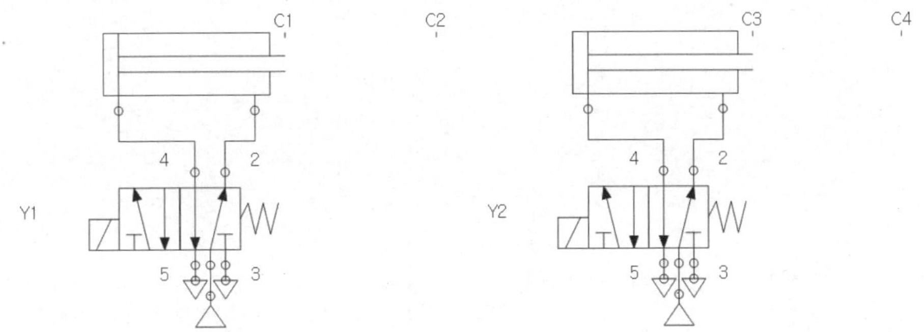

1. 타임차트

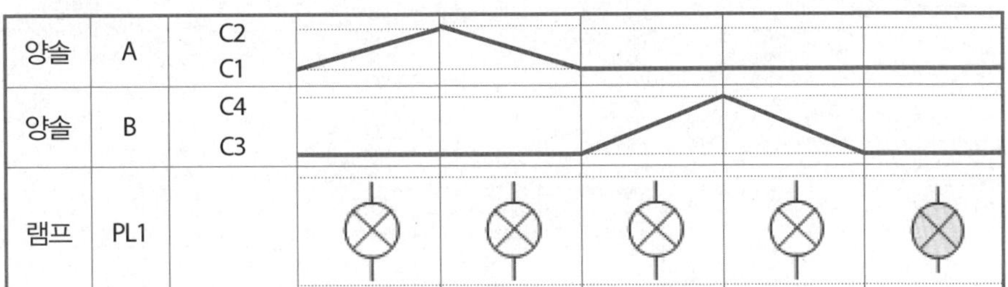

Relay	R1	R2	R3	R4	R4
Condition	C1 · C3	C2	C1	C4	C3
Solenoid valve	Y1		Y2		PL1

2. 관계지식

$$R_1 = ([ST] \cdot R_{n-1} \cdot C_n + R_n) \cdot \overline{R_{n+1}}$$

$$R_{2..n-1} = (R_{n-1} \cdot C_n + R_n) \cdot \overline{R_{n+1}}$$

$$R_n = (R_{n-1} \cdot C_n + R_n) \cdot \overline{[ST]}$$

3. IEC 회로

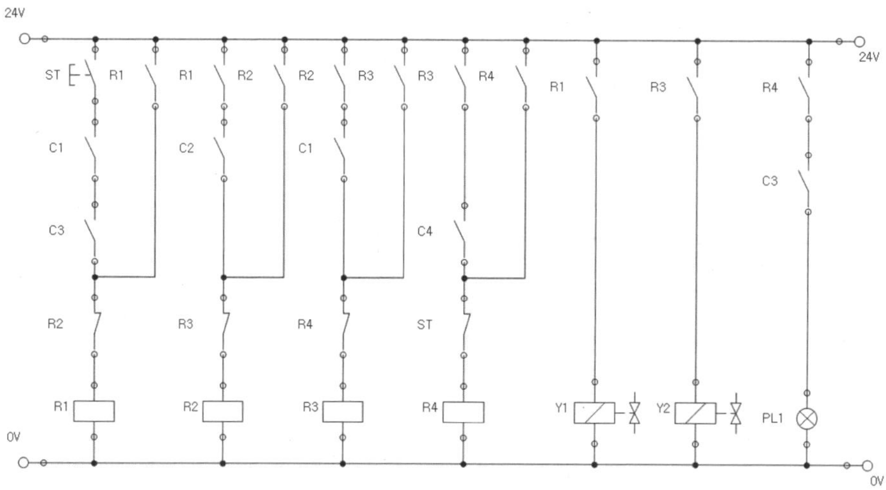

4. 프로그램 실습

1) 변수 선언

	변수 명	데이터 타입	메모리 할당	초기 값	변수 종류	사용 여부	설명문
1	C1	BOOL	%IX0.1.1		VAR	*	
2	C2	BOOL	%IX0.1.2		VAR	*	
3	C3	BOOL	%IX0.1.3		VAR	*	
4	C4	BOOL	%IX0.1.4		VAR	*	
5	PL1	BOOL	%QX0.2.1		VAR	*	
6	R1	BOOL	<자동>		VAR	*	
7	R2	BOOL	<자동>		VAR	*	
8	R3	BOOL	<자동>		VAR	*	
9	R4	BOOL	<자동>		VAR	*	
10	ST	BOOL	%IX0.0.0		VAR	*	
11	Y1	BOOL	%QX0.3.1		VAR	*	
12	Z1	BOOL	%QX0.3.2		VAR	*	

2) 프로그램 실습

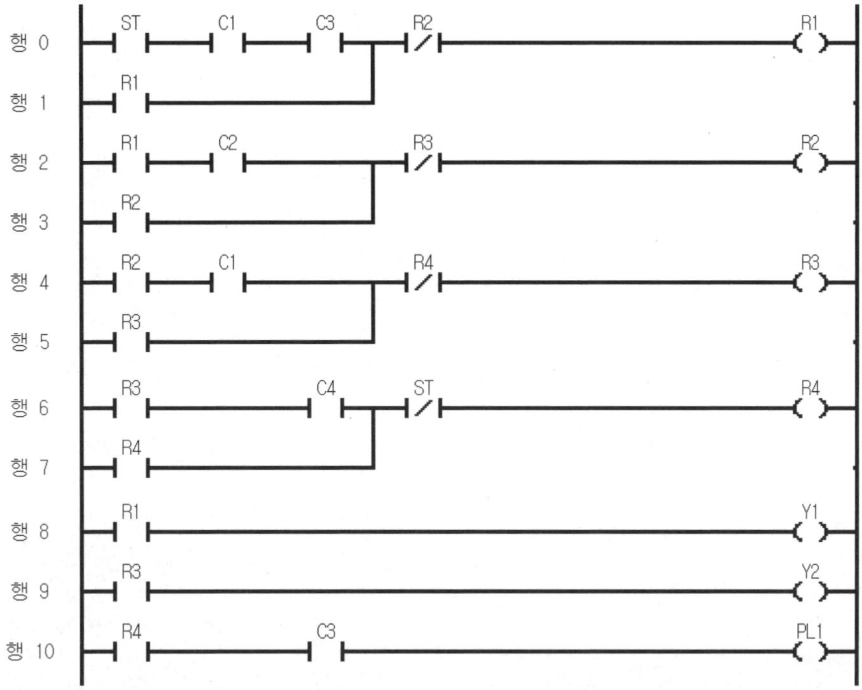
행 0
ST
C1
C3
R2
R1
행 1
R1
행 2
R1
C2
R3
R2
행 3
R2
행 4
R2
C1
R4
R3
행 5
R3
행 6
R3
C4
ST
R4
행 7
R4
행 8
R1
Y1
행 9
R3
Y2
행 10
R4
C3
PL1

CHAPTER

5

Function ({F})

기본 펑션에는 전송 펑션, 형변환 펑션, 비교 펑션, 산술연산 펑션, 논리연산 펑션, 비트 시프트 펑션 등이 있다. 펑션은 입력에 대한 연산 결과를 1스캔에 즉시 출력하며, 출력이 하나이다.

산술연산 펑션(ADD, MUL 등)의 IN1, (IN2), OUT 변수는 수치(ANY_NUM) 데이터형 만이 지정될 수 있으며, 또한 모두 같은 데이터형이어야 한다.

논리연산 펑션(AND, OR 등)의 IN1, (IN2), OUT 변수는 비트 상태 (ANY_BIT) 데이터형 만이 지정될 수 있으며, 또한 모두 같은 데이터형이어야 한다.

1 전송

1) 전송 펑션의 종류와 사용법

전송 펑션(MOVE)의 IN, OUT 변수는 모든 데이터형이 지정될 수 있으나, 같은 데이터형이어야 한다.

표 5-1 MOVE(데이터 전송)

기 호	기능 설명	설 명
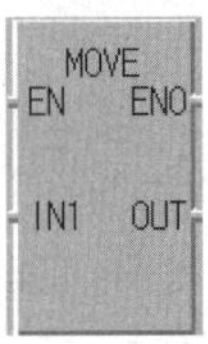	데이터 전송 IN 1 : 전송원 (모든 형식) OUT : 전송선 (모든 형식)	입력 EN : 1일 때 펑션 실행 IN : 전송할 값 출력 ENO : EN 값이 그대로 출력 OUT : 전송된 값 IN, OUT은 모두 같은 데이터 형이어야 함 예) IN %IB0.0.0 이면 OUT %QB0.2.0이여야 한다.

(1) 프로그램 적용 예1

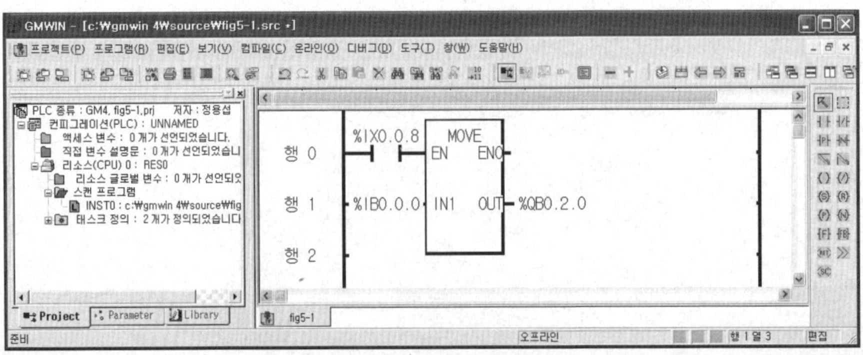

그림 5-1 MOVE 적용 예1

실행조건(%I0.0.8)이 ON 되면 MOVE 펑션이 실행되어 1Byte(8bit)인 0.0.0~0.0.7까지의 ON/OFF 정보가 복사되어 0.2.0~0.2.7까지 각 해당 비트에 데이터를 전송한다(Byte 단위로 동작).

◈ 시뮬레이터에 의한 LD 확인

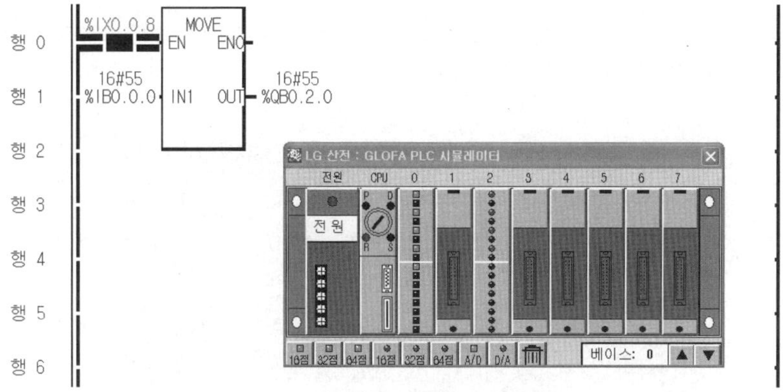

그림 5-2 MOVE 시뮬레이터 확인

(2) 프로그램 적용 예2

스위치 0, 1, 2 중 하나를 ON하면 MOVE 펑션이 실행되어 코드 값을 %QW0.3.0으로 전송한다.

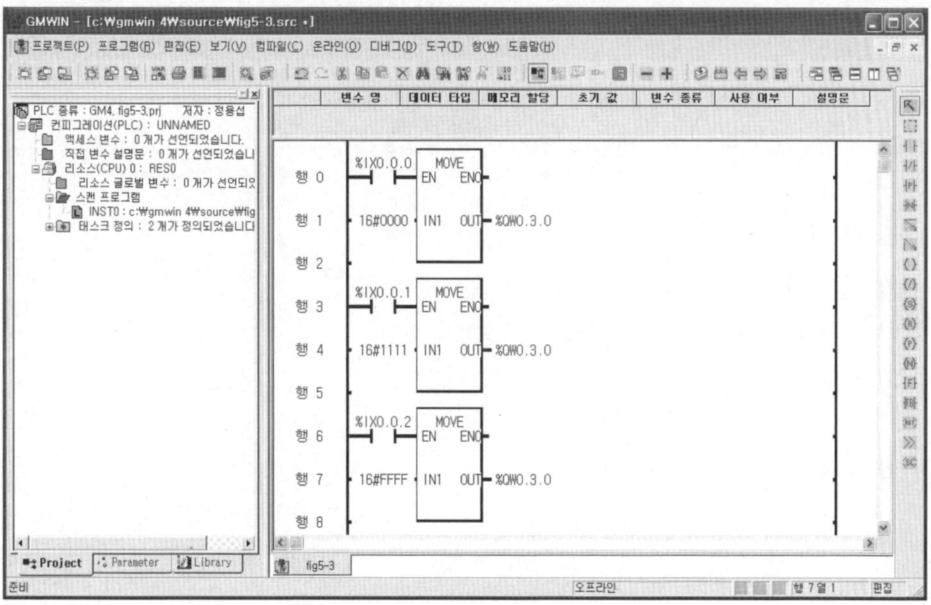

그림 5-3 MOVE 적용 예2

◈ 시뮬레이터에 의한 LD 확인

① 첫 번째 IN1의 16#0000이란 %IX0.0.0(비트)의 값이 ON 되었을 때 출력 %QW0.3.0 (16진수)의 자리에 16진수로 0000을 표현하라는 지시이다.

② 두 번째 IN1의 16#1111이란 %IX0.0.1(비트)의 값이 ON 되었을 때 출력 %QW0.3.0 (16진수)의 자리에 16진수로 1111을 표현하라는 지시이다.

③ 세 번째 IN1의 16#FFFF란 %IX0.0.2(비트)의 값이 ON 되었을 때 출력 %QW0.3.0 (16진수)의 자리에 16진수로 FFFF를 표현하라는 지시이다.

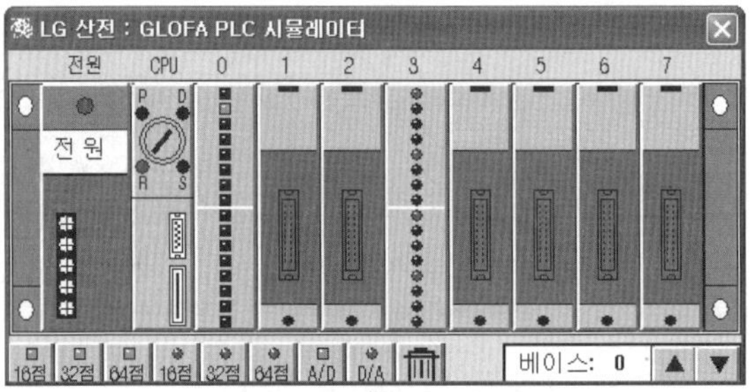

실습과제 5-1

MOVE를 이용한 데이터 이동

1. 실험목적

1) PLC의 I/O(INPUT/OUTPUT) MAP을 익힐 수 있다.

2) 응용펑션 블록의 사용방법과 원리를 이해할 수 있다.

2. 관계지식

1) 전기적인 신호의 흐름을 이해할 수 있어야 한다.

2) PLC의 기본 명령어를 이해할 수 있어야 한다.

3) 기본 데이터 타입을 이해할 수 있어야 한다.

3. 동작조건

1) MOVE(이동명령)를 사용하여 스위치 1이 눌리면 램프 1이 같이 ON 되며, 스위치2가 눌리면 램프2가 ON된다. 이와 같이 반복하여 스위치 5가 눌리면 램프 5가 ON되게 회로를 구성하라.

2) PLC I/O MAP의 구성은 아래와 같이 한다.

구 분	간접 변수 명	I/O할당	비 고
입 력	입력	%IW0.1.0	스위치1~5
출 력	출력	%QW0.3.0	램프1~5

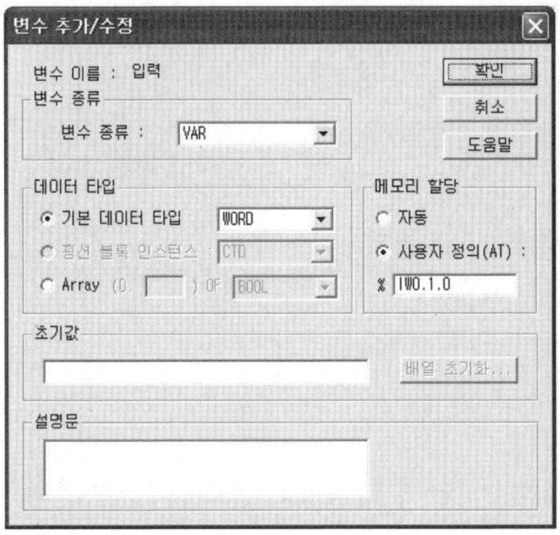

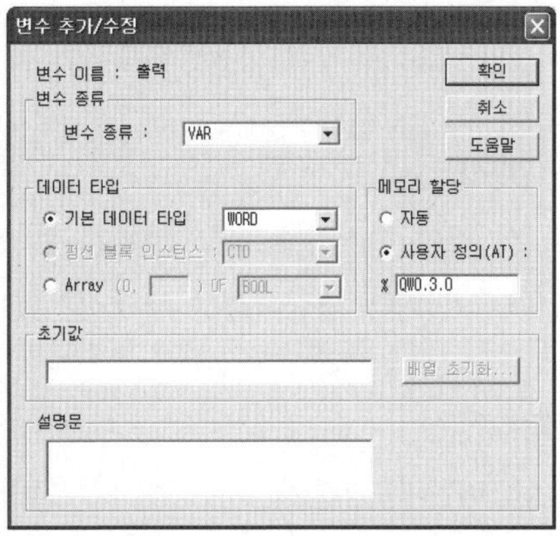

4. 프로그램 실습

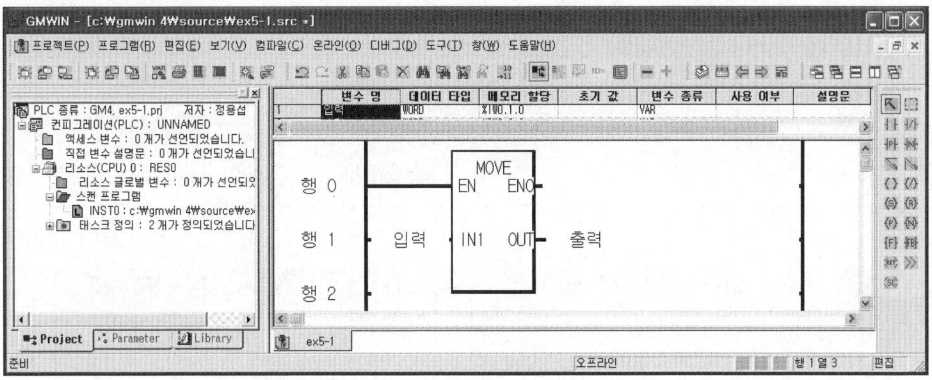

5. 프로그램의 실행(시뮬레이터 이용)

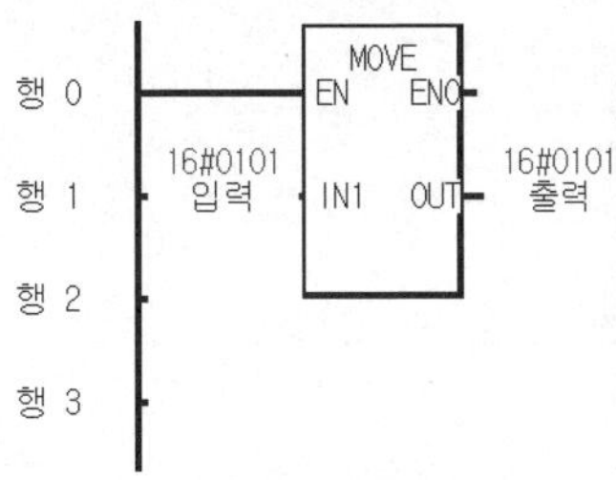

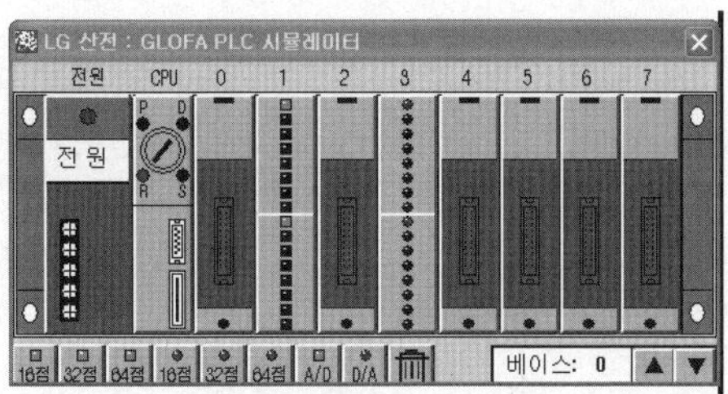

실습과제 5-2

DIGITAL스위치와 BCD DISPLAY 직렬회로

1. 실험목적

1) PLC의 I/O(INPUT/OUTPUT) MAP을 익힐 수 있다.

2) 응용 펑션 블록의 사용방법과 원리를 이해할 수 있다.

2. 관계지식

1) 전기적인 신호의 흐름을 이해할 수 있어야 한다.

2) PLC의 기본 명령어를 이해할 수 있어야 한다.

3. 동작조건

1) MOVE(이동명령)를 사용하여 디지털스위치의 입력 값을 BCD DISPLAY에 출력하는 회로를 구성하라.

2) PLC I/O MAP의 구성은 아래와 같이 한다.

구 분	간접 변수 명	I/O할당	비 고
입 력	입력	%IW0.1.0	DIGITAL스위치
출 력	출력	%QW0.3.0	DISPLAY

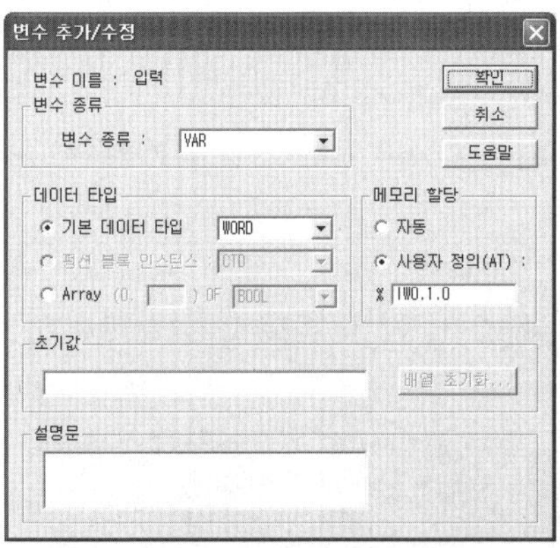

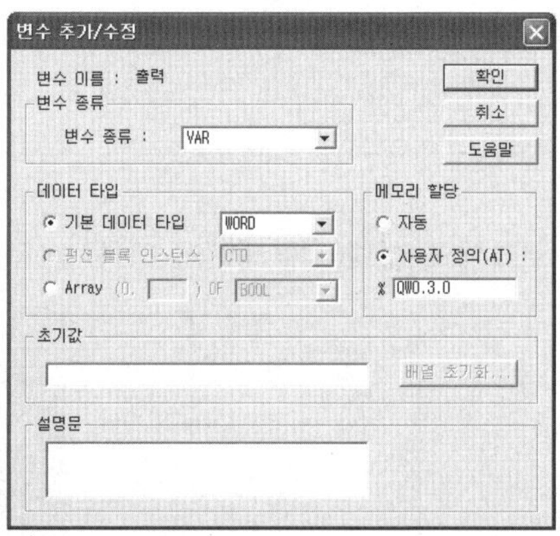

4. 프로그램 실습

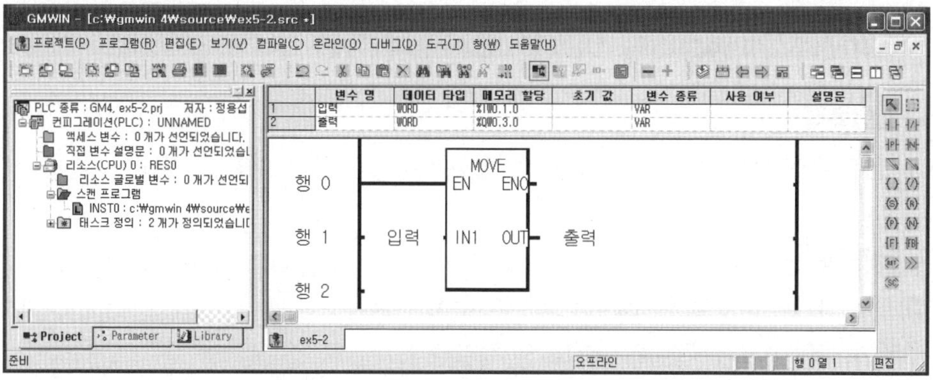

5. 프로그램의 실행(시뮬레이터 이용)

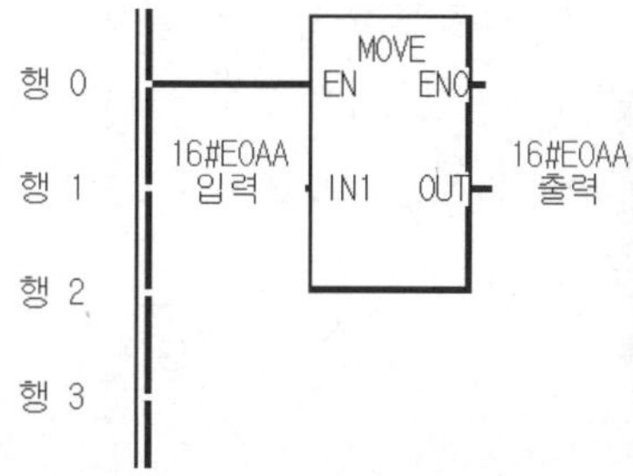

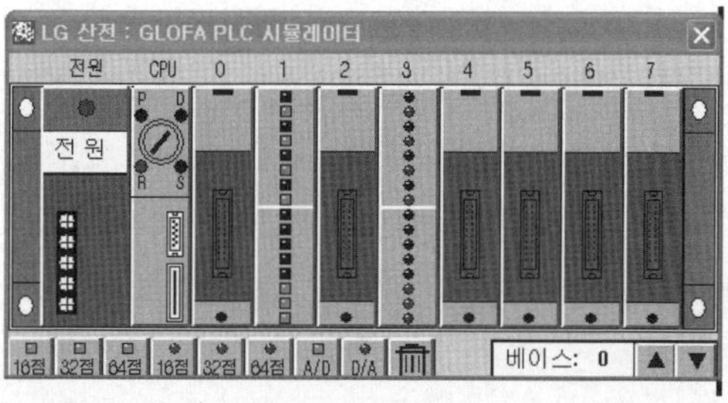

실습과제 5-3

전송(MOVE) 명령어를 이용한 프로그램 실습

1. 실험목적

전송 명령어(MOVE)를 이용하여 데이터의 이동에 대해서 익힐 수 있다.

2. 관계지식

1) 데이터의 유형을 이해할 수 있어야 한다.
2) 진수의 표현과 진법을 이해할 수 있어야 한다.

3. 동작조건

1) 디지털스위치 입력을 DISPLAY에 MOVE 명령어를 사용하여 스위치 1번으로 %QW0.2.0으로 전송하고, 입력 BCD 값을 BYTE 단위로 각각 스위치 2번과 3번을 사용하여 %QB0.3.0(LAMP 0 ~ LAMP 7), %QB0.3.1(LAMP 8 ~ LAMP15)로 구분 전송하여 해당 LAMP가 점등되도록 구성한다.
2) PLC I/O MAP의 구성은 아래와 같이 한다.

구 분	간접 변수 명	메모리할당	비 고
입 력	스위치 1	%IX0.1.15	토글스위치 2
	스위치 2	%IX0.1.14	토글스위치 1
	스위치 3	%IX0.1.13	토글스위치 0
출 력	DATA 1	%QW0.2.0	OUT DISPLAY
	DATA 2	%QB0.3.0	램프 0~7
	DATA 3	%QB0.3.1	램프 8~15

3) PLC 입력 전원은 DC 24V로 구성하며 PLC 입력 COM 단자에 DC 24V(+)로 전원을 연결하고, PLC 출력 COM 단자에 DC 0V(−)를 연결한다.

4. 프로그램 실습

1) GMWIN을 실행시켜 프로젝트 및 프로그램 창을 연다.
2) PLC I/O MAP을 이용하여 프로그램을 구성한다.

3) 프로그램을 작성하는 방법은 전 과제를 참고한다.

4) 아래의 그림은 MOVE를 이용하여 상기조건을 구현한 프로그램이다.

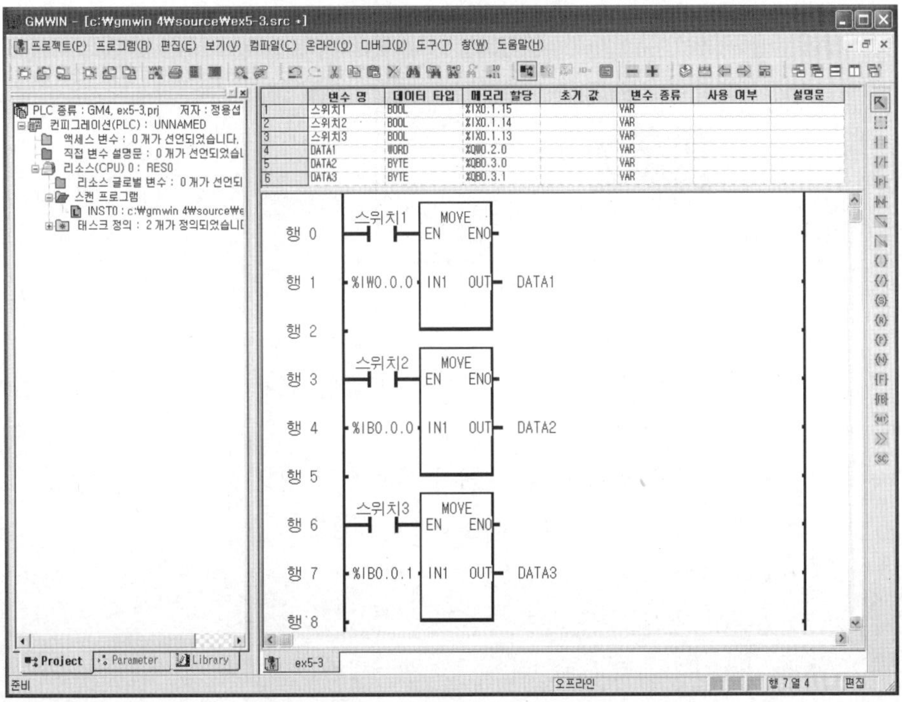

5) MOVE 명령어의 사용법

① MOVE 명령어를 사용하려면 도구상자에서 {F}을 선택하고 작성하려는 위치에 커서를 놓고 마우스의 왼쪽버튼을 누르면 펑션의 메뉴가 나타나며, 펑션은 펑션블록(타이머와 카운터 사용 시 적용)과 마찬가지로 기존의 PLC에서 적용되는 것과는 다른 체계의 구조이다. 펑션이라 함은 기존의 PLC에서 여러 가지 명령어들의 집합체라 보면 된다.

② MOVE 명령어는 펑션 목록 중 펑션에서 MOVE를 택하여 사용하는데, 다음 그림처럼 구성된다.

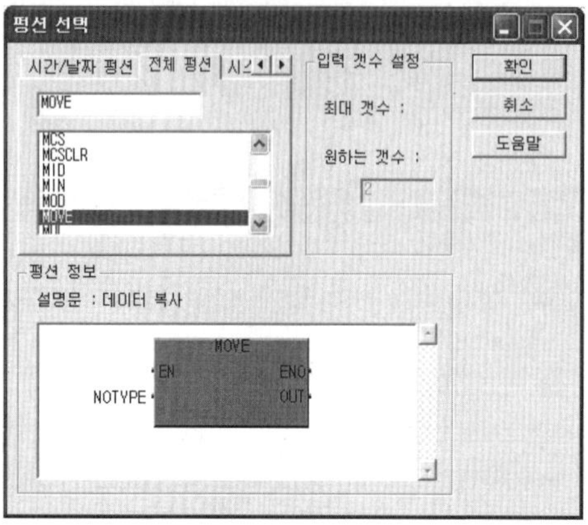

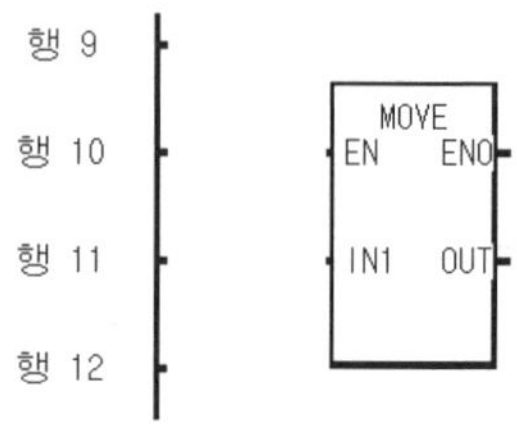

③ MOVE는 EN, ENO, IN1, OUT의 입·출력 구조를 가지고 있다.
MOVE란 데이터를 복사하는 기능을 가진 펑션(일명 명령어라 보면 쉽다)이며 구조는 다음과 같다.

- EN : MOVE의 펑션을 실행하기 위한 입력 접점
- ENO : MOVE의 출력 상태를 의미(BIT형태)
- IN1 : 데이터를 복사할 값
- OUT : 데이터가 복사된 값

④ 진수와 진법 그리고 데이터의 유형은 상당히 중요하다.

- 16#1111의 의미 : 16진수 즉, WORD 개념으로 하위 BIT부터 상위 BIT까지의 BIT의 수가 16개로 4개의 BIT씩 구분하여(니블 단위 개념) 표현되어 있다.

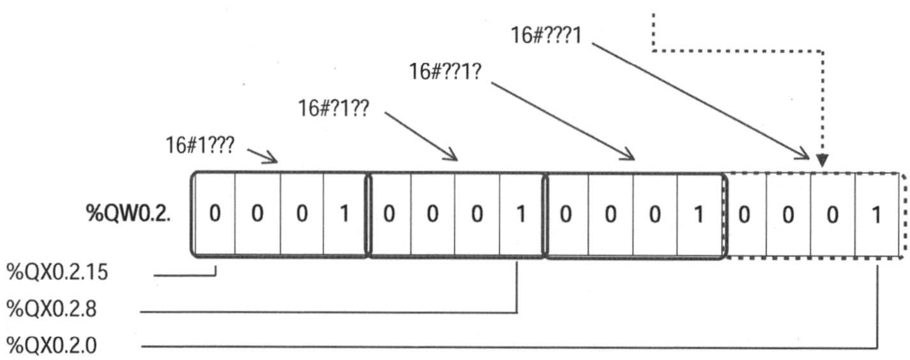

위 그림을 살펴보면 16#1111H는 데이터의 표현은 16진수이며 값은 1111을 의미한다. 즉, 16진수를 4개의 BIT(경우의 수가 16가지)씩 구분하여(니블 단위) 표현

하면, %QX0.2.0, %QX0.2.4, %QX0.2.8, %QX0.2.12가 ON이 되며 나머지 BIT는 OFF이다.

⑤ 데이터의 유형을 구분해보면 지금까지는 BIT의 개념(ON, OFF)으로 사용되었으나 ON, OFF의 2진 데이터로 조합하면 그림처럼 0001 0001 0001 0001로 볼 수 있으며, 16진수로 1111H라고도 표현할 수 있다(1111H에서 H는 16진수를 의미하며 프로그램을 할 때는 H를 삭제하고 변수를 입력한다).

⑥ 16#FFFFH는 1111 1111 1111 1111로 프로그램을 적용하여 보면 %QX0.2.0에서 %QX0.2.15까지의 모든 접점(BIT)이 ON된 상태를 알 수 있다.

5. 프로그램의 실행(시뮬레이터 이용)

1) 위 사항을 확인하기 위하여 GLOFA의 특징인 시뮬레이터를 이용하여 회로의 이상 유무 및 동작을 실험하기로 한다(그림 참조).

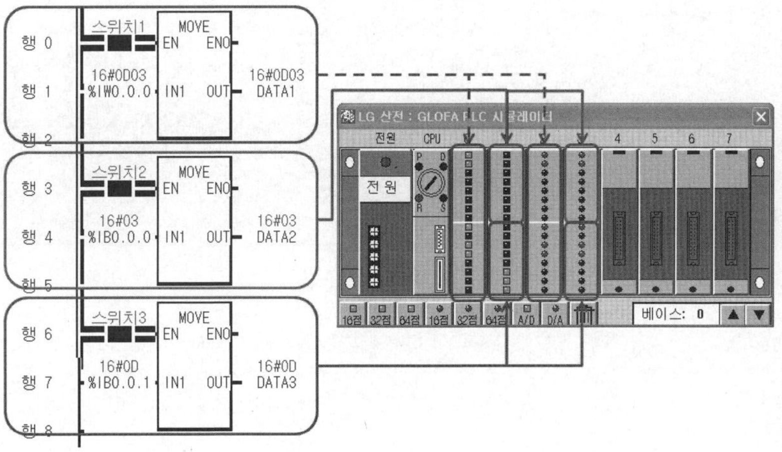

① 상기 그림은 시뮬레이터를 선택하여 CPU를 RUN 모드로 실행하고 스위치1,2,3을 ON하여 데이터 8421을 DATA1(%QW0.2.0)과 DATA2(%QB0.3.0), DATA3(%QB0.3.1)으로 전송된 것을 나타내고 있다(출력들은 각 스위치에 의해서 제어된다).

② 16#8421H를 2진수로 표기하면 (8)1000 (4)0100 (2)0010 (1)0001과 같이 나타낼 수 있고 출력도 1, 6, 11, 15접점에 램프가 점등되어 있다. 여기서 WORD와 BYTE 단위로 전송되는데 스위치2에 의해서 16#??21이 전송되고 스위치3에 의해서 16#84??가 전송된다. 데이터의 입력은 디지털스위치를 사용하여 실습을

하도록 하고 스위치로 입력을 주고자 할 때는 25P 케이블을 제거하고 사용해야 한다.

③ 시뮬레이터를 종료하려면 시뮬레이터 우측 상단의 단축아이콘 ☒을 선택하면 된다.

2) 장비와의 결선도

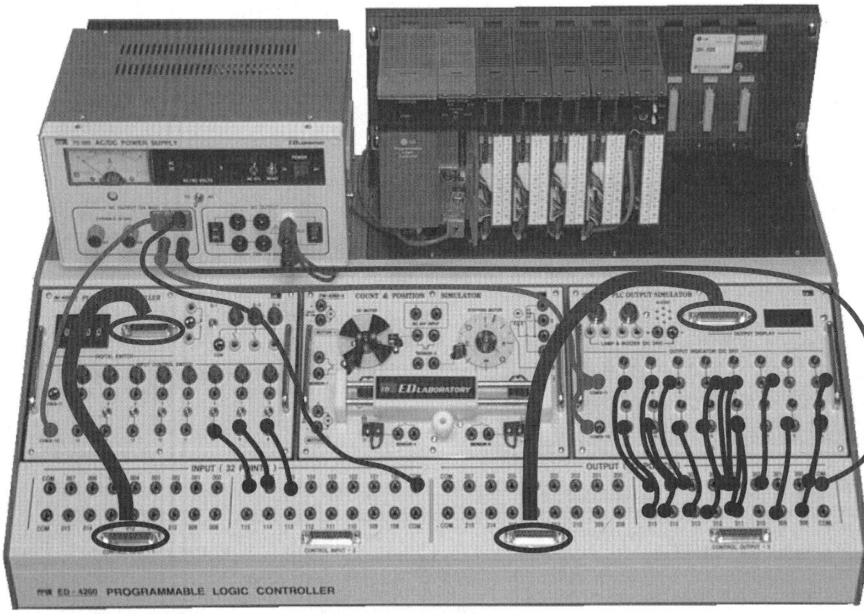

2 형 변환

표 5-2 형 변환 명령어의 종류

구분	명 령 어	기 호	기 능 설 명	비 고
변 환 펑 션	***_ TO_***	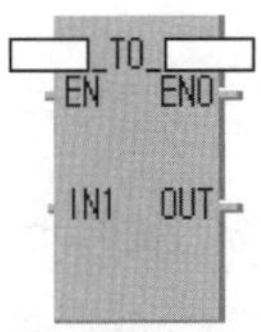 	데이터 형식 변환 펑션 IN 1 : 전송원 OUT : 전송선 변환 명령 펑션의 종류 SINT_TO_INT외 14종 INT_TO_SINT 외 14종 DINT_TO_SINT 외 14종 LINT_TO_SINT 외 14종 USINT_TO_SINT 외 14종 UINT_TO_SINT 외 14종 UDINT_TO_SINT 외 14종 ULINT_TO_SINT 외 14종 BYTE_TO_SINT 외 14종 WORD_TO_SINT 외 14종 DWORD_TO_SINT 외 14종 LWORD_TO_SINT 외 14종 BCD_TO_SINT 외 7종 REAL_TO_SINT 외 7종 LREAL_TO_SINT 외 7종 STRING_TO_SINT 외18종 NUM_TO_STRING TIME_TO_UDINT 외 2종 DATE_TO_UINT 외 2종 TOD_TO_UDINT 외 2종 DT_TO_DATE 외 2종	LINT ULINT LWORD REAL LREAL 관련펑션은 GM1,GM2 만 가능
	TRUNC	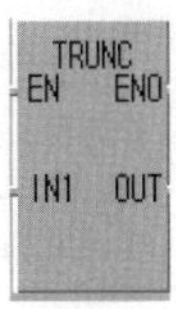 	실수를 정수로 변환 IN 1 : 전송원(REAL, LREAL) OUT : 전송선(DINT, LINT)	GM1,GM2 전용

1) 형 변환 펑션의 종류와 사용법

형 변환 펑션(INT_TO_BCD, BCD_TO_INT등)의 IN, OUT의 변수는 지정된 데이터형에 의해 고정되어 있으며, 펑션은 라이브러리에 넣어서 사용한다.

(1) BCD_TO_*** (BCD형을 정수로 변환)

표 5-3 BCD형을 정수로 변환

펑 션	설 명
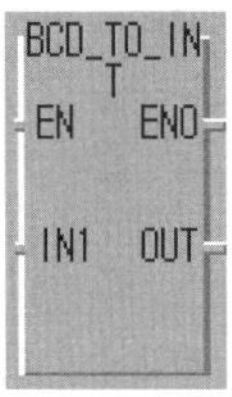	입력 EN : 1일 때 펑션 실행 IN : BCD 형태의 데이터를 갖고 있는 ANY_BIT 입력 값 출력 ENO : EN 값이 그대로 출력 OUT : 타입 변환된 데이터

① 기능 : INPUT의 타입을 변환해서 OUT으로 출력한다. IN이 BCD 형태의 데이터가 아닌 경우 출력은 "0"이 되고 _ERR(연산 에러 플래그), _LER(연산 에러 래치 플래그)은 ON 된다.

표 5-4 BCD형을 여러 정수로 변환

FUNCTION	입력타입	출력타입	내 용
BCD_TO_SINT	BYTE	SINT	입력이 BCD 값일 경우에만 정상 변환된다. (입력 데이터 타입이 WORD일 경우 0~16#9999 값만 정상 변환된다)
BCD_TO_INT	WORD	INT	
BCD_TO_DINT	DWORD	DINT	
BCD_TO_USINT	BYTE	USINT	
BCD_TO_UINT	WORD	UINT	
BCD_TO_UDINT	DWORD	UDINT	

② 프로그램 적용 : %IW0.1.0을 사용하여 BCD 값 1234를 입력하고 %IX0.0.0을 ON하면 BCD 값이 정수로 변환되어 정수 값에 1234가 출력된다.

◈ 시뮬레이터에 의한 LD 확인

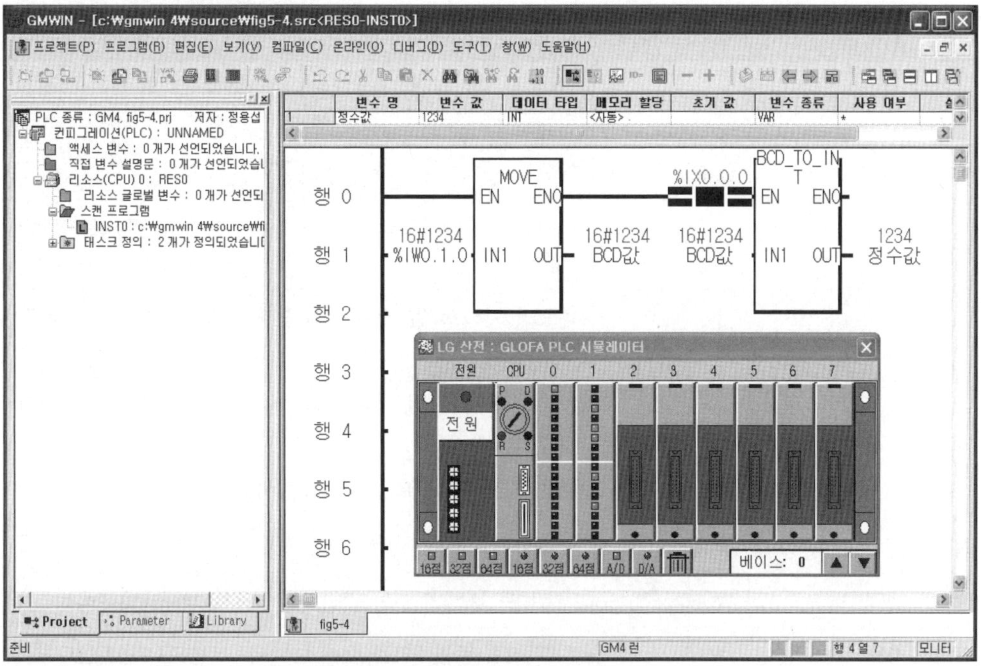

그림 5-4 BCD_TO_INT 적용 예

(2) INT_TO_*** (INT 타입 변환)

표 5-5 INT 타입 변환

펑 션	설 명
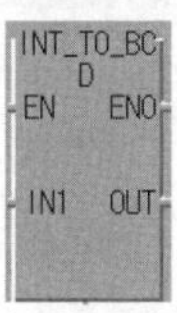	입력 EN : 1일 때 펑션 실행 IN : 정수형의 입력값 출력 ENO : 에러 없이 실행되면 1을 출력 OUT : 타입 변환된 데이터

① 기능 : IN을 타입 변환해서 OUT으로 출력한다.

② 에러 : 변환 에러 발생 시 _ERR(연산 에러 플러그), _LEE(연산 에러 래치 플래그)가 ON된다.

③ 프로그램 적용 : %I0.0.0의 입력 스위치가 ON일 때 정수 값 란에 강제변수 1234를 입력하면 BCD 값이 %QW0.2.0에 1234값이 출력되며, 펑션 INT_TO_BCD 입력에 최대 정수 값 1248 또는 16#1248을 입력하면 %QW0.2.1에 BCD 값 16#1248이 출력된다.

표 5-6 INT 타입의 변환 종류

FUNCTION	데이터 타입	내 용
INT_TO_SINT	SINT	일력이 -128~127일 경우 정상 변화되나, 그 외 값은 에러가 발생한다.
INT_TO_DINT	DINT	DINT 타입으로 정상 변환한다.
INT_TO_USINT	USINT	입력이 0~255일 경우 정상 변화되나, 그 외 값은 에러가 발생한다.
INT_TO_UINT	UINT	입력이 0~32767일 경우 정상 변화되나, 그 외 값은 에러가 발생한다.
INT_TO_UDINT	UDINT	입력이 0~32767일 경우 정상 변화되나, 그 외 값은 에러가 발생한다.
INT_TO_BOOL	BOOL	하위 1비트를 취해 BOOL 타입으로 변환한다.
INT_TO_BYTE	BYTE	하위 8비트를 취해 BYTE 타입으로 변환한다.
INT_TO_WORD	WORD	내부비트 배열의 변화 없이 WORD 타입으로 변환한다.
INT_TO_DWORD	DWORD	상위 비트 등을 0으로 채운 DWORD 타입으로 변환한다.
INT_TO_LWORD	LWORD	상위 비트 등을 0으로 채운 LWORD 타입으로 변환한다.
INT_TO_BCD	WORD	입력이 0~9,999 일 경우 정상 변환되나, 그 외 값은 에러가 발생한다.

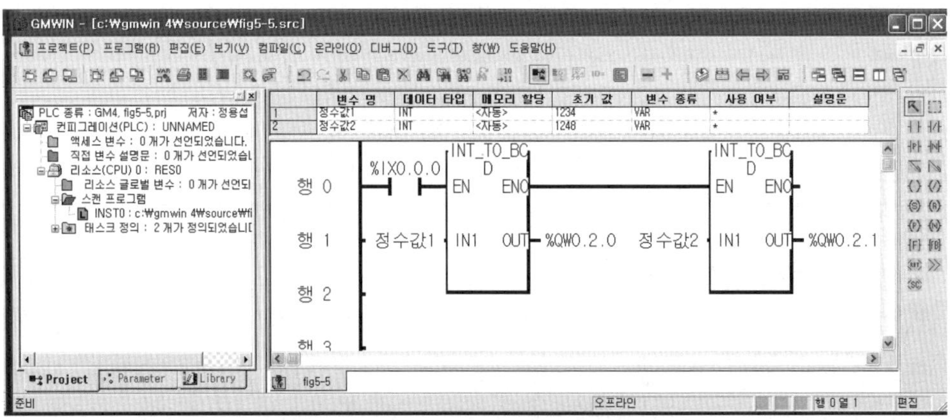

그림 5-5 INT_TO_BCD 적용 예

◈ 시뮬레이터에 의한 LD 확인

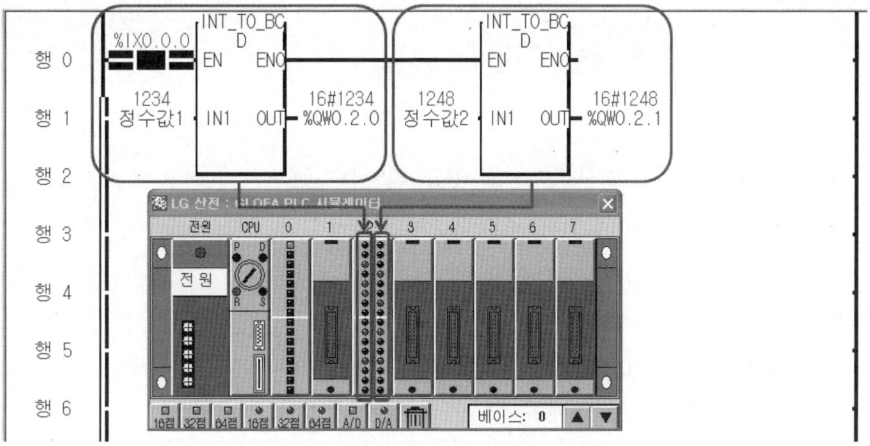

그림 5-6 INT_TO_BCD 시뮬레이터 확인

실습과제 5-4

DIGITAL스위치를 이용한 카운터 설정

1. 실험목적

1) PLC의 I/O(INPUT/OUTPUT) MAP을 익힐 수 있다.
2) 응용펑션 블록의 사용방법과 원리를 이해할 수 있다.

2. 관계지식

1) 전기적인 신호의 흐름을 이해할 수 있어야 한다.
2) PLC의 기본 명령어를 이해할 수 있어야 한다.
3) 기본 데이터 타입을 이해할 수 있어야 한다.
4) DIGITAL스위치의 특성을 이해할 수 있어야 한다.

3. 동작조건

1) DIGITAL스위치를 이용하여 카운터의 횟수를 지정하는 회로를 구성하라.
2) PLC I/O MAP의 구성은 아래와 같이 한다.

구 분	간접 변수 명	I/O할당	비 고
입 력	PB1	%IX0.1.0	스위치
	DIGITAL	%IW0.1.0	DIGITAL스위치
출 력	PL1	%QX0.3.8	램프

4. 프로그램 실습

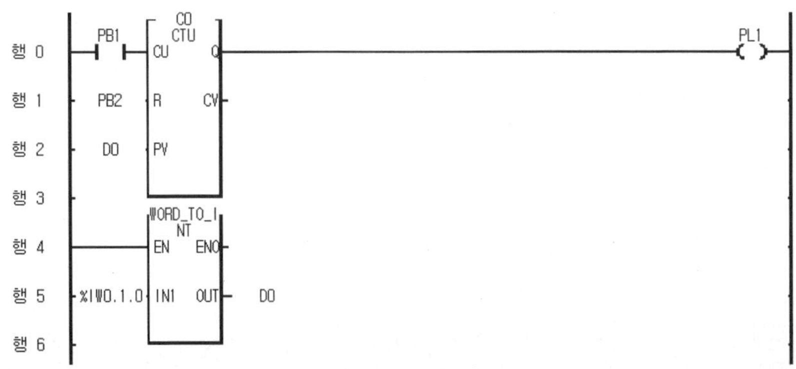

3 비교 연산

표 5-7 비교 연산자의 종류

구분	명 령 어	기 호	기 능 설 명	비 고
비교펑션	GT(>)	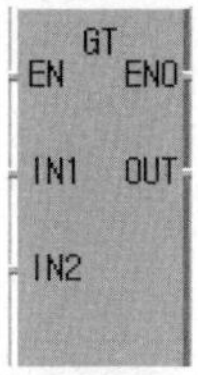	비교 펑션 IN1 ~ IN8 : 비교 데이터(Any) OUT : 출력(BOOL) IN1>IN2>......IN7>IN8의 조건 성립 시 OUT 출력 On	
	GE(≥)	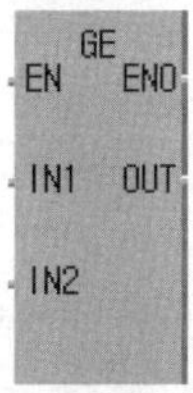	비교 펑션 IN1 ~ IN8 : 비교 데이터(Any) OUT : 출력(BOOL) IN1≥IN2≥......IN7≥IN8의 조건 성립 시 OUT 출력 On	
	EQ(=)	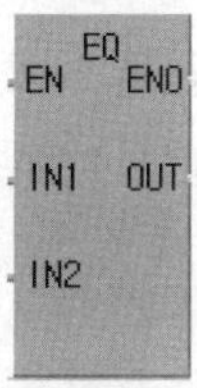	비교 펑션 IN1 ~ IN8 : 비교 데이터(Any) OUT : 출력(BOOL) IN1=IN2=......IN7=IN8의 조건 성립 시 OUT 출력 On	
	LE(≤)	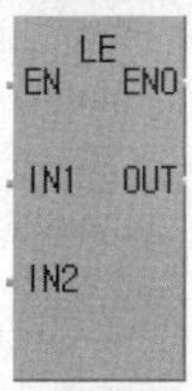	비교 펑션 IN1 ~ IN8 : 비교 데이터(Any) OUT : 출력(BOOL) IN1≤IN2≤......IN7≤IN8의 조건 성립 시 OUT 출력 On	
	LT(<)	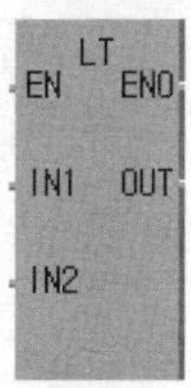	비교 펑션 IN1 ~ IN8 : 비교 데이터(Any) OUT : 출력(BOOL) IN1 < IN2 < ...... < IN7 < IN8의 조건 성립 시 OUT 출력 On	
	NE(≠)	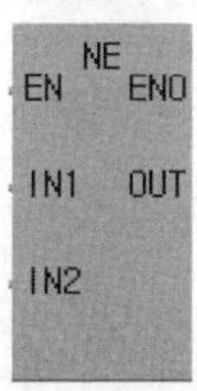	비교 펑션 IN1 , IN2 : 비교 데이터(Any) OUT : 출력(BOOL) IN1≠IN2의 조건 성립 시 OUT 출력 On	

1) 비교 펑션의 종류와 사용법

(1) GT('크다' 비교)

표 5-8 GT 비교 연산자

펑 션	설 명
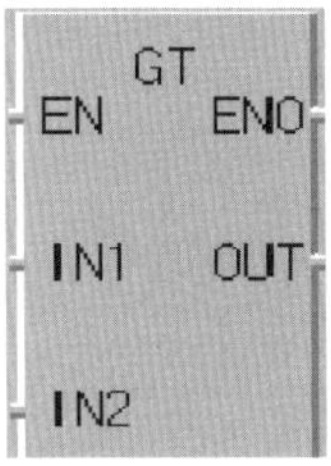	입력 EN : 1일 때 펑션 실행 IN1 : 비교할 값 IN2 : 비교할 값 ※ 입력은 8개까지 확장 가능 IN1, IN2,... 는 모두 같은 타입이어야 함. 출력 ENO : EN 값이 그대로 출력 OUT : 비교 결과 값

① 기능 : 입력 값의 비교 결과 IN1 > IN2 > IN3... > INn이 참이면 OUT으로 "1"을 출력한다. 거짓의 경우에는 OUT으로 "0"을 출력한다.

② 프로그램 적용 : 실행 조건 %IX0.1.0을 ON하면 GT 펑션이 실행된다. 입력 변수로 선언된 값 IN1=9366, IN2=6645를 입력하고, 비교결과 IN1 > IN2가 되므로, 출력 결과 값 %QX0.2.0은 "1"이 된다.

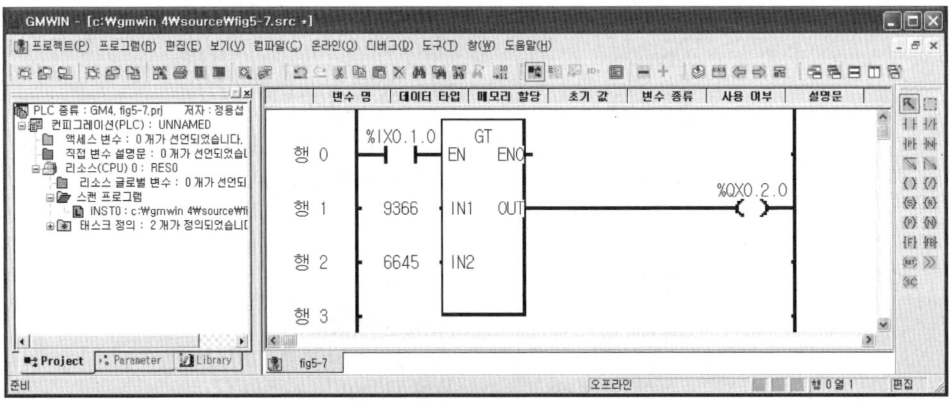

그림 5-7 GT 적용 예

실습과제 5-5

비교연산 (〉)

1. 실험목적

1) PLC의 I/O(INPUT/OUTPUT) MAP을 익힐 수 있다.
2) 응용펑션 블록의 사용방법과 원리를 이해할 수 있다.

2. 관계지식

1) 전기적인 신호의 흐름을 이해할 수 있어야 한다.
2) PLC의 기본 명령어를 이해할 수 있어야 한다.
3) 기본 데이터 타입을 이해할 수 있어야 한다.

3. 동작조건

1) 더하기 연산을 사용하여 PB1은 D0 값에, PB2는 D1 값에 각각 1씩 더하는 회로를 구성하라.
2) D0의 값이 D1의 값보다 클 경우 PL1이 ON 되도록 회로를 구성하라.
3) PLC I/O MAP의 구성은 아래와 같이 한다.

구 분	간접 변수 명	I/O할당	비 고
입 력	PB1	%IX0.1.8	스위치
	PB2	%IX0.1.9	스위치
출 력	PL1	%QX0.3.8	램프

4. 프로그램 실습

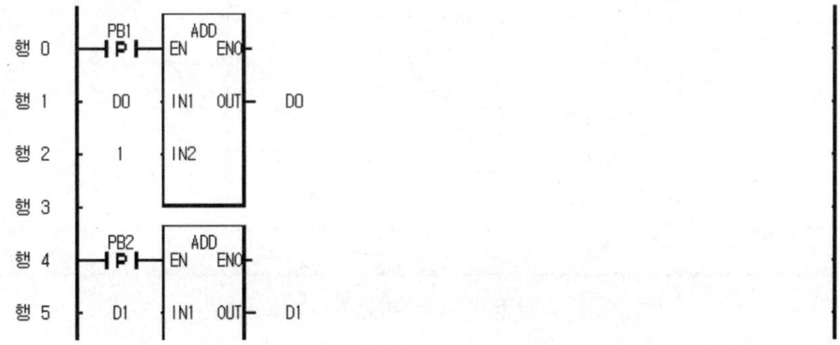

(2) GE('크거나 같다' 비교)

표 5-9 GE 비교 연산자

펑 션	설 명
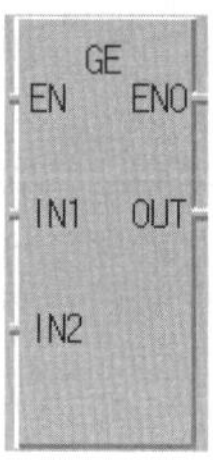	입력 EN : 1일 때 펑션 실행 IN1 : 비교할 값 IN2 : 비교할 값 ※ 입력은 8개까지 확장 가능 IN1, IN2 는 모두 같은 타입이어야 함. 출력 ENO : EN 값이 그대로 출력 OUT : 비교 결과 값

① 기능 : 입력 값의 비교 결과 IN1 ≥IN2 ≥IN3... ≥INn(n은 입력 개수)이 참이면 OUT으로 "1"을 출력한다. 거짓의 경우에는 OUT으로 "0"을 출력한다.

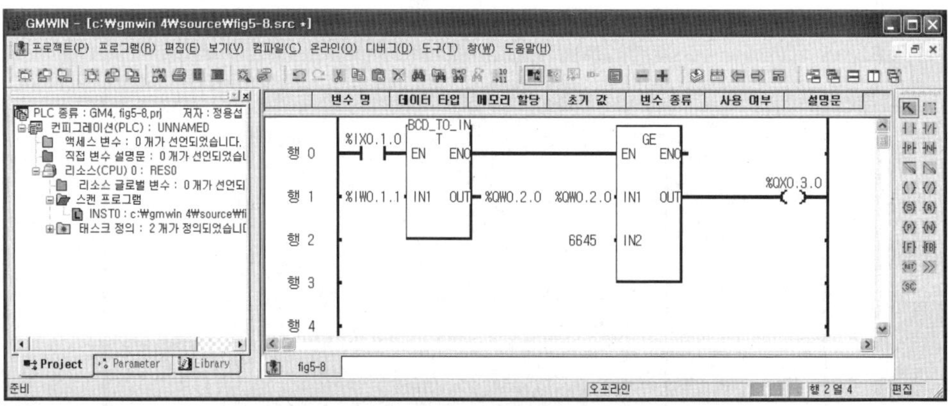

그림 5-8 GE 적용 예

② 프로그램 적용 : 실행 조건 %IX0.1.0을 ON하면 GE 펑션이 실행된다.
입력 변수로 선언된 값 IN1=%QW0.2.0, IN2=6645이면, 비교 결과 IN1 ≥ IN2이면, 출력 결과 값 %QX0.3.0은 “1”이 된다. 즉 IN1의 값이 6645보다 크거나 같으면 %QX0.3.0은 “1”이 된다.

◈ 시뮬레이터에 의한 LD 확인

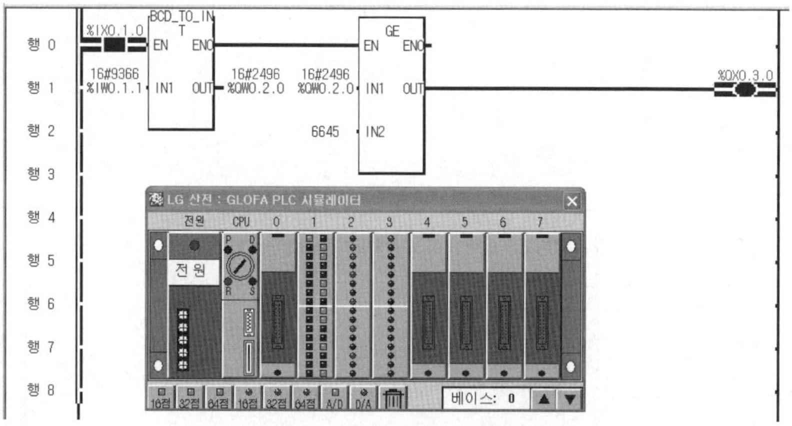

그림 5-9 GE 시뮬레이터 확인

실습과제 5-6

비교연산 (>=)

1. 실험목적

1) PLC의 I/O(INPUT/OUTPUT) MAP을 익힐 수 있다.
2) 응용펑션 블록의 사용방법과 원리를 이해할 수 있다.

2. 관계지식

1) 전기적인 신호의 흐름을 이해할 수 있어야 한다.
2) PLC의 기본 명령어를 이해할 수 있어야 한다.
3) 기본 데이터 타입을 이해할 수 있어야 한다.

3. 동작조건

1) 더하기 연산을 사용하여 PB1은 D0 값에, PB2는 D1 값에 각각 1씩 더하는 회로를 구성하라.

2) D0의 값이 D1의 값보다 크거나 같은 경우 PL1이 ON 되도록 회로를 구성하라.

3) PLC I/O MAP의 구성은 아래와 같이 한다.

구 분	간접 변수 명	I/O할당	비 고
입 력	PB1	%IX0.1.8	스위치
	PB2	%IX0.1.9	스위치
출 력	PL1	%QX0.3.8	램프

4. 프로그램 실습

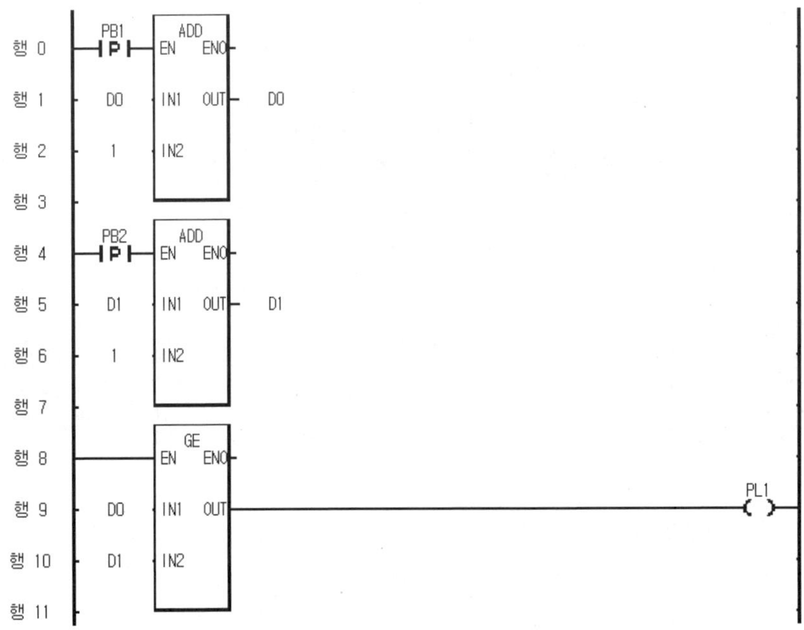

(3) EQ('같다' 비교)

표 5-10 EQ 비교 연산자

펑 션	설 명
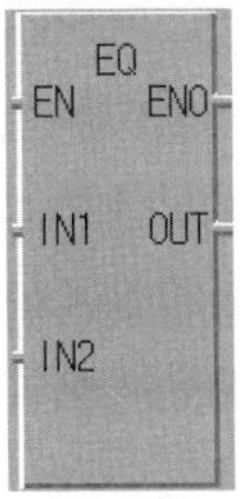	입력 EN : 1일 때 펑션 실행 IN1 : 비교할 값 IN2 : 비교할 값 ※ 입력은 8개까지 확장 가능 IN1, IN2는 모두 같은 타입이어야 함. 출력 ENO : EN 값이 그대로 출력 OUT : 비교 결과 값

① 기능 : 입력 값의 비교 결과 IN1 = IN2 = IN3... = INn(n은 입력 개수)이 참이면 OUT으로 "1"을 출력한다. 거짓의 경우에는 OUT으로 "0"을 출력한다.

② 프로그램 적용 : %IX0.0.0의 값이 ON일 때 BCD_TO_INT 펑션이 실행되며, EQ 값 중 IN2 값이 7511(즉 %IW0.0.1)일 때만 %QX0.3.0이 "1"이 된다.

◈ 시뮬레이터에 의한 LD 확인

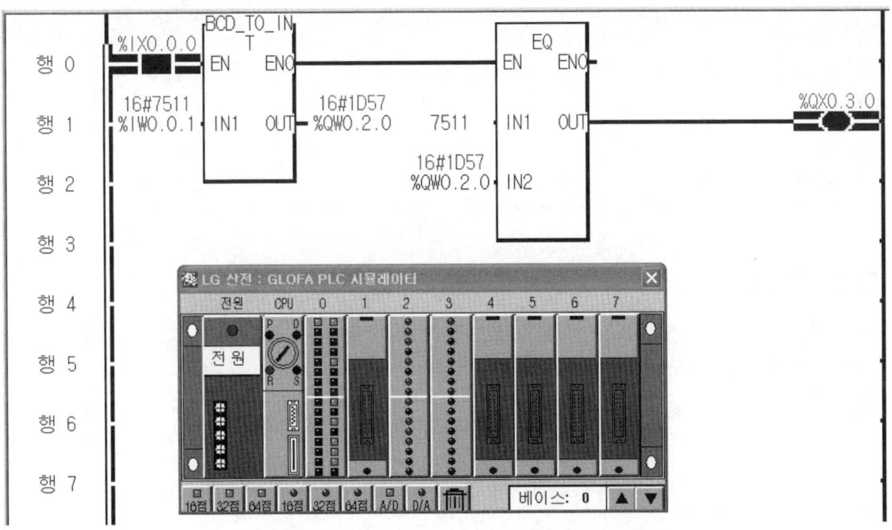

그림 5-10 EQ 적용 예 및 시뮬레이터 확인

실습과제 5-7

비교연산 (=)

1. 실험목적

1) PLC의 I/O(INPUT/OUTPUT) MAP을 익힐 수 있다.
2) 응용펑션 블록의 사용방법과 원리를 이해할 수 있다.

2. 관계지식

1) 전기적인 신호의 흐름을 이해할 수 있어야 한다.
2) PLC의 기본 명령어를 이해할 수 있어야 한다.
3) 기본 데이터 타입을 이해할 수 있어야 한다.

3. 동작조건

1) 더하기 연산을 사용하여 PB1에서 더한 D0 값과 PB2로 더한 D1의 값이 같을 때 PL1이 ON 되도록 회로를 구성하라.
2) PLC I/O MAP의 구성은 아래와 같이 한다.

구 분	간접 변수 명	I/O할당	비 고
입 력	PB1	%IX0.1.8	스위치
	PB2	%IX0.1.9	스위치
출 력	PL1	%QX0.3.8	램프

4. 프로그램 실습

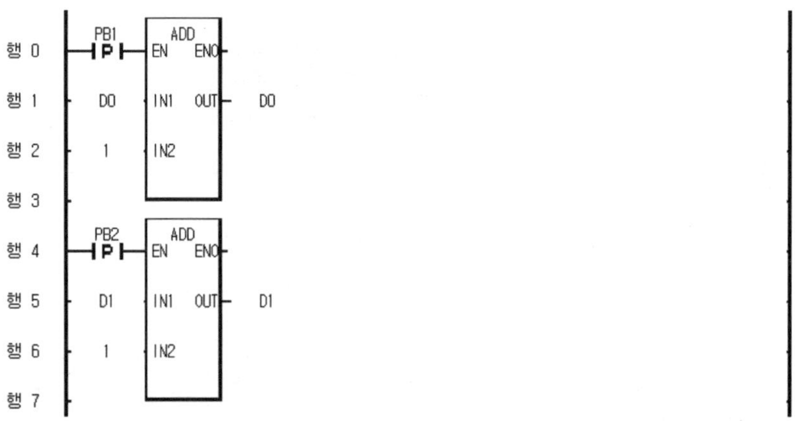

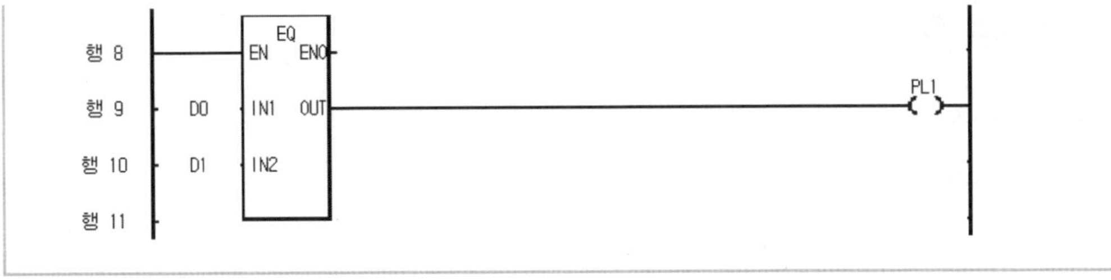

(4) LE ('작거나 같다' 비교)

표 5-11 LE 비교 연산자

펑 션	설 명
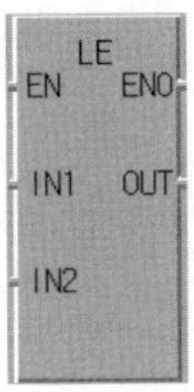	입력 EN : 1일 때 펑션 실행 IN1 : 비교할 값 IN2 : 비교할 값 ※ 입력은 8개 까지 확장 가능 IN1, IN2는 모두 같은 타입이어야 함. 출력 ENO : EN 값이 그대로 출력 OUT : 비교 결과 값

① 기능 : 입력 값의 비교 결과 IN1 ≤ IN2 ≤ IN3... ≤ INn(n은 입력 개수)이 참이면 OUT으로 "1"을 출력한다. 거짓의 경우에는 OUT으로 "0"을 출력한다.

② 프로그램 적용 : %IX0.1.0의 값이 ON일 때 BCD_TO_INT 펑션이 실행되며, LE의 IN1 값이 IN2 값(즉 %IW0.0.0)보다 작거나 같을 때만 %QX0.3.0은 "1"이 된다.

◈ 시뮬레이터에 의한 LD 확인

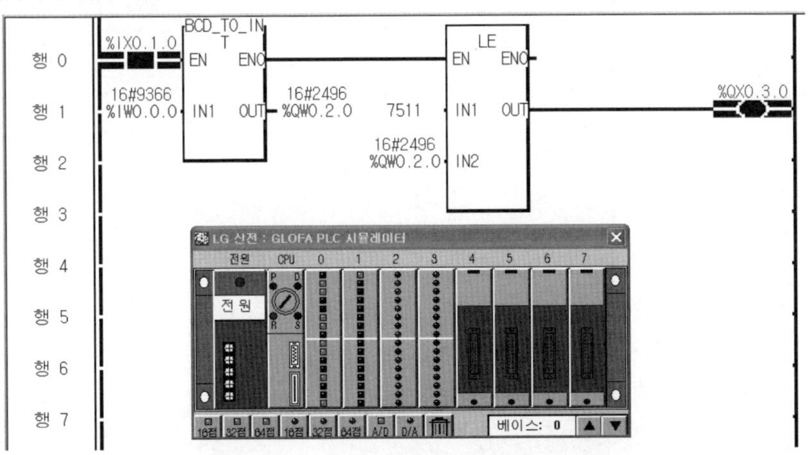

그림 5-11 LE 적용 예 및 시뮬레이터 확인

실습과제 5-8

비교연산 (<=)

1. 실험목적

1) PLC의 I/O(INPUT/OUTPUT) MAP을 익힐 수 있다.
2) 응용펑션 블록의 사용방법과 원리를 이해할 수 있다.

2. 관계지식

1) 전기적인 신호의 흐름을 이해할 수 있어야 한다.
2) PLC의 기본 명령어를 이해할 수 있어야 한다.
3) 기본 데이터 타입을 이해할 수 있어야 한다.

3. 동작조건

1) 더하기 연산을 사용하여 PB1은 D0 값에, PB2는 D1 값에 각각 1씩 더하는 회로를 구성하라.
2) D0의 값이 D1의 값보다 작거나 같은 경우 PL1이 ON 되도록 회로를 구성하라.
3) PLC I/O MAP의 구성은 아래와 같이 한다.

구 분	간접 변수 명	I/O할당	비 고
입 력	PB1	%IX0.1.8	스위치
	PB2	%IX0.1.9	스위치
출 력	PL1	%QX0.3.8	램프

4. 프로그램 실습

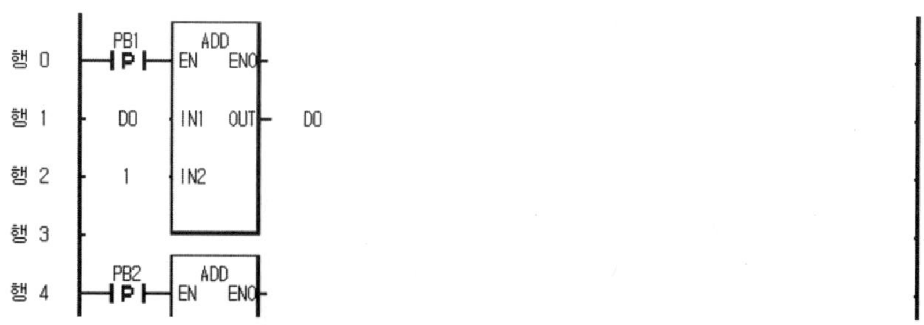

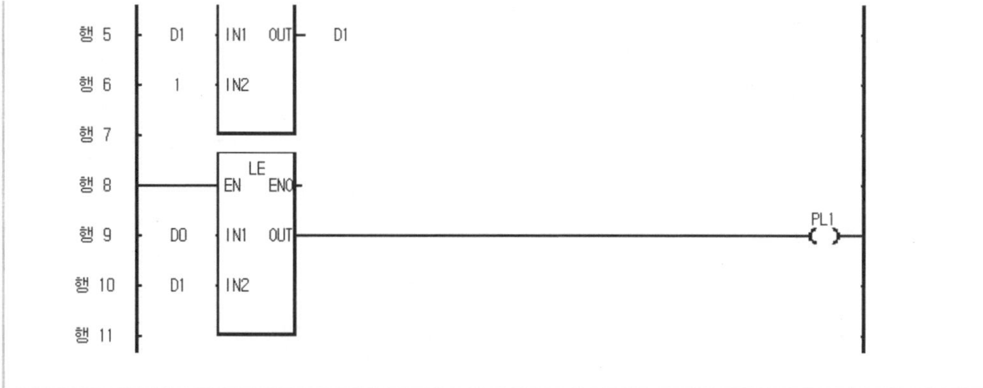

(5) LT ('작다' 비교)

표 5-12 LT 비교 연산자

펑 션	설 명
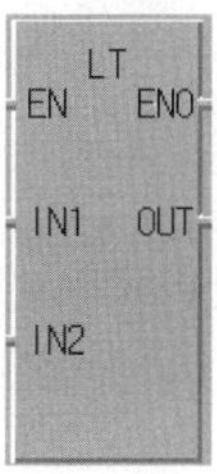	입력 EN : 1일 때 펑션 실행 IN1 : 비교할 값 IN2 : 비교할 값 ※ 입력은 8개까지 확장 가능 IN1, IN2는 모두 같은 타입이어야 함. 출력 ENO : EN 값이 그대로 출력 OUT : 비교 결과 값

① 기능 : 입력 값의 비교 결과 IN1 〈 IN2 〈 IN3... 〈 INn(n은 입력 개수)이 참이면 OUT으로 "1"을 출력한다. 거짓의 경우에는 OUT으로 "0"을 출력한다.

② 프로그램 적용 : %IX0.1.0 의 값이 ON일 때 BCD_TO_INT펑션이 실행되며, LT의 IN1 값(즉 %IW0.0.0)이 IN2 값보다 작을 때만 %QX0.3.0이 "1"이 된다.

◈ 시뮬레이터에 의한 LD 확인

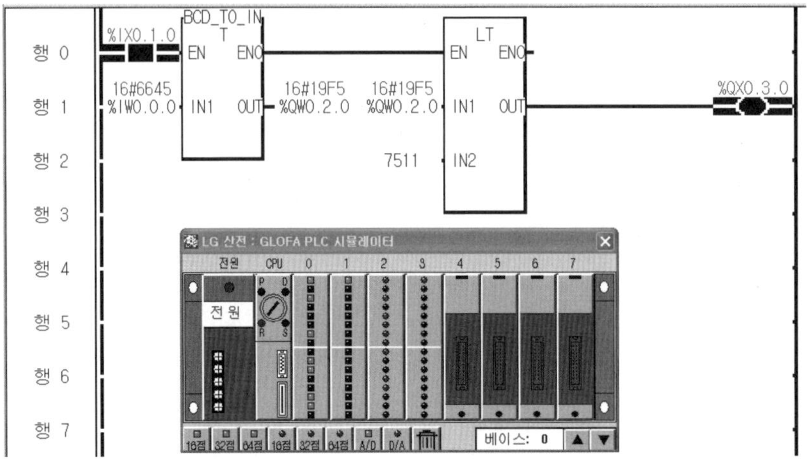

그림 5-12 LT 적용 및 시뮬레이터 확인

실습과제 5-9

비교연산 (<)

1. 실험목적

1) PLC의 I/O(INPUT/OUTPUT) MAP을 익힐 수 있다.

2) 응용펑션 블록의 사용방법과 원리를 이해할 수 있다.

2. 관계지식

1) 전기적인 신호의 흐름을 이해할 수 있어야 한다.

2) PLC의 기본 명령어를 이해할 수 있어야 한다.

3) 기본 데이터 타입을 이해할 수 있어야 한다.

3. 동작조건

1) 더하기 연산을 사용하여 PB1은 D0 값에, PB2는 D1 값에 각각 1씩 더하는 회로를 구성하라.

2) D0의 값이 D1의 값보다 작을 경우 PL1이 ON 되도록 회로를 구성하라.

3) PLC I/O MAP의 구성은 아래와 같이 한다.

구 분	간접 변수 명	I/O할당	비 고
입 력	PB1	%IX0.1.8	스위치
	PB2	%IX0.1.9	스위치
출 력	PL1	%QX0.3.8	램프

4. 프로그램 실습

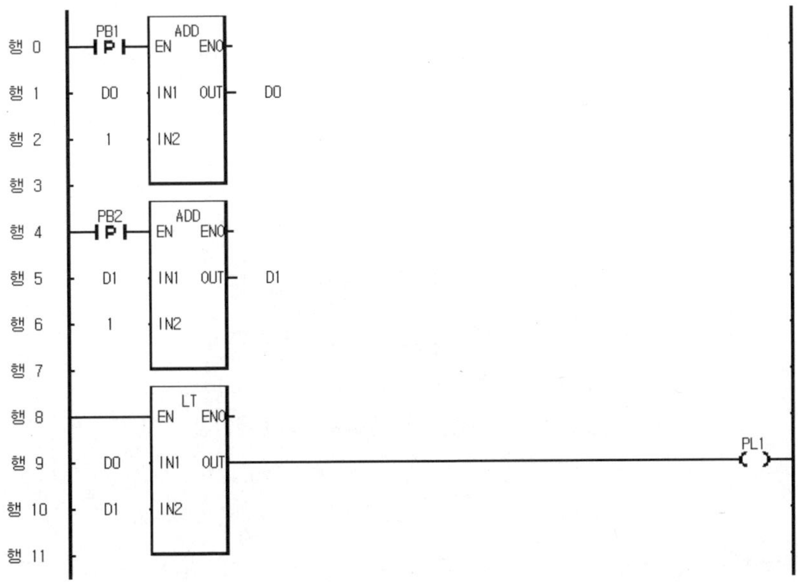

(6) NE('같지 않다' 비교)

표 5-13 NE 비교 연산자

펑 션	설 명
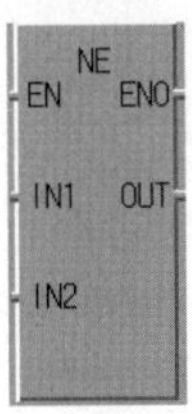	입력 EN : 1일 때 펑션 실행 IN1 : 비교할 값 IN2 : 비교할 값 ※ IN1, IN2는 모두 같은 타입이어야 함. 출력 ENO : EN 값이 그대로 출력 OUT : 비교 결과 값

① 기능 : 비교 결과 IN1과 IN2가 같지 않으면 OUT으로 “1”을 출력한다. 같으면 OUT으로 “0”을 출력한다.

② 프로그램 적용 : %IX0.1.0의 값이 ON일 때 BCD_TO_INT펑션이 실행되며, NE의 IN1 값(즉 %IW0.0.0)과 IN2 값이 다를 때만 %QX0.3.0이 “1”이 된다.

◈ 시뮬레이터에 의한 LD 확인

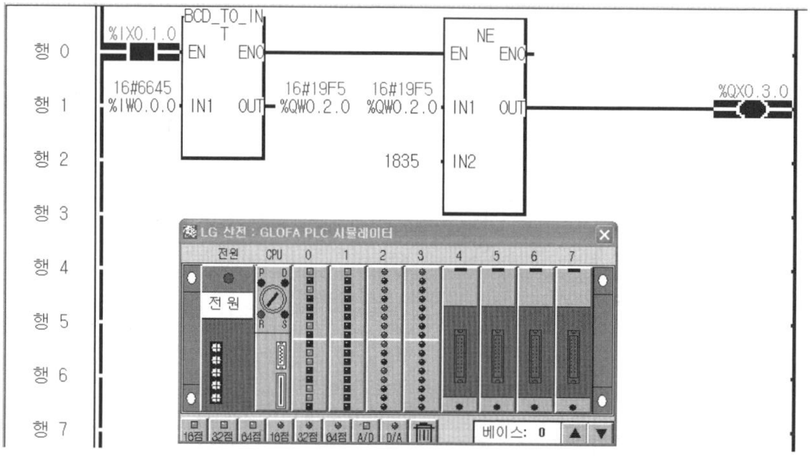

그림 5-13 NE 적용 예 및 시뮬레이터 확인

실습과제 5-10

비교연산6(<>)

1. 실험목적

1) PLC의 I/O(INPUT/OUTPUT) MAP을 익힐 수 있다.

2) 응용펑션 블록의 사용방법과 원리를 이해할 수 있다.

2. 관계지식

1) 전기적인 신호의 흐름을 이해할 수 있어야 한다.

2) PLC의 기본 명령어를 이해할 수 있어야 한다.

3) 기본 데이터 타입을 이해할 수 있어야 한다.

3. 동작조건

1) 더하기 연산을 사용하여 PB1은 D0 값에, PB2는 D1 값에 각각 1씩 더하는 회로를 구성하라.
2) D0의 값과 D1의 값이 서로 같이 않을 경우 PL1이 ON 되도록 회로를 구성하라.
3) PLC I/O MAP의 구성은 아래와 같이 한다.

구 분	간접 변수 명	I/O할당	비 고
입 력	PB1	%IX0.1.8	스위치
	PB2	%IX0.1.9	스위치
출 력	PL1	%QX0.3.8	램프

4) PLC 입력 전원은 DC 24V로 구성하며 PLC 입력 COM 단자에 DC 24V(+)로 전원을 연결하고, PLC 출력 COM 단자에 DC 0V(−)를 연결한다.

4. 프로그램 실습

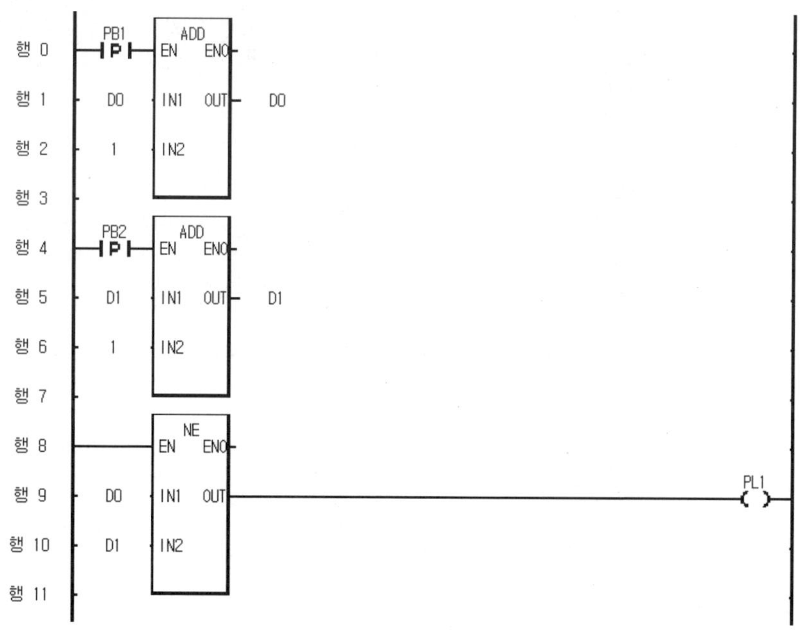

4 수치 연산

표 5-14 수치 연산자의 종류

구분	명령어	기 호	기능설명	비 고
수치연산펑션	ADD		덧셈 펑션 IN1 ~ IN8 : 더할 값(Any_INT) OUT : 결과값(Any_INT)	
	SUB	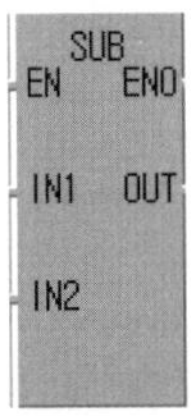	뺄셈 펑션 IN1 : 연산원(Any_INT) IN2 : 뺄 값(Any_INT) OUT : 결과값(Any_INT)	
	MUL		곱셈 펑션 IN1 ~ IN8 : 곱할 값(Any_INT) OUT : 결과값(Any_INT)	
	DIV	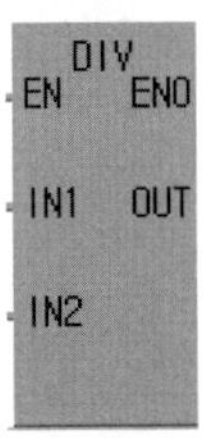	나눗셈(몫) IN1 : 연산원(Any_INT) IN2 : 나눌값(Any_INT) OUT : 몫(Any_INT)	
	MOD	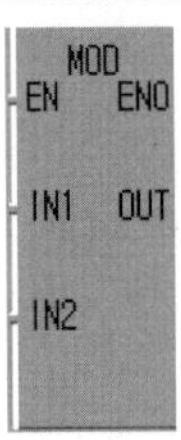	나눗셈(나머지) IN1 : 연산원(Any_INT) IN2 : 나눌 값(Any_INT) OUT : 나머지 값(Any_INT)	

실습과제 5-11

덧셈 연산회로

1. 실험목적

1) PLC의 I/O(INPUT/OUTPUT) MAP을 익힐 수 있다.

2) 응용펑션 블록의 사용방법과 원리를 이해할 수 있다.

2. 관계지식

1) 전기적인 신호의 흐름을 이해할 수 있어야 한다.

2) PLC의 기본 명령어를 이해할 수 있어야 한다.

3) 기본 데이터 타입을 이해할 수 있어야 한다.

3. 동작조건

1) PB1을 ON_OFF할 때마다 D0에 1씩 가산되는 회로를 구성하라.

2) PLC I/O MAP의 구성은 아래와 같이 한다.

구 분	간접 변수 명	I/O할당	비 고
입 력	PB1	%IX0.1.8	스위치

4. 프로그램 실습

실습과제 5-12

뺄셈 연산회로

1. 실험목적

1) PLC의 I/O(INPUT/OUTPUT) MAP을 익힐 수 있다.

2) 응용펑션 블록의 사용방법과 원리를 이해할 수 있다.

2. 관계지식

1) 전기적인 신호의 흐름을 이해할 수 있어야 한다.

2) PLC의 기본 명령어를 이해할 수 있어야 한다.

3. 동작조건

1) PB1을 ON_OFF할 때마다 D0에 1씩 감산되는 회로를 구성하라.

2) PLC I/O MAP의 구성은 아래와 같이 한다.

구 분	간접 변수 명	I/O할당	비 고
입 력	PB1	%IX0.1.8	스위치

4. 프로그램 실습

실습과제 5-13

곱셈 연산회로

1. 실험목적

1) PLC의 I/O(INPUT/OUTPUT) MAP을 익힐 수 있다.

2) 응용펑션 블록의 사용방법과 원리를 이해할 수 있다.

2. 관계지식

1) 전기적인 신호의 흐름을 이해할 수 있어야 한다.

2) PLC의 기본 명령어를 이해할 수 있어야 한다.

3) 기본 데이터 타입을 이해할 수 있어야 한다.

3. 동작조건

1) PB1을 ON_OFF할 때마다 D0에 2씩 곱하는 회로를 구성하라.

2) D0의 초기값은 2로 설정해 놓는다.

2) PLC I/O MAP의 구성은 아래와 같이 한다.

구 분	간접 변수 명	I/O할당	비 고
입 력	PB1	%IX0.1.8	스위치

4. 프로그램 실습

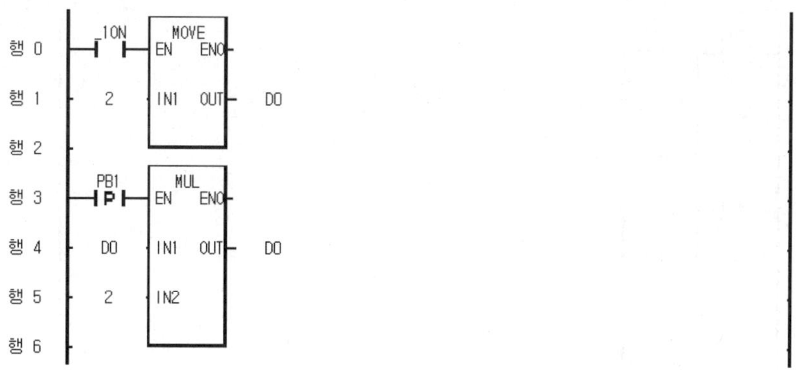

실습과제 5-14

나눗셈 연산회로

1. 실험목적

1) PLC의 I/O(INPUT/OUTPUT) MAP을 익힐 수 있다.

2) 응용펑션 블록의 사용방법과 원리를 이해할 수 있다.

2. 관계지식

1) 전기적인 신호의 흐름을 이해할 수 있어야 한다.

2) PLC의 기본 명령어를 이해할 수 있어야 한다.

3) 기본 데이터 타입을 이해할 수 있어야 한다.

3. 동작조건

1) PB1을 ON_OFF할 때마다 D0에 2씩 나누는 회로를 구성하라.

2) D0의 초기값은 10000으로 설정해 놓는다.

2) PLC I/O MAP의 구성은 아래와 같이 한다.

구 분	간접 변수 명	I/O할당	비 고
입 력	PB1	%IX0.1.8	스위치

4. 프로그램 실습

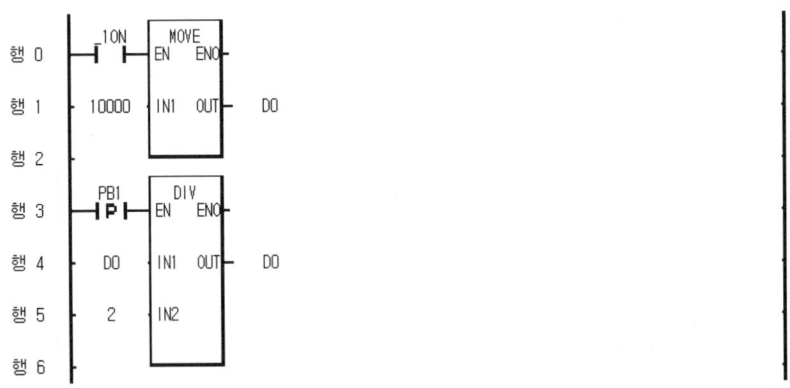

실습과제 5-15

사칙연산을 이용한 램프점등

1. 실험목적

1) PLC의 I/O(INPUT/OUTPUT) MAP을 익힐 수 있다.
2) 응용펑션 블록의 사용방법과 원리를 이해할 수 있다.

2. 관계지식

1) 전기적인 신호의 흐름을 이해할 수 있어야 한다.
2) PLC의 기본 명령어를 이해할 수 있어야 한다.
3) 기본 데이터 타입을 이해할 수 있어야 한다.
4) 내부메모리의 특성을 이해할 수 있어야 한다.

3. 동작조건

1) PB1을 한 번씩 누를 때마다 램프가 1번부터 8번까지 2진수 형식으로 ON 되는 회로를 구성하라.
2) PLC I/O MAP의 구성은 아래와 같이 한다.

구 분	간접 변수 명	I/O할당	비 고
입 력	PB1	%IX0.1.8	스위치
출 력	PL1~8	%QX0.3.8~15	램프

4. 프로그램 실습

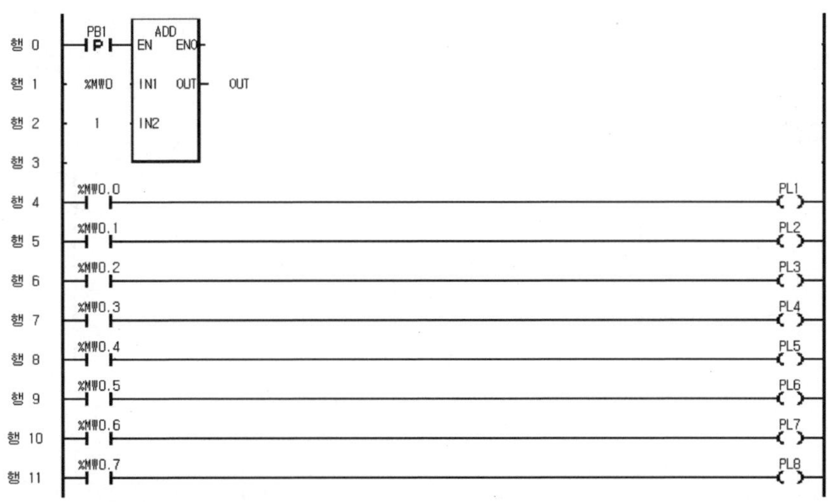

실습과제 5-16

사칙 연산을 이용한 DISPLAY회로

1. 실험목적

1) PLC의 I/O(INPUT/OUTPUT) MAP을 익힐 수 있다.
2) 응용펑션 블록의 사용방법과 원리를 이해할 수 있다.

2. 관계지식

1) 전기적인 신호의 흐름을 이해할 수 있어야 한다.
2) PLC의 기본 명령어를 이해할 수 있어야 한다.
3) 기본 데이터 타입을 이해할 수 있어야 한다.
4) DISPLAY의 특성을 이해할 수 있어야 한다.

3. 동작조건

1) PB1을 한 번씩 누를 때마다 램프가 1번부터 8번까지 2진수 형식으로 ON 되는 회로를 구성하라.
2) PLC I/O MAP의 구성은 아래와 같이 한다.

구 분	간접 변수 명	I/O할당	비 고
입 력	PB1	%IX0.1.8	스위치
출 력	출력	%QW0.3.0	DISPLAY

4. 프로그램 실습

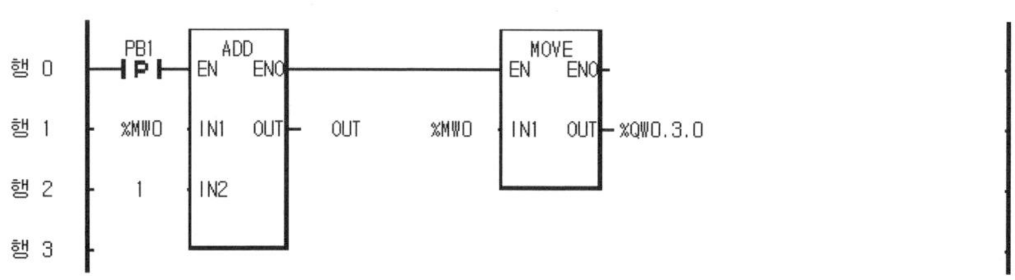

표 5-15 기타 수치연산 펑션

구분	명 령 어	기 호	기 능 설 명	비 고
수치연산펑션	EXPT	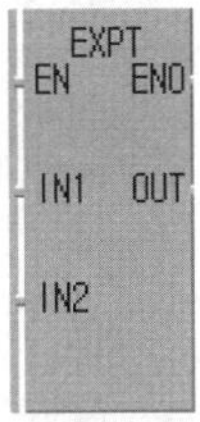	지수 연산 IN1 : 정수(Any_REAL) IN2 : 지수(Any_REAL) OUT : 결과값(Any_REAL)	GM1,GM2 전용
	ABS	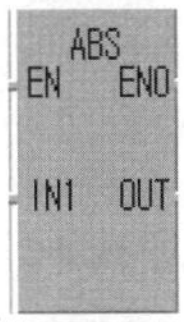	절대값 IN1 : 정수(Any_INT) OUT : 결과값(Any_INT)	
	SQRT	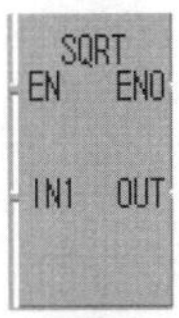	제곱근10 IN1 : 연산원(Any_REAL) OUT : 결과값(Any_REAL)	GM1,GM2 전용
	LN	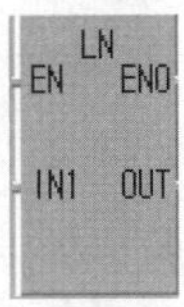	자연 대수 IN1 : 연산원(Any_REAL) OUT : 결과값(Any_REAL)	GM1,GM2 전용
	LOG	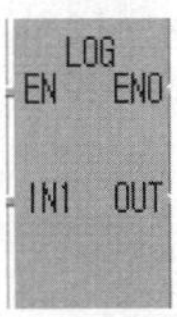	상용 대수 IN1 : 연산원(Any_REAL) OUT : 결과값(Any_REAL)	GM1,GM2 전용
	EXP	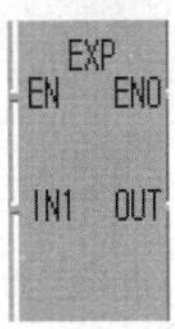	자연 지수 IN1 : 연산원(Any_REAL) OUT : 결과값(Any_REAL)	GM1,GM2 전용

5 삼각 함수 연산

표 5-16 삼각 함수 연산 펑션

구분	명 령 어	기 호	기 능 설 명	비 고
삼각 펑션	SIN	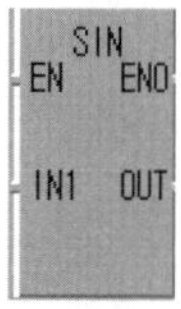	싸인 연산 IN1 : 연산원(Any_REAL) OUT : 결과값(Any_REAL)	GM1,GM2 전용
	COS	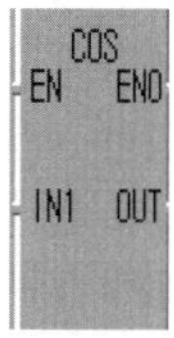	코싸인 연산 IN1 : 연산원(Any_REAL) OUT : 결과값(Any_REAL)	GM1,GM2 전용
	TAN		탄젠트 연산 IN1 : 연산원(Any_REAL) OUT : 결과값(Any_REAL)	GM1,GM2 전용
	ASIN	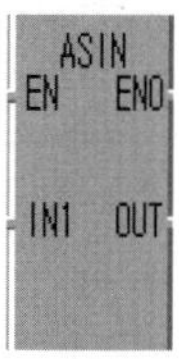	아크 싸인 연산 IN1 : 연산원(Any_REAL) OUT : 결과값(Any_REAL)	GM1,GM2 전용
	ACOS	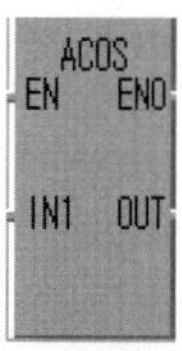	아크 코싸인 연산 IN1 : 연산원(Any_REAL) OUT : 결과값(Any_REAL)	GM1,GM2 전용
	ATAN	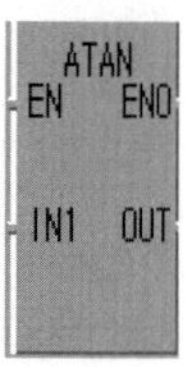	아크 탄젠트 연산 IN1 : 연산원(Any_REAL) OUT : 결과값(Any_REAL)	GM1,GM2 전용

6 논리 연산

표 5-17 논리 연산자

구분	명령어	기호	기능설명	비고
논리연산	AND	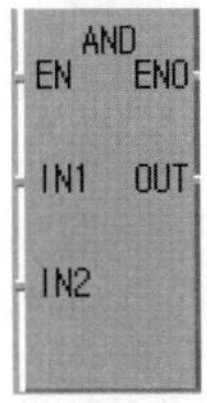	논리곱 IN1 ~ IN8 : 연산원(Any_BIT) OUT : 결과값(Any_BIT)	
	OR	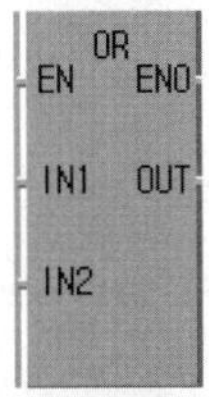	논리합 IN1 ~ IN8 : 연산원(Any_BIT) OUT : 결과값(Any_BIT)	
	XOR	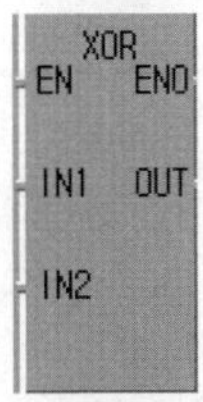	배타적 논리합 IN1 ~ IN8 : 연산원(Any_BIT) OUT : 결과값(Any_BIT)	
	NOT	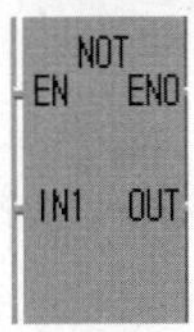	논리 반전 IN1, IN2 : 연산원(Any_BIT) OUT : 결과값(Any_BIT)	

1) AND 회로

여러 개의 입력이 있을 때 모든 입력이 존재할 때에만 출력이 나타나는 회로를 AND회로라고 하는데 직렬스위치 회로와 같다. 그림 5-14는 두 개의 입력 A와 B가 모두 ON일 때에만 릴레이 코일 R이 여자되고 R접점이 닫혀 램프가 점등되는 AND회로이다.

이와 같은 직렬회로는 한 대의 프레스에 여러 명의 작업자가 함께 작업할 때, 안전을 위해 각 작업자마다 프레스 기동용 누름버튼을 설치하여 모든 작업자가 스위치를 누를 때에만 동작되도록 하는 경우에 적용된다. 또 기계의 각 부분이 소정의 위치까지 진행되지 않으면 다음 동작으로 이행을 금지하는 경우 등 그 응용 범위가 넓은 회로이다.

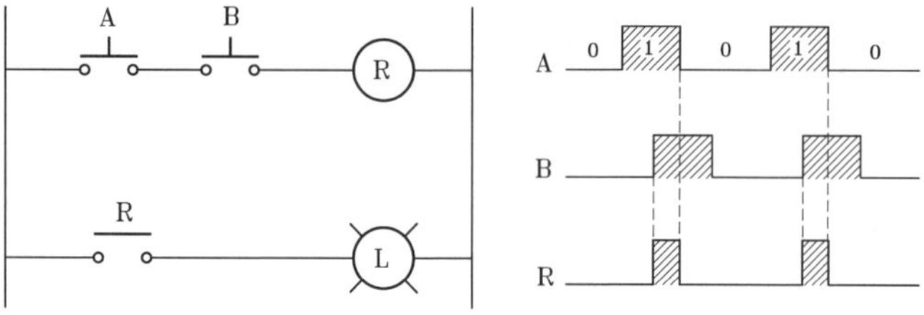

입 력		출 력
A	B	R
0	0	0
0	1	0
1	0	0
1	1	1

(a) 릴레이 회로 (b) 타임 차트 (c) 진리표

그림 5-14 AND 회로

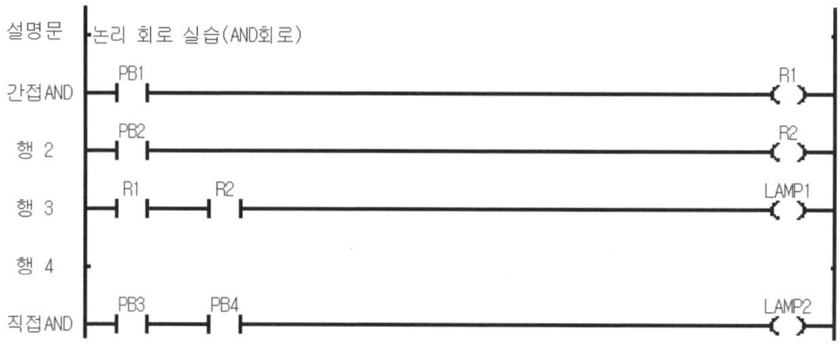

그림 5-15 AND 적용 예

2) OR 회로

OR회로는 여러 개의 입력 신호 중 하나 또는 그 이상의 신호가 ON 되었을 때 출력을 내는 회로로서 병렬회로라고 한다.

그림 5-16에서 누름버튼스위치 A가 눌려지거나, 아니면 B가 눌려져도, 또는 A와 B가 동시에 눌려져도 릴레이 R이 동작되어 램프가 점등된다.

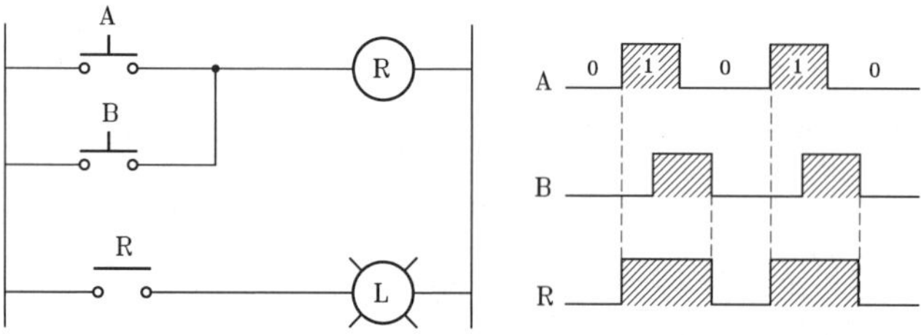

입 력		출 력
A	B	R
0	0	0
0	1	1
1	0	1
1	1	1

(a) 릴레이 회로 (b) 타임 차트 (c) 진리표

그림 5-16 OR 회로

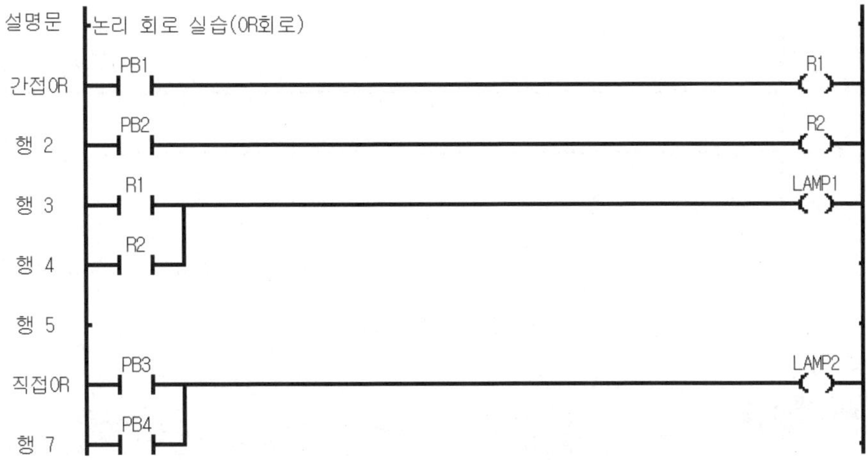

그림 5-17 OR 적용 예

3) NOT 회로

NOT 회로는 출력이 입력의 반대가 되는 회로로서 입력이 0이면 출력이 1이고, 입력이 1이면 출력이 0이 되는 부정회로이다.

그림 5-18은 릴레이의 b접점을 이용한 NOT 회로로서 누름버튼스위치 A가 눌려 있지 않은 상태에서는 램프가 점등되어 있고, 누름버튼스위치 A가 눌려지면 R접점이 열려 램프가 소등하는 NOT회로이다.

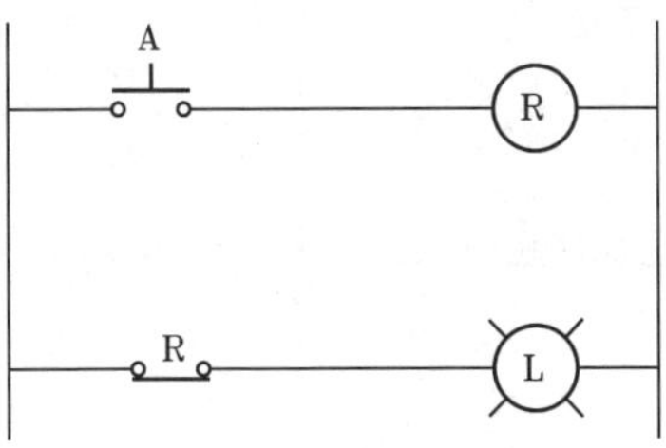

(a) 릴레이 회로

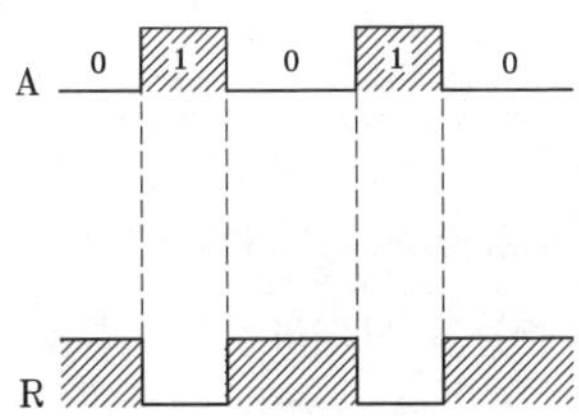

(b) 타임 차트

입 력	출 력
A	R
0	1
1	0

(c) 진리표

그림 5-18 NOT 회로

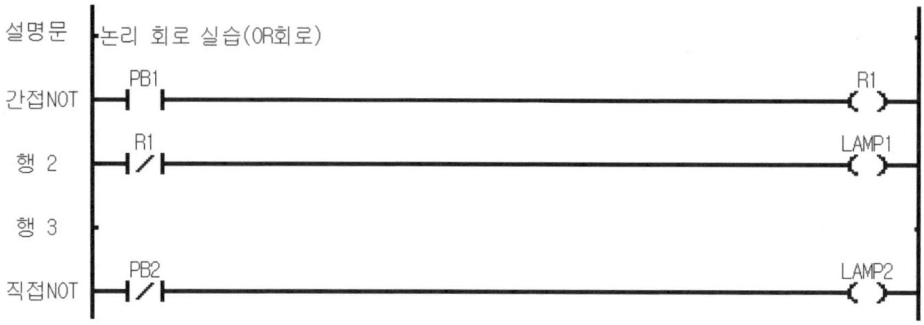

그림 5-19 NOT 적용 예

실습과제 5-17

푸시버튼을 이용한 OR회로 구성

1. 실험목적

1) PLC의 I/O(INPUT/OUTPUT) MAP을 익힐 수 있다.
2) OR회로의 특성을 이해할 수 있다.
3) PLC TRAINER(ED-9160)의 구조와 원리를 이해할 수 있다.

2. 관계지식

1) 전기적인 신호의 흐름을 이해할 수 있어야 한다.
2) 기본적인 시퀀스 회로를 보고 이해할 수 있어야 한다.

3. 동작조건

1) PB1(스위치) 또는 PB2(스위치)를 ON하였을 때 PL1(램프)이 ON 되도록 구성한다.
2) PLC I/O MAP의 구성은 아래와 같이 한다.

구 분	간접 변수 명	I/O할당	비 고
입 력	PB1	%IX0.1.8	스위치
	PB2	%IX0.1.9	스위치
출 력	PL1	%QX0.3.8	램프

4. 프로그램 실습

1) GMWIN을 실행시킨다.

2) 프로젝트 및 프로그램 창을 연다.

3) 프로그램을 작성한다.

	변수 명	데이터 타입	메모리 할당	초기 값	변수 종류	사용 여부	설명문
1	PB1	BOOL	%IX0.1.8		VAR	*	
2	PB2	BOOL	%IX0.1.9		VAR		
3	PL1	BOOL	%QX0.3.8		VAR	*	

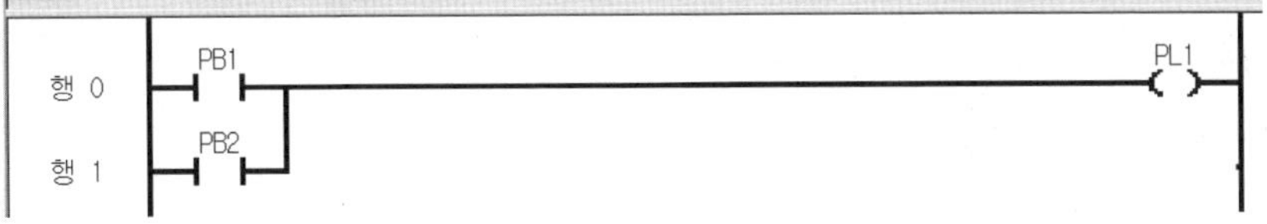

5. 시뮬레이터 시작

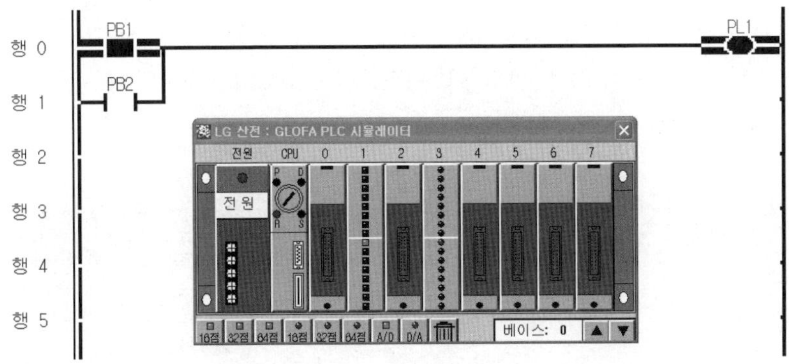

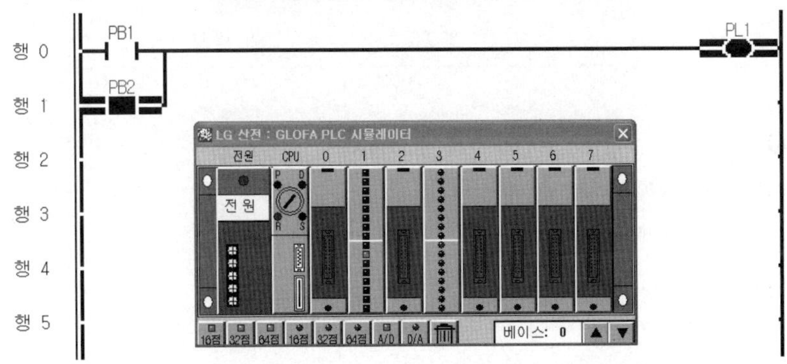

실습과제 5-18

푸시버튼을 이용한 AND회로 구성

1. 실험목적

1) PLC의 I/O(INPUT/OUTPUT) MAP을 익힐 수 있다.

2) AND회로의 특성을 이해할 수 있다.

2. 관계지식

1) 전기적인 신호의 흐름을 이해할 수 있어야 한다.

2) 기본적인 시퀀스 회로를 보고 이해할 수 있어야 한다.

3. 동작조건

1) PB1(스위치)과 PB2(스위치)를 모두 ON하였을 때 PL1(램프)이 같이 ON 되며, PB1 (스위치) 또는 PB2(스위치)가 OFF 되면 PL1(램프)도 OFF 되도록 구성한다.

2) PLC I/O MAP의 구성은 아래와 같이 한다.

구 분	간접 변수 명	I/O할당	비 고
입 력	PB1	%IX0.1.8	스위치
	PB2	%IX0.1.9	스위치
출 력	PL1	%QX0.3.8	램프

4. 프로그램 실습

1) GMWIN을 실행시킨다.

2) 프로젝트 및 프로그램 창을 연다.

3) 프로그램을 작성한다.

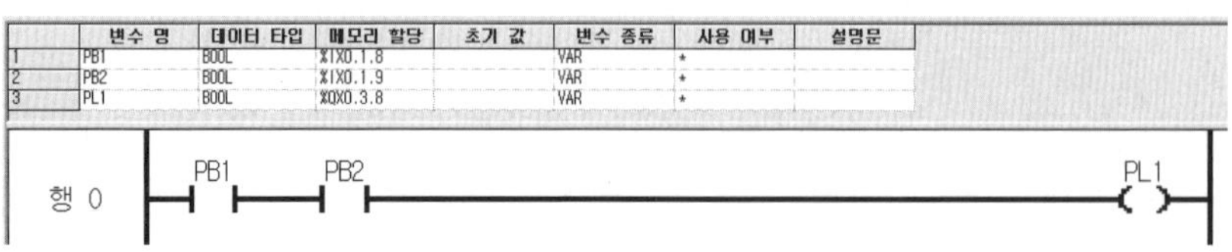

5. 시뮬레이터 시작

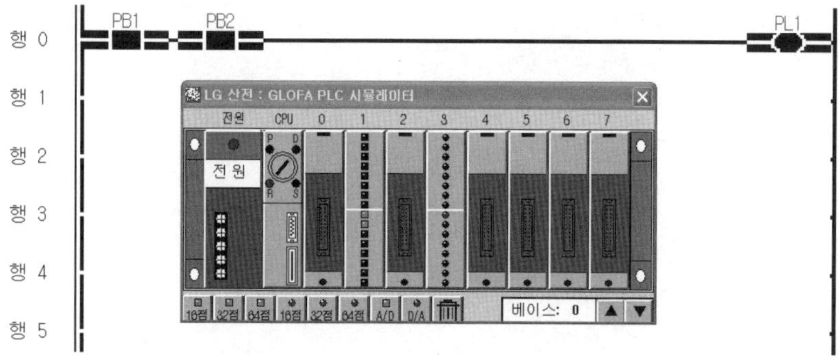

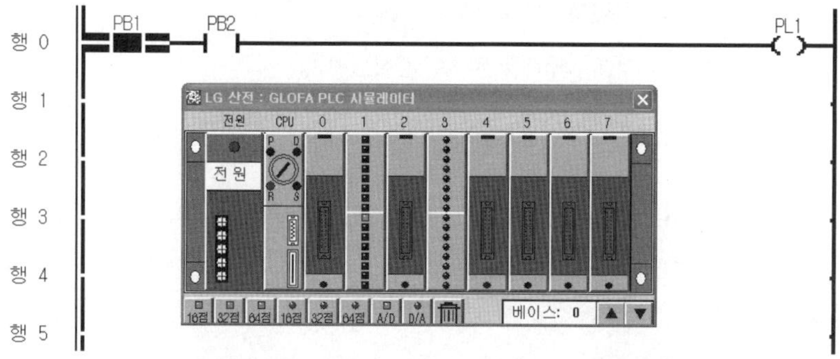

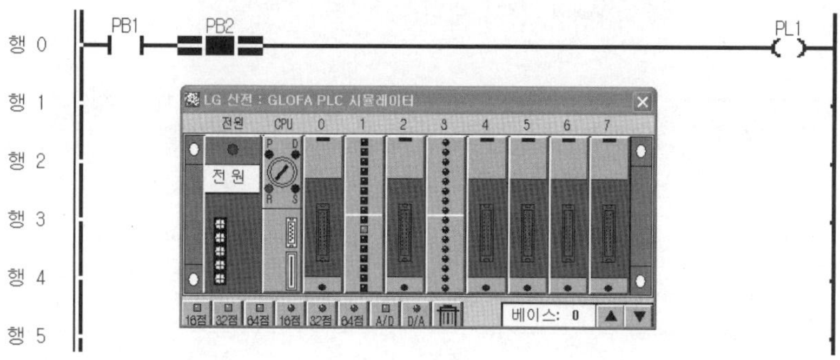

실습과제 5-19

푸시버튼을 이용한 OR, AND회로 구성

1. 실험목적

1) PLC의 I/O(INPUT/OUTPUT) MAP을 익힐 수 있다.
2) OR회로와 AND회로의 특성을 이해할 수 있다.

2. 관계지식

1) 전기적인 신호의 흐름을 이해할 수 있어야 한다.
2) 기본적인 시퀀스 회로를 보고 이해할 수 있어야 한다.

3. 동작조건

1) PB1(스위치) 또는 PB2(스위치)를 ON 상태이고 PB3(스위치)이 ON 되었을 때 PL1 (램프)이 같이 ON 되며, PB1(스위치)또는 PB2(스위치)가 OFF되고 PB3(스위치)이 OFF 되면 PL1(램프)도 OFF 되도록 구성한다.
2) PLC I/O MAP의 구성은 아래와 같이 한다.

구 분	간접 변수 명	I/O할당	비 고
입 력	PB1	%IX0.1.8	스위치
	PB2	%IX0.1.9	스위치
	PB3	%IX0.1.10	스위치
출 력	PL1	%QX0.3.8	램프

4. 프로그램 실습

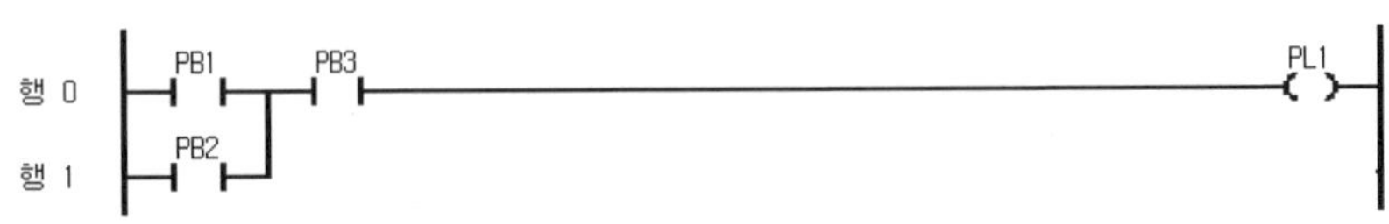

7 이동 및 회전

표 5-18 이동 및 회전

구분	명령어	기 호	기능설명	비 고
이동펑션	SHL		비트열 왼쪽으로 이동 IN : 전송원(Any_BIT) N : 이동할 비트 수 (INT) OUT : 전송선(Any_BIT)	
	SHR		비트열 오른쪽으로 이동 IN : 전송원(Any_BIT) N : 이동할 비트 수 (INT) OUT : 전송선 (Any_BIT)	
회전명령	ROL		비트열 왼쪽으로 이동 IN : 전송원(Any_BIT) N : 이동할 비트 수 (INT) OUT : 전송선 (Any_BIT)	
	ROR		비트열 오른쪽으로 이동 IN : 전송원(Any_BIT) N : 이동할 비트 수 (INT) OUT : 전송선 (Any_BIT)	

실습과제 5-20

램프 ROTATION회로

1. 실험목적

1) PLC의 I/O(INPUT/OUTPUT) MAP을 익힐 수 있다.
2) 응용펑션 블록의 사용방법과 원리를 이해할 수 있다.

2. 관계지식

1) 전기적인 신호의 흐름을 이해할 수 있어야 한다.
2) PLC의 기본 명령어를 이해할 수 있어야 한다.
3) 기본 데이터 타입을 이해할 수 있어야 한다.
4) ROTATION의 특성을 이해할 수 있어야 한다.

3. 동작조건

1) ROL명령을 사용하여 PB1을 눌렀을 때, 램프 1에서 8번까지 2초 간격을 두고 이동하는 회로를 구성하라.
2) PLC I/O MAP의 구성은 아래와 같이 한다.

구 분	간접 변수 명	I/O할당	비 고
입 력	입력	%IW0.1.0	DIGITAL스위치
출 력	출력	%QW0.3.0	DISPLAY

3) PLC 입력 전원은 DC 24V로 구성하며 PLC 입력 COM 단자에 DC 24V(+)로 전원을 연결하고, PLC 출력 COM 단자에 DC 0V(−)를 연결한다.

4. 프로그램 실습

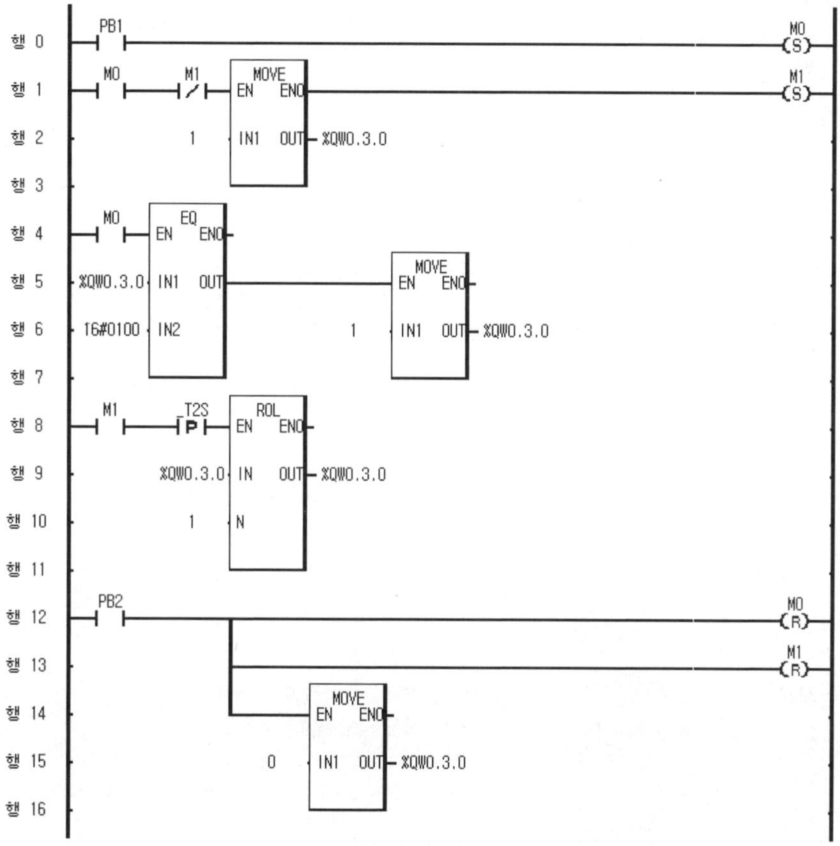

행 0
행 1
행 2
행 3
행 4
행 5
행 6
행 7
행 8
행 9
행 10
행 11
행 12
행 13
행 14
행 15
행 16
PB1
M0
(S)
M0
M1
MOVE
EN ENO
M1
(S)
1
IN1 OUT
%QW0.3.0
M0
EQ
EN ENO
%QW0.3.0
IN1 OUT
MOVE
EN ENO
16#0100
IN2
1
IN1 OUT
%QW0.3.0
M1
_T2S
P
ROL
EN ENO
%QW0.3.0
IN OUT
%QW0.3.0
1
N
PB2
M0
(R)
M1
(R)
MOVE
EN ENO
0
IN1 OUT
%QW0.3.0

8 선택 연산

표 5-19 선택 연산

구분	명 령 어	기 호	기 능 설 명	비 고
선택펑션	SEL	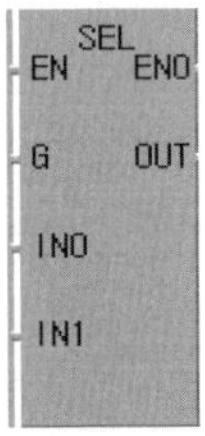	2개 중 선택 G : 출력 선택(BOOL) IN0 : G가 Off일 경우 선택값(Any) IN1 : G가 On일 경우 선택값(Any) OUT : 출력값(Any)	
	MAX	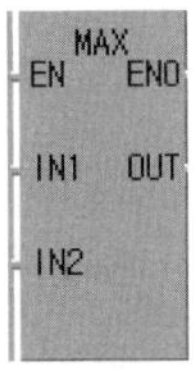	최대값 구하기 IN1 ~ IN8 : 선택값(Any_NIT) OUT : 최대 출력값(Any_INT)	
	MIN	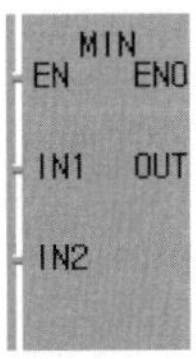	최소값 구하기 IN1 ~ IN8 : 선택값(Any_NIT) OUT : 최소 출력값(Any_INT)	
	LIMIT	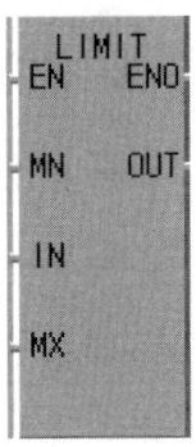	상하한 제한값 MN : 하한값(Any_NIT) IN : 전송원(Any_INT) MX : 상한원 (Any_NIT) OU T : 출력값(Any_INT)	
	MUX	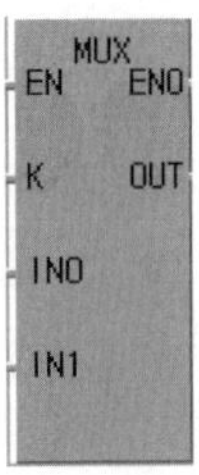	최대 7개중 선택 K : 선택 입력 번호 IN0 : 전송원 0번(Any) IN1 : 전송원 1번(Any) IN2 : 전송원 2번(Any) IN3 : 전송원 3번(Any) IN4 : 전송원 4번(Any) IN5 : 전송원 5번(Any) IN6 : 전송원 6번(Any) OUT : 출력값(Any)	

9 기타 펑션 일람

1) 문자열 펑션

표 5-20 문자열 펑션

구분	명 령 어	기 호	기 능 설 명	비 고
문자열 펑션	LEN	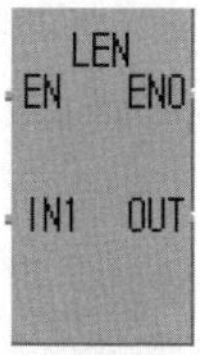	문자열 길이 IN1 : 문자열 입력(STRING) OUT : 문자열 길이(INT)	
	LEFT		문자열 왼쪽 부분 전송 IN : 문자열 입력(STGING) L : 문자열 길이(INT) OUT : 문자열 출력(STRING)	
	RIGHT	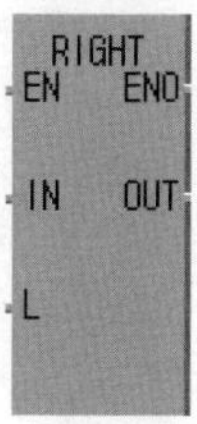	문자열 오른쪽 부분 전송 IN : 문자열 입력(STRING) L : 문자열 길이(INT) OUT : 문자열 출력(STRING	
	MID	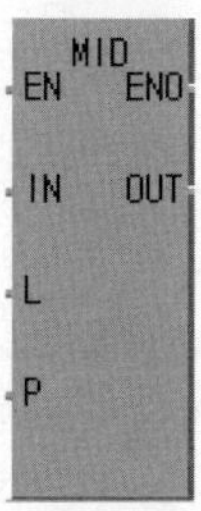	문자열 중간 부분 전송 IN : 문자열 입력(STRING) L : 문자열 길이(INT) P : 문자열 선두 위치(INT) OUT : 문자열 출력(STRING	
	CONCAT	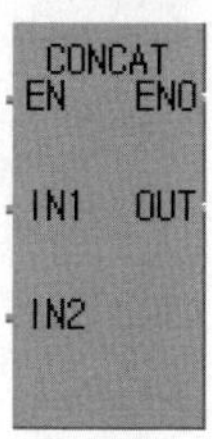	문자열 연결 입력 문자열을 순서대로 연결 IN1 ~ IN8 : 문자열(STRING) OUT : 문자열 출력(STRING)	

구분	명령어	기 호	기능설명	비 고
문자열 펑션	INSERT	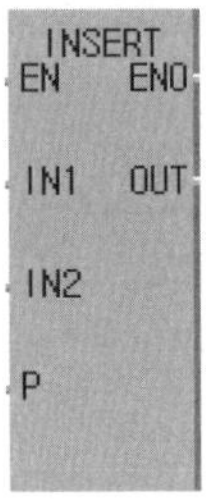	문자열 삽입 IN1 : 문자열 입력(STRING) IN2 : 삽입할 문자열(STRING) P : 문자열 선두 위치(INT) OUT : 문자열 출력(STRING)	
	DELETE		문자열 삭제 IN1 : 문자열 입력(STRING) L : 삭제할 문자열(INT) P : 문자열 선두 위치(INT) OUT : 문자열 출력(STRING)	
	REPLACE	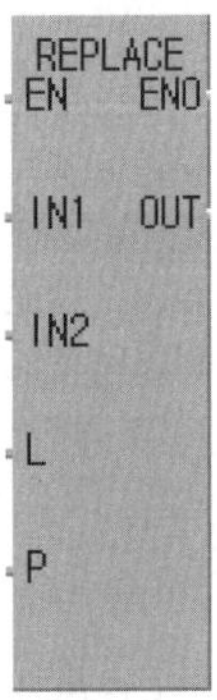	문자열 대체 IN1 : 문자열 입력(STRING) IN2 : 대체할 문자열(STRING) P : 문자열 선두 위치(INT) OUT : 문자열 출력(STRING)	
	FIND		문자열 찾기 IN1 : 문자열 입력(STRING) IN2 : 검색할 문자열(STRING) OUT : 문자열 출력(INT))	

2) 날짜 및 시간 펑션

표 5-22 날짜 및 시간 펑션

구분	명령어	기 호	기능설명	비 고
날짜시간 펑션	ADD_TIME	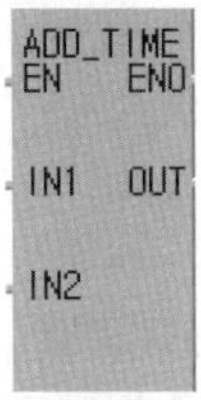	시간 더하기 IN1 : 시각 또는 시간 (TIME, TOD, TD) IN2 : 더할 시간(TIME) OUT : 결과 시각 또는 시간 (TIME, TOD, TD)	
	SUB_TIME	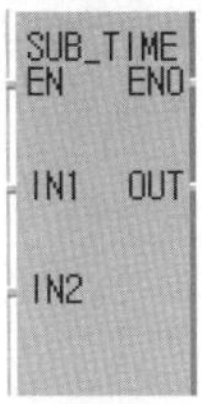	시간 빼기 IN1 : 시각 또는 시간 (TIME, TOD, TD) IN2 : 뺄 시간(TIME) OUT : 결과 시각 또는 시간 (TIME, TOD, TD)	
	SUB_DATE	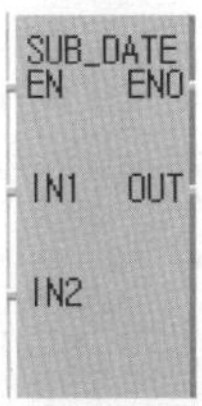	날짜 빼기 IN1 : 날짜(DATE) IN2 : 뺄 날짜(DATE) OUT : 결과 시간(TIME)	
	SUB_TOD	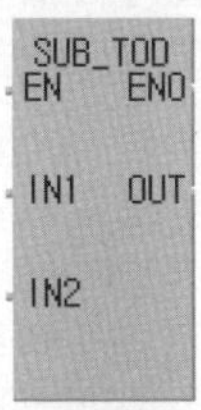	시각 빼기 IN1 : 시각(TIME OF DAY) IN2 : 뺄 시각(TIME OF DAY) OUT : 결과 시간(TIME)	
	SUB_DT	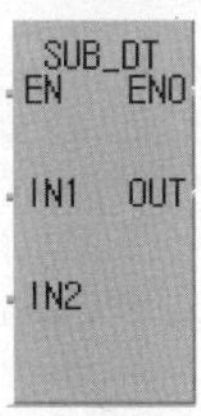	날짜 시각 빼기 IN1 : 시각(DATE&TIME) IN2 : 뺄 시각(DATE&TIME) OUT : 결과 시간(TIME)	
	MUL_TIME	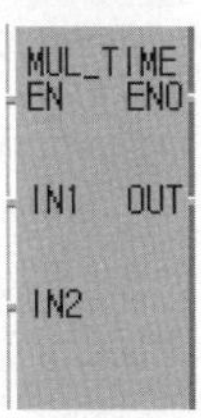	시간 곱하기 IN1 : 입력 시간(TIME) IN2 : 곱할 값(INT) OUT : 결과 시간(TIME)	

구분	명 령 어	기 호	기 능 설 명	비 고
날짜시간 펑션	DIV_TIME	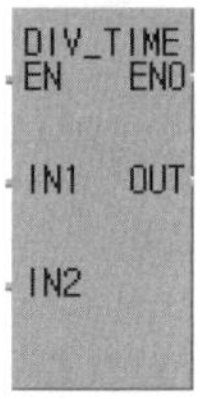	시간 나누기 IN1 : 입력 시간(TIME) IN2 : 나눌 값(INT) OUT : 결과 시간(TIME)	
	CONCAT_TIME	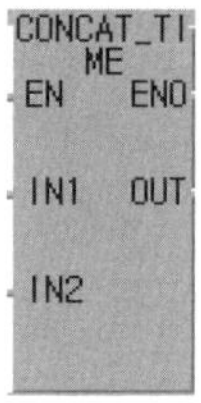	날짜와 시각 연결 IN1 : 입력 날짜(DATE) IN2 : 입력 시각(TOD) OUT : 결과 날짜 시각(DT)	

3) 시스템 제어 펑션

표 5-23 시스템 제어 펑션

구분	명 령 어	기 호	기 능 설 명	비 고
시스템 제어 펑션	DI	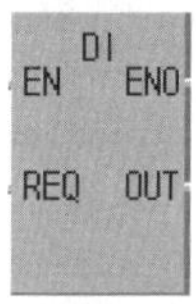	인터럽트 금지 REQ : 금지 요구(BOOL) OUT : 금지 확인(BOOL)	
	EI	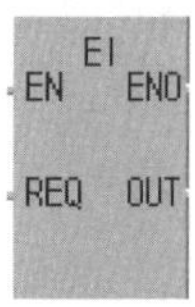	인터럽트 허가 REQ : 허기 요구(BOOL) OUT : 허가 확인(BOOL)	
	STOP	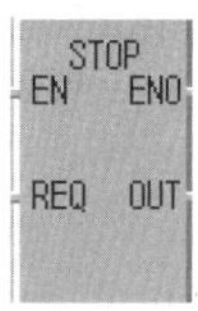	PLC 비상 정지 요구 REQ : 정지 요구(BOOL) OUT : 정지 확인(BOOL)	
	ESTOP	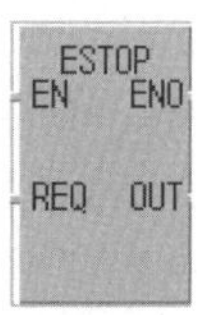	PLC 비상 정지 요구 REQ : 정지 요구(BOOL) OUT : 정지 확인(BOOL)	

구분	명령어	기 호	기능설명	비 고
시스템 제어 펑션	DIREC_IN	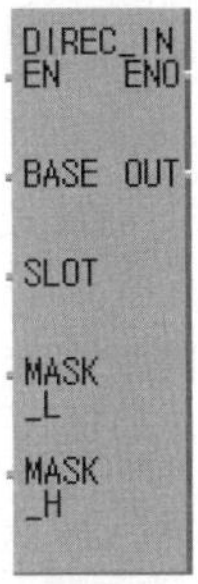	입력 데이터 즉시 갱신 BASE : 베이스 모듈 번호 SLOT : 입력 모듈 슬롯 위치 MASK_L : 하위 32Bit 중 갱신 하지 않을 Bit 지정(DWORD) MASK_H : 상위 32Bit 중 갱신 하지 않을 Bit 지정(DWORD) OUT : 실행 완료(BOOL)	GM5 제외
	DIREC_IN5	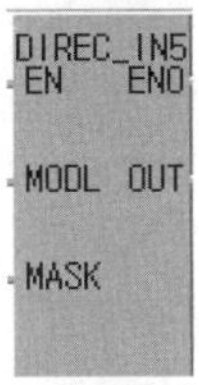	입력 데이터 즉시 갱신 MODL : 입력 모듈 번호 MASK : 하위 32Bit 중 갱신하지 않을 Bit 지정(DWORL)	GM5 전용
	DIREC_O		출력 데이터 즉시 갱신 BASE : 베이스 모듈 번호 SLOT : 출력 모듈 슬롯 위치 MASK_L : 하위 32Bit 중 갱신하지 않을 Bit 지정(DWORD) MASK_H : 상위 32Bit 중 갱신하지 않을 Bit 지정(DWORD) OUT : 실행 완료(BOOL)	GM5 제외
	DIREC_OUT5	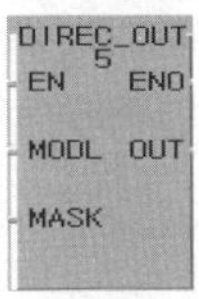	출력 데이터 즉시 갱신 MODL : 출력 모듈 번호 MASK : 하위 32Bit 중 갱신하지 않을 Bit 지정(DWORD) OUT : 실행 완료(BOOL)	GM5 전용
	WDT_RST	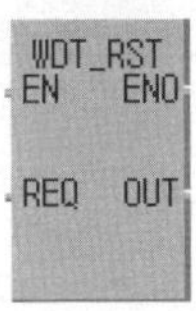	위치 독 타이머 리셋 REQ : 리셋 요구(BOOL) OUT : 실행 완료(BOOL)	

CHAPTER

6

Function Block (-[FB]-)

펑션 블록은 여러 스캔에 걸쳐 누계된 연산 결과를 출력하므로, 연산 중 누계되는 데이터를 잠시 보관하기 위한 내부 메모리가 필요하다. 따라서 펑션 블록은 사용하기 전에 변수를 선언하는 것처럼 인스턴스 변수를 선언해야 한다. 인스턴스 변수는 펑션 블록에서 사용하는 변수들의 집합이며, 기본 펑션 블록 중 가장 일반적인 것은 타이머와 카운터이다.

※ 사용자가 펑션 블록을 생성할 수 있으며 생성된 펑션 블록은 사용자 펑션에 추가된다.

1 타이머

표 6-1 타이머 펑션 블록

구분	명령어	기 호	기능설명	비 고
타이머 펑션 블록	TON	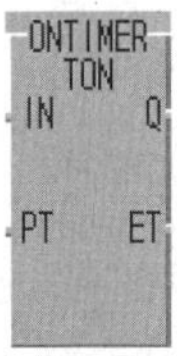	On 딜레이 타이머(On Delay Timer) IN : 동작 개시 신호(BOOL) PT : 설정 시간(TIME) Q : 출력(BOOL) ET : 현재 값	
	TOF	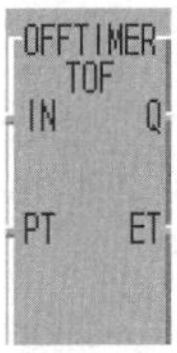	Off 딜레이 타이머(Off Delay Timer) IN : 동작 개시 신호(BOOL) PT : 설정 시간(TIME) Q : 출력(BOOL) ET : 현재 값	
	TP	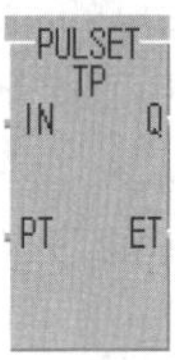	펄스 타이머(Pulse Timer) IN : 동작 개시 신호(BOOL) PT : 설정 시간(TIME) Q : 출력(BOOL) ET : 현재 값	

1) TON (ON Delay Timer)

표 6-2 TON 타이머

펑 션	설 명
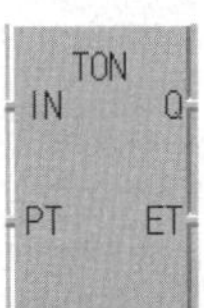	입력 IN : 타이머 기동 조건 PT : 설정시간(Preset Time) 출력 Q : 타이머 출력 ET : 경과시간(Elapsed Time)

(1) 기능

① IN이 “1”이 된 후 경과 시간이 ET로 출력된다.
② 만일, 경과 시간 ET가 설정 시간에 도달하기 전에 IN이 “0”이면, 경과 시간은 “0”으로 된다.
③ Q가 “1”이 된 후 IN이 “0”이 되면, Q는 “0”이 된다.

(2) 타임 차트

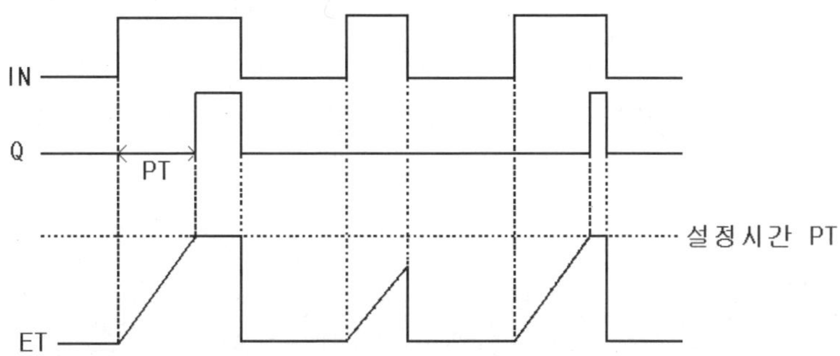

그림 6-1 TON 타임 차트

(3) 프로그램 예

① TON은 펑션 블록이므로 연산 중 누계 되는 데이터를 잠시 보관하기 위한 인스턴스 변수를 반드시 선언해야 한다.
② GMWIN에서 프로그램 편집 시 TON의 인스턴스 변수를 선언하면 타이머 출력은 **인스턴스 이름.Q**, 경과 시간은 **인스턴스 이름.ET**로 변수가 자동 생성된다.
③ TON의 인스턴스 변수 T1을 선언한다.
④ 타이머 T1의 설정 시간을 PT에는 5초(T#5S)로 설정한다.
⑤ 기동스위치 %IX0.0.0을 ON하면 경과 시간(T1.ET)이 디지털 표시기에 출력된다.
⑥ 경과 시간 T1.ET가 설정 시간 5초에 도달하면 타이머 출력 T1.Q가 ON 되어 출력 %Q0.2.0이 1이 되며 %Q0.2.1은 “0”이 된다.
⑦ T1.Q가 ON된 후 기동스위치 “0”(%IX0.0.0)을 OFF하면 T1.Q는 OFF 된다.

◈ 시뮬레이터에 의한 LD 확인

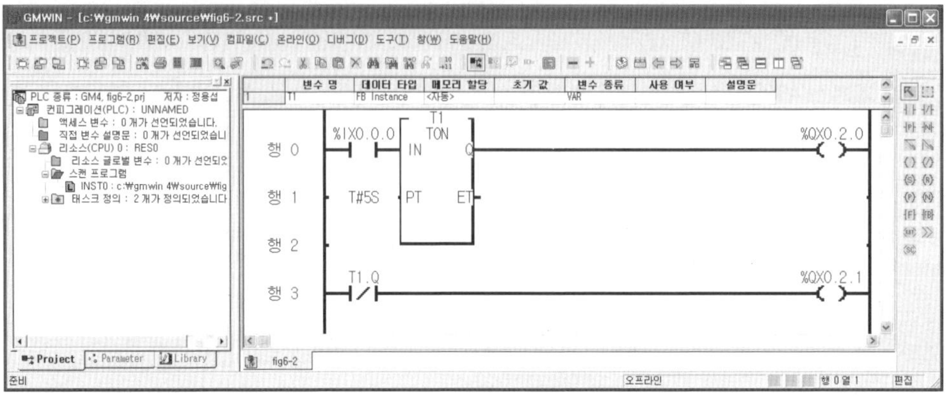

그림 6-2 TON 적용 예

실습과제 6-1

타이머를 이용한 스텝 모터 회로 실습

1. 실험목적

1) PLC를 이용하여 위치 제어에 대한 STEPPING 모터 회로를 이해한다.

2) 센서(무접점스위치)에 대한 동작원리를 이해한다.

2. 관계지식

1) STEPPING 모터의 동작 방식을 이해할 수 있어야 한다.

2) 타이머 회로를 이해하여야 한다.

3) 센서에 대해 이해할 수 있어야 한다.

3. 동작조건

1) START스위치와 STOP스위치를 이용하고 STEPPING 모터가 정해진 위치에서 정지하도록 센서를 이용하여 구성한다.

2) START스위치를 ON하면 STEPPING 모터가 회전하기 시작하고 STEPPING 모터가 360° 회전했을 때 센서에 의해서 정지하게 구성한다.

3) 운전 중에 STOP스위치를 ON하면 STEPPING 모터가 정지된다.

4) PLC I/O MAP의 구성은 아래와 같이 한다.

구 분	간접 변수 명	I/O할당	비 고
입 력	START	%IX0.0.0	푸시스위치 S-2
	STOP	%IX0.0.1	푸시스위치 S-3
	SN_1	%IX0.0.2	SENSOR-3
출 력	OUT 0	%QX0.2.0	MOTOR-3 (B)
	OUT 1	%QX0.2.1	MOTOR-3 (A)
	OUT 2	%QX0.2.2	MOTOR-3 (B1)
	OUT 3	%QX0.2.3	MOTOR-3 (A1)

5) PLC 입력 전원은 DC 24V로 구성하며 PLC 입력 COM 단자에 DC 24V(+)로 전원을 연결하고, PLC 출력 COM 단자에 DC 0V(−)를 연결한다.

6) PLC I/O MAP을 구성하는 일은 대단히 중요한 일이다. PLC I/O MAP이 입·출력 점수를 산정하는 일이며 입·출력 구성과 컨트롤을 의미한다.

4. 프로그램 실습

1) GMWIN을 실행시킨다.

2) 프로젝트 및 프로그램 창을 연다.

3) 평상시 열린 접점과 평상시 닫힘 접점, 출력 코일, 타이머를 이용하여 프로그램을 작성한다.

4) 아래의 그림은 모터의 상·하한 직선 운동 회로의 직접변수와 간접변수의 예를 나타낸 프로그램이다(LD 프로그램에서 직접변수와 간접변수의 의미를 잘 이해해야 한다).

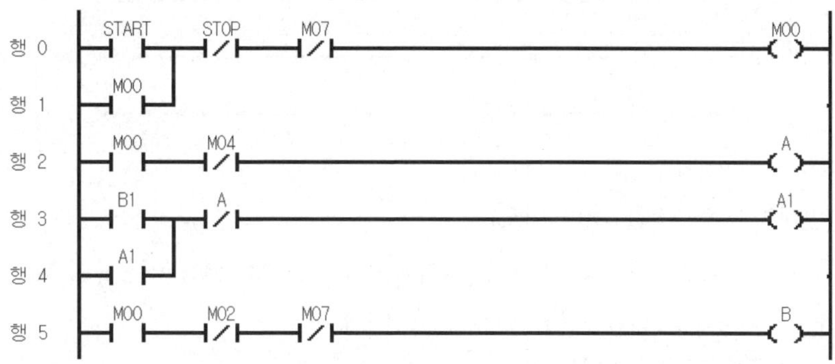

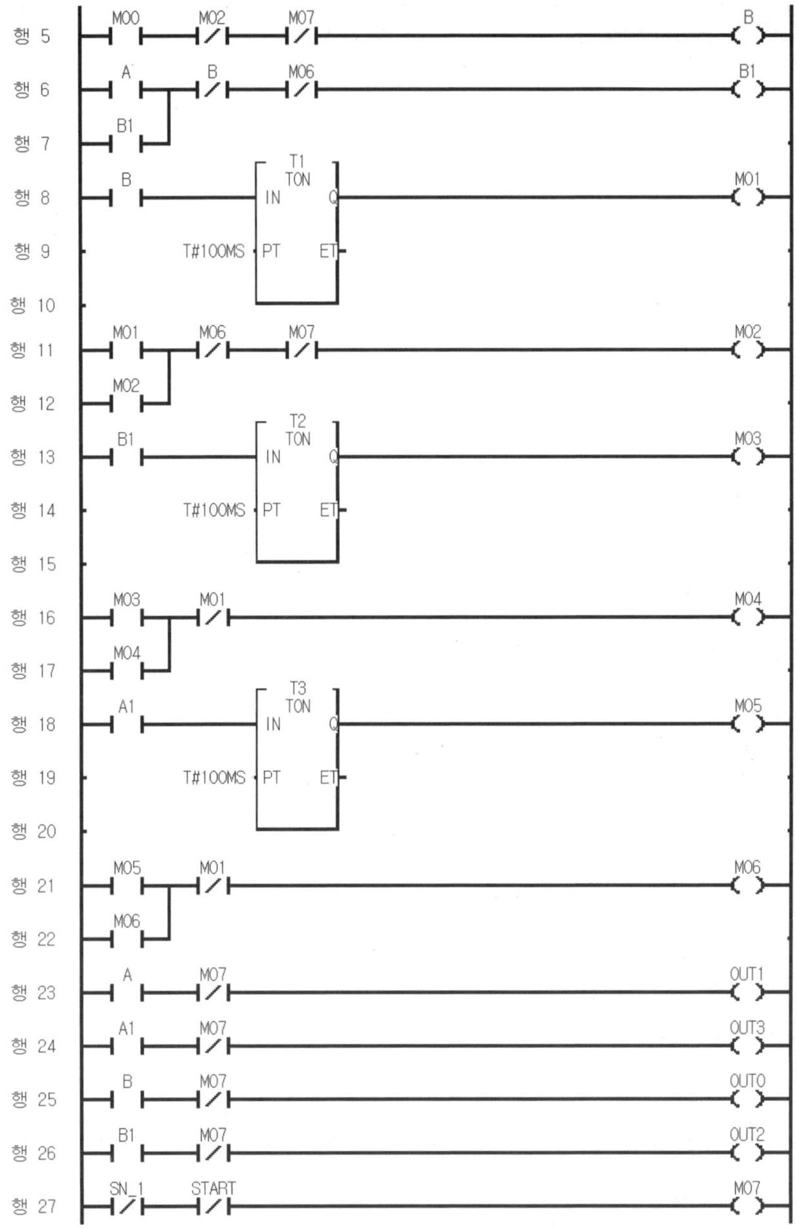

5. 프로그램의 실행(시뮬레이터 이용)

1) 위 사항을 확인하기 위하여 GLOFA의 특징인 시뮬레이터를 이용하여 회로의 이상 유무 및 동작을 실험하기로 한다(그림 참조).

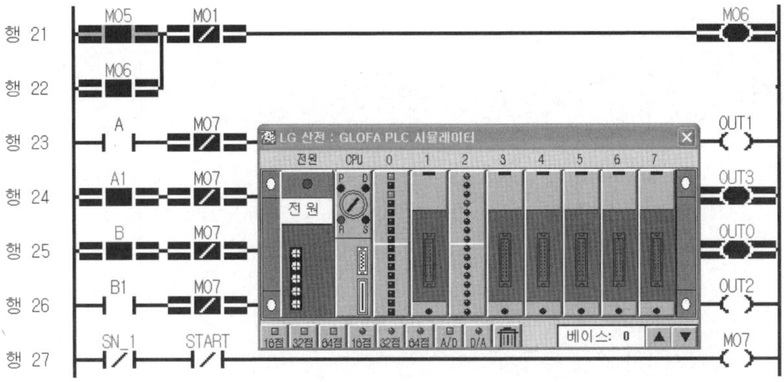

① 상기 그림은 시뮬레이터를 선택하고 CPU를 RUN 모드로 실행한 다음 SN_1을 ON시키고 START스위치 입력 슬롯 "0"의 0번(%IX0.0.0)을 ON하면, 타이머가 동작하여 OUT0, OUT1, OUT2, OUT3을 차례대로 반복 동작하여 STEPPING 모터가 회전을 하게 되고, SN_1이 동작하면 M07이 동작하여 자기유지가 해제되며 STEPPING 모터는 정지한다.

② STOP스위치에 의해 STEPPING 모터는 정지한다.

③ 시뮬레이터를 종료하려면 시뮬레이터 우측 상단의 단축아이콘 ☒을 선택하면 된다.

2) 장비와의 결선도

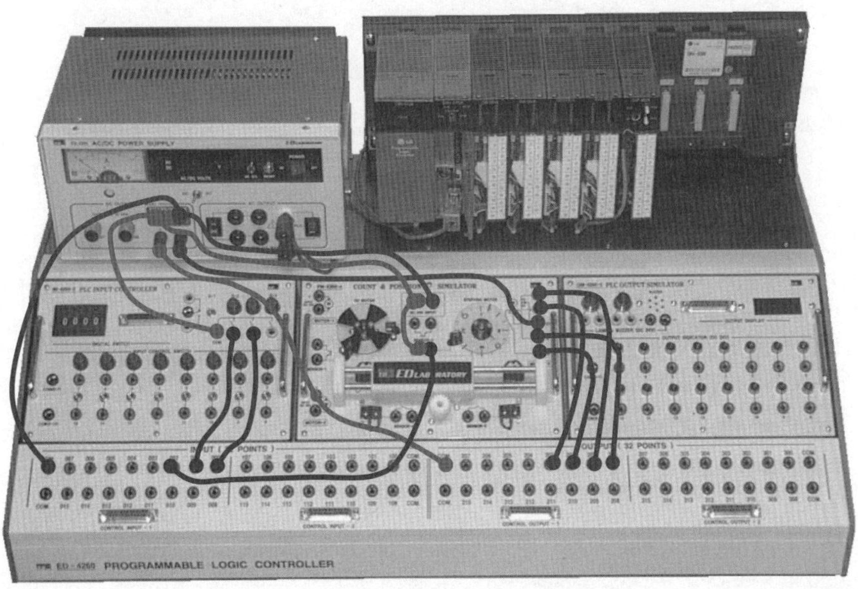

실습과제 6-2

3상 유도전동기의 Y-△ 기동회로 프로그램 실습

1. 실험목적

타이머 명령어를 이용하여 3상 유도전동기의 Y-△ 기동회로를 익힐 수 있다.

2. 관계지식

1) 타이머의 기본 지식을 이해할 수 있어야 한다.
2) 3상 유도전동기의 기동방식을 이해할 수 있어야 한다.
3) 펑션블록을 이해할 수 있어야 한다.

3. 동작조건

1) 운전스위치와 정지스위치를 이용하여 3상 유도전동기의 기동 및 정지회로를 구성한다(Y-△ 운전).
2) PLC I/O MAP의 구성은 아래와 같이 한다.

구 분	간접 변수 명	I/O할당	비 고
입 력	기동스위치	%IX0.0.1	푸시스위치 S-2
	정지스위치	%IX0.0.0	푸시스위치 S-3
출 력	Y 운전(MC)	%QX0.2.1	램프 1
	△ 운전(MC)	%QX0.2.2	램프 2
	정지램프	%QX0.2.0	램프 0

3) 전원은 DC 24V로 구성하며 PLC COM은 DC 0V(−)에, 스위치 COM과 LAMP는 DC 24V(+)로 전원을 연결한다. 입력 전원과 출력 전원은 구분하여 사용한다.
4) 기동스위치를 ON하면 Y 운전(MC)이 동작하여 Y 결선으로 3상 유도전동기가 운전하며 타이머가 동작한다.
5) 타이머의 설정시간(본 실습에서는 5초로 설정한다) 후, Y 운전(MC)이 OFF 되고 △ 운전(MC)이 동작하여 △ 결선으로 3상 유도전동기가 운전된다. 정지스위치에 의해 3상유도 전동기가 정지한다(※ 본 실습에서의 Y 운전과 △ 운전의 MC출력은 램프로 대치하여 결선한다).

4. 프로그램 실습

1) GMWIN을 실행시켜 프로젝트 및 프로그램 창을 연다.

2) PLC I/O MAP을 이용하여 프로그램을 구성한다.

3) 프로그램을 작성하는 방법은 전 과제를 참고한다.

4) 아래의 그림은 타이머를 이용하여 3상 유도전동기의 Y-△ 기동회로를 나타낸 프로그램이다.

	변수 명	데이터 타입	메모리 할당	초기 값	변수 종류	사용 여부	설명문
1	△운전	BOOL	%QX0.2.2		VAR		
2	기동스위치	BOOL	%IX0.0.1		VAR		
3	정지램프	BOOL	%QX0.2.0		VAR		
4	정지스위치	BOOL	%IX0.0.0		VAR		
5	T1	FB Instance	<자동>		VAR		
6	Y운전	BOOL	%QX0.2.1		VAR		

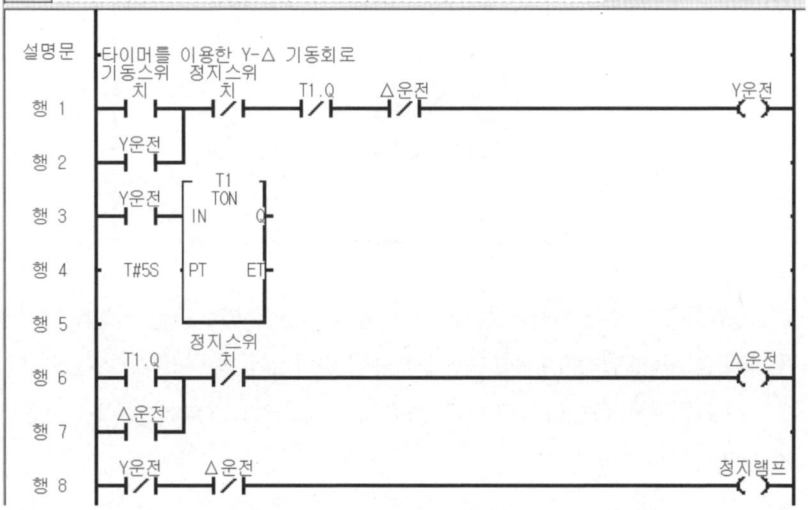

5) 타이머를 실행하려면 기존의 PLC와는 다른 명령어 체계를 구사함으로 주의해야 한다. 참고로 MASTER-K 같은 경우는 일반 출력 코일을 그대로 적용하는 반면 GLOFA는 펑션과 펑션블록이라는 명령어 체계를 사용한다.

※ 펑션과 펑션블록의 차이점

- **펑션** : 프로그램의 1STEP부터 마지막 STEP까지 걸리는 시간을 1SCAN이라고 하는데 1SCAN TIME 내에 동작하는 경우와 연산결과를 명령어 내부에 보관하지 않고 즉시 실행하는 경우에 적용되는 것이 펑션이다(예 : 연산 펑션, 시간/날짜 펑션, 선택/비교 펑션, 타입 변환 펑션).
- **펑션블록** : 프로그램이 여러 SCAN에 걸쳐 기억된 연산결과를 출력하는 경우에 적용되는 것이 펑션블록이다(예 : 타이머, 카운터).

6) 펑션블록의 사용법

① 타이머를 사용하려면 도구상자의 펑션블록(FB)을 선택하여 프로그램의 해당 위치에 놓으면 아래의 그림처럼 펑션블록 목록이 나타난다.

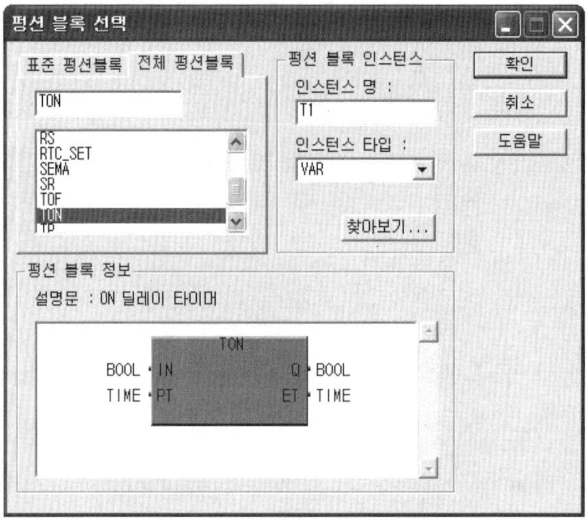

② 펑션블록의 종류 선택에서 표준 펑션블록을 선택하고, 표준 펑션블록의 종류 중에서 TON(ON딜레이 타이머)을 선택하여 타이머의 변수이름을 지정한다(TIMER의 약자를 써서 T1이라 지정한다. 카운터는 COUNTER의 약자 C를 사용하는 것이 일반적이다).

③ 아래의 그림은 Y운전 접점이 ON 되어 T1이 동작을 하고 있으며, 설정시간(PT)이 5초로 설정되어 있는 프로그램의 동작 상태를 나타낸다.

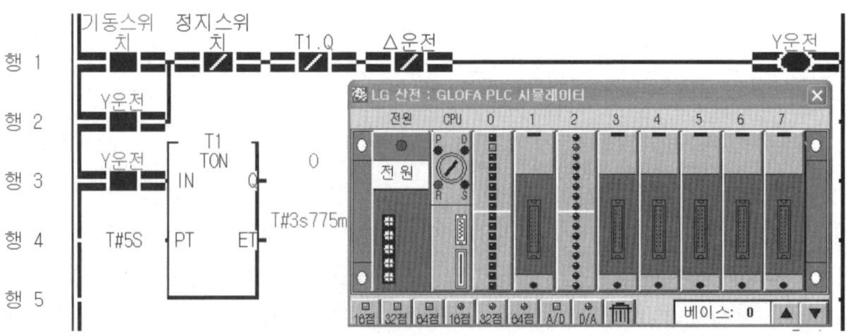

④ ON 딜레이 타이머(TON)의 펑션블록을 살펴보면 다음과 같다.

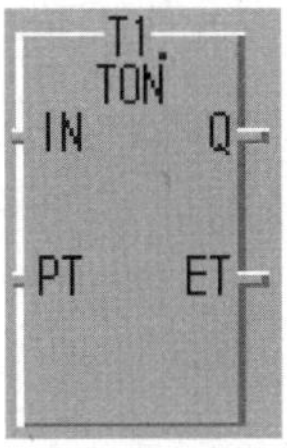

- 타이머 명은 T1(인스턴트 네임)
- IN : 타이머가 동작할 수 있는 동작 개시 입력 신호(BOOL)
- PT : 타이머의 설정 시간(TIME)이 된다.
- Q : 출력(설정 시간이 되었을 때 출력을 낸다)
- ET : 타이머의 경과시간(현재 값)을 나타낸다.

⑤ OFF 딜레이 타이머와 펄스 타이머 펑션블록

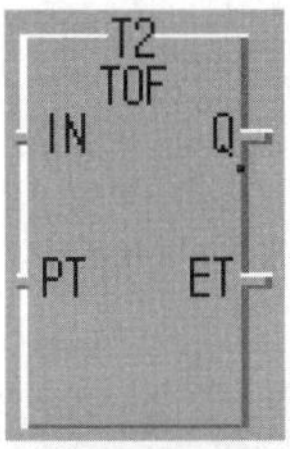

- OFF 딜레이 타이머(TOF)
- IN에 입력 신호가 ON이 되면 출력도 ON이 되고, 입력 신호가 OFF가 되는 시점부터 타이머가 동작하여 설정된 시간이 되었을 때 출력이 OFF 된다.
- IN, PT, Q, ET는 ON 딜레이 타이머와 동일한 구조

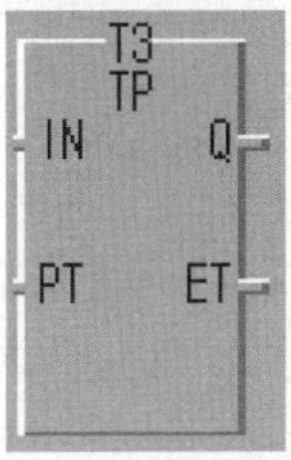

- 펄스 타이머(TP)
- IN에 입력 신호가 ON이 되는 순간부터 출력이 ON이 되며, 입력 신호가 OFF가 되어도 설정 시간이 될 때까지 출력이 ON이 되며, 설정된 시간이 되면 출력은 OFF가 된다.
- IN, PT, Q, ET는 ON 딜레이 타이머와 동일한 구조

5. 프로그램의 실행(시뮬레이터 이용)

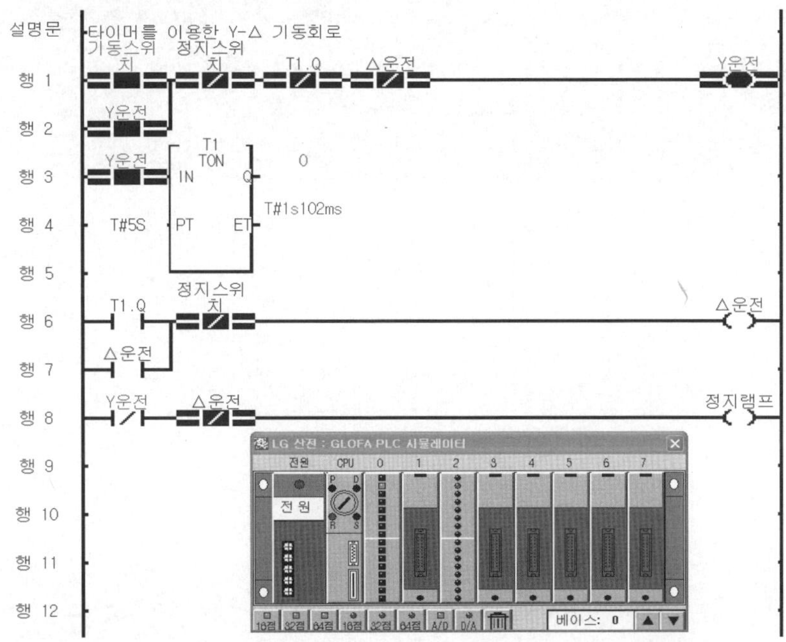

1) 위 사항을 확인하기 위하여 GLOFA의 특징인 시뮬레이터를 이용하여 회로의 이상 유무 및 동작을 실험하기로 한다(그림 참조).

   ① 상기 그림은 시뮬레이터를 선택하고 CPU를 RUN 모드로 실행하여 기동스위치를 ON한 경우 Y운전 출력이 점등된 경우이다.

   ② Y운전 접점에 의해 타이머가 동작하고 설정시간 5초 후 △운전 출력이 동작된다.

   ③ 운전을 종료하려면 정지스위치에 의해 정지되며 정지램프가 점등한다.

   ④ 시뮬레이터를 종료하려면 시뮬레이터 우측 상단의 단축아이콘 ☒을 선택하면 된다.

2) 장비와의 결선도

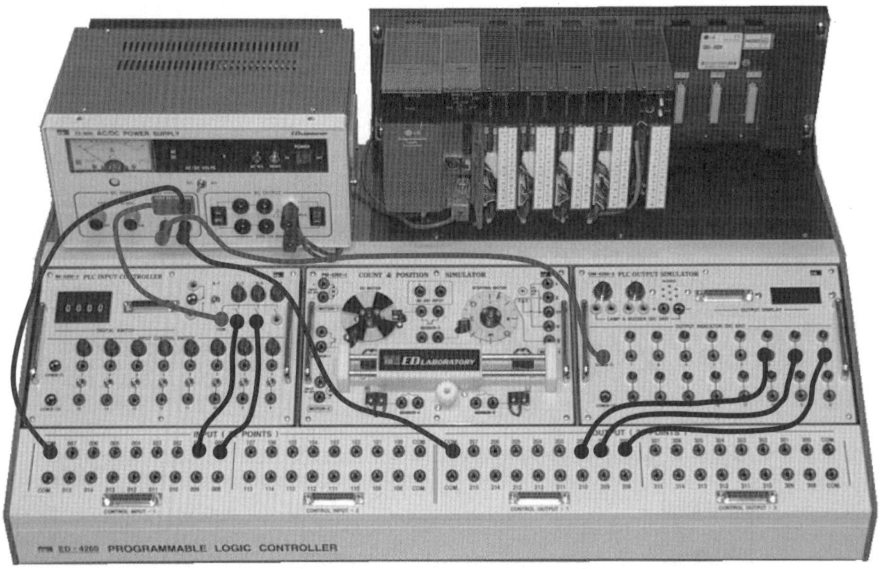

2) TOF(OFF Delay Timer)

표 6-3 TOF 타이머

펑 션	설 명
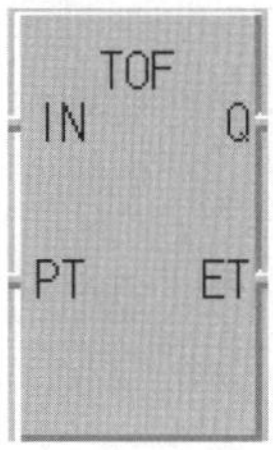	입력 IN : 타이머 기동 조건 PT : 설정시간(Preset Time) 출력 Q : 타이머 출력 ET : 경과시간(Elapsed Time)

(1) 기능

① IN이 "1"이 되면, Q가 "1"이 되고, IN이 "0"이 된 후부터 PT에 의해서 지정된 설정 시간이 경과한 후 Q가 "0"이 된다.

② IN이 "0"이 된 후 경과 시간이 ET로 출력된다.

③ 만일 경과 시간 ET가 설정 시간에 도달하기 전에 IN이 "1"이 되면, 경과 시간은 다시 "0"으로 된다.

(2) 타임 차트

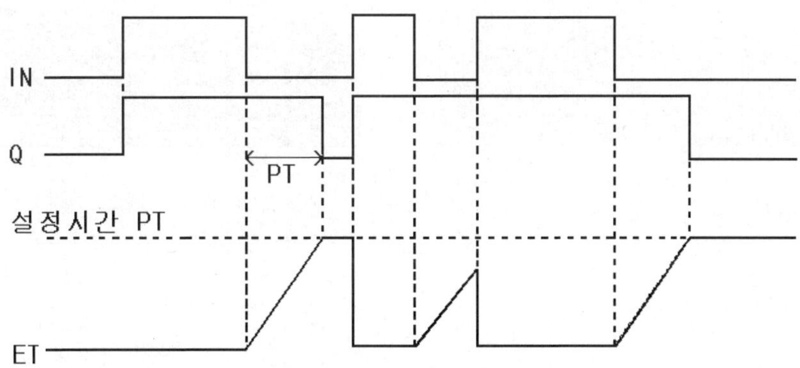

그림 6-3 TOF 타임 차트

(3) 프로그램 예

① TOF는 펑션 블록이므로 연산 중 누계되는 데이터를 잠시 보관하기 위한 인스턴스 변수를 반드시 선언해야 한다.

② GMWIN에서 프로그램 편집 시 TOF의 인스턴스 변수를 선언하면 타이머 출력은 **인스턴스 이름.Q**, 경과 시간은 **인스턴스 이름.ET**로 변수가 자동 생성된다.

③ TOF의 인스턴스 변수 T2를 선언한다.

④ 타이머 T2의 설정 신간을 3초(T#3S)로 설정한다.

⑤ 기동스위치 %IX0.0.0을 ON하면 타이머 출력 T2.Q가 ON이 된다.

⑥ 기동스위치 %IX0.0.0을 OFF하면 경과 시간(T2.ET)이 디지털 표시기에 출력된다.

⑦ 경과 시간 T2.ET가 설정 시간 3초에 도달하면 타이머 출력 T2.Q가 OFF 된다.

◈ 시뮬레이터에 의한 LD 확인

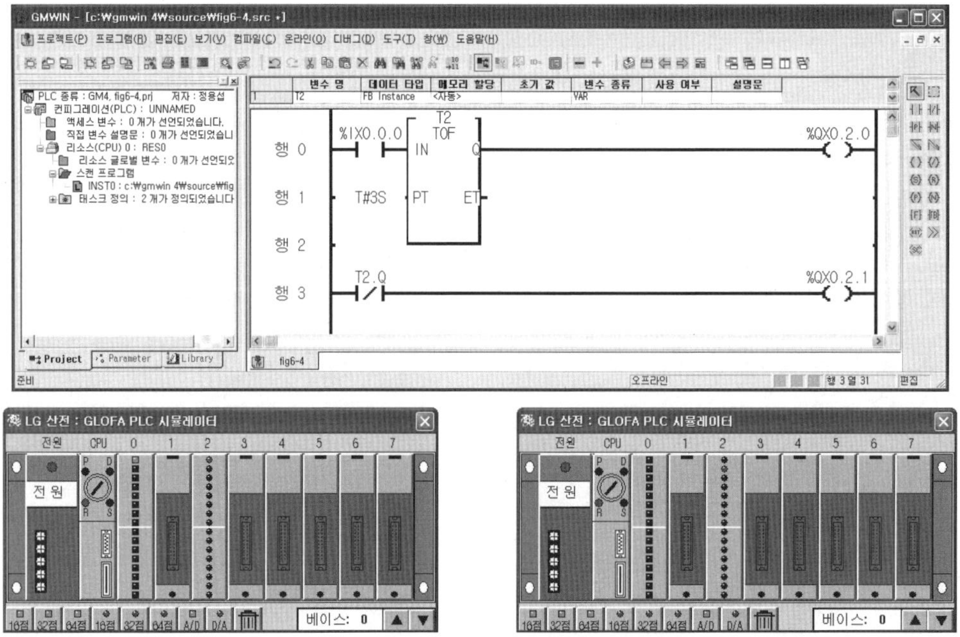

그림 6-4 TOF 적용 예

3) TP(Pulse Timer)

표 6-4 TP 타이머

펑 션	설 명
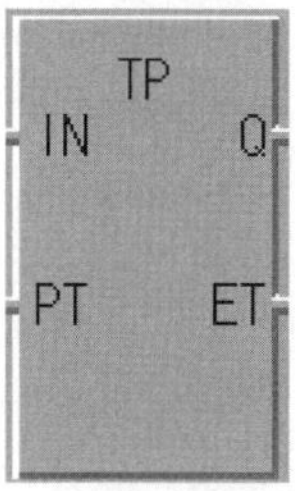	입력 IN : 타이머 기동 조건 PT : 설정시간(Preset Time) 출력 Q : 타이머 출력 ET : 경과시간(Elapsed Time)

(1) 기능

① IN이 "1"이 되면 PT에 의해서 지정된 설정 시간 동안만 Q가 "1"이 되고, ET가 PT에 도달하면 자동으로 "0"이 된다.

② 경과 시간 ET는 IN이 "1"이 되었을 때부터 증가하며 PT에 이르면 값을 유지하다가 IN이 "0"이 될 때 "0"의 값이 된다.

③ ET가 증가할 동안은 IN이 "0"이 되거나 재차 "1"이 되어도 영향이 없다.

(2) 타임 차트

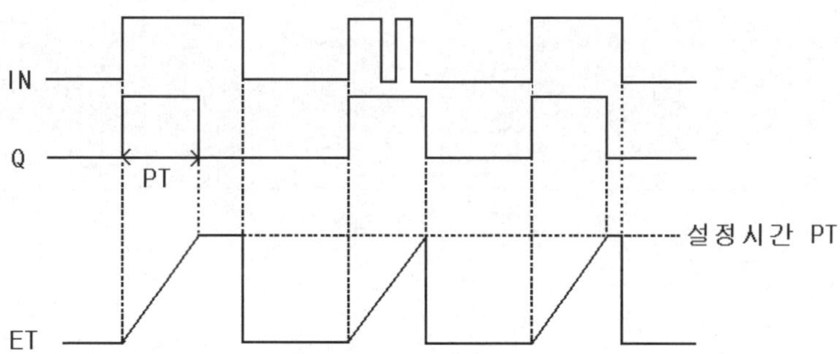

그림 6-5 TP 타임 차트

(3) 프로그램 예

① TP는 펑션 블록이므로 연산 중 누계되는 데이터를 잠시 보관하기 위한 인스턴스 변수를 반드시 선언해야 한다.

② GMWIN에서 프로그램 편집 시 TP의 인스턴스 변수를 선언하면 타이머 출력은 인스턴스 이름.Q, 경과 시간은 인스턴스 이름.ET로 변수가 자동 생성된다.
③ TP의 인스턴스 변수 T3을 선언한다.
④ 타이머 T3의 설정 시간을 3초(T#3S)로 설정한다.
⑤ 기동스위치 %IX0.0.0을 OFF→ON하면 타이머 출력 T3.Q가 3초 동안 ON했다 OFF 된다.
⑥ T3.ET가 증가할 동안 기동스위치가 OFF 되거나 다시 ON 되어도 영향이 없다.
⑦ T3.ET가 증가할 동안 경과 시간(T3.ET)이 디지털 표시기에 출력된다.

◈ 시뮬레이터에 의한 LD 확인

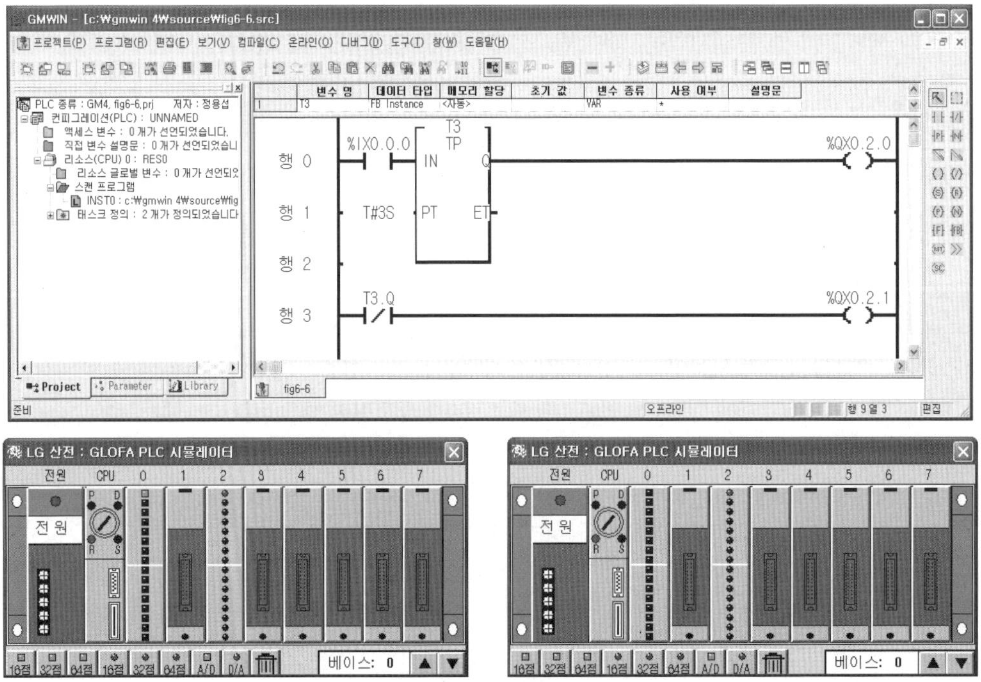

그림 6-6 TP 적용 예

2 카운터

표 6-5 카운터 펑션 블록

구분	명 령 어	기 호	기 능 설 명	비 고
카운터 펑션 블록	CTU	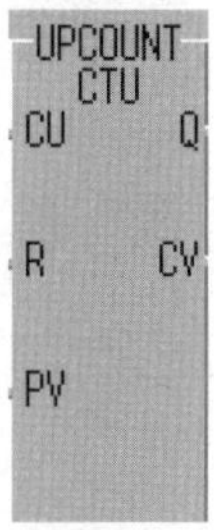	가산 타이머(Up Counter) CU : 펄스 입력(BOOL) R : 현재 값 리셋(BOOL) PV : 설정 값(INT) Q : 출력(BOOL) CV : 현재 값(INT)	
	CTD	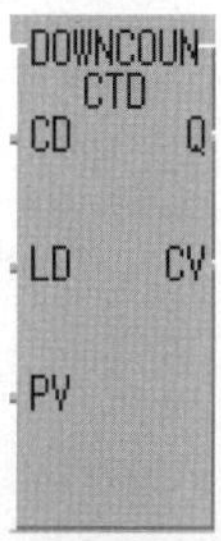	감산 카운터(Down Counter) CD : 펄스 입력(BOOL) LD : 설정 값 Read(BOOL) PV : 설정 값(INT) Q : 출력(BOOL) CV : 현재 값(INT)	
	CTUD	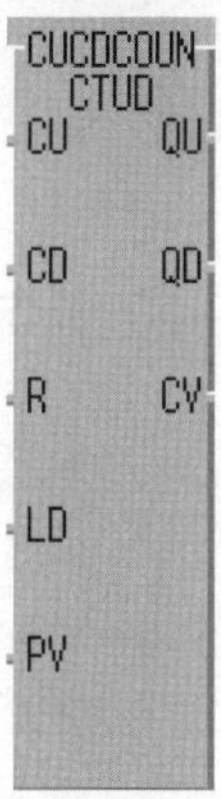	가감산 카운터(Up Down Counter) CU : 가산 펄스 입력(BOOL) CD : 감산 펄스 입력(BOOL) R : 현재 값 리셋(BOOL) LD : 설정 값 Read(BOOL) PV : 설정 값(INT) QU : 가산 카운트 출력(BOOL) QD : 감산 카운트 출력(BOOL) CV : 현재 값(INT)	
	SEMA		시스템 자원 제어(Semaphore) CLAIM : 자원 독점 요구(BOOL) RELEASE : 자원 해방(BOOL) BUSY : 자원 취득 불가(BOOL)	

1) CTU - 가산 카운터(Up Counter)

표 6-6 CTU(가산 카운터)

펑 션	설 명
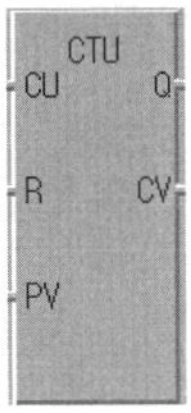	입력 CU : 업 카운터(Up Counter) 펄스입력 R : 리셋 입력(Reset) PV : 설정값(Preset Value) 출력 Q : 업 카운터(Up Counter) 출력 CV : 현재 값(Current Value)

(1) 기능

① 펄스 입력 CU가 “0”에서 “1”(Rising Edge)이 되면 현재 값 CV가 이전 값보다 1만큼 증가한다.

② 단, CV는 정수(INT)의 최대값 32767을 넘지 않는다.

③ 리셋 입력 R이 “1”이 되면 현재 값 CV는 “0”으로 소거(Clear)된다.

④ 출력 Q는 현재 값(CV)이 설정 값(PV) 이상이면 “1”이 된다.

(2) 타임 차트

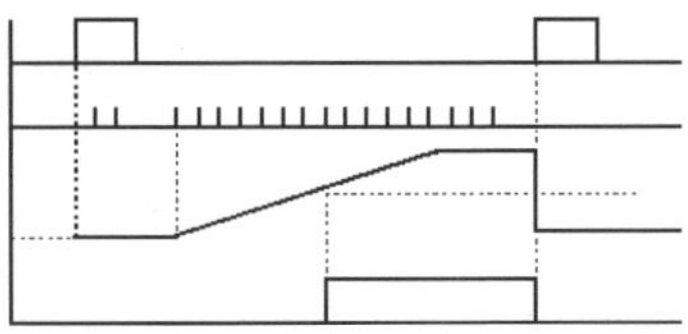

그림 6-7 CTU 타임 차트

(3) 프로그램 예

① CTU는 펑션 블록이므로 연산 중 누계되는 데이터를 잠시 보관하기 위한 인스턴스 변수를 반드시 선언해야 한다.

② GMWIN에서 프로그램 편집 시 CTU의 인스턴스 변수를 선언하면 카운터 출력은 인스턴스 이름.Q, 현재 값은 인스턴스 이름.CV로 변수가 자동 생성된다.

③ 아이콘 을 선택하여 펑션 블록 목록 창에서 CTU를 선택한다.

④ 변수 이름 선언은 제한이 없으나 편의상 C1으로 정의하고 나머지 창들은 디폴트값으로 정의한다.

⑤ 토글스위치"0"(%IX0.0.0)으로 CU에 입상(Rising Edge)펄스를 입력하면 현재 값이 증가한다.

⑥ 현재 값을 우측 %QW0.0.2.0에 출력할 것이다.

⑦ 현재 값이 10 이상이면 카운터 출력(C1.Q)이 "1"이 되어 램프(%QX0.3.0)가 점등할 것이다.

⑧ 토글스위치 "1"(%IX0.0.1)을 ON하면 현재 값 및 카운터 출력이 리셋되어 0이 된다.

⑨ 현재 값(C1.CV)이 0~9999 사이를 벗어나면 펑션 INT_TO_BCD에 의해 _ERR, _LER 플래그가 ON 된다.

⑩ 아래 프로그램의 예 중 출력 %QX0.3.0, %QX0.3.1은 똑 같은 동작을 실행한다. 그런데 %QX0.3.1은 카운터 C1.Q의 값에 따라 동작하는 예를 나타내고 있다.

◈ 시뮬레이터에 의한 LD 확인

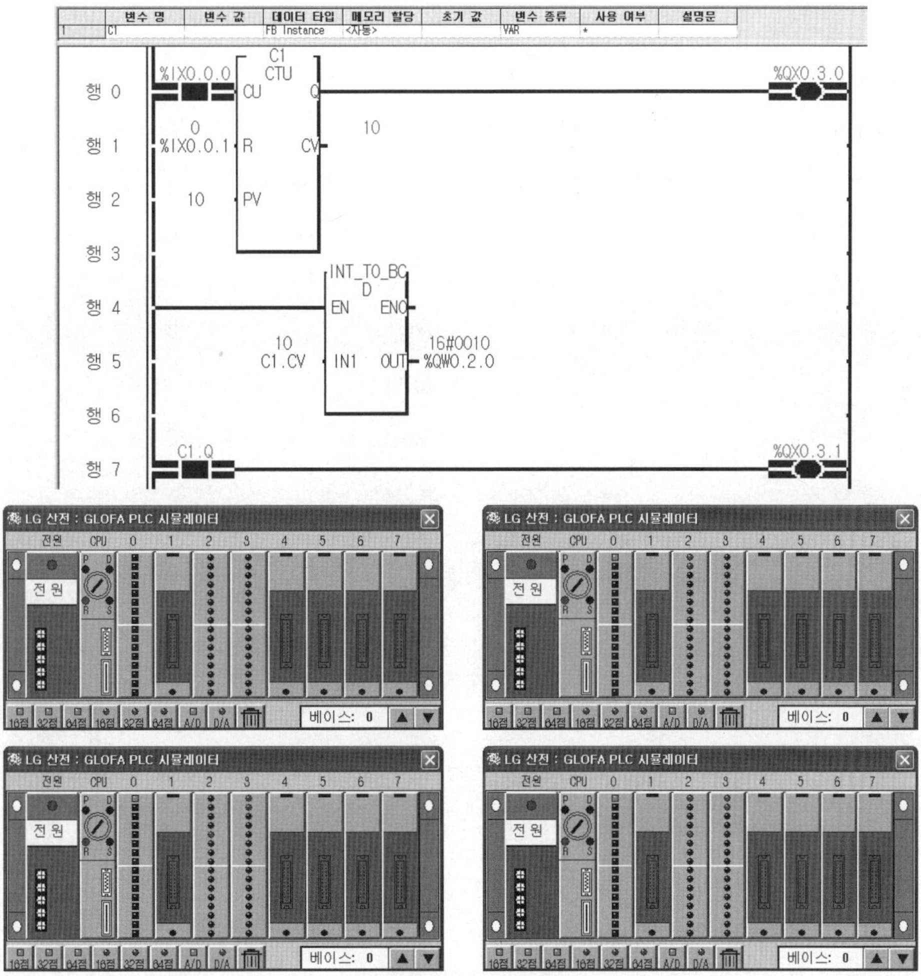

그림 6-8 CTU 적용 예

실습과제 6-3

가산 카운터 회로

1. 실험목적

1) PLC의 I/O(INPUT/OUTPUT) MAP을 익힐 수 있다.

2) 가산 카운터의 특성을 이해할 수 있다.

2. 관계지식

1) 전기적인 신호의 흐름을 이해할 수 있어야 한다.

2) 기본적인 시퀀스 회로를 보고 이해할 수 있어야 한다.

3. 동작조건

1) PB1을 5회 ON_OFF하면 PL1(램프)이 같이 ON 되는 회로를 구성하라.

2) PB2를 ON하면 카운터가 초기화 되도록 회로를 구성하라.

3) PLC I/O MAP의 구성은 아래와 같이 한다.

구 분	간접 변수 명	I/O할당	비 고
입 력	PB1	%IX0.1.8	스위치
	PB2	%IX0.1.9	스위치
출 력	PL1	%QX0.3.8	램프

4. 프로그램 실습

실습과제 6-4

카운터(UP)를 이용한 프로그램 실습

1. 실험목적

카운터 명령어를 이용하여 카운터의 종류와 특징을 익힐 수 있다.

2. 관계지식

1) 카운터의 기본 지식을 이해할 수 있어야 한다.
2) 펑션블록을 이해할 수 있어야 한다.

3. 동작조건

1) 스타트스위치를 ON하면 특수 레지스터 _T1S가 1초 간격으로 ON, OFF를 반복하는 회로를 구성하고, 타이머의 ON 된 횟수가 5번이면 카운터에 의해 모터가 운전하며 운전램프가 점등된다.
2) 카운터 출력에 의해 타이머가 동작하면서 5초 후 모터가 정지하고 운전램프가 소등되는 동작을 정지스위치가 ON 될 때까지 모터는 반복 운전되도록 한다.
3) 정지스위치를 ON시키면 카운터도 현재 값이 초기화되어야 한다.
4) PLC 메모리 할당은 아래와 같이 구성한다.

구 분	간접 변수 명	메모리 할당	비 고
입 력	스타트스위치	%IX0.0.1	푸시스위치 S-2
	정지스위치	%IX0.0.0	푸시스위치 S-3
출 력	모터	%QX0.3.3	MOTOR-1 (-)
	스타트램프	%QX0.3.2	램프 2
	운전램프	%QX0.3.1	램프 1
	정지램프	%QX0.3.0	램프 0
	RESET	자동	
	카 운 터	자동	FB
	타 이 머	자동	FB

5) PLC 입력 전원은 DC 24V로 구성하며 PLC COM은 DC 0V(−)에, 스위치 COM은 DC 24V(+)로 전원을 연결한다. 모터의 전원과 LAMP는 DC 12V로 구성하고 COM 단자에 DC 0V(−)를 모터(+)와 LAMP COM은 DC 12V(+)가변전원을 연결한다.

4. 프로그램 실습

1) GMWIN을 실행시켜 프로젝트 및 프로그램 창을 연다.
2) PLC I/O MAP을 이용하여 프로그램을 구성한다.
3) 프로그램을 작성하는 방법은 전 과제를 참고한다.
4) 아래의 그림은 카운터를 이용하여 상기회로를 구현한 지역변수 목록과 프로그램이다.

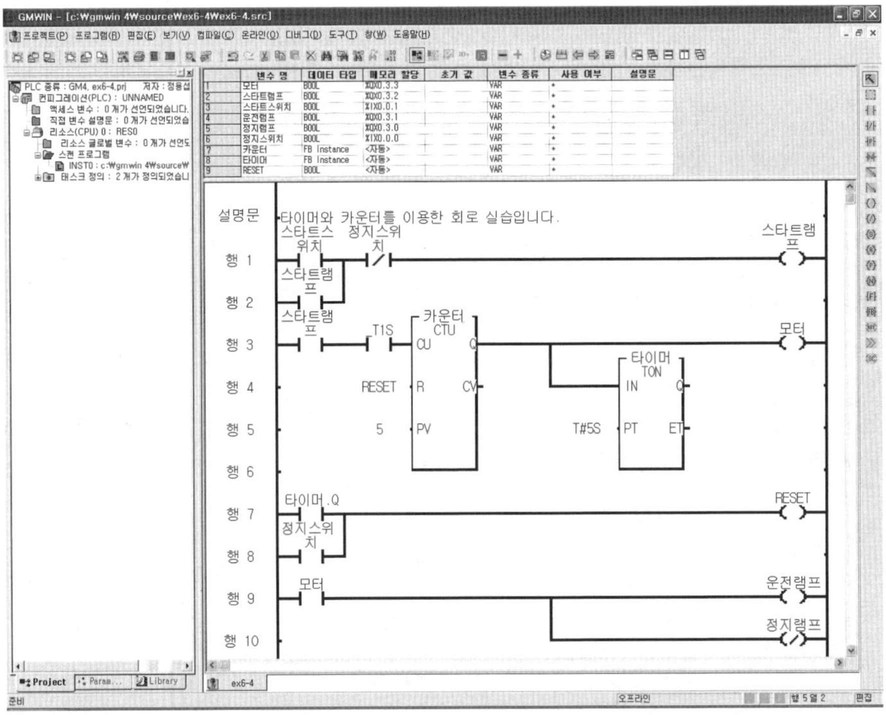

5) 펑션블록의 사용법(CTU : 가산카운터)

① 카운터를 사용하려면 도구상자의 펑션블록(FB)을 선택한다(타이머 사용법 참조).

② 펑션블록의 종류 중 표준 펑션블록을 선택하고 표준 펑션블록의 종류 중 CTU(가산카운터)를 선택하고 카운터의 변수이름을 지정한다(임의로 카운터라 지정).

◉ 가산카운터로 CU의 입력이 “1”이 될 때마다 “1”씩 증가

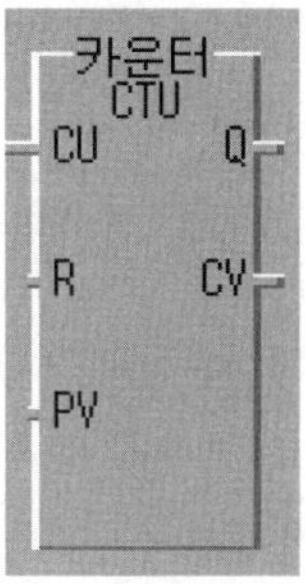

* 설정값(PV)에 도달하면 출력(Q)이 동작한다.

- CU는 UP−카운터 입력, 반드시 왼쪽 모선에 연결되어야 한다.
- R은 카운터의 RESET(현재 값 CV를 초기화시킨다)
- PV는 카운터의 설정값(최대 32767)
- Q는 UP−카운터의 출력(BOOL)
- CV는 카운터의 현재 값

◉ 감산카운터로 CD의 입력이 “1”이 될 때마다 “1”씩 감소

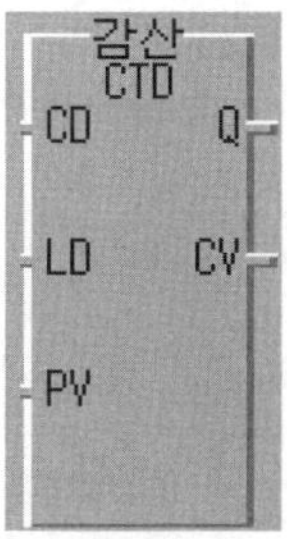

* 설정값(PV)에 도달하면 출력(Q)이 동작한다.

- CD는 DOWN−카운터 입력, 반드시 왼쪽 모선에 연결되어 있어야 한다.
- LD가 “1”이 되면 현재 값 CV에는 설정값 PV값이 로드됨
- PV는 카운터의 설정값(최대 32767)
- Q는 DOWN−카운터 출력(BOOL)
- CV는 카운터의 현재 값

◉ 가감산카운터로 CU의 입력이 “1”이 될 때마다 “1”씩 증가하고, CD의 입력이 “1”이 될 때마다 “1”씩 감소

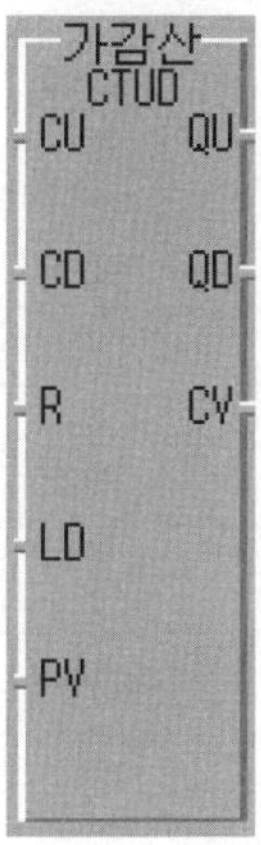

* 출력 QU는 CV가 PV보다 크면 “1”이 되고, QD는 CV가 “0” 이하일 때 “1”이 된다.

- CU/CD는 가감산 카운터 입력시 왼쪽 모선에 연결되어야 한다.
- R은 카운터의 RESET(설정값 PV는 클리어)
- PV는 카운터의 설정값(최대 32767)
- QU는 UP−카운터의 출력
- QD는 DOWN−카운터의 출력
- CV는 카운터의 현재 값

5. 프로그램의 실행(시뮬레이터 이용)

1) 위 사항을 확인하기 위하여 GLOFA의 특징인 시뮬레이터를 이용하여 회로의 이상 유무 및 동작을 실험하기로 한다(그림 참조).

① 상기 그림은 시뮬레이터를 선택하고 CPU를 RUN 모드로 실행하여 스타트스위치를 ON하여 스타트램프를 동작시키고, PLC의 특수 레지스터인 _T1S에 의해 1초 간격으로 카운터에 입력 신호가 전달되며 카운터가 계수된다.

② 카운터의 계수가 설정된 값(PV=5)이 되면 카운터 출력Q가 동작하여 모터가 운전하고, 모터에 의해서 운전램프가 점등된다.

③ 카운터의 출력에 의해서 타이머가 동작하고 설정된 시간(PT=5초)이 되면 RESET가 동작하여 카운터를 초기화시키며 모터가 정지하고 운전램프가 소등되며 정지램프는 점등된다.

④ 반복적으로 ②와 ③을 실행하다가 정지스위치를 ON시키면 모든 동작이 중지하고 스타트램프가 소등된다. 카운터의 진행값도 초기화된다.

⑤ 시뮬레이터를 종료하려면 시뮬레이터 우측 상단의 단축아이콘 ☒을 선택하면 된다.

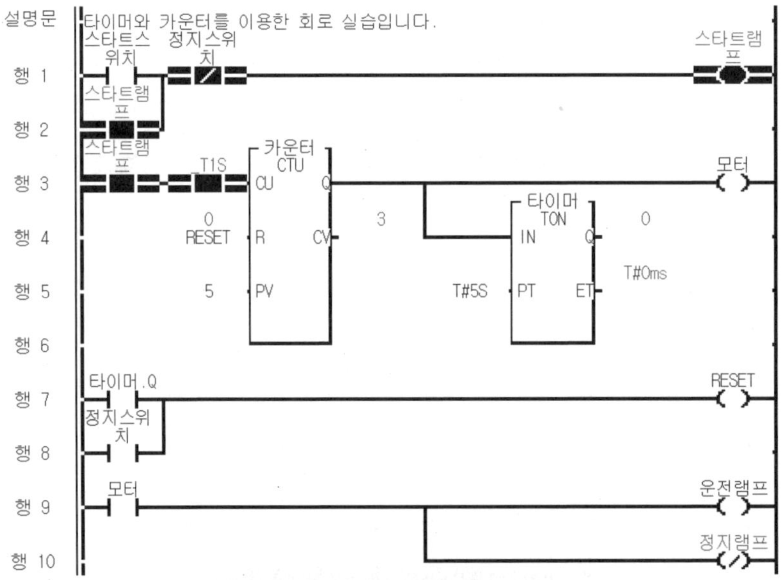

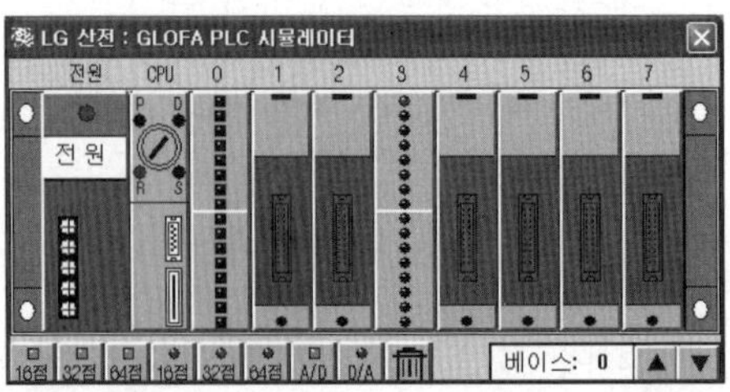

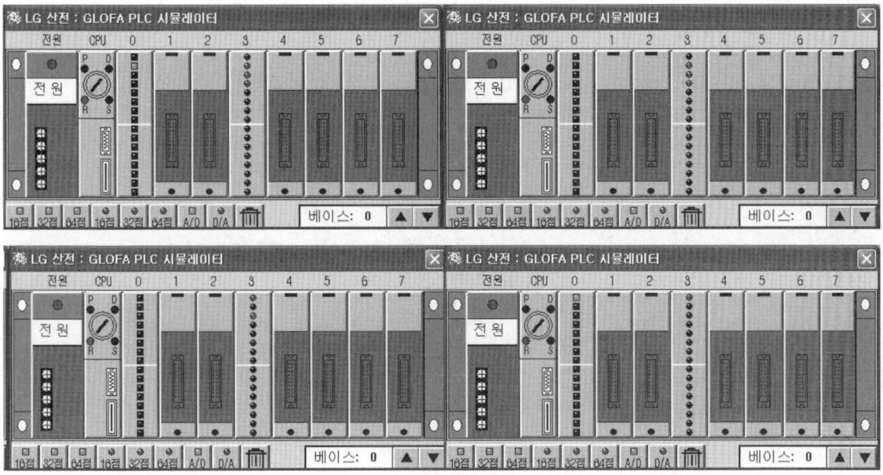
LG 산전 : GLOFA PLC 시뮬레이터
전원
CPU
0 1 2 3 4 5 6 7
전 원
16점 32점 64점 16점 32점 64점 A/D D/A
베이스: 0

2) 장비와의 결선도

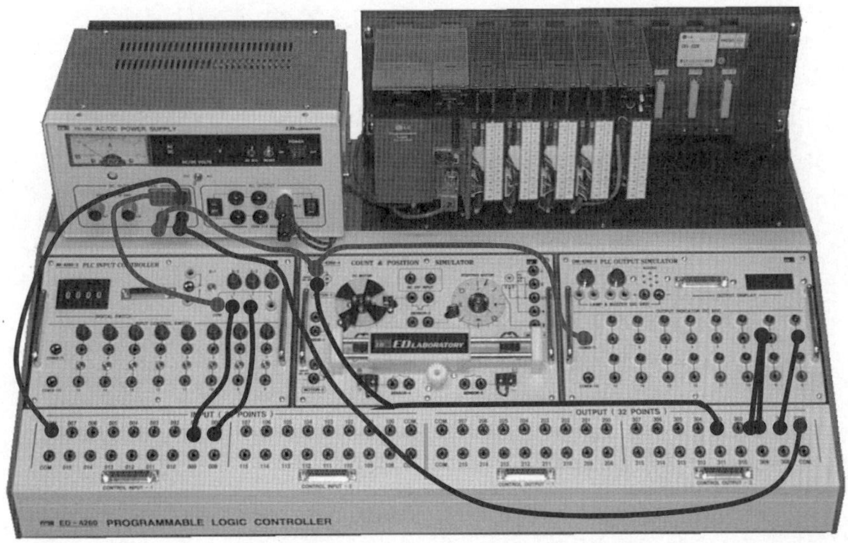
AC/DC POWER SUPPLY
COUNT & POSITION SIMULATOR
OUTPUT (32 POINTS)
ED-5260 PROGRAMMABLE LOGIC CONTROLLER

2) CTD - 감산 카운터 (Down Counter)

표 6-7 CTD(감산 카운터)

펑 션	설 명
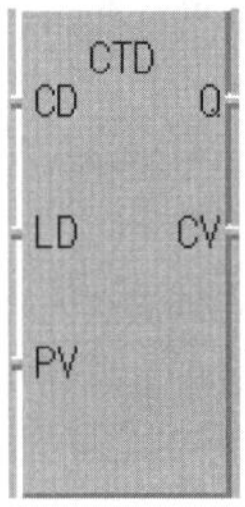	입력 CD : 다운 카운터(Down Counter) 펄스입력 LD : 설정값 입력(Load) PV : 설정값(Preset Value) 출력 Q : 다운 카운터(Down Counter) 출력 CV : 현재 값(Current Value)

(1) 기능

① 펄스 입력 CD가 "0"에서 "1"(Rising Edge)이 되면 현재 값 CV가 이전값 보다 "1"만큼 감소한다(단, CV는 정수(INT)의 최소값 −32768).

② 설정값 입력 접점 LD가 "1"이 되면, 설정값 PV값이 현재 값 CV에 로드된다.

③ 출력 Q는 현재 값(CV)이 "0"이하이면 "1"이 된다.

(2) 타임 차트

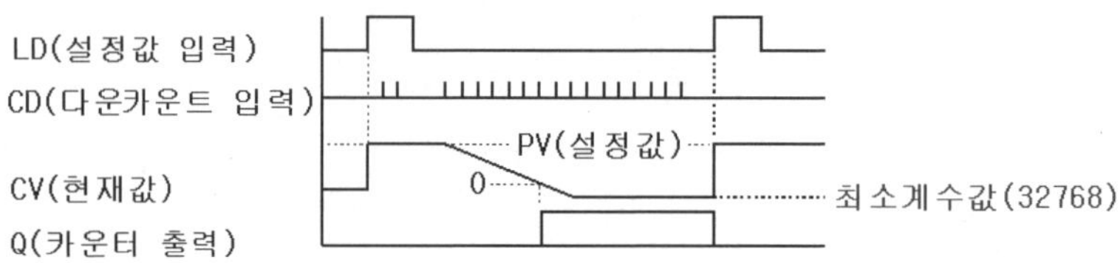

그림 6-9 CTD 타임 차트

(3) 프로그램 예

① CTD는 펑션 블록이므로 연산 중 누계 되는 데이터를 잠시 보관하기 위한 인스턴스 변수를 반드시 선언해야 한다.

② GMWIN에서 프로그램 편집 시 CTD의 인스턴스 변수를 선언하면 카운터 출력은 인스턴스 이름.Q, 현재 값은 인스턴스 이름.CV로 변수가 자동 생성된다.

③ CTD의 인스턴스 변수 C2를 선언한다.

④ 설정값을 10으로 세팅한다.

⑤ 초기에 %IX0.0.2를 누르면 LD가 “1”이 되어 설정값이 현재 값에 로드된다.

⑥ 스위치 %IX0.0.1을 신호에 의하여 CD에 입상(Rising Edge) 펄스를 입력하면 현재 값이 감소한다.

⑦ 현재 값이 “0”이하이면 카운터출력(C2.Q)이 “1”이 되어 (%QX0.3.0)이 점등된다.

⑧ 스위치(%IX0.0.2)를 ON하면 LD가 “1”이 되어 설정값이 현재 값에 로드된다.

◈ 시뮬레이터에 의한 LD 확인

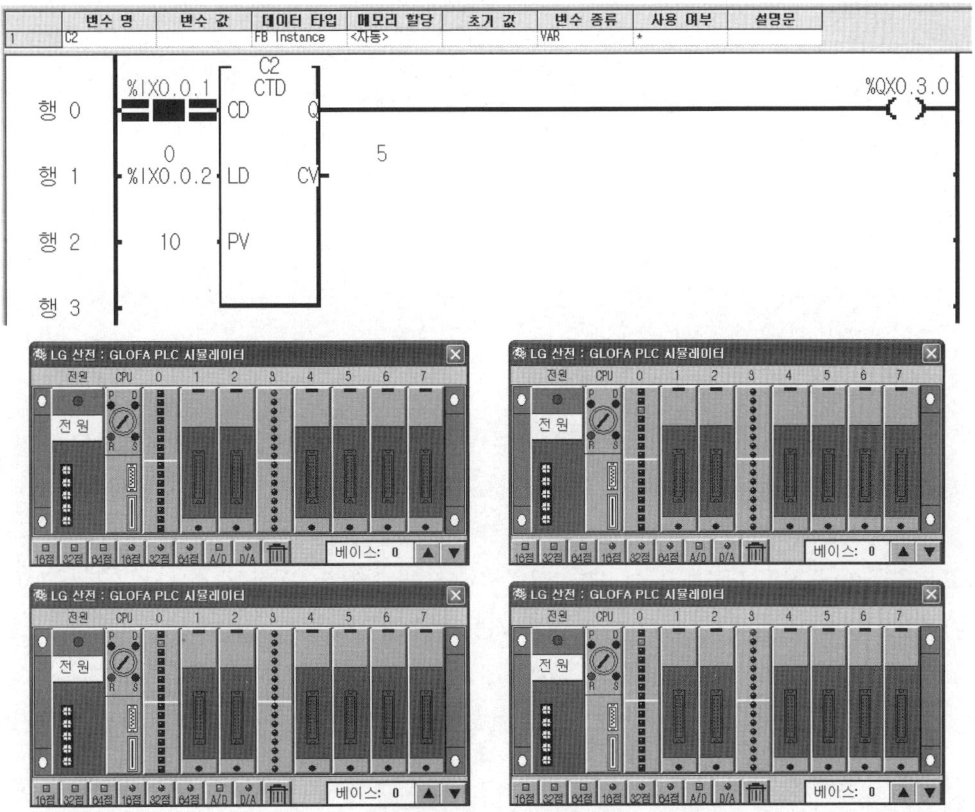

그림 6-10 CTD 적용 예

3) CTUD - 가감산 카운터 (Up Down Counter)

펑 션	설 명
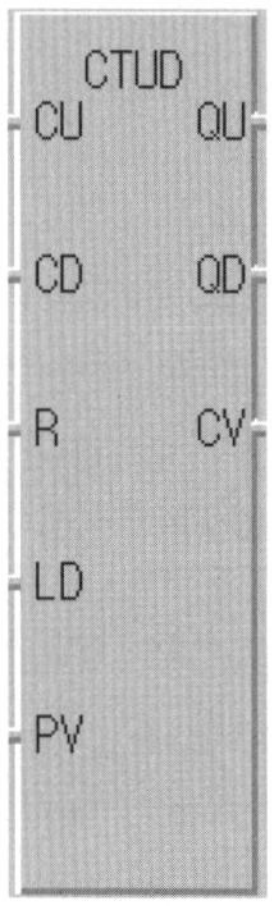	입력 CU : 업 카운터(Up Counter) 펄스입력 CD : 다운 카운터(Down Counter) 펄스입력 R : 리셋 입력(RESET) LD : 설정값 입력(Load) PV : 설정값(Preset Value) 출력 QU : 업 카운터(Up Counter) 출력 QD : 다운 카운터(Down Counter) 출력 CV : 현재 값(Current Value)

(1) 기능

① CTUD는 CU가 "0"에서 "1"이 되면 현재 값 CV가 이전 값보다 1만큼 증가하고, CD가 "0"에서 "1"이 되면 현재 값 CV가 이전 값보다 "1"만큼 감소하는 카운터이다. 단, 현재 값 CV는 정수(INT)의 최소값 −32768~최대값 32767 사이의 값을 갖는다.

② 설정값 입력 접점 LD가 "1"이 되면 현재 값 CV에 설정값 PV값이 로드된다(CV=PV).

③ 설정값 입력 R이 "1"이 되면 현재 값 CV는 "0"으로 클리어(Clear)된다(CV=0).

④ 출력 QU는 CV가 PV이상이면 "1"이 되고, QD는 CV가 "0"이하일 때 "1"이 된다.

⑤ 각 입력 신호에 대해서 R > LD > CU > CD순으로 동작을 수행하며, 신호의 중복 발생 시 우선순위가 높은 동작 하나만 수행한다.

(2) 타임 차트

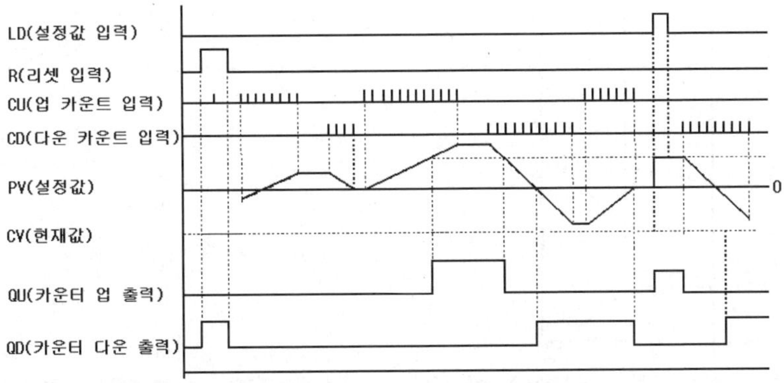

그림 6-11 CTUD 타임 차트

(3) 프로그램 예

① CTUD는 펑션 블록이므로 연산 중 누계되는 데이터를 잠시 보관하기 위한 인스턴스 변수를 반드시 선언해야 한다.

② GMWIN에서 프로그램 편집 시 CTUD의 인스턴스 변수를 선언하면 업 카운트 출력은 **인스턴스 이름.**QU, 다운 카운트 출력은 **인스턴스 이름.**QD 그리고 현재 값은 **인스턴스 이름.**CV로 변수가 자동 생성된다.

③ CTUD의 인스턴스 변수 C3를 선언한다.

④ 설정값을 10으로 세팅한다.

⑤ 스위치 %IX0.0.0으로 CU에 입상(Rising Edge) 펄스를 입력하면 현재 값이 증가한다.

⑥ 입력 %IX0.0.1로 CD에 입상(Rising Edge) 펄스를 입력하면 현재 값이 감소한다.

⑦ 현재 값이 설정값 이상이면 C3.QU가 "1"이 되어 %QX0.3.0이 "1"이 된다.

⑧ 현재 값이 "0"이하이면 C3.QD가 "1"이 된다.

⑨ %IX0.0.2를 ON하면 리셋되어 현재 값은 "0"으로 클리어(Clear)된다.

⑩ %IX0.0.3을 ON하면 LD가 "1"이 되어 설정값이 현재 값에 로드된다.

◈ 시뮬레이터에 의한 LD 확인

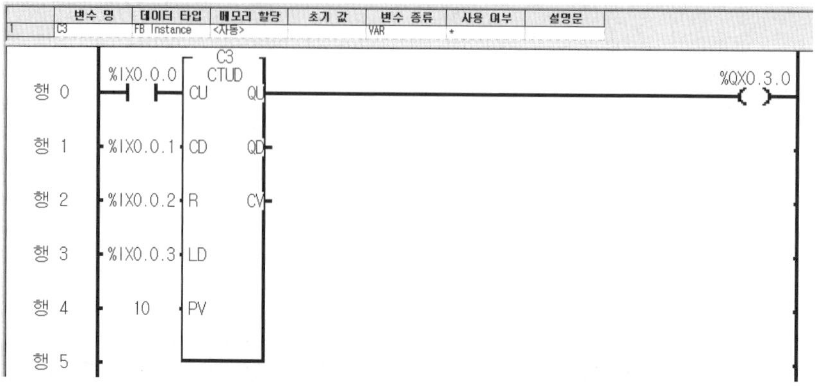

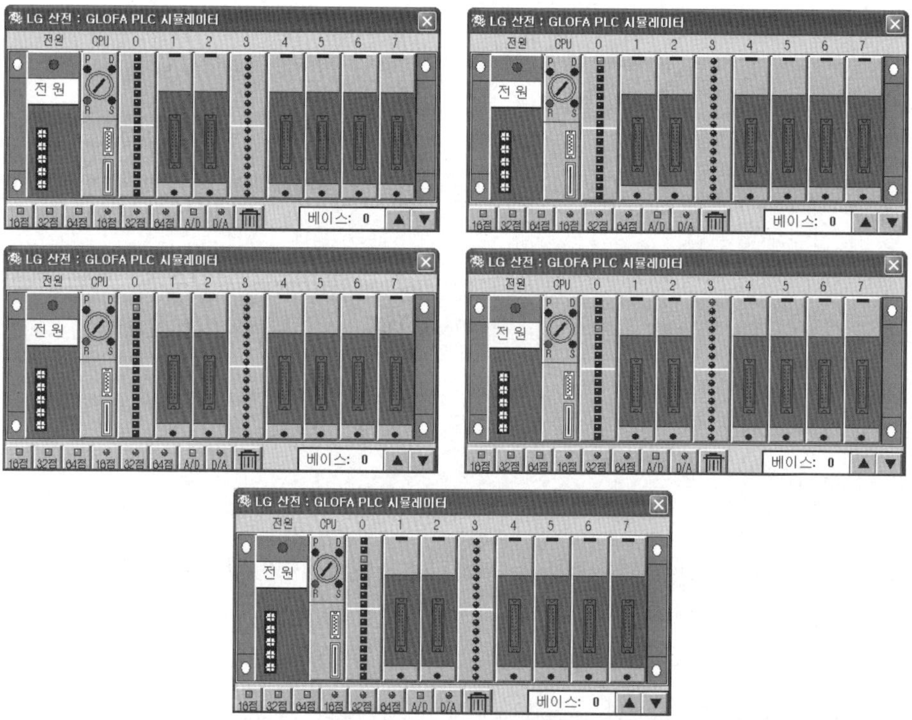

그림 6-12 CTUD 적용 예

실습과제 6-5

감산 카운터 회로

1. 실험목적

1) PLC의 I/O(INPUT/OUTPUT) MAP을 익힐 수 있다.
2) 감산 카운터의 특성을 이해할 수 있다.

2. 관계지식

1) 전기적인 신호의 흐름을 이해할 수 있어야 한다.
2) 기본적인 시퀀스 회로를 보고 이해할 수 있어야 한다.

3. 동작조건

1) PB1을 5회 ON_OFF하면 PL1(램프)이 같이 ON 되는 회로를 구성하라.
2) PB2를 ON하면 카운터가 초기화 되도록 회로를 구성하라.
2) PLC I/O MAP의 구성은 아래와 같이 한다.

구 분	간접 변수 명	I/O할당	비 고
입 력	PB1	%IX0.1.8	스위치
	PB2	%IX0.1.9	스위치
출 력	PL1	%QX0.3.8	램프

4. 프로그램 실습

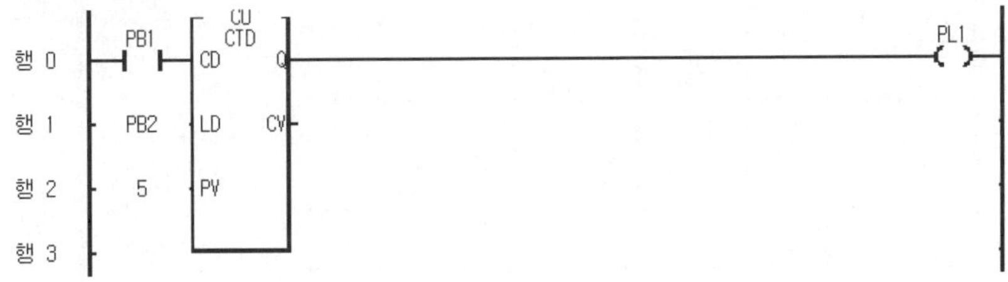

실습과제 6-6

카운터회로를 응용한 플리커회로

1. 실험목적

1) PLC의 I/O(INPUT/OUTPUT) MAP을 익힐 수 있다.

2) 카운터 회로와 플리커 회로의 응용력을 높일 수 있다.

2. 관계지식

1) 전기적인 신호의 흐름을 이해할 수 있어야 한다.

2) PLC의 기본 명령어를 이해할 수 있어야 한다.

3. 동작조건

1) PB1을 ON하면 PL1이 같이 0.5초 ON, 0.5초 OFF를 5회 반복하는 회로를 구성하라.

2) PB2를 ON하면 카운터가 초기화 되도록 회로를 구성하라.

3) PLC I/O MAP의 구성은 아래와 같이 한다.

구 분	간접 변수 명	I/O할당	비 고
입 력	PB1	%IX0.1.8	스위치
	PB2	%IX0.1.9	스위치
출 력	PL1	%QX0.3.8	램프

4. 프로그램 실습

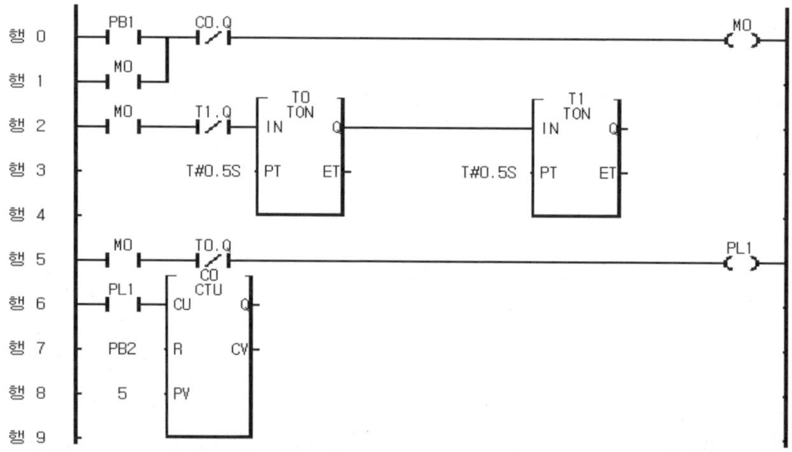

3 기타 펑션 블록

표 6-9 기타 펑션 블록

구분	명 령 어	기 호	기 능 설 명	비 고
펑션 블록	SR	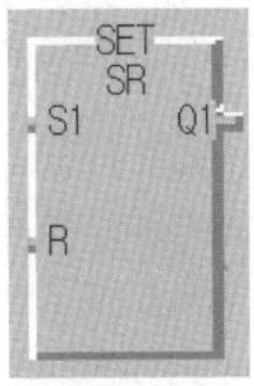	Set 우선 쌍안정(Bistable) S1 : Set신호(BOOL) R : Reset신호(BOOL) Q1 : 출력(BOOL)	
	RS	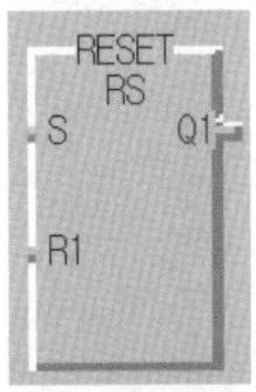	Reset 우선 쌍안정(Bistable) S : Set신호(BOOL) R1 : Reset신호(BOOL) Q1 : 출력(BOOL)	
	R_TRIG	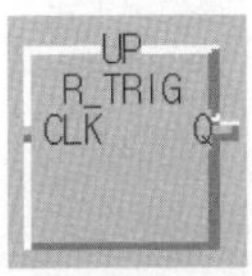	상승 에지 검출 CLK : 입력(BOOL) Q : 출력(BOOL)	
	F_TRIG	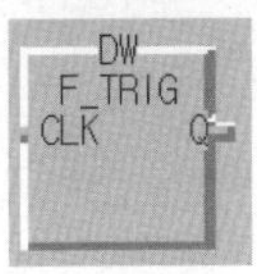	하강 에지 검출 CLK : 입력(BOOL) Q : 출력(BOOL)	

PART

2

PLC 제어 구문

CHAPTER

7

제어문을 이용한 PLC 프로그램

1 관계연산

실습과제 7-1

비교연산 LT (〈)

1. 실험목적

1) PLC의 I/O(INPUT/OUTPUT) MAP을 익힐 수 있다.
2) 응용펑션 블록의 사용방법과 원리를 이해할 수 있다.

2. 관계지식

1) 전기적인 신호의 흐름을 이해할 수 있어야 한다.
2) PLC의 기본 명령어를 이해할 수 있어야 한다.
3) 기본 데이터 타입을 이해할 수 있어야 한다.

3. 동작조건

1) 더하기 연산을 사용하여 PB1은 D0 값에, PB2는 D1 값에 각각 1씩 더하는 회로를 구성하라.
2) D0의 값이 D1의 값보다 작을 경우 PL1이 ON 되도록 회로를 구성하라.
3) PLC I/O MAP의 구성은 아래와 같이 한다.

구 분	간접 변수 명	I/O할당	비 고
입 력	PB1	%IX0.1.8	스위치
	PB2	%IX0.1.9	스위치
출 력	PL1	%QX0.3.8	램프

4. 프로그램 실습

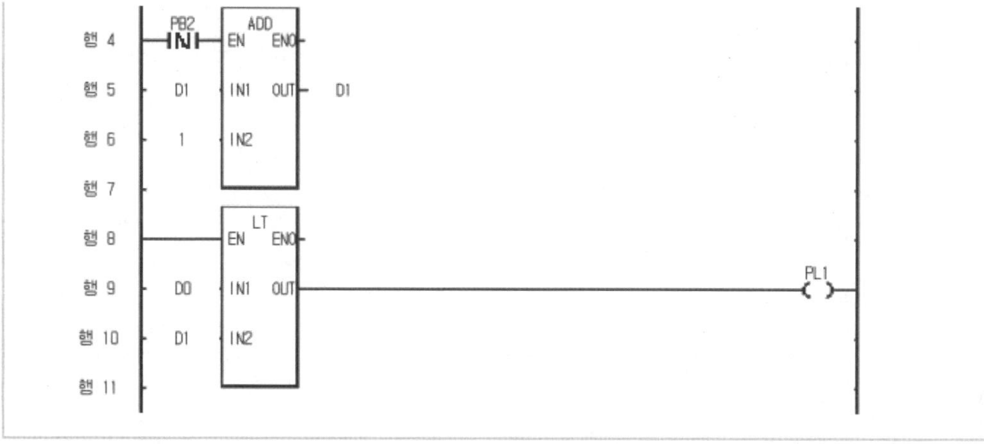

실습과제 7-2

비교연산 LE (<=)

1. 실험목적

1) PLC의 I/O(INPUT/OUTPUT) MAP을 익힐 수 있다.
2) 응용펑션 블록의 사용방법과 원리를 이해할 수 있다.

2. 관계지식

1) 전기적인 신호의 흐름을 이해할 수 있어야 한다.
2) PLC의 기본 명령어를 이해할 수 있어야 한다.
3) 기본 데이터 타입을 이해할 수 있어야 한다.

3. 동작조건

1) 더하기 연산을 사용하여 PB1은 D0 값에, PB2는 D1 값에 각각 1씩 더하는 회로를 구성하라.
2) D0의 값이 D1의 값보다 작거나 같은 경우 PL1이 ON 되도록 회로를 구성하라.
3) PLC I/O MAP의 구성은 아래와 같이 한다.

구 분	간접 변수 명	I/O할당	비 고
입 력	PB1	%IX0.1.8	스위치
	PB2	%IX0.1.9	스위치
출 력	PL1	%QX0.3.8	램프

4. 프로그램 실습

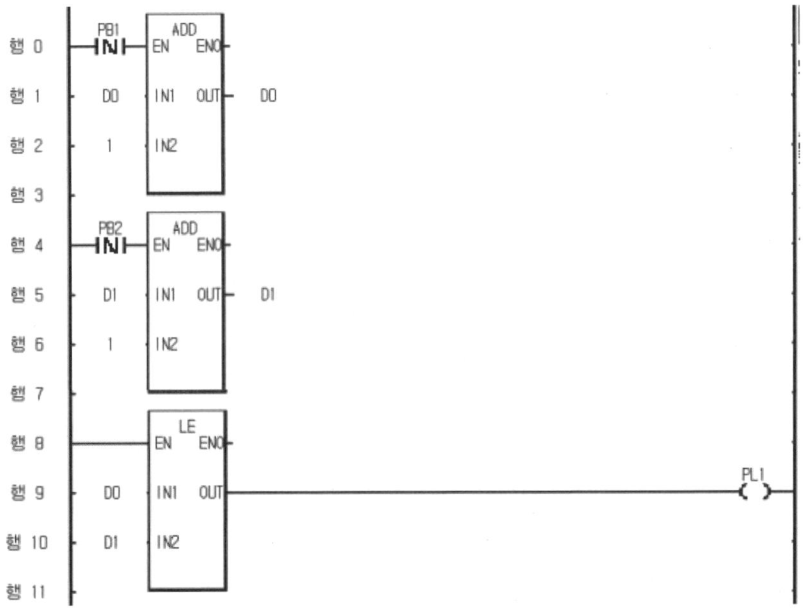

실습과제 7-3

비교연산 EQ (=)

1. 실험목적

1) PLC의 I/O(INPUT/OUTPUT) MAP을 익힐 수 있다.

2) 응용펑션 블록의 사용방법과 원리를 이해할 수 있다.

2. 관계지식

1) 전기적인 신호의 흐름을 이해할 수 있어야 한다.

2) PLC의 기본 명령어를 이해할 수 있어야 한다.

3) 기본 데이터 타입을 이해할 수 있어야 한다.

3. 동작조건

1) 더하기 연산을 사용하여 PB1에서 더한 D0 값과 PB2로 더한 D1의 값이 같을 때 PL1이 ON 되도록 회로를 구성하라.
2) PLC I/O MAP의 구성은 아래와 같이 한다.

구 분	간접 변수 명	I/O할당	비 고
입 력	PB1	%IX0.1.8	스위치
	PB2	%IX0.1.9	스위치
출 력	PL1	%QX0.3.8	램프

4. 프로그램 실습

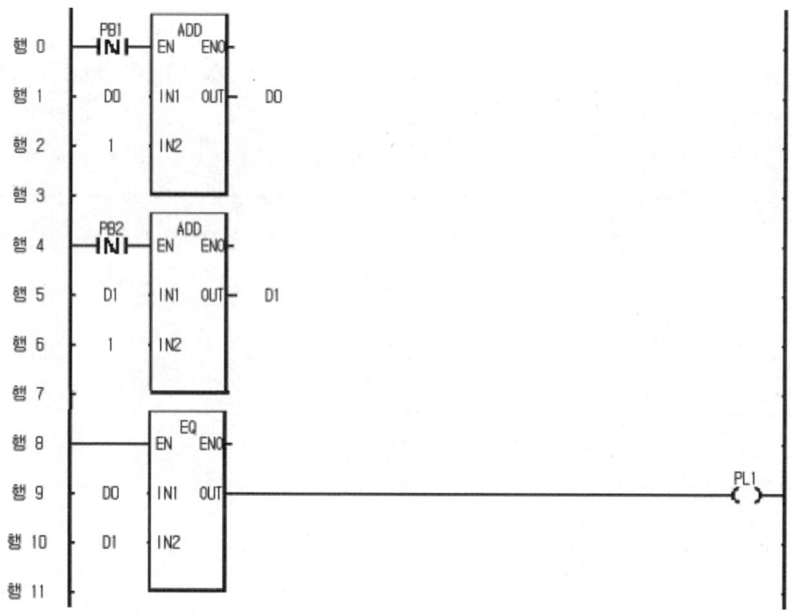

실습과제 7-4

비교연산 GE (>=)

1. 실험목적

1) PLC의 I/O(INPUT/OUTPUT) MAP을 익힐 수 있다.
2) 응용펑션 블록의 사용방법과 원리를 이해할 수 있다.

2. 관계지식

1) 전기적인 신호의 흐름을 이해할 수 있어야 한다.
2) PLC의 기본 명령어를 이해할 수 있어야 한다.
3) 기본 데이터 타입을 이해할 수 있어야 한다.

3. 동작조건

1) 더하기 연산을 사용하여 PB1은 D0 값에, PB2는 D1 값에 각각 1씩 더하는 회로를 구성하라.
2) D0의 값이 D1의 값보다 크거나 같은 경우 PL1이 ON 되도록 회로를 구성하라.
3) PLC I/O MAP의 구성은 아래와 같이 한다.

구 분	간접 변수 명	I/O할당	비 고
입 력	PB1	%IX0.1.8	스위치
	PB2	%IX0.1.9	스위치
출 력	PL1	%QX0.3.8	램프

4. 프로그램 실습

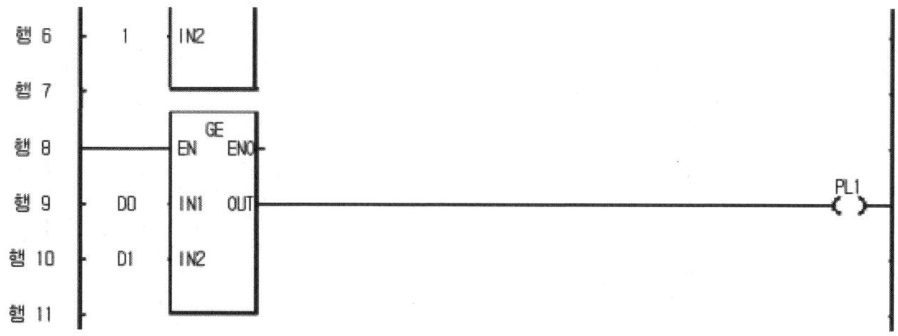

실습과제 7-5

비교연산 GT (〉)

1. 실험목적

1) PLC의 I/O(INPUT/OUTPUT) MAP을 익힐 수 있다.
2) 응용펑션 블록의 사용방법과 원리를 이해할 수 있다.

2. 관계지식

1) 전기적인 신호의 흐름을 이해할 수 있어야 한다.
2) PLC의 기본 명령어를 이해할 수 있어야 한다.
3) 기본 데이터 타입을 이해할 수 있어야 한다.

3. 동작조건

1) 더하기 연산을 사용하여 PB1은 D0 값에, PB2는 D1 값에 각각 1씩 더하는 회로를 구성하라.
2) D0의 값이 D1의 값보다 클 경우 PL1이 ON 되도록 회로를 구성하라.
3) PLC I/O MAP의 구성은 아래와 같이 한다.

구 분	간접 변수 명	I/O할당	비 고
입 력	PB1	%IX0.1.8	스위치
	PB2	%IX0.1.9	스위치
출 력	PL1	%QX0.3.8	램프

4. 프로그램 실습

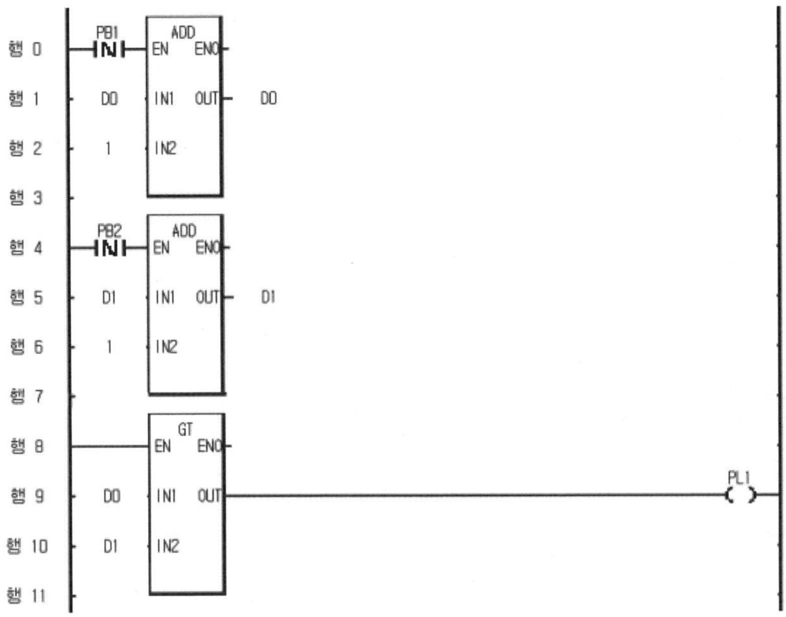

실습과제 7-6

비교연산 NE (<>)

1. 실험목적

1) PLC의 I/O(INPUT/OUTPUT) MAP을 익힐 수 있다.
2) 응용펑션 블록의 사용방법과 원리를 이해할 수 있다.

2. 관계지식

1) 전기적인 신호의 흐름을 이해할 수 있어야 한다.
2) PLC의 기본 명령어를 이해할 수 있어야 한다.
3) 기본 데이터 타입을 이해할 수 있어야 한다.

3. 동작조건

1) 더하기 연산을 사용하여 PB1은 D0 값에, PB2는 D1 값에 각각 1씩 더하는 회로를 구성하라.
2) D0의 값과 D1의 값이 서로 같이 않을 경우 PL1이 ON 되도록 회로를 구성하라.

3) PLC I/O MAP의 구성은 아래와 같이 한다.

구 분	간접 변수 명	I/O할당	비 고
입 력	PB1	%IX0.1.8	스위치
	PB2	%IX0.1.9	스위치
출 력	PL1	%QX0.3.8	램프

4) PLC 입력 전원은 DC 24V로 구성하며 PLC COM은 DC 0V(−)에, 스위치 COM은 DC 24V(+)로 전원을 연결한다. 출력은 가변 전원DC 24V로 사용하고, PLC 출력 COM 단자에 (−)를 연결한다.

4. 프로그램 실습

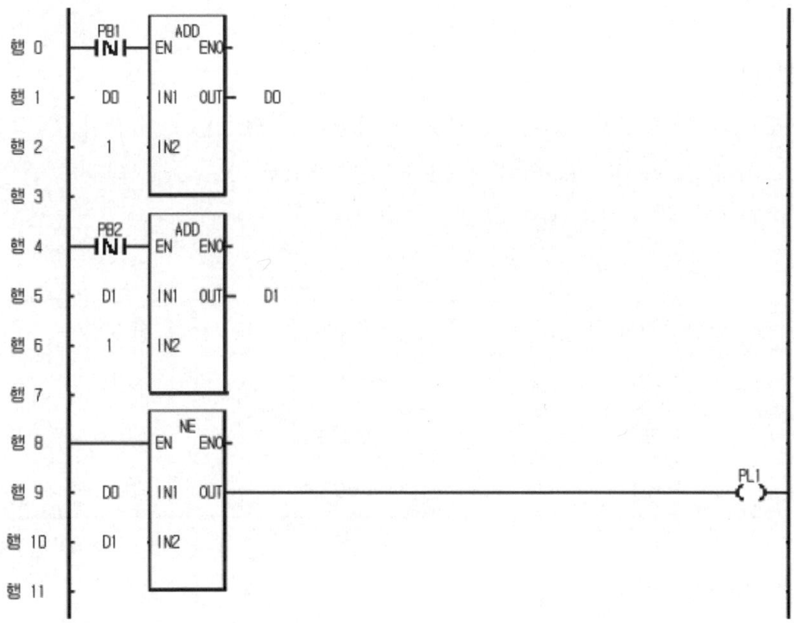

2 논리연산

실습과제 7-7

푸시버튼을 이용한 AND 실습

1. 실험목적

1) PLC의 I/O(INPUT/OUTPUT) MAP을 익힐 수 있다.

2) AND회로의 특성을 이해할 수 있다.

2. 관계지식

1) 전기적인 신호의 흐름을 이해할 수 있어야 한다.

2) 기본적인 시퀀스 회로를 보고 이해할 수 있어야 한다.

3. 동작조건

1) PB1(스위치)과 PB2(스위치)를 모두 ON하였을 때 PL1(램프)이 같이 ON 되며, PB1(스위치) 또는 PB2(스위치)가 OFF 되면 PL1(램프)도 OFF 되도록 구성한다.

2) PLC I/O MAP의 구성은 아래와 같이 한다.

구 분	간접 변수 명	I/O할당	비 고
입 력	PB1	%IX0.1.8	스위치
	PB2	%IX0.1.9	스위치
출 력	PL1	%QX0.3.8	램프

4. 프로그램 실습

	변수 명	데이터 타입	메모리 할당	초기 값	변수 종류	사용 여부	설명문
1	PB1	BOOL	%IX0.1.8		VAR	*	
2	PB2	BOOL	%IX0.1.9		VAR	*	
3	PL1	BOOL	%QX0.3.8		VAR	*	

5. 시뮬레이터 시작

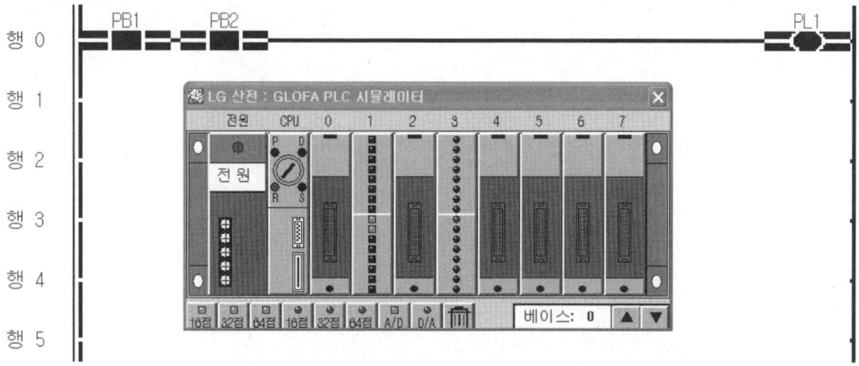
PB1
PB2
PL1
행 0
행 1
행 2
행 3
행 4
행 5
LG 산전 : GLOFA PLC 시뮬레이터
전원
CPU
0 1 2 3 4 5 6 7
전 원
16점 32점 64점 16점 32점 64점 A/D D/A
베이스: 0

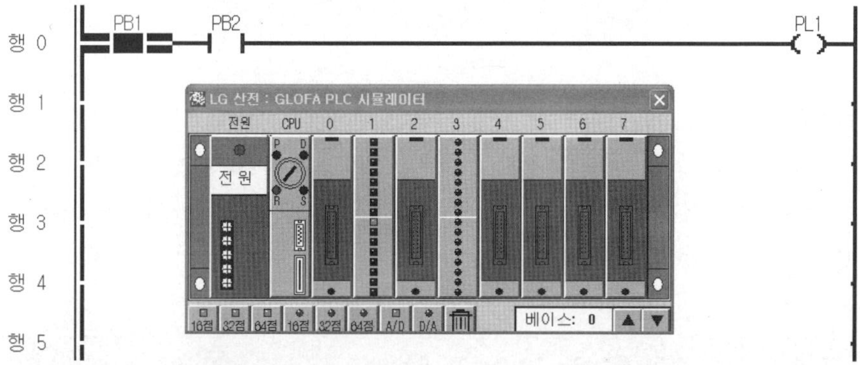
PB1
PB2
PL1
행 0
행 1
행 2
행 3
행 4
행 5
LG 산전 : GLOFA PLC 시뮬레이터
전원
CPU
0 1 2 3 4 5 6 7
전 원
16점 32점 64점 16점 32점 64점 A/D D/A
베이스: 0

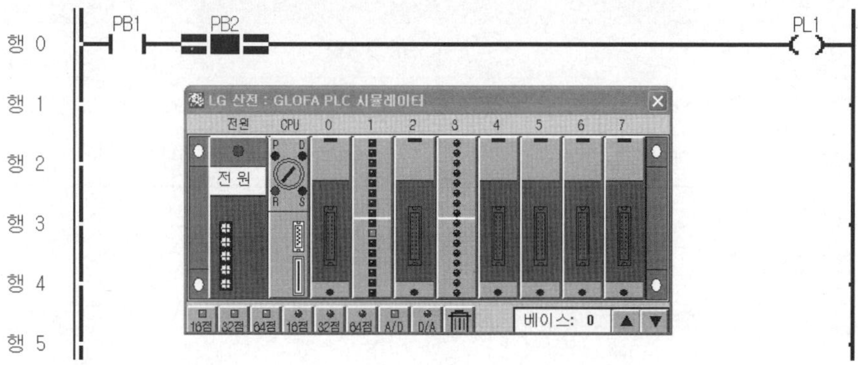
PB1
PB2
PL1
행 0
행 1
행 2
행 3
행 4
행 5
LG 산전 : GLOFA PLC 시뮬레이터
전원
CPU
0 1 2 3 4 5 6 7
전 원
16점 32점 64점 16점 32점 64점 A/D D/A
베이스: 0

실습과제 7-8

푸시버튼을 이용한 OR 실습

1. 실험목적

1) PLC의 I/O(INPUT/OUTPUT) MAP을 익힐 수 있다.

2) OR회로의 특성을 이해할 수 있다.

2. 관계지식

1) 전기적인 신호의 흐름을 이해할 수 있어야 한다.

2) 기본적인 시퀀스 회로를 보고 이해할 수 있어야 한다.

3. 동작조건

1) PB1(스위치) 또는, PB2(스위치)를 ON하였을 때 PL1(램프)이 ON 되며, PB1(스위치)과 PB2(스위치)가 모두 OFF 되면 PL1(램프)도 OFF 되도록 구성한다.

2) PLC I/O MAP의 구성은 아래와 같이 한다.

구 분	간접 변수 명	I/O할당	비 고
입 력	PB1	%IX0.1.8	스위치
	PB2	%IX0.1.9	스위치
출 력	PL1	%QX0.3.8	램프

4. 프로그램 실습

	변수 명	데이터 타입	메모리 할당	초기 값	변수 종류	사용 여부	설명문
1	PB1	BOOL	%IX0.1.8		VAR	*	
2	PB2	BOOL	%IX0.1.9		VAR		
3	PL1	BOOL	%QX0.3.8		VAR	*	

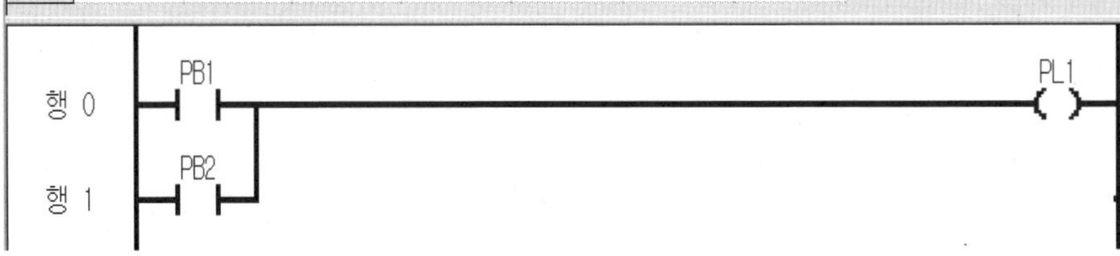

5. 시뮬레이터 시작

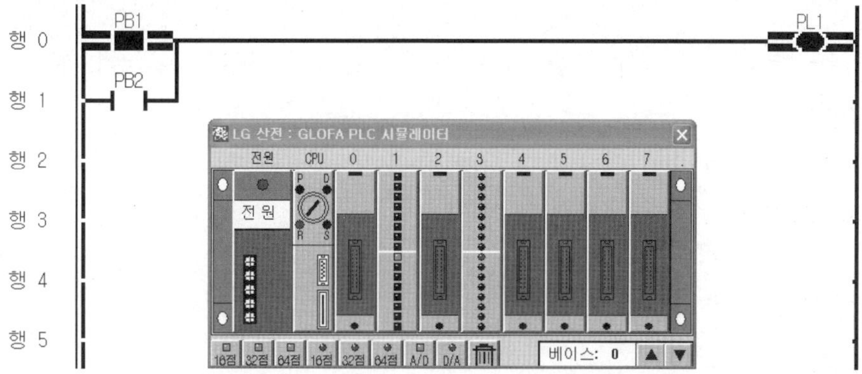
행 0
행 1
행 2
행 3
행 4
행 5
PB1
PB2
PL1
LG 산전 : GLOFA PLC 시뮬레이터
전원
CPU
0 1 2 3 4 5 6 7
전 원
16점 32점 64점 16점 32점 64점 A/D D/A
베이스: 0

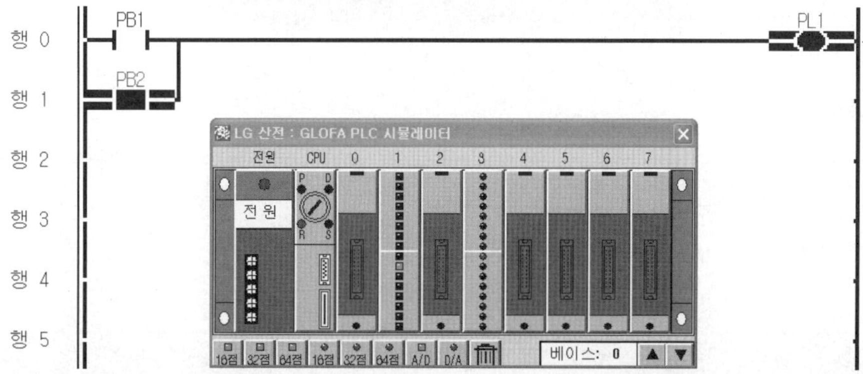
행 0
행 1
행 2
행 3
행 4
행 5
PB1
PB2
PL1
LG 산전 : GLOFA PLC 시뮬레이터
전원
CPU
0 1 2 3 4 5 6 7
전 원
16점 32점 64점 16점 32점 64점 A/D D/A
베이스: 0

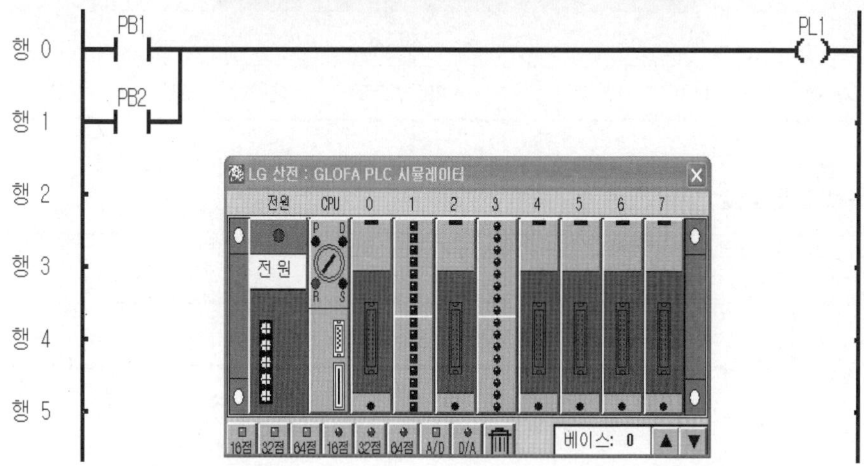
행 0
행 1
행 2
행 3
행 4
행 5
PB1
PB2
PL1
LG 산전 : GLOFA PLC 시뮬레이터
전원
CPU
0 1 2 3 4 5 6 7
전 원
16점 32점 64점 16점 32점 64점 A/D D/A
베이스: 0

실습과제 7-9

푸시버튼을 이용한 NOT 실습

1. 실험목적

1) PLC의 I/O(INPUT/OUTPUT) MAP을 익힐 수 있다.
2) NOT회로의 특성을 이해할 수 있다.

2. 관계지식

1) 전기적인 신호의 흐름을 이해할 수 있어야 한다.
2) 기본적인 시퀀스 회로를 보고 이해할 수 있어야 한다.

3. 동작조건

1) PB1(스위치)을 ON 되었을 때 PL1(램프)이 같이 OFF 되며, PB1(스위치)이 OFF 되면 PL1(램프)도 ON 되도록 구성한다.
2) PLC I/O MAP의 구성은 아래와 같이 한다.

구 분	간접 변수 명	I/O할당	비 고
입 력	PB1	%IX0.1.8	스위치
출 력	PL1	%QX0.3.8	램프

4. 프로그램 실습

	변수 명	데이터 타입	메모리 할당	초기 값	변수 종류	사용 여부	설명문
1	PB1	BOOL	%IX0.1.8		VAR	*	
2	PL1	BOOL	%QX0.3.8		VAR	*	

5. 시뮬레이터 시작

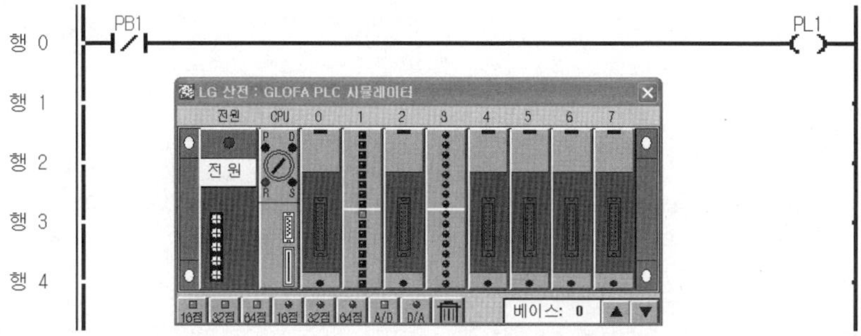
PB1
PL1
행 0
행 1
행 2
행 3
행 4
LG 산전 : GLOFA PLC 시뮬레이터
전원
CPU
0
1
2
3
4
5
6
7
전 원
16점
32점
64점
16점
32점
64점
A/D
D/A
베이스: 0

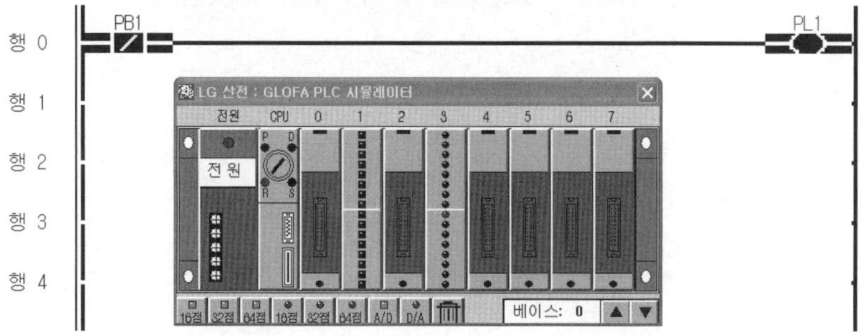
PB1
PL1
행 0
행 1
행 2
행 3
행 4
LG 산전 : GLOFA PLC 시뮬레이터
전원
CPU
0
1
2
3
4
5
6
7
전 원
16점
32점
64점
16점
32점
64점
A/D
D/A
베이스: 0

3 선택문

실습과제 7-10

푸시버튼을 이용한 SEL 실습

1. 실험목적

1) PLC의 I/O(INPUT/OUTPUT) MAP을 익힐 수 있다.

2) SEL 선택 연산자의 특성을 이해할 수 있다.

2. 관계지식

1) 전기적인 신호의 흐름을 이해할 수 있어야 한다.

2) 기본적인 선택 연산자를 보고 이해할 수 있어야 한다.

3. 동작조건

1) PB1(스위치)을 OFF하였을 때 D0 = 4가 되고, PB1(스위치)이 ON 되면 D0 = 5가 되도록 구성한다.

2) PLC I/O MAP의 구성은 아래와 같이 한다.

구 분	간접 변수 명	I/O할당	비 고
변 수	D0	INT	자동
입 력	PB1	%IX0.1.8	스위치

4. 프로그램 실습

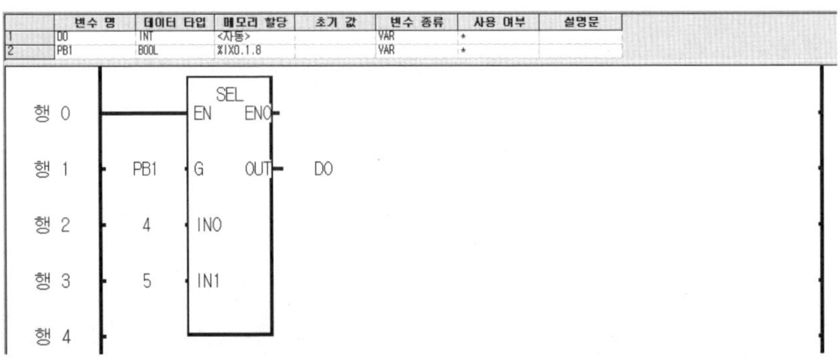

5. 시뮬레이터 시작

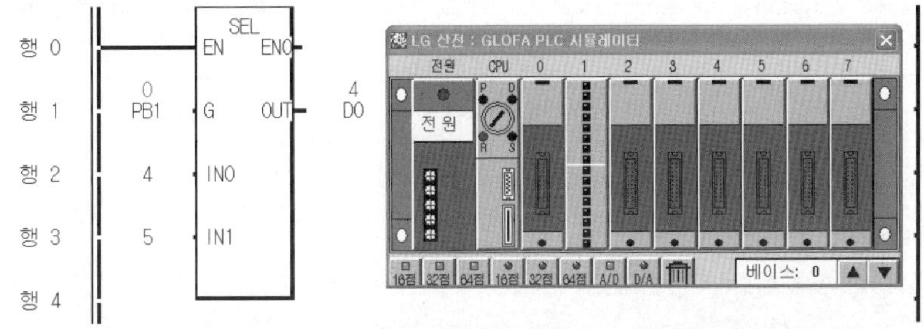

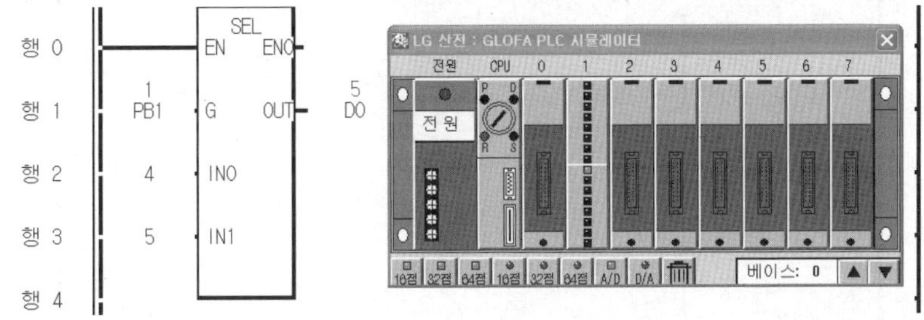

실습과제 7-11

푸시버튼을 이용한 MAX 실습

1. 실험목적

1) PLC의 I/O(INPUT/OUTPUT) MAP을 익힐 수 있다.
2) MAX 선택 연산자의 특성을 이해할 수 있다.

2. 관계지식

1) 전기적인 신호의 흐름을 이해할 수 있어야 한다.
2) 기본적인 선택 연산자를 보고 이해할 수 있어야 한다.

3. 동작조건

1) PB1(스위치)이 ON 되었을 때 D0에 최대값이 선택되도록 구성한다.
2) PLC I/O MAP의 구성은 아래와 같이 한다.

구 분	간접 변수 명	I/O할당	비 고
변 수	D0	INT	자동
입 력	PB1	%IX0.1.8	스위치

4. 프로그램 실습

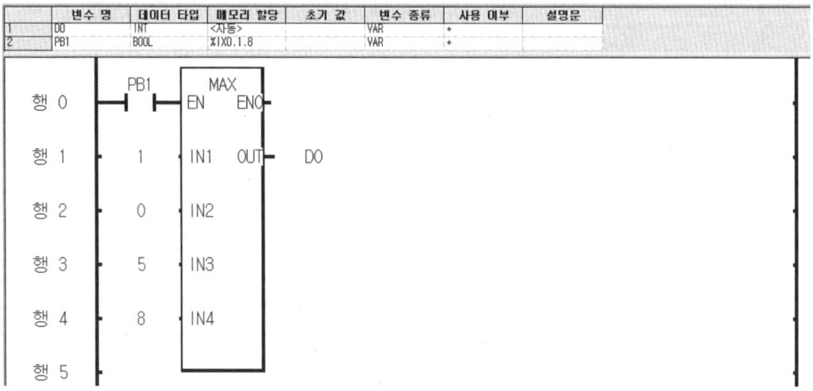

5. 시뮬레이터 시작

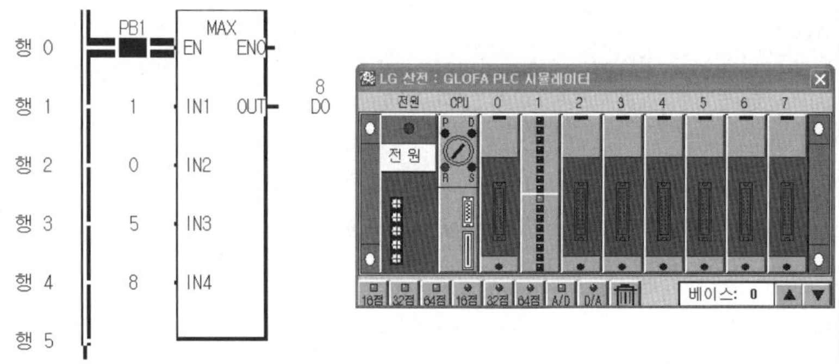

실습과제 7-12

푸시버튼을 이용한 MIN 실습

1. 실험목적

1) PLC의 I/O(INPUT/OUTPUT) MAP을 익힐 수 있다.

2) MIN 선택 연산자의 특성을 이해할 수 있다.

2. 관계지식

1) 전기적인 신호의 흐름을 이해할 수 있어야 한다.

2) 기본적인 선택 연산자를 보고 이해할 수 있어야 한다.

3. 동작조건

1) PB1(스위치)이 ON 되었을 때 D0에 최소값이 선택되도록 구성한다.

2) PLC I/O MAP의 구성은 아래와 같이 한다.

구 분	간접 변수 명	I/O할당	비 고
변 수	D0	INT	자동 초기값(999)
입 력	PB1	%IX0.1.8	스위치

4. 프로그램 실습

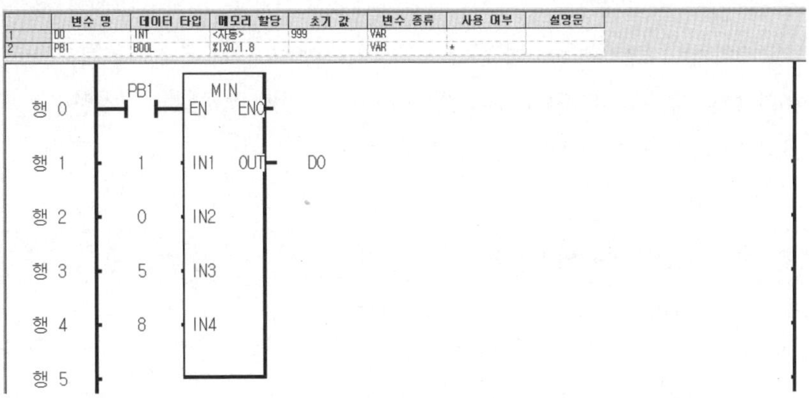

	변수 명	데이터 타입	메모리 할당	초기 값	변수 종류	사용 여부	설명문
1	D0	INT	<자동>	999	VAR		
2	PB1	BOOL	%IX0.1.8		VAR	*	

5. 시뮬레이터 시작

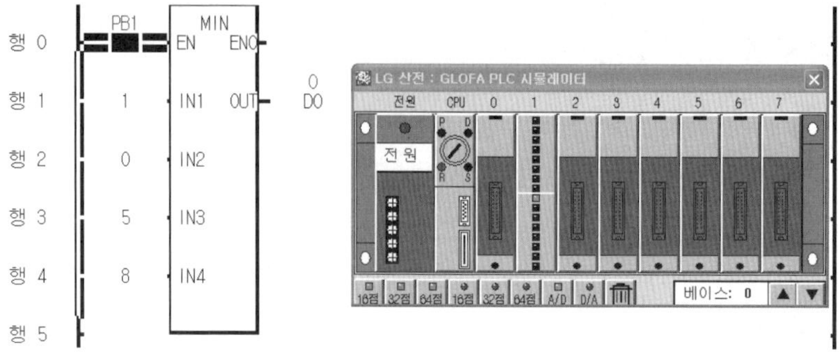

실습과제 7-13

푸시버튼을 이용한 LIMIT 실습

1. 실험목적

1) PLC의 I/O(INPUT/OUTPUT) MAP을 익힐 수 있다.
2) LIMIT 선택 연산자의 특성을 이해할 수 있다.

2. 관계지식

1) 전기적인 신호의 흐름을 이해할 수 있어야 한다.
2) 기본적인 선택 연산자를 보고 이해할 수 있어야 한다.

3. 동작조건

1) PB1(스위치)이 ON 되었을 때 최대 상한 값이 999를 넘지 못하도록 하고, PB2(스위치)가 ON 되었을 때 최대 하한 값이 −999를 넘지 못하도록 구성한다.
2) PLC I/O MAP의 구성은 아래와 같이 한다.

구 분	간접 변수 명	I/O할당	비 고
입 력	PB1	%IX0.1.8	스위치
입 력	PB2	%IX0.1.9	스위치
변 수	D0	INT	자동 초기값(0)

4. 프로그램 실습

	변수 명	데이터 타입	메모리 할당	초기 값	변수 종류	사용 여부	설명문
1	DO	INT	<자동>	0	VAR	*	
2	PB1	BOOL	%IX0.1.8		VAR	*	
3	PB2	BOOL	%IX0.1.9		VAR	*	

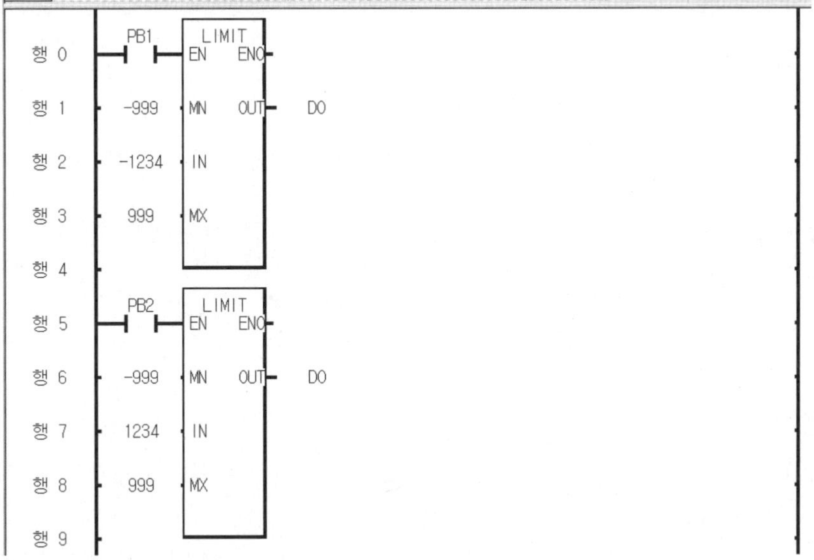

5. 시뮬레이터 시작

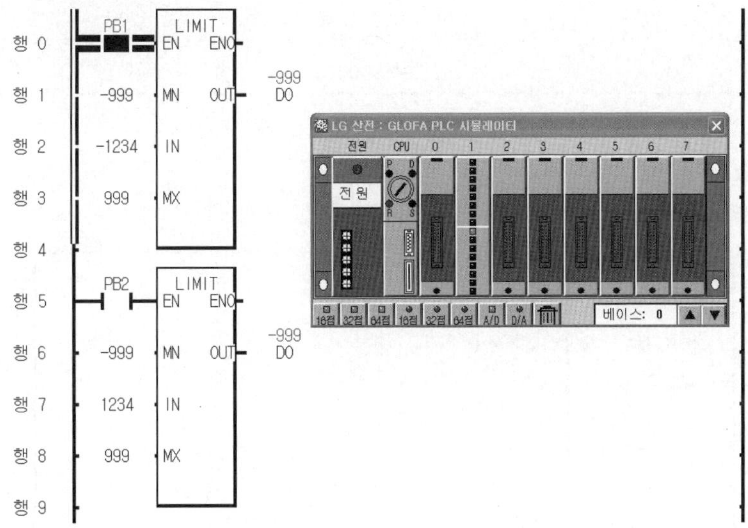

실습과제 7-14

푸시버튼을 이용한 MUX 실습

1. 실험목적

1) PLC의 I/O(INPUT/OUTPUT) MAP을 익힐 수 있다.

2) MUX 선택 연산자의 특성을 이해할 수 있다.

2. 관계지식

1) 전기적인 신호의 흐름을 이해할 수 있어야 한다.

2) 기본적인 선택 연산자를 보고 이해할 수 있어야 한다.

3. 동작조건

1) PB1(스위치)이 ON 되었을 때 IN4의 전송원의 값이 출력되도록 구성한다.

2) PLC I/O MAP의 구성은 아래와 같이 한다.

구 분	간접 변수 명	I/O할당	비 고
변 수	D0	INT	자동 초기값(0)
입 력	PB1	%IX0.1.8	스위치

4. 프로그램 실습

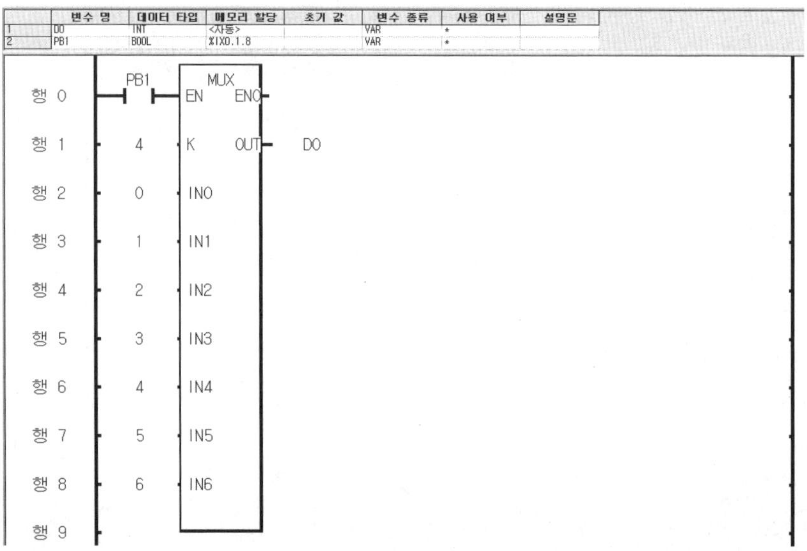

5. 시뮬레이터 시작

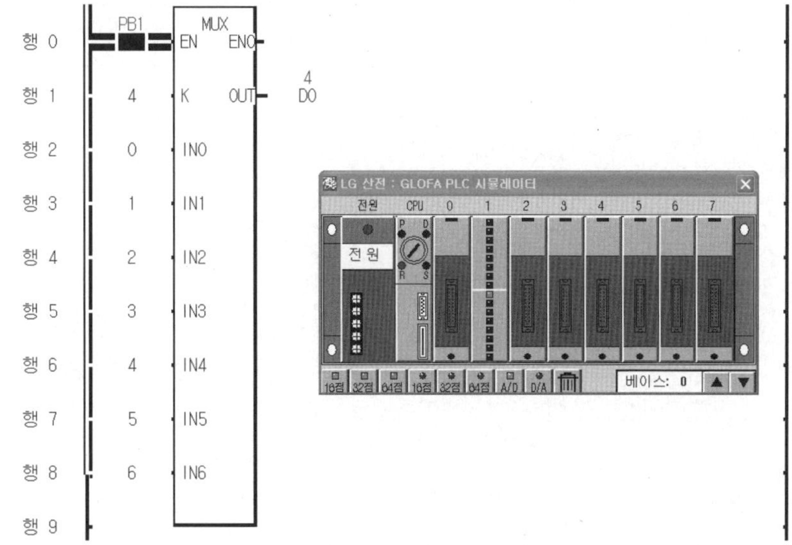
행 0
행 1
행 2
행 3
행 4
행 5
행 6
행 7
행 8
행 9
PB1
MUX
EN
ENO
4
K
OUT
4
DO
0
IN0
1
IN1
2
IN2
3
IN3
4
IN4
5
IN5
6
IN6
LG 산전 : GLOFA PLC 시뮬레이터
전원
CPU
0
1
2
3
4
5
6
7
전 원
16점
32점
64점
16점
32점
64점
A/D
D/A
베이스: 0

CHAPTER

8

제어 프로그램

1 자기유지 회로

릴레이의 기능 중에는 메모리 기능이 있다고 앞서 설명하였다. 이 릴레이의 메모리 기능이란 릴레이는 자신의 접점으로 자기유지 회로를 구성하여 동작을 기억시킬 수 있다는 것이다. 그림 8-1은 릴레이의 자기유지 회로이며, 자기유지 접점 R(1)은 누름버튼스위치 PB1에 병렬로 접속한다.

동작원리는 누름버튼스위치 PB1을 누르면 릴레이가 동작되고, 접점 R(1)과 R(2)가 동시에 닫혀 램프가 점등한다. 이때 누름버튼스위치 PB1에서 손을 떼도 전류는 R(1)접점과 PB2를 통해 코일에 계속 흐르므로 동작 유지가 가능하다. 즉 PB1이 복귀하여도 R(1) 접점에 의해 R의 동작회로가 유지된다.

자기 유지의 해제는 누름버튼스위치 PB2를 누르면 R이 복귀되고 접점 R(1)과 R(2)가 열려 회로는 초기 상태로 되돌아간다.

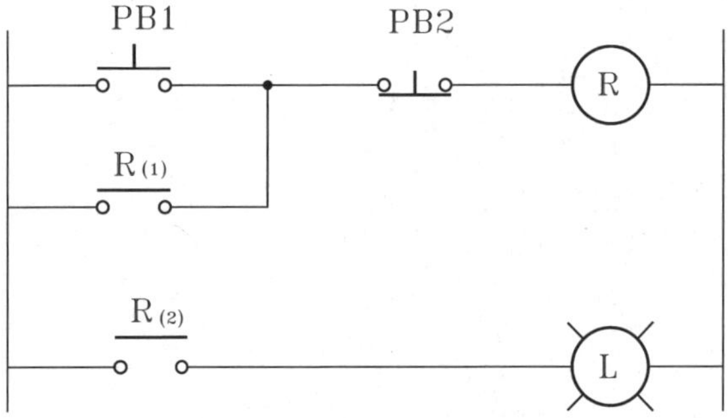

그림 8-1 자기유지 회로

	변수 명	데이터 타입	메모리 할당	초기 값	변수 종류	사용 여부	설명문
1	LAMP1	BOOL	%QX0.3.8		VAR		
2	LAMP2	BOOL	%QX0.3.9		VAR		
3	PB1	BOOL	%IX0.1.8		VAR		
4	PB2	BOOL	%IX0.1.9		VAR		
5	PB3	BOOL	%IX0.1.10		VAR		
6	PB4	BOOL	%IX0.1.11		VAR		

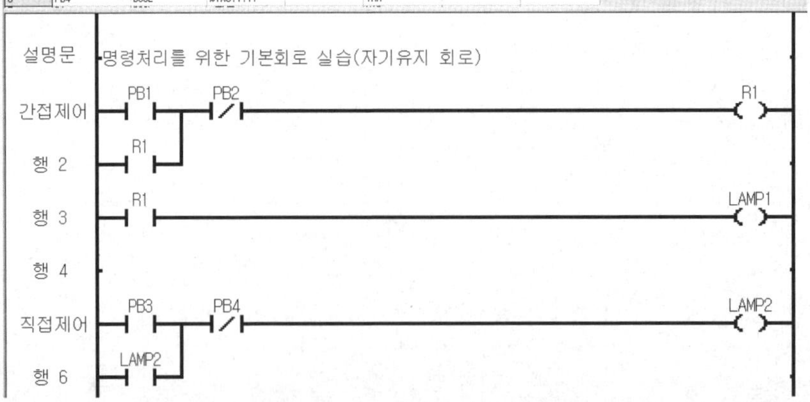

그림 8-2 자기유지 적용 예 [계속]

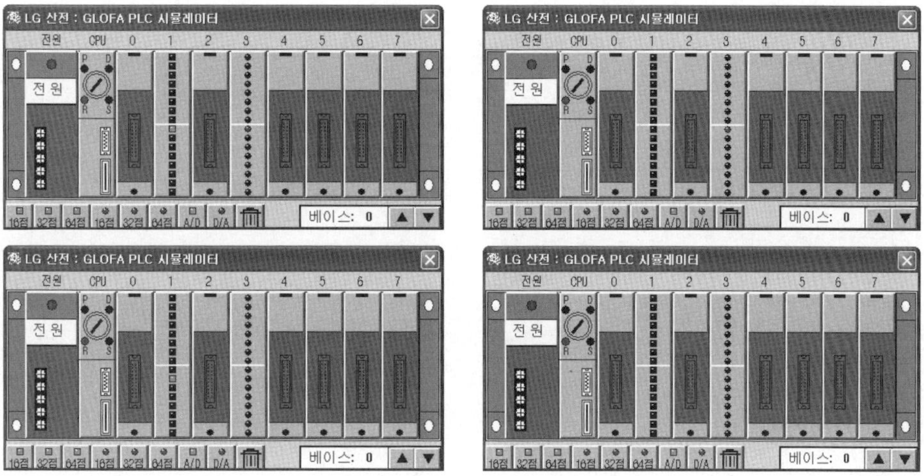

그림 8-2 자기유지 적용 예

실습과제 8-1

자기유지 회로

1. 실험목적

1) PLC의 I/O(INPUT/OUTPUT) MAP을 익힐 수 있다.

2) 자기유지 회로의 특성을 이해할 수 있다.

2. 관계지식

1) 전기적인 신호의 흐름을 이해할 수 있어야 한다.

2) 기본적인 시퀀스 회로를 보고 이해할 수 있어야 한다.

3. 동작조건

1) PB1(스위치)이 ON 되었을 때 PL1(램프)이 같이 ON 되며, PB1(스위치)이 OFF 되어도 PL1(램프)은 ON 되도록 구성한다.

2) PLC I/O MAP의 구성은 아래와 같이 한다.

구 분	간접 변수 명	I/O할당	비 고
입 력	PB1	%IX0.1.8	스위치
출 력	PL1	%QX0.3.8	램프

4. 프로그램 실습

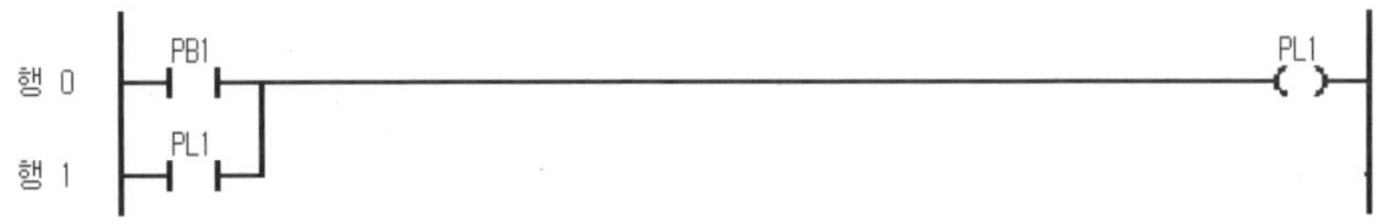

실습과제 8-2

동작우선 회로

1. 실험목적

1) PLC의 I/O(INPUT/OUTPUT) MAP을 익힐 수 있다.

2) 시퀀스회로의 동작이 우선되는 회로를 구성할 수 있다.

2. 관계지식

1) 전기적인 신호의 흐름을 이해할 수 있어야 한다.

2) 기본적인 시퀀스 회로를 보고 이해할 수 있어야 한다.

3. 동작조건

1) 동작스위치 PB1(스위치)과 정지스위치 PB2(스위치)가 동시에 ON 되었을 때 PL1(램프)이 ON 되며, PB1(스위치)이 OFF 되어도 PL1(램프)은 ON 되도록 구성한다. 이때 PB2(스위치)를 ON하면 PL1(램프)은 OFF 된다.

2) PLC I/O MAP의 구성은 아래와 같이 한다.

구 분	간접 변수 명	I/O할당	비 고
입 력	PB1	%IX0.1.8	스위치
	PB2	%IX0.1.9	스위치
출 력	PL1	%QX0.3.8	램프

4. 프로그램 실습

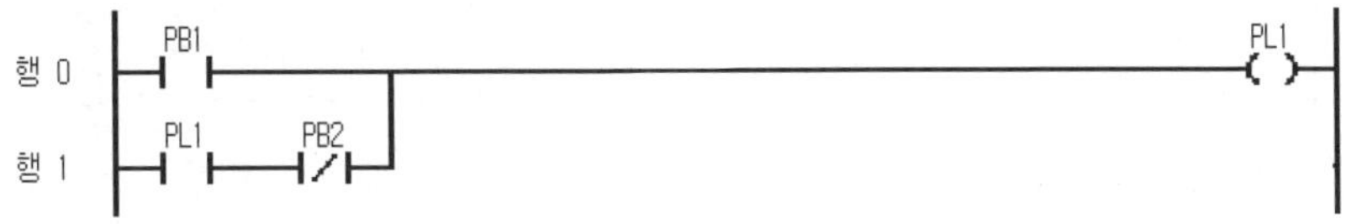

실습과제 8-3

정지우선 회로

1. 실험목적

1) PLC의 I/O(INPUT/OUTPUT) MAP을 익힐 수 있다.
2) 시퀀스회로의 정지 우선되는 회로를 구성할 수 있다.

2. 관계지식

1) 전기적인 신호의 흐름을 이해할 수 있어야 한다.
2) 기본적인 시퀀스 회로를 보고 이해할 수 있어야 한다.

3. 동작조건

1) 동작스위치 PB1(스위치)과 정지스위치 PB2(스위치)가 동시에 ON 되었을 때 PL1(램프)이 OFF 되며, PB1(스위치)만 ON 되면 PL1(램프)은 ON 되도록 구성한다. 이때 PB2(스위치)를 ON하면 PL1(램프)은 OFF 된다.
2) PLC I/O MAP의 구성은 아래와 같이 한다.

구 분	간접 변수 명	I/O할당	비 고
입 력	PB1	%IX0.1.8	스위치
	PB2	%IX0.1.9	스위치
출 력	PL1	%QX0.3.8	램프

4. 프로그램 실습

실습과제 8-4

모터의 기동 정지회로 실습

1. 실험목적

1) PLC를 이용하여 모터의 기동원리를 이해한다.
2) PLC의 I/O(INPUT/OUTPUT) MAP을 익힐 수 있다.
3) 시퀀스제어와 PLC제어의 차이점을 구별 할 수 있다.
4) PLC TRAINER의 구조와 원리를 이해할 수 있다.

2. 관계지식

1) 모터의 기동 방식을 이해할 수 있어야 한다.
2) 기본적인 시퀀스 회로를 이해할 수 있어야 한다.
3) 자기유지 회로를 이해하여야 한다.
4) PLC I/O MAP을 작성할 수 있어야 한다.

3. 동작조건

1) 입력 스위치 두 개(기동, 정지)를 이용하여 모터 기동 회로를 구성한다(출력은 전자접촉기용 출력 코일과 운전램프 그리고 정지램프로 구성).
2) 기동 입력 스위치를 ON하면 모터가 기동하며, 이때 운전램프가 점등한다.

3) 운전 중에 정지스위치를 ON하면 모터가 정지되며 정지램프가 점등하고, 운전램프는 소등된다.

4) PLC I/O MAP의 구성은 아래와 같이 한다.

구 분	간접 변수 명	I/O할당	비 고
입 력	기동스위치	%IX0.0.1	푸시스위치 S-2
	정지스위치	%IX0.0.0	푸시스위치 S-3
출 력	모 터(MC)	%QX0.2.0	MOTOR-1(-)
	운전램프	%QX0.2.1	램프 L-2
	정지램프	%QX0.2.2	램프 L-1

5) PLC 입력 전원은 DC 24V로 구성하며 PLC 입력 COM 단자에 DC 24V(+)로 전원을 연결하고, PLC 출력 COM 단자에 DC 0V(−)를 연결한다.

6) PLC I/O MAP을 구성하는 일은 대단히 중요한 일이다. PLC I/O MAP이 입·출력 점수를 산정하는 일이며 입·출력 구성과 컨트롤을 의미한다.

4. 프로그램 실습

1) GMWIN을 실행시킨다.
2) 프로젝트 및 프로그램 창을 연다.
3) 평상시 열린 접점과 평상시 닫힌 접점, 출력 코일을 이용하여 프로그램을 작성한다.
4) 프로그램을 작성하는 방법은 전 과제를 참고한다.
5) 아래의 그림은 모터의 기동, 정지회로의 직접변수와 간접변수의 예를 나타낸 프로그램이다.

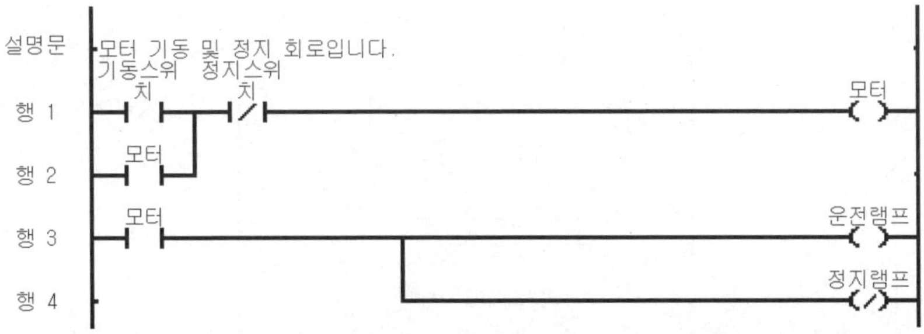

6) 프로그램의 저장

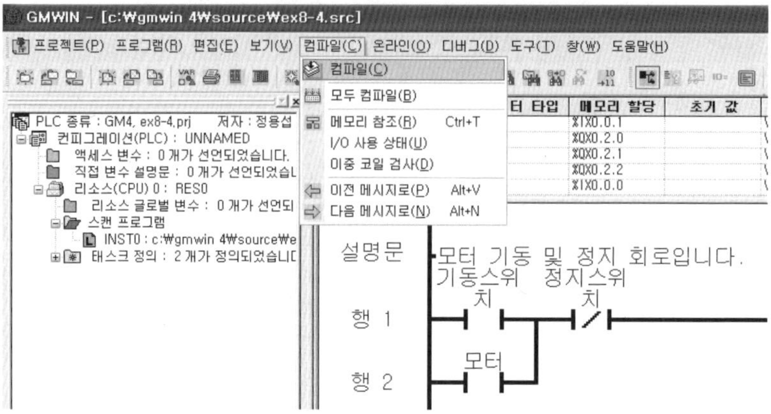

① 위와 같이 프로그램을 저장하기 위해서 메뉴의 컴파일의 컴파일을 선택한다.

② 컴파일이란 버퍼에 임시저장을 뜻하며 메이크를 통해 실행파일을 생성한다.

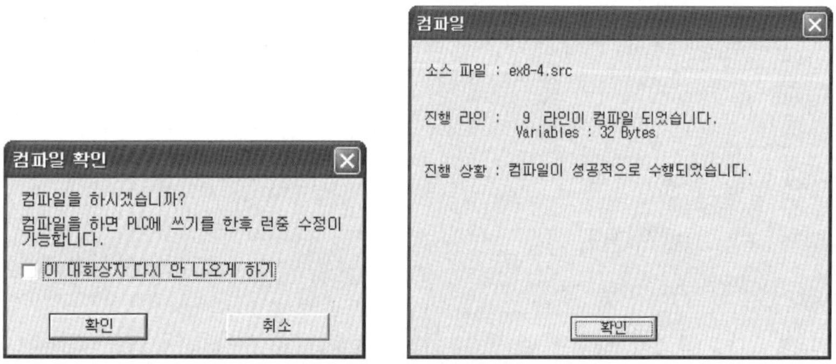

컴파일 실행 시

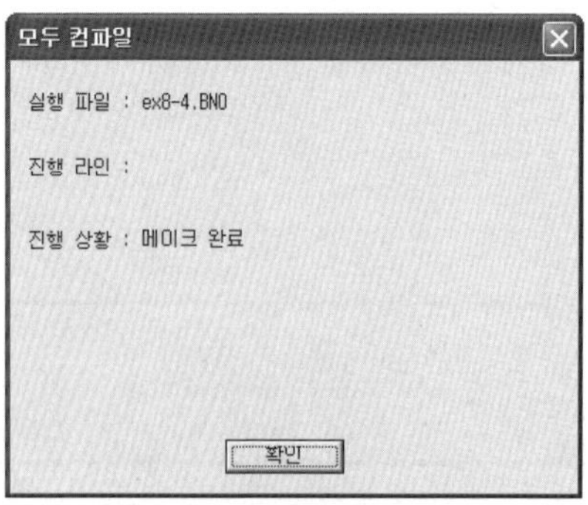

시뮬레이터 실행 시

5. 프로그램의 실행(시뮬레이터 이용)

1) 위 사항을 확인하기 위하여 GLOFA의 특징인 시뮬레이터를 이용하여 회로의 이상 유무 및 동작을 실험하기로 한다(그림 참조).

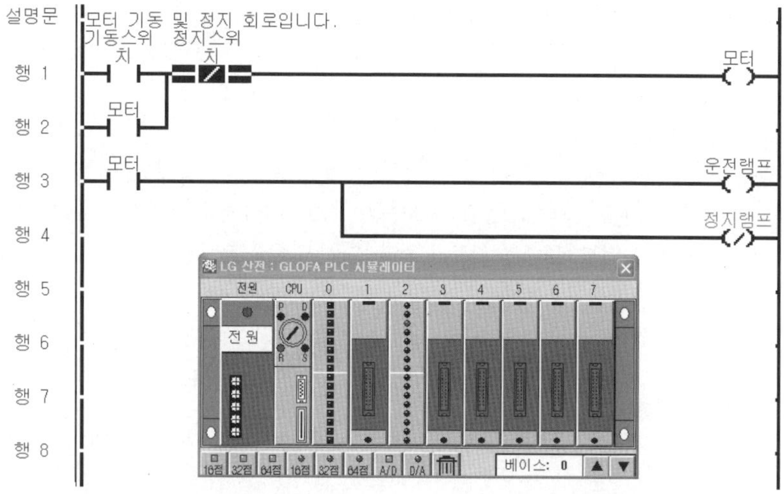

① 상기 그림은 시뮬레이터를 선택하고 CPU를 RUN 모드로 실행하면 슬롯"2"의 2번 (%QX0.2.2) 출력 램프인 정지램프가 점등된다.

② 기동스위치(%IX0.0.1) 슬롯"0"의 1번(%IX0.0.1) 버튼을 누르면 모터(%QX0.2.0)가 동작하고 운전램프(%QX0.2.1)가 점등된다. 이때 정지램프는 소등된다.

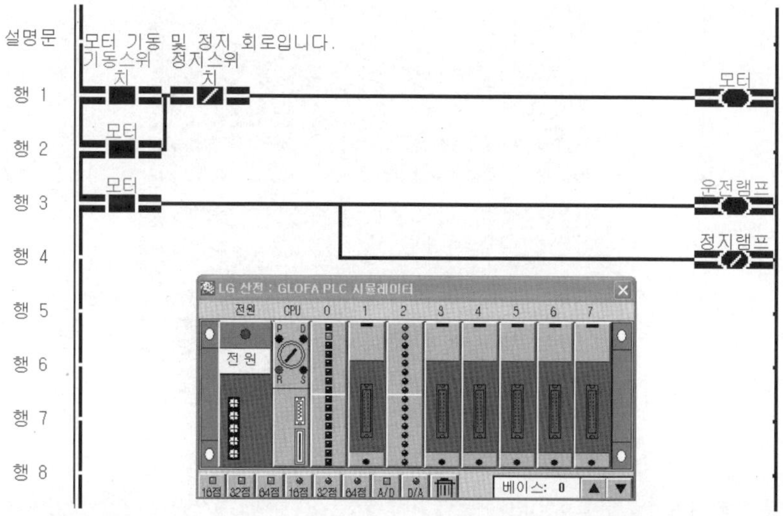

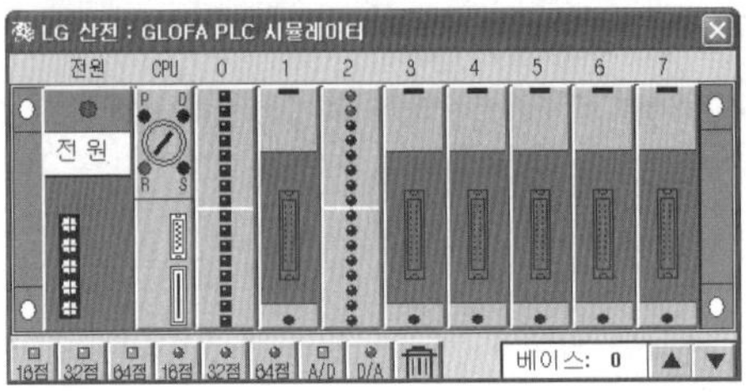

※ 자기유지 접점이란?

기억회로로써 OFF 우선회로와, ON 우선회로의 두 가지 회로가 있는데 위 그림의 경우는 기동스위치와 정지스위치를 동시에 눌렀을 때 모터가 정지 상태이므로 OFF 우선 회로이다. 반대로 모터가 운전상태가 되면 ON 우선회로가 된다.

③ 모터의 자기유지 접점에 의해 정지스위치(%IX0.0.0)를 ON하기 전까지 모터는 계속 운전된다.

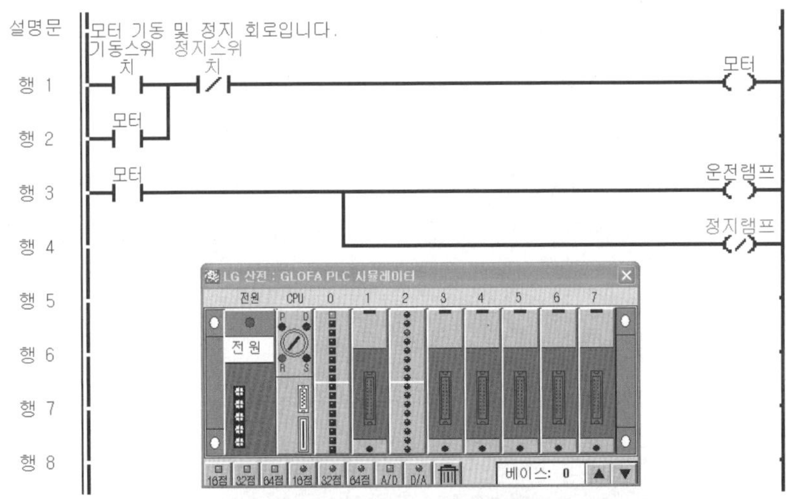

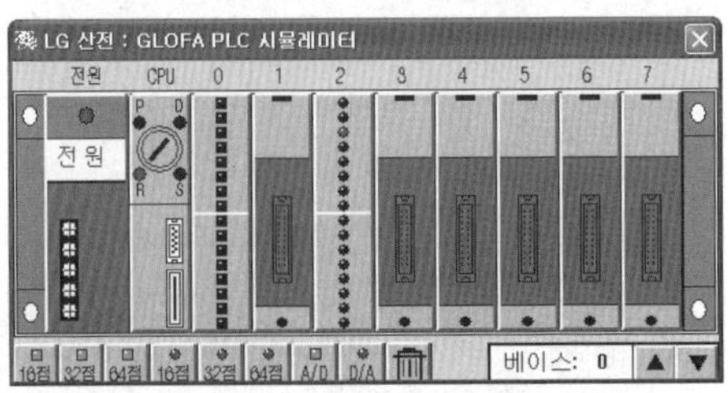

④ 시뮬레이터를 종료하려면 시뮬레이터 우측 상단의 단축아이콘 ☒을 선택하면 된다.

2) 장비와의 결선도

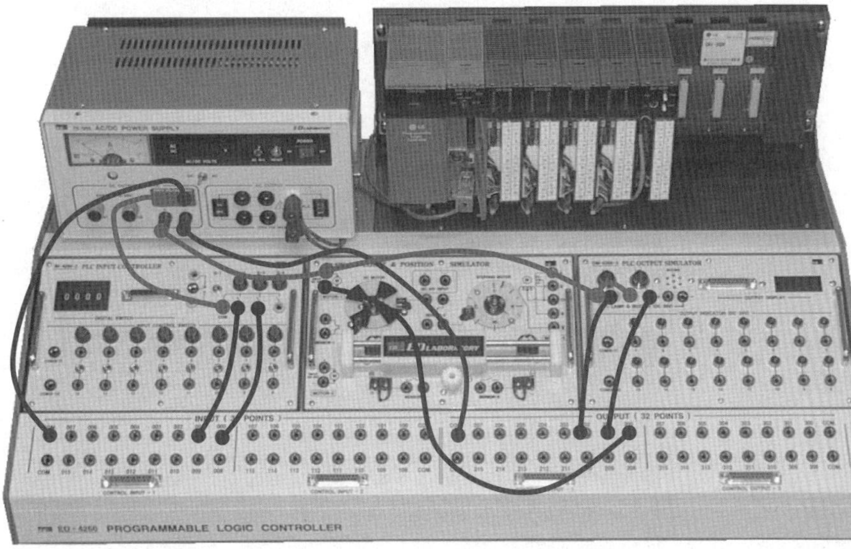

2 인터록 회로(inter - lock)

기기의 보호나 작업자의 안전을 위해 기기의 동작 상태를 나타내는 접점을 사용하여 관련된 기기의 동작을 금지하는 회로를 인터록 회로라 하며, 다른 말로 선행 동작 우선 회로 또는 상대 동작 금지 회로라고도 한다.

인터록은 릴레이의 b접점을 상대측 회로에 직렬로 연결하여 어느 한 릴레이가 동작중일 때에는 관련된 다른 릴레이는 동작할 수 없도록 규제한다.

그림 8-3은 누름버튼스위치 PB1이 ON 되어 R1릴레이가 동작하면 PB2가 눌리어도 R2릴레이는 동작할 수 없다. 또한 PB2가 먼저 입력되어 R2가 동작하면 R1릴레이는 역시 동작할 수 없다.

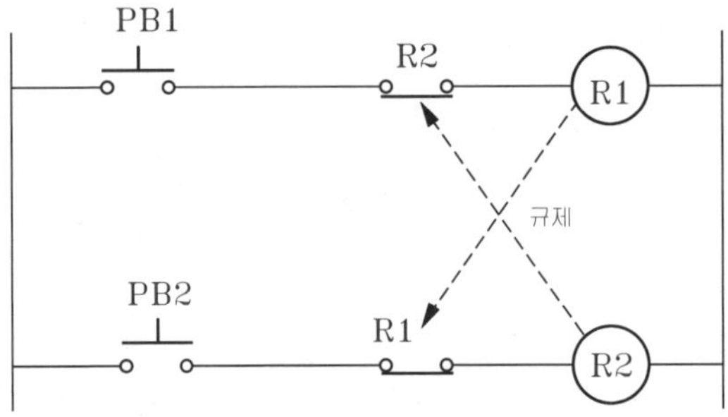

그림 8-3 인터록 회로

	변수 명	데이터 타입	메모리 할당	초기 값	변수 종류	사용 여부	설명문
1	LAMP1	BOOL	%QX0.2.8		VAR		
2	LAMP2	BOOL	%QX0.2.9		VAR		
3	LAMP3	BOOL	%QX0.3.8		VAR		
4	LAMP4	BOOL	%QX0.3.9		VAR		
5	PB1	BOOL	%IX0.0.8		VAR		
6	PB2	BOOL	%IX0.0.9		VAR		
7	PB3	BOOL	%IX0.0.10		VAR		
8	PB4	BOOL	%IX0.1.8		VAR		
9	PB5	BOOL	%IX0.1.9		VAR		
10	PB6	BOOL	%IX0.1.10		VAR		
11	R1	BOOL	<자동>		VAR		
12	R2	BOOL	<자동>		VAR		

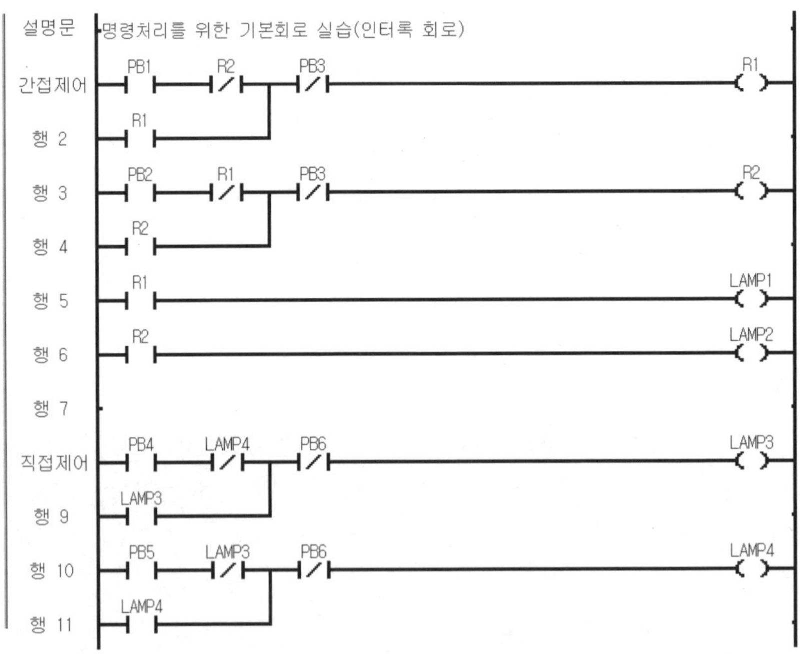

그림 8-4 인터록 적용 예 [계속]

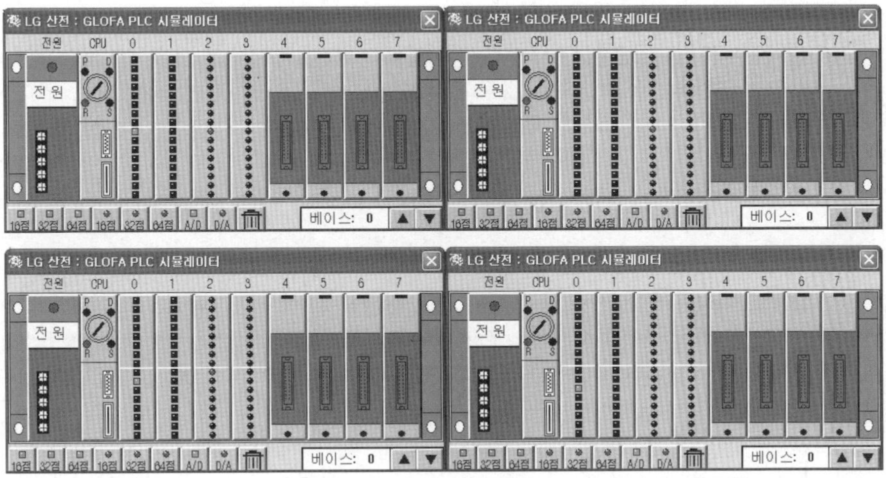

그림 8-4 인터록 적용 예

실습과제 8-5

인터록 회로

1. 실험목적

1) PLC의 I/O(INPUT/OUTPUT) MAP을 익힐 수 있다.

2) 인터록 회로의 특성 및 원리를 이해할 수 있다.

2. 관계지식

1) 전기적인 신호의 흐름을 이해할 수 있어야 한다.

2) 기본적인 시퀀스 회로를 보고 이해할 수 있어야 한다.

3. 동작조건

1) 동작스위치 PB1(스위치)을 ON하면 PL1이 ON 되고, PB2(스위치)를 ON하면 PL2가 ON이 되도록 구성하라.

2) PL1 또는 PL2가 ON 되면 먼저 ON이된 램프가 다른 회로를 차단하도록 회로를 구성하고 PB3(스위치)을 눌러 초기화가 되도록 회로를 구성하라.

3) PLC I/O MAP은 아래와 같이 구성한다.

구 분	간접 변수 명	I/O할당	비 고
입 력	PB1	%IX0.1.8	스위치
	PB2	%IX0.1.9	스위치
	PB3	%IX0.1.10	스위치
출 력	PL1	%QX0.3.8	램프
	PL2	%QX0.3.9	램프

4. 프로그램 실습

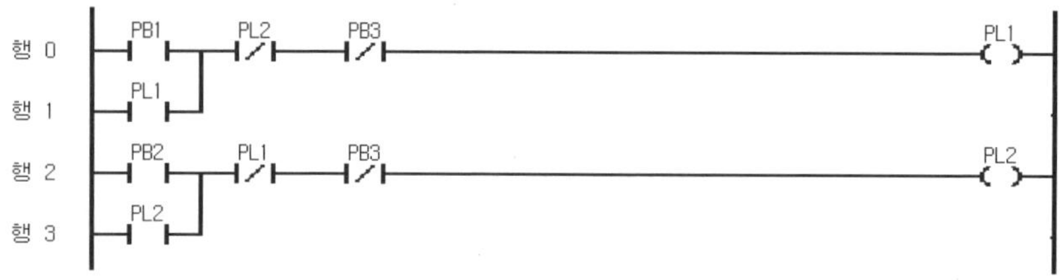

실습과제 8-6

모터의 정·역 제어 프로그램 실습(인터록회로)

1. 실험목적

1) PLC를 이용하여 모터의 정·역 회로를 이해한다.
2) PLC의 I/O(INPUT/OUTPUT) MAP을 익힐 수 있다.
3) 시퀀스제어와 PLC제어의 차이점을 구별할 수 있다.
4) PLC TRAINER의 구조와 원리를 이해할 수 있다.

2. 관계지식

1) 모터의 정·역 회로를 이해할 수 있어야 한다.
2) 기본적인 시퀀스 회로를 이해할 수 있어야 한다.
3) 인터록 회로를 이해하여야 한다.
4) PLC I/O MAP을 작성할 수 있어야 한다.

3. 동작조건

1) 두 개(정 회전, 역회전)의 입력 스위치와 정지스위치를 사용하여 모터의 정·역 구동회로를 구성한다.
2) PLC I/O MAP은 아래와 같이 구성한다.

구 분	간접 변수 명	I/O할당	비 고
입 력	정회전스위치	%IX0.0.1	토글스위치 1
	역회전스위치	%IX0.0.2	토글스위치 2
	정지스위치	%IX0.0.0	토글스위치 0
출 력	모터 운전램프	%QX0.3.0	램프 L-2
	정회전 모터 A	%QX0.2.0	MOTOR-1 (+)
	정회전 모터 B	%QX0.3.2	MOTOR-1 (-)
	역회전 모터 A	%QX0.2.1	MOTOR-1 (-)
	역회전 모터 B	%QX0.3.3	MOTOR-1 (+)
	모터 정지램프	%QX0.3.1	램프 L-1

2) 정 회전스위치가 ON이 되면 모터가 정회전 운전을 하고, 역회전스위치가 ON이 되면 모터가 역회전 운전한다. 단 정지스위치를 ON/OFF시킨 후 모터가 운전이 되게 구성한다.
3) 모터가 운전을 할 때는 모터 운전램프에 불이 들어오고, 모터가 정지 상태에 있을 때는 모터 정지램프에 불이 들어오도록 구성한다.
4) 정회전스위치를 ON하면 모터는 정회전으로 운전하며 모터의 운전램프가 점등된다.
5) 역회전 운전을 하려면 정지스위치로 모터를 OFF시키면 모터 정지램프가 점등되고, 역회전스위치를 ON하면 모터는 역회전으로 운전하며 모터의 운전램프가 점등된다. 모터의 정·역 회로는 인터록 회로로 구성되어 있다.

※ 인터록 회로란?
기기의 보호나 작업자의 안전을 위하여 두 개의 회로기기 사이에 출력이 동시에 나오는 경우가 없도록 하기 위해 기기의 동작 상태를 나타내는 접점을 사용하여 관련된 기기의 동작을 금지하는 회로를 인터록회로라 하며, 다른 말로 선행 우선동작회로 또는 상대 동작금지회로라고도 한다.

6) 정회전 스위치를 ON하면 모터는 정회전으로 운전하며 모터의 운전램프(%QX0.2.0)가 점등된다.
7) PLC 입력 전원은 DC 24V로 구성하며 PLC COM은 DC 0V(−)에, 스위치 COM은 DC 24V(+)로 전원을 연결한다. 모터의 전원과 LAMP는 DC 12V로 구성하고 2슬롯 COM 단자에 DC 12V(+)를 연결하고 3슬롯 COM 단자에는 DC 0V(−)를 연결한다. LAMP COM은 DC 12V(+)를 연결해야 한다.

4. 프로그램 실습

1) GMWIN을 기동한다.
2) 프로젝트 및 프로그램 창을 연다.
3) PLC I/O MAP을 이용하여 프로그램을 구성한다.
4) 프로그램을 작성하는 방법은 전 과제를 참고한다.
5) 아래의 그림은 모터의 정·역 회로를 나타낸 프로그램이다.

	변수 명	데이터 타입	메모리 할당	초기 값	변수 종류	사용 여부	설명문
1	모터운전램프	BOOL	%QX0.3.0		VAR		
2	모터정지램프	BOOL	%QX0.3.1		VAR		
3	역회전모터A	BOOL	%QX0.2.1		VAR		
4	역회전모터B	BOOL	%QX0.3.3		VAR		
5	역회전스위치	BOOL	%IX0.0.2		VAR		
6	정지스위치	BOOL	%IX0.0.0		VAR		
7	정회전모터A	BOOL	%QX0.2.0		VAR		
8	정회전모터B	BOOL	%QX0.3.2		VAR		
9	정회전스위치	BOOL	%IX0.0.1		VAR		

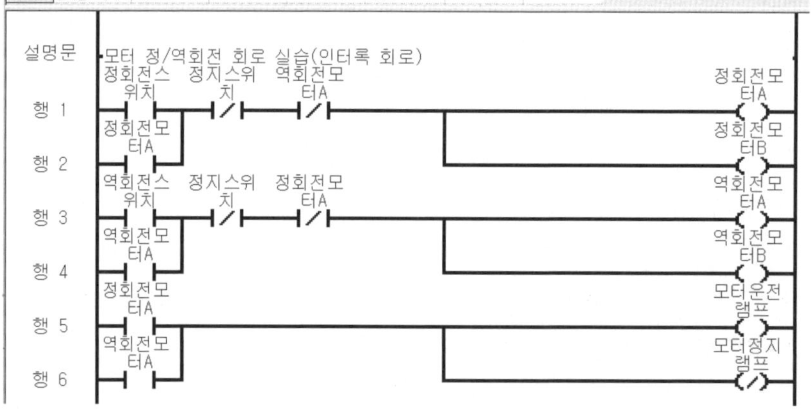

상기 프로그램에서 적용되는 지역변수(간접변수 선언 시)는 그림에서처럼 메뉴의 프로그램에서 지역변수를 선택하면 지역변수 목록이 그림처럼 나타난다. 그림에서 메모리 할당을 확인해 보면 I/O MAP과 일치하는 것을 알 수 있을 것이다.

5. 프로그램의 실행(시뮬레이터 이용)

1) 위 사항을 확인하기 위하여 GLOFA의 특징인 시뮬레이터를 이용하여 회로의 이상 유무 및 동작을 실험하기로 한다(그림 참조).

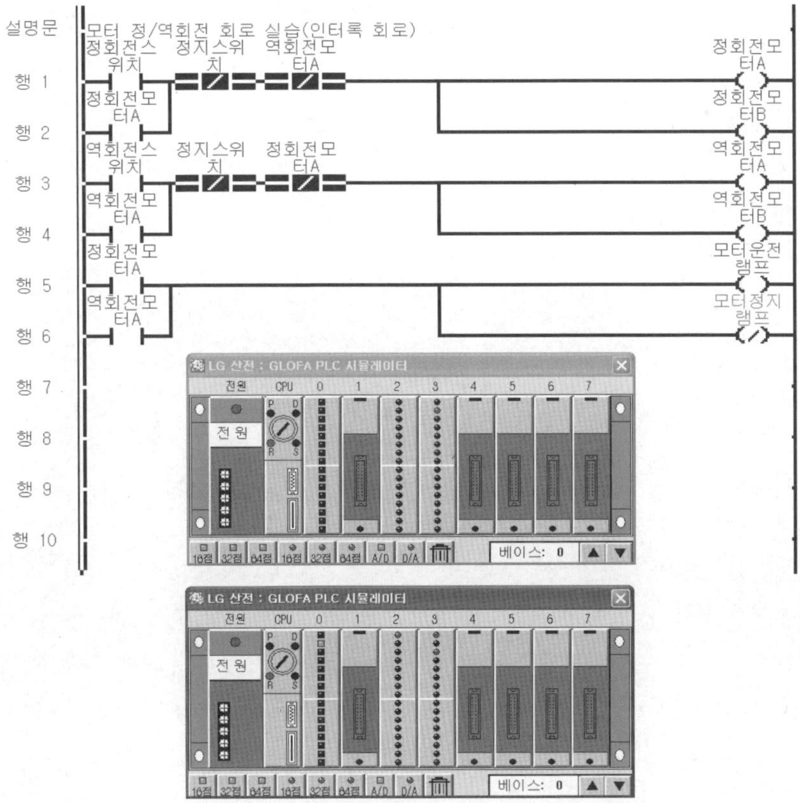

① 상기 그림은 시뮬레이터를 선택하고 CPU를 RUN 모드로 실행하면 슬롯"3"의 1번(%QX0.3.1) 출력 램프인 정지램프가 점등된다.

② 정회전 스위치(%IX0.0.1)를 ON하면 정회전 모터 A(%QX0.2.0), B(%QX0.3.2)가 동작하고 운전램프(%QX0.3.0)가 점등된다. 이때 정지램프는 소등된다.

③ 역회전을 하려면 정지스위치(%IX0.0.0)로 모터를 정지한 후 역회전스위치(%IX0.0.2)를 ON하면 역회전 모터 A(%QX0.2.1), B(%QX0.3.3)의 동작이 이루어지며 운전램프가 점등된다(정지스위치를 정지하지 않은 상태일 때는 인터록으로 상호 보호되어 있기에 정회전 시 역회전스위치를 ON해도 역회전이 되지 않는다).

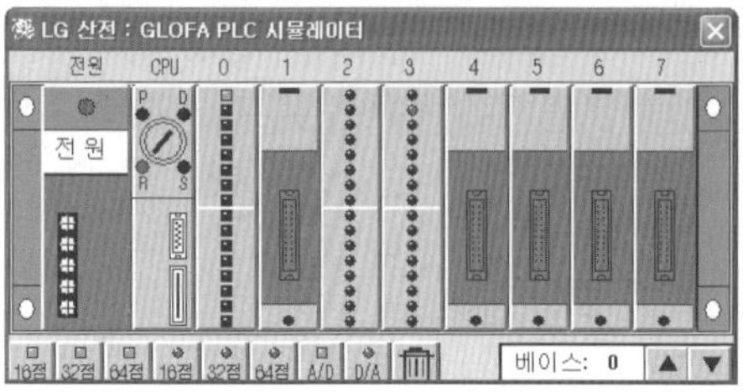

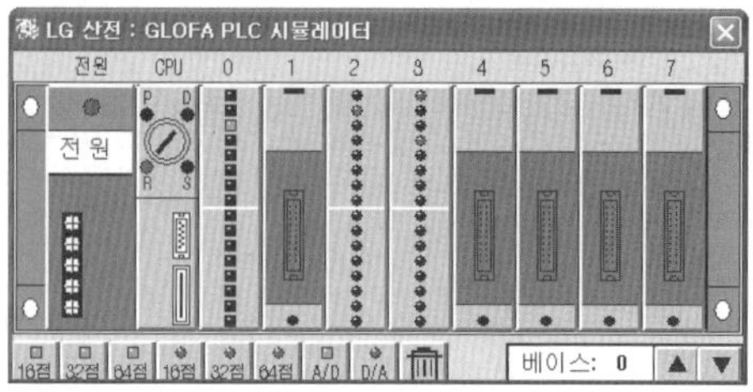

④ 시뮬레이터를 종료하려면 시뮬레이터 우측 상단의 단축아이콘 ☒을 선택하면 된다.

2) 장비와의 결선도

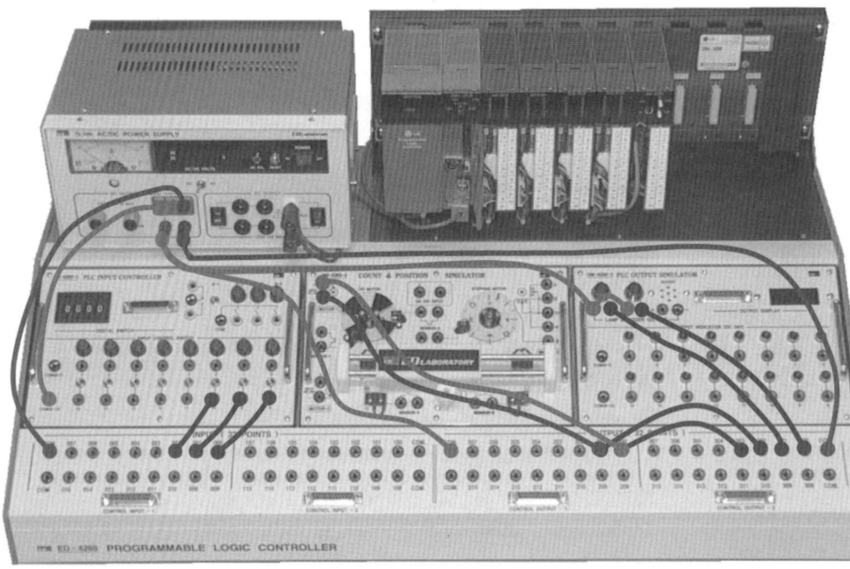

3 딜레이 회로

1) 온 딜레이(ON - delay) 회로

입력 신호를 준 후에 곧바로 출력이 나타나지 않고 계획된 시간만큼 늦게 출력이 나타나도록 설계한 회로를 지연회로라 하는데, 지연회로에는 ON시간 지연회로와 OFF시간 지연회로가 있다.

그림 8-5는 ON시간 지연 작동 회로로서 누름버튼스위치 PB1을 누르면 타임 릴레이가 동작하기 시작하여 미리 설정해 둔 시간이 경과되면 타이머 접점이 닫혀 램프가 점등되며, 누름버튼스위치 PB2를 누르면 타임 릴레이가 복귀하고 타이머 접점도 열려 램프가 소등되는 회로이다.

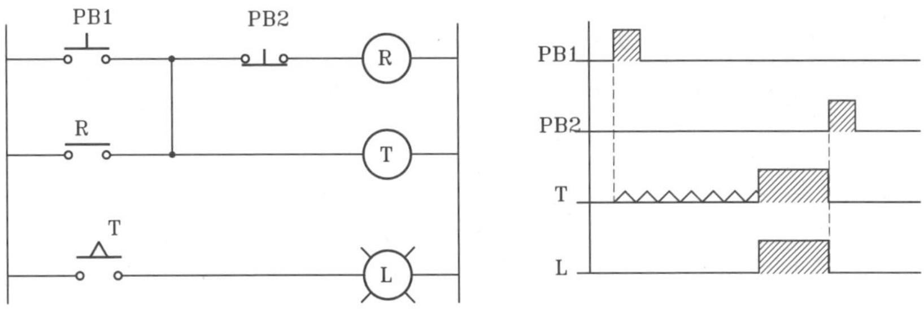

(a) 회로도 (b) 타임 차트

그림 8-5 온 딜레이 회로

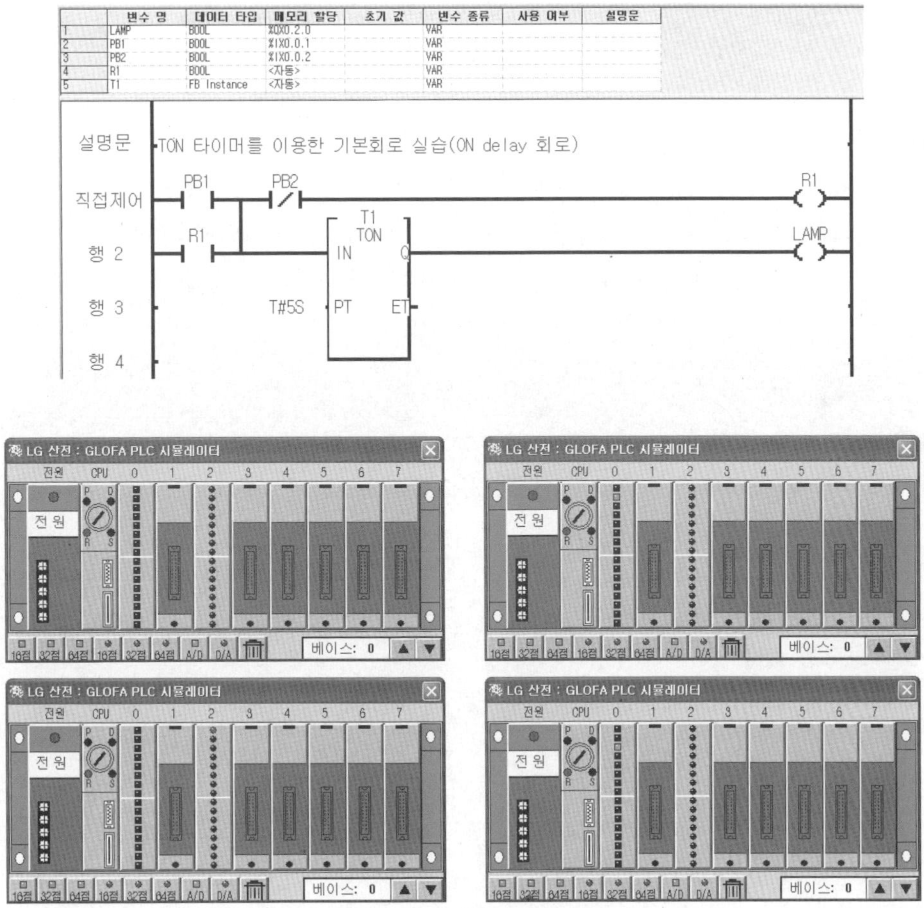

그림 8-6 온 딜레이 적용 예

실습과제 8-7

타이머를 이용한 램프 점등(ON Delay)

1. 실험목적

1) PLC의 I/O(INPUT/OUTPUT) MAP을 익힐 수 있다.

2) ON Delay 타이머의 특성을 이해할 수 있다.

2. 관계지식

1) 전기적인 신호의 흐름을 이해할 수 있어야 한다.

2) 기본적인 시퀀스 회로를 보고 이해할 수 있어야 한다.

3. 동작조건

1) PB1(스위치)을 ON하면 3초 후 PL1(램프)이 ON 되는 회로를 구성하라.

2) 이때 PB2(스위치)를 ON하면 PL1(램프)이 OFF 되도록 하여야 한다.

3) PLC I/O MAP은 아래와 같이 구성한다.

구 분	간접 변수 명	I/O할당	비 고
입 력	PB1	%IX0.1.8	스위치
	PB2	%IX0.1.9	스위치
출 력	PL1	%QX0.3.8	램프

4. 프로그램 실습

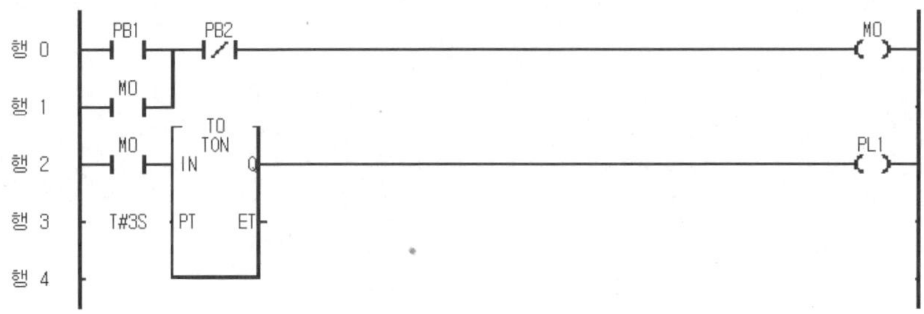

2) 오프 딜레이(OFF - delay) 회로

오프 딜레이 회로는 복귀신호가 주어지면 출력이 곧바로 복귀되지 않고, 계획된 시간 후에 부하가 개방되는 회로로서 ON딜레이 타이머의 b접점을 이용하거나, OFF딜레이 타이머의 a접점을 이용하여 회로를 구성할 수 있다.

그림 8-7은 OFF딜레이 회로의 일례로 누름버튼스위치 PB1을 누르면 램프가 점등되고 PB2를 누르면 곧바로 램프가 소등되지 않고 타이머에 설정된 시간 후에 소등되는 오프 딜레이 회로이다.

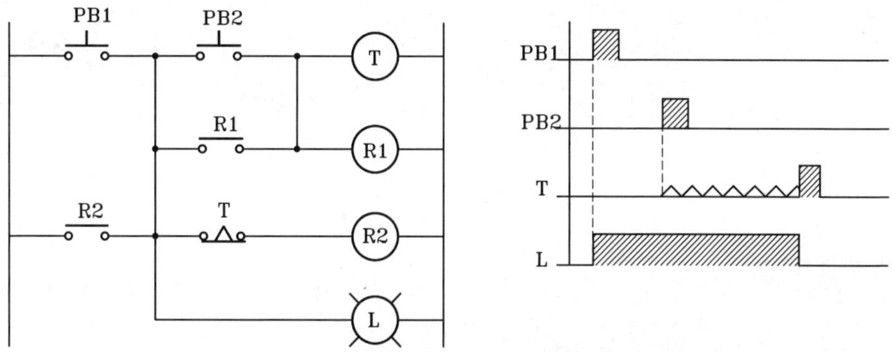

(a) 회로도 (b) 타임 차트

그림 8-7 오프 딜레이 회로

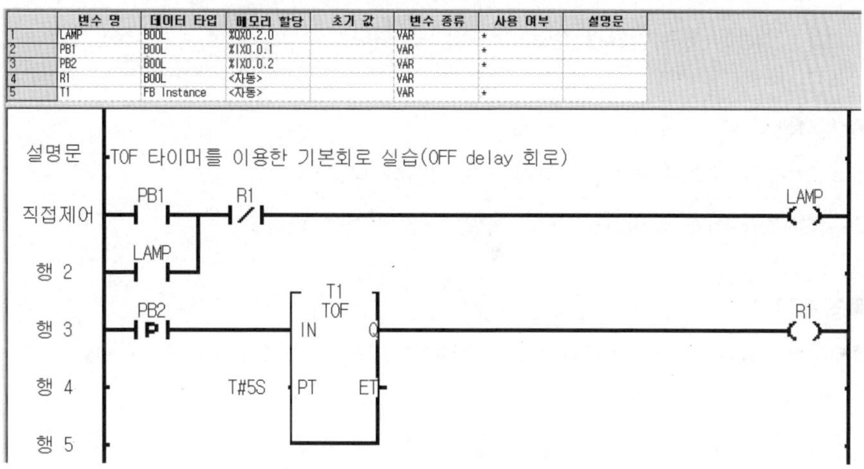

	변수 명	데이터 타입	메모리 할당	초기 값	변수 종류	사용 여부	설명문
1	LAMP	BOOL	%QX0.2.0		VAR	*	
2	PB1	BOOL	%IX0.0.1		VAR	*	
3	PB2	BOOL	%IX0.0.2		VAR	*	
4	R1	BOOL	<자동>		VAR		
5	T1	FB Instance	<자동>		VAR	*	

그림 8-8 오프 딜레이 적용 예 [계속]

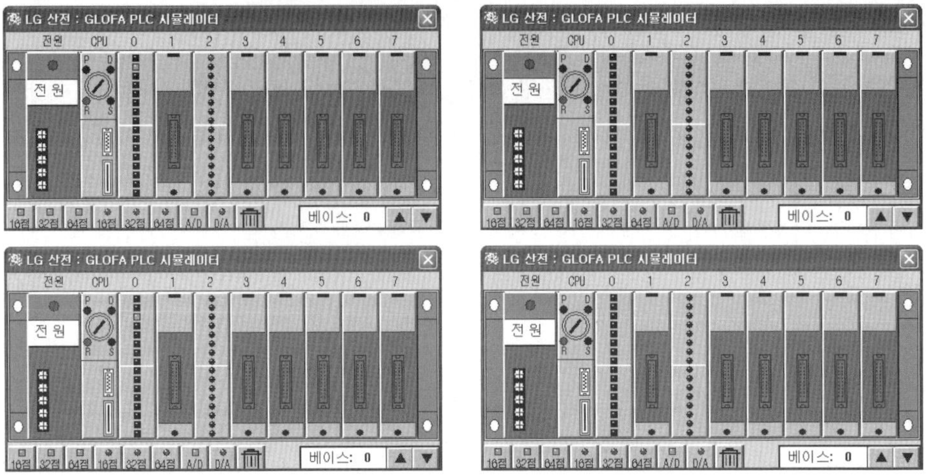

그림 8-8 오프 딜레이 적용 예

실습과제 8-8

타이머를 이용한 램프 점등(OFF Delay)

1. 실험목적

1) PLC의 I/O(INPUT/OUTPUT) MAP을 익힐 수 있다.

2) OFF Delay 타이머의 특성을 이해할 수 있다.

2. 관계지식

1) 전기적인 신호의 흐름을 이해할 수 있어야 한다.

2) 기본적인 시퀀스 회로를 보고 이해할 수 있어야 한다.

3. 동작조건

1) PB1(스위치)을 ON_OFF하면 PL1(램프)이 같이 ON 되어 3초 후 스스로 OFF 되도록 회로를 구성하라.

2) PLC I/O MAP은 아래와 같이 구성한다.

구 분	간접 변수 명	I/O할당	비 고
입 력	PB1	%IX0.1.8	스위치
출 력	PL1	%QX0.3.8	램프

4. 프로그램 실습

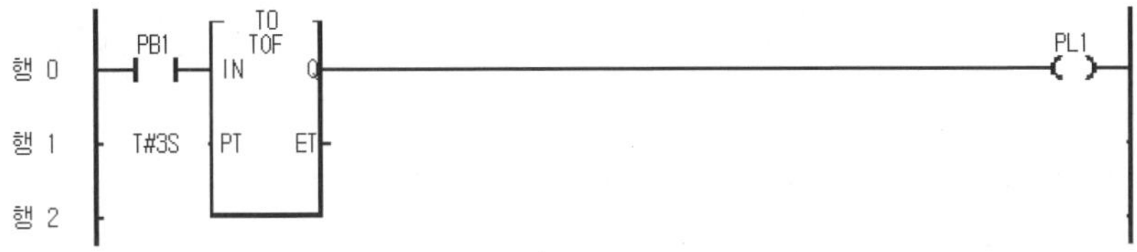

실습과제 8-9

플리커 회로

1. 실험목적

1) PLC의 I/O(INPUT/OUTPUT) MAP을 익힐 수 있다.

2) 플리커 회로의 특성을 이해할 수 있다.

3) PLC TRAINER(ED−9160)의 구조와 원리를 이해할 수 있다.

2. 관계지식

1) 전기적인 신호의 흐름을 이해할 수 있어야 한다.

2) 기본적인 시퀀스 회로를 보고 이해할 수 있어야 한다.

3. 동작조건

1) 타이머 2개를 사용하여 램프가 1초 ON, 1초 OFF가 반복되도록 회로를 구성하라.

2) PLC I/O MAP은 아래와 같이 구성한다.

구 분	간접 변수 명	I/O할당	비 고
출 력	PL1	%QX0.3.8	램프

4. 프로그램 실습

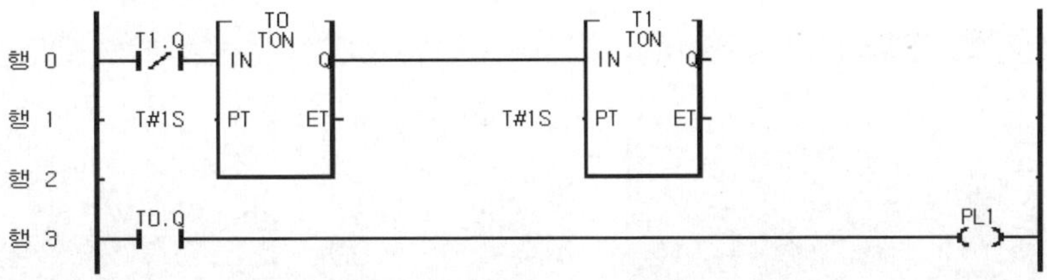

3) 일정시간 동작 회로(one shot)

이 회로는 누름버튼스위치 등의 입력이 주어지면 부하가 동작하기 시작하여 타이머에 설정된 시간이 경과되면 스스로 복귀하는 회로이다.

그림 8-9는 one shot회로의 일예로, 누름버튼스위치 PB1을 누르면 릴레이 코일 R1이 여자되어 자기 유지되고, 램프가 점등됨과 동시에 타이머가 동작하기 시작한다. 타이머에 설정된 시간이 경과되면 타이머 b접점이 개방되어 램프가 소등되는 회로이다. 이와 같은 일정 시간 동작회로는 가정에서 현관 출입문 등에서 이용되고 있다.

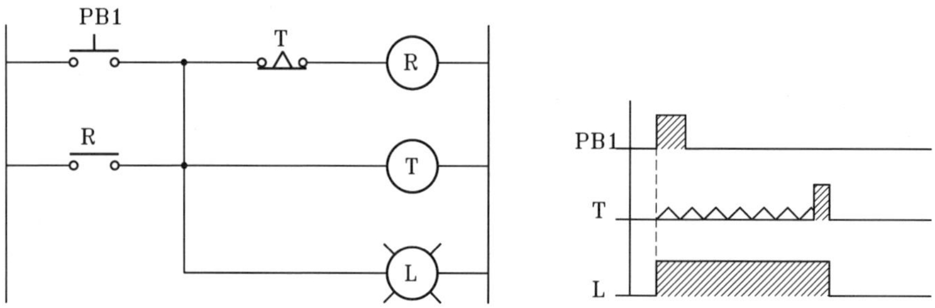

(a) 회로도 (b) 타임 차트

그림 8-9 일정시간 동작 회로

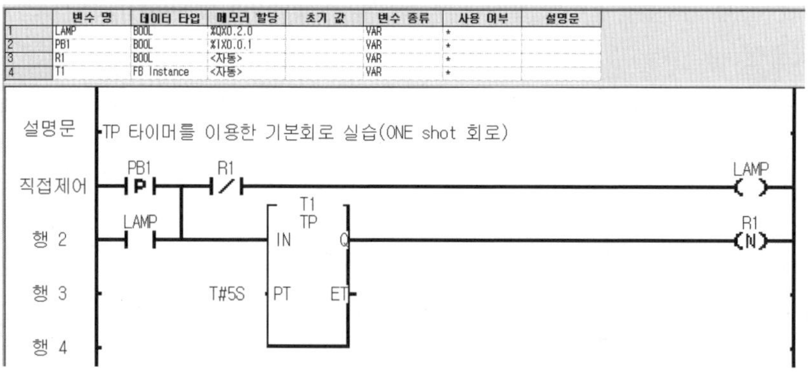

그림 8-10 일정시간 동작 적용 예

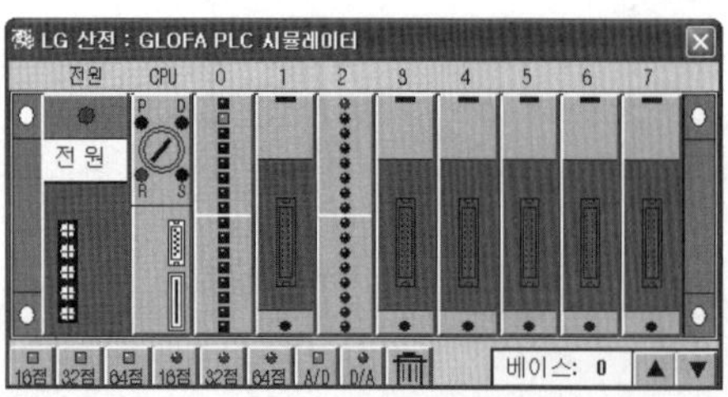

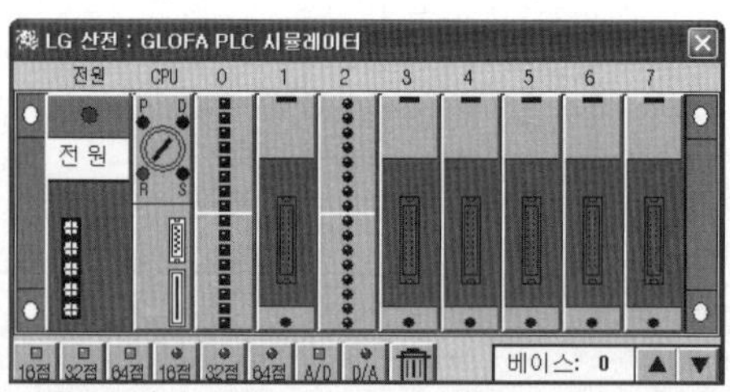

4) Alternate 회로

이 회로는 한 개의 버튼을 이용하여 운전 상태를 ON상태와 OFF상태를 교대로 반복할 수 있는 회로이다.

그림 8-11은 alternate회로의 일예로, 초기에 PB1(스위치)을 누르면 운전 표시등 PL1이 ON되고, PB1을 놓은 후 다시 누르면 운전 표시등 PL1이 OFF 되는 회로이다. 이와 같은 alternate회로는 가정에서 현관 출입램프 등에서 이용되고 있다.

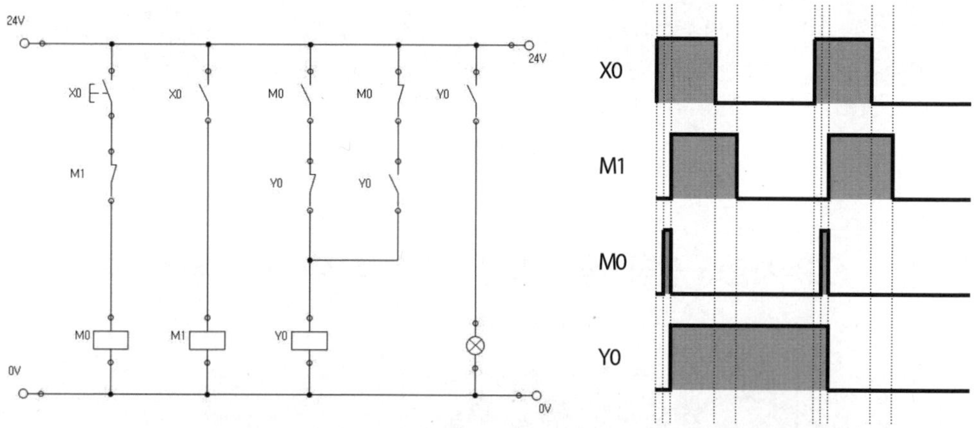

(a) 회로도 (b) 타임 차트

그림 8-11 Alternate 회로

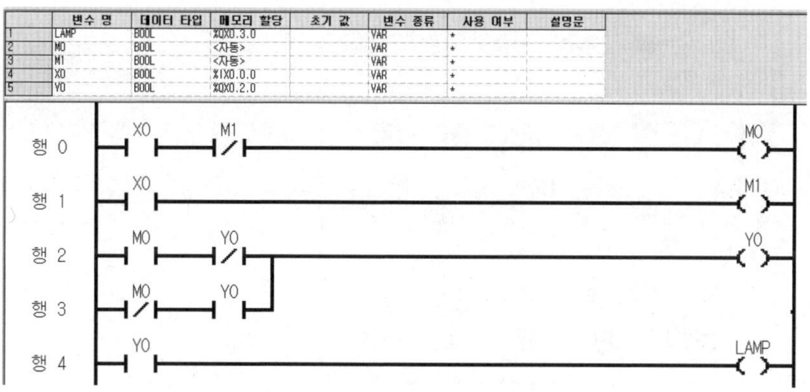

그림 8-12 Alternate 동작 적용 예 [계속]

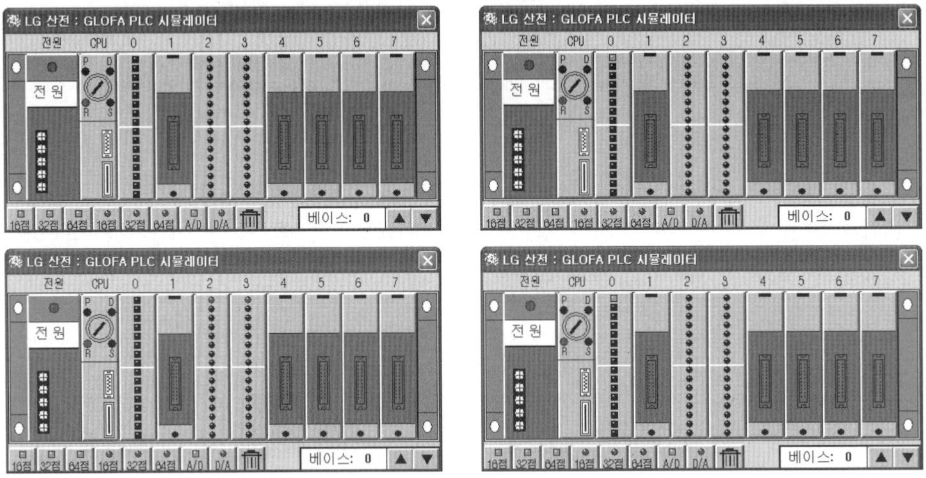

그림 8-12 Alternate 동작 적용 예

5) 시퀀스 릴레이를 이용한 DC 모터 정역회로 결전

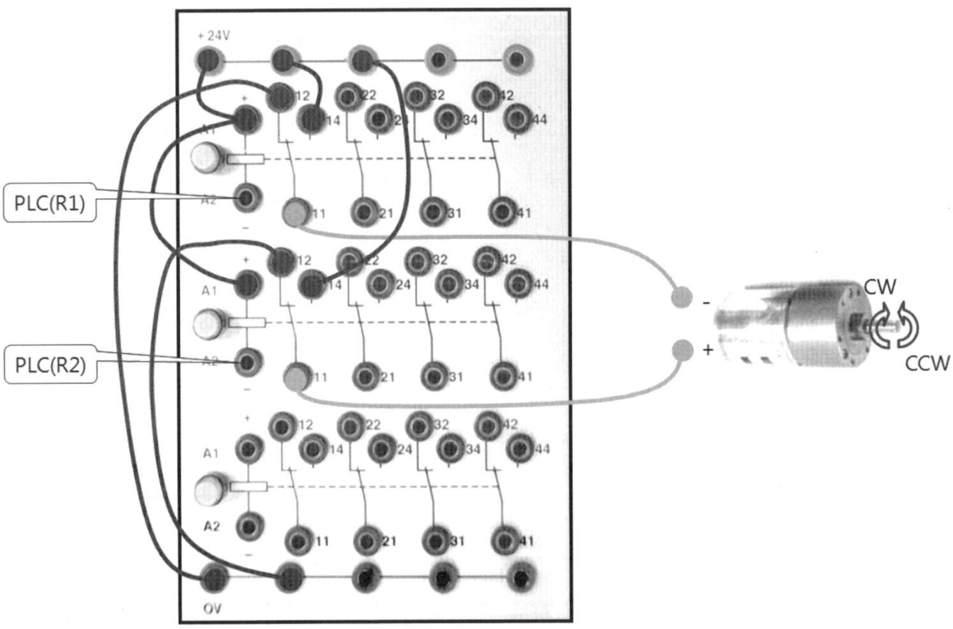

그림 8-13 시퀀스 릴레이를 이용한 정역회로 결선 적용 예

그림 8-14의 PLC를 이용한 인터록 적용 예에서 LAMP1과 LAMP2에 연결을 그림 8-13의 시퀀스 릴레이를 이용한 정역회로 결선 적용 예와 같이 활용할 수 있다.

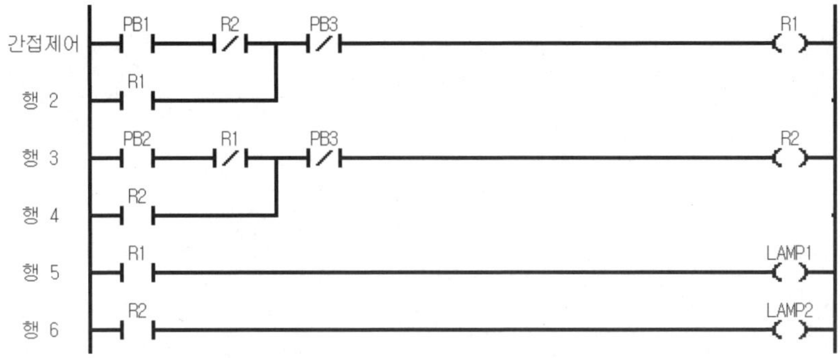

그림 8-14 PLC를 이용한 인터록 적용 예

PART

3

기본 제어 실습

CHAPTER

9

공급실린더 제어 실습

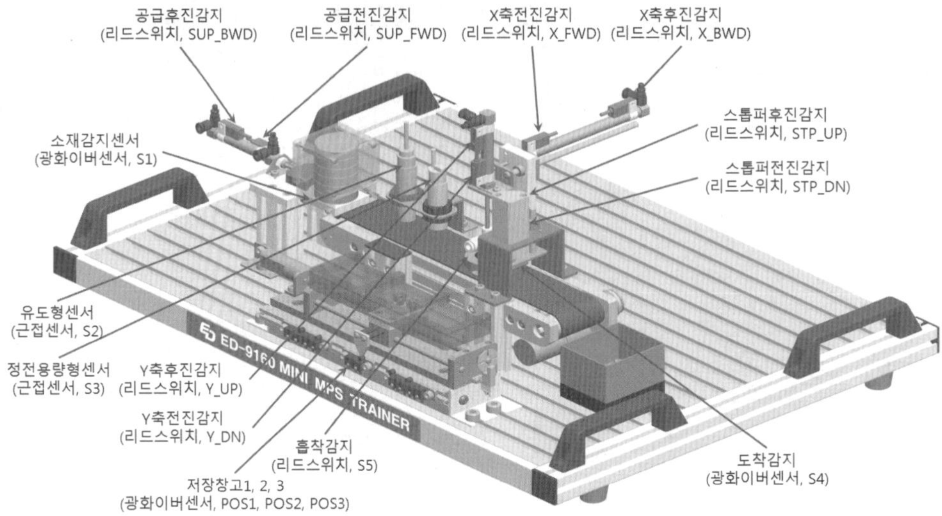

그림 9-1 MINI MPS TRAINER 구성도

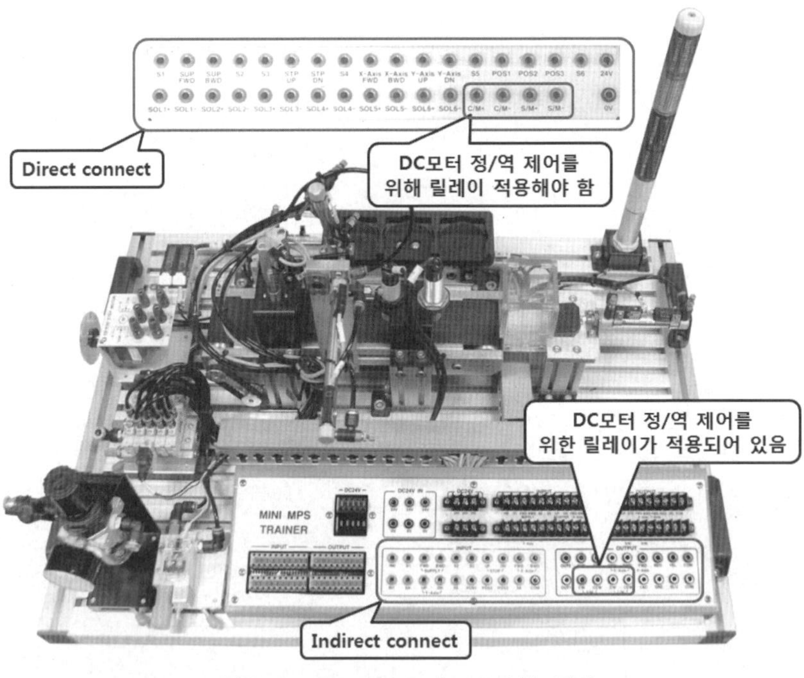

그림 9-2 MINI MPS TRAINER 실습 장비

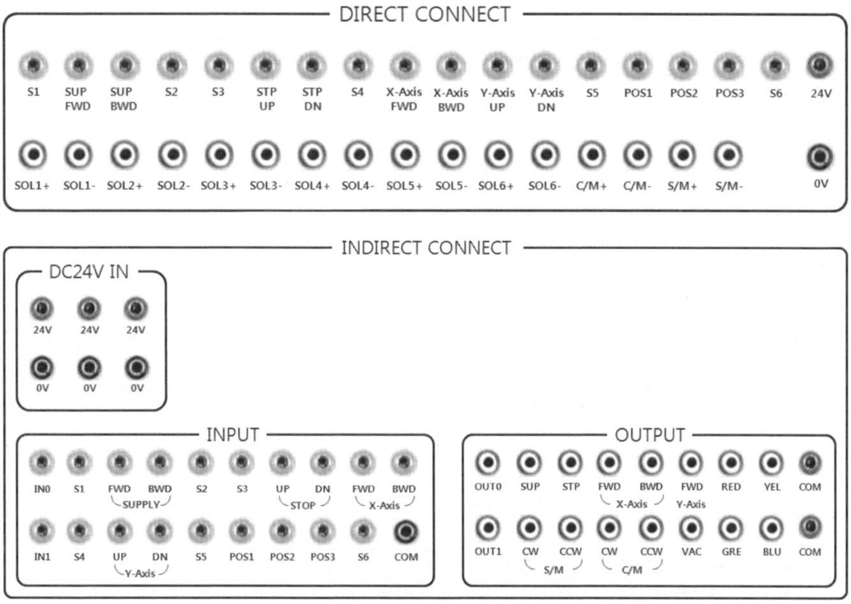

그림 9-3 MINI MPS TRAINER 실습 장비 I/O

표 9-1 PLC 입력 MAP

구 분	간접변수명	I/O할당	비 고	간접변수명	I/O할당	비 고
입 력	S1	%IX0.0.0	소재감지	S5	%IX0.0.12	흡착감지
	SUP_FWD	%IX0.0.1	공급 전진감지	POS1	%IX0.0.13	적재 창고1
	SUP_BWD	%IX0.0.2	공급 후진감지	POS2	%IX0.0.14	적재 창고2
	S2	%IX0.0.3	유도형 센서	POS3	%IX0.0.15	적재 창고3
	S3	%IX0.0.4	정전용량형 센서	S6	%IX0.1.0	포토블럭 센서
	STP_UP	%IX0.0.5	스톱퍼 상승감지	PB1	%IX0.1.1	운전
	STP_DN	%IX0.0.6	스톱퍼 하강감지	PB2	%IX0.1.2	단속선택
	S4	%IX0.0.7	도착감지	PB3	%IX0.1.3	연속선택
	X_FWD	%IX0.0.8	X축 전진감지	PB4	%IX0.1.4	연속정지
	X_BWD	%IX0.0.9	X축 후진감지	PB5	%IX0.1.5	비상정지
	Y_UP	%IX0.0.10	Y축 상승감지	TB1	%IX0.1.14	토글버튼 1
	Y_DN	%IX0.0.11	Y축 하강감지	TB2	%IX0.1.15	토글버튼 2

표 9-2 PLC 출력 MAP

구 분	간접변수명	I/O할당	비 고	간접변수명	I/O할당	비 고
	SOL1	%QX0.2.0	공급 전진	PL1	%QX0.3.0	LAMP1
	SOL2	%QX0.2.1	스톱퍼 하강	PL2	%QX0.3.1	LAMP2
	SOL3	%QX0.2.2	X축 전진	PL3	%QX0.3.2	LAMP3
	SOL4	%QX0.2.3	X축 후진	PL4	%QX0.3.3	LAMP4
출 력	SOL5	%QX0.2.4	Y축 하강	BB	%QX0.3.4	STEP 모터 $\overline{B}$
	SOL6	%QX0.2.5	흡착 ON	AA	%QX0.3.5	STEP 모터 $\overline{A}$
	C_M	%QX0.2.6	컨베이어	B	%QX0.3.6	STEP 모터 B
	CW	%QX0.2.7	적재 창고 정회전	A	%QX0.3.7	STEP 모터 A
	CCW	%QX0.2.8	적재 창고 역회전	FND	%QB0.3.1	FND1, FND2

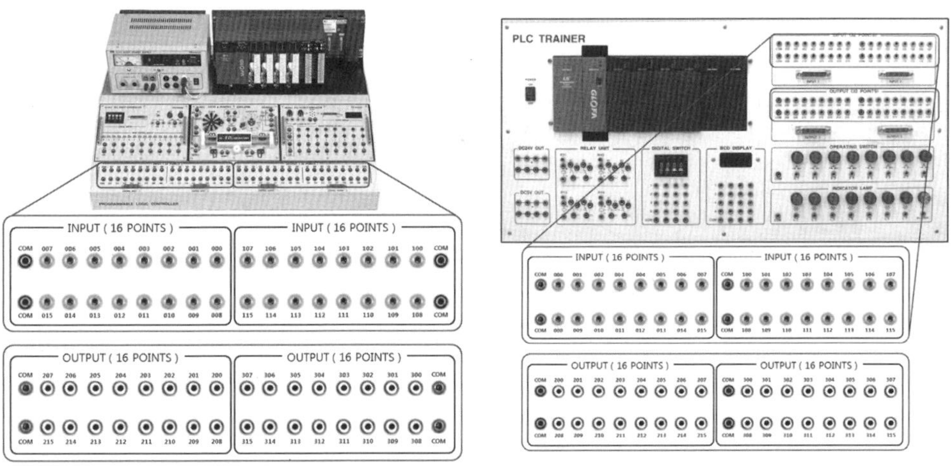

(a) 범용 TRAINER (b) 전용 TRAINER

그림 9-4 MINI MPS TRAINER PLC I/O POINTS

일반적으로 MINI MPS는 전용 TRAINER를 많이 활용하므로 본서에서는 그림 9-4의 (b)로 실험 실습하도록 한다.

MINI MPS에는 창고(3칸) 적재를 위한 DC모터가 있다. 3칸의 적재 창고 위치를 변경하기 위해서는 그림 9-5의 PLC TRAINER 릴레이를 활용하여 DC모터를 정/역회전한다.

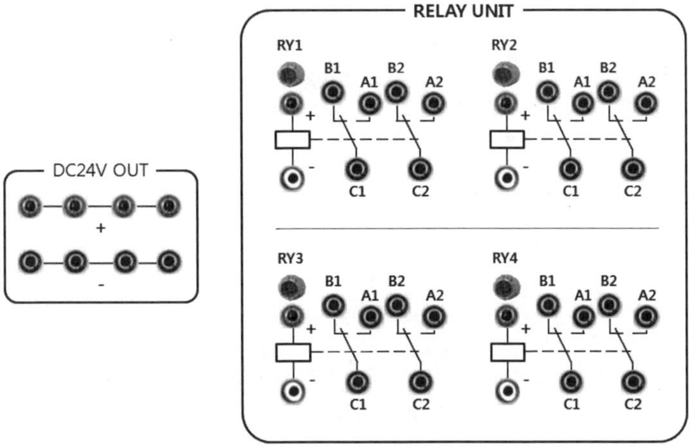

그림 9-5 PLC TRAINER 릴레이

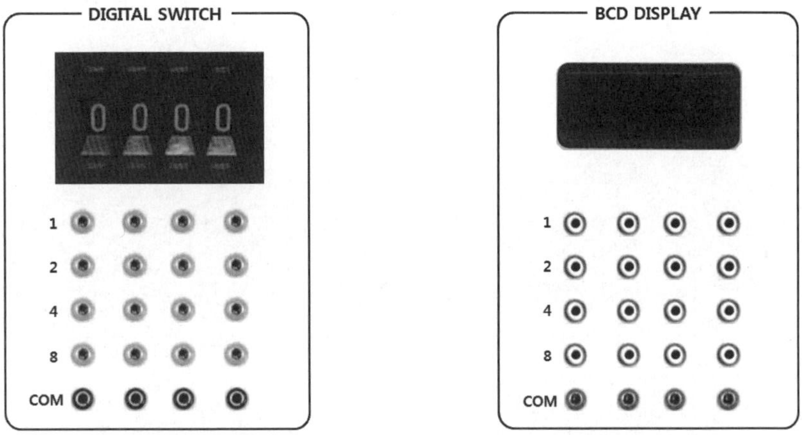

(a) DIGITAL SWITCH (b) BCD DISPLAY

그림 9-6 PLC TRAINER DIGITAL 입력 & BCD 출력

PLC TRAINER DIGITAL 입력 & BCD 출력은 그림 9-6의 (a)와 같이 디지털 입력 스위치가 4개 있으며, BCD 코드(8421) 값이 PLC로 입력된다. DIGITAL SWITCH COM은 DC 0V(−)로 전원을 연결한다.

BCD 디스플레이는 그림 9-6의 (b)와 같이 4개 있으며, PLC에서 처리된 BCD 코드 값이 출력된다. BCD DISPLAY COM은 DC 24V(+)로 전원을 연결한다.

PLC TRAINER OPERATING 입력 & INDICATOR 출력은 그림 9-7의 (a)와 같이 입력 스위치가 8개 있다. 여기서 S1에서 S7까지는 푸시(PUSH) 버튼으로 구성되어 있고, S8은 반전(TOGGLE) 버튼으로 구성되어 있다. OPERATING SWITCH COM은 DC 0V(−)로 전원을 연결한다.

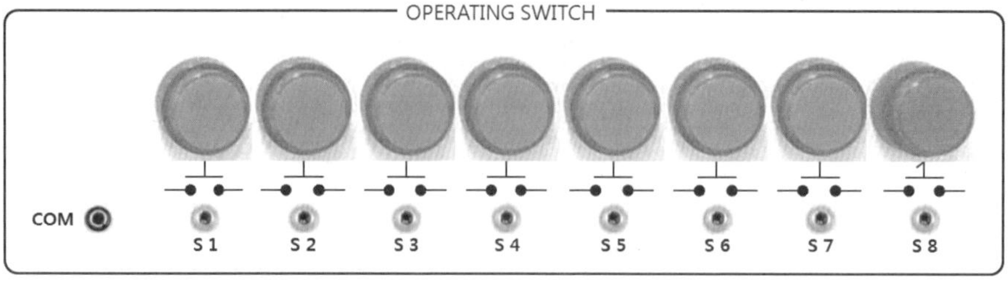

(a) PLC TRAINER OPERATING 입력

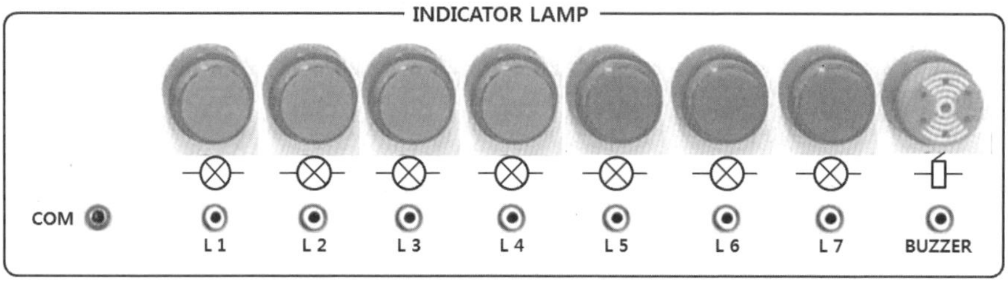

(b) INDICATOR 출력

그림 9-7 PLC TRAINER OPERATING 입력 & INDICATOR 출력

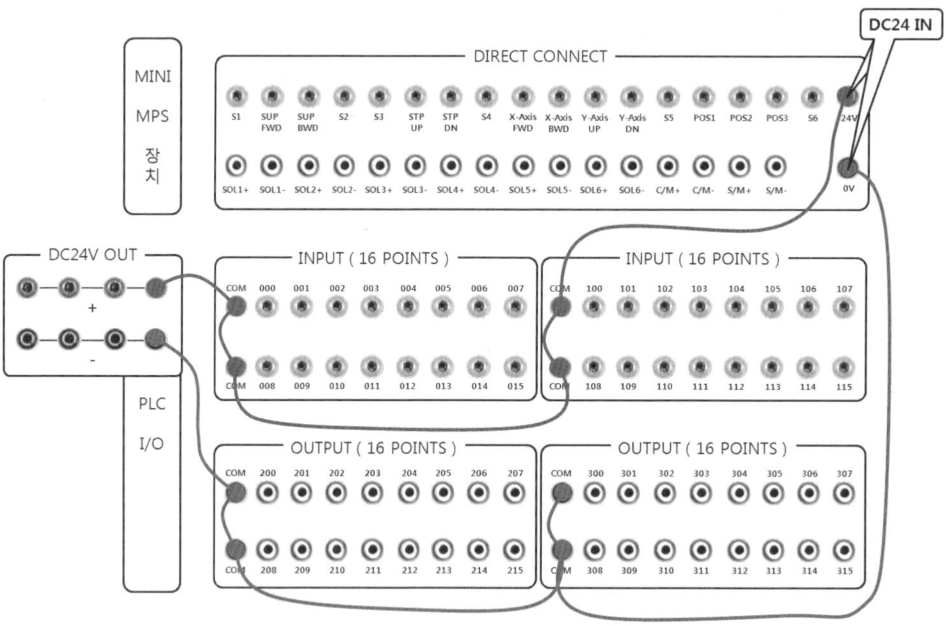

그림 9-8 TRAINER 전원 연결

출력 인디케이터는 그림 9-7의 (b)와 같이 8개가 있으며, L1에서 L7까지는 램프이고, 1개의 부저로 구성되어 있다. INDICATOR LAMP COM은 DC 24V(+)로 전원을 연결한다.

PLC TRAINER 전원 연결은 그림 9-8과 같이 MINI MPS 입력(IN) 전원은 DC 24V로 구성하

며 PLC OUTPUT COM은 DC 0V(−)에, PLC INPUT COM은 DC 24V(+)로 전원을 연결한다.

이와 같이 기본 제어 실습부터는 공통적으로 적용되므로 전원 연결을 충분히 연습해 둘 필요가 있다.

실습과제 9-1

공급실린더 전진회로1

1. 동작조건

PB1을 누르면 SOL1에 의해 공급실린더가 전진한다(PB1 OFF 시 실린더 전진상태 유지).

2. 프로그램 실습

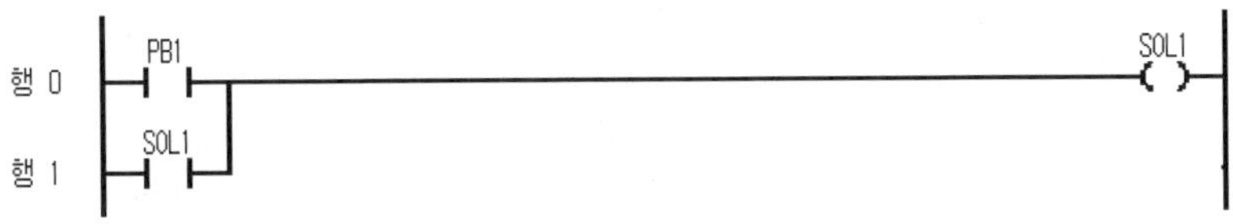

3. 장비와의 결선도

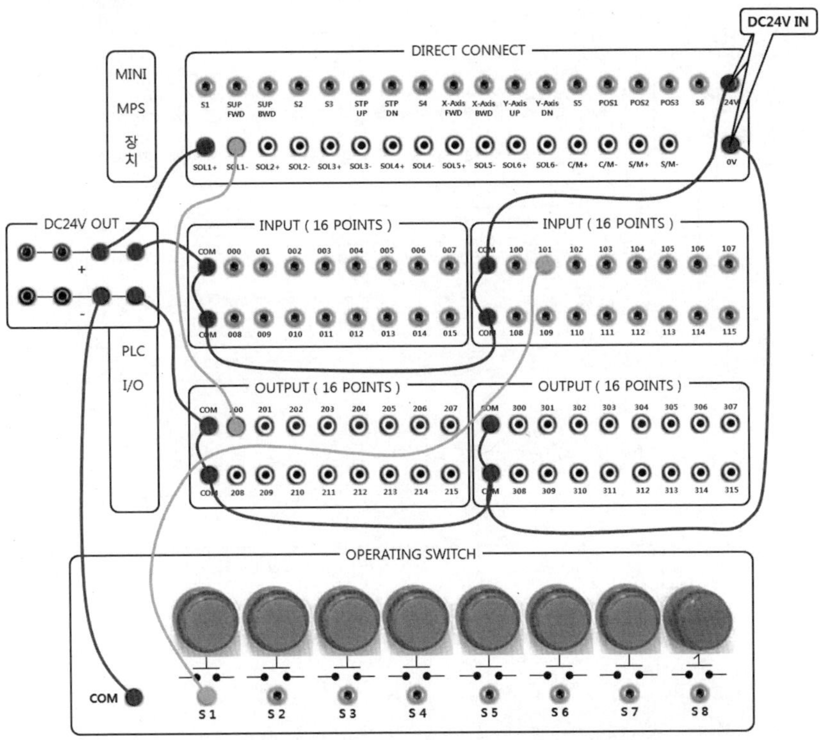

실습과제 9-2

공급실린더 전진회로2

1. 동작조건

S1(소재감지)이 감지가 된 상태에서 PB1을 누르면 SOL1에 의해 공급실린더가 전진한다(PB1 OFF 시 실린더 전진상태 유지).

2. 프로그램 실습

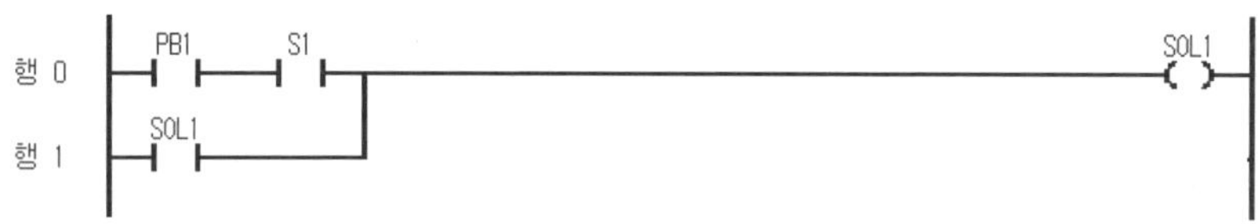

3. 장비와의 결선도

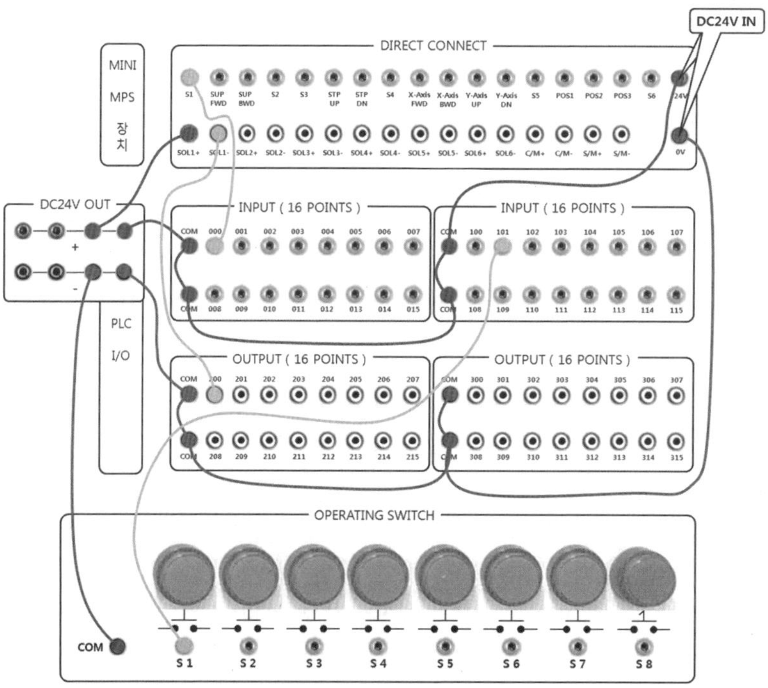

실습과제 9-3

공급실린더 전, 후진 수동제어

1. 동작조건

PB1을 누르면 SOL1에 의해 공급실린더가 전진한다(PB1 OFF시 실린더 전진상태 유지). 이때 PB2를 누르면 SOL1이 OFF되어 실린더가 후진하는 회로를 구성하라.

2. 프로그램 실습

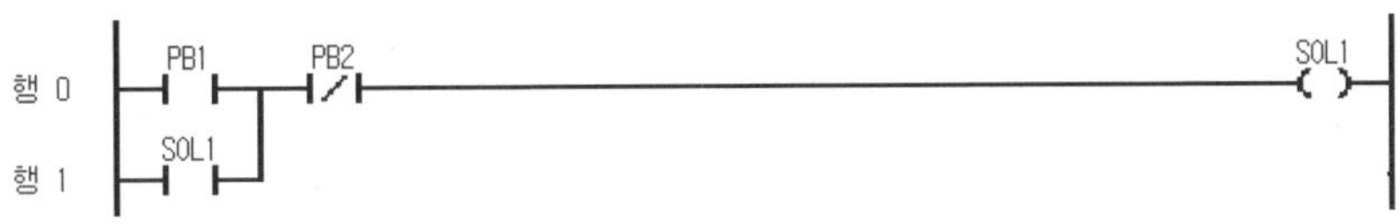

3. 장비와의 결선도

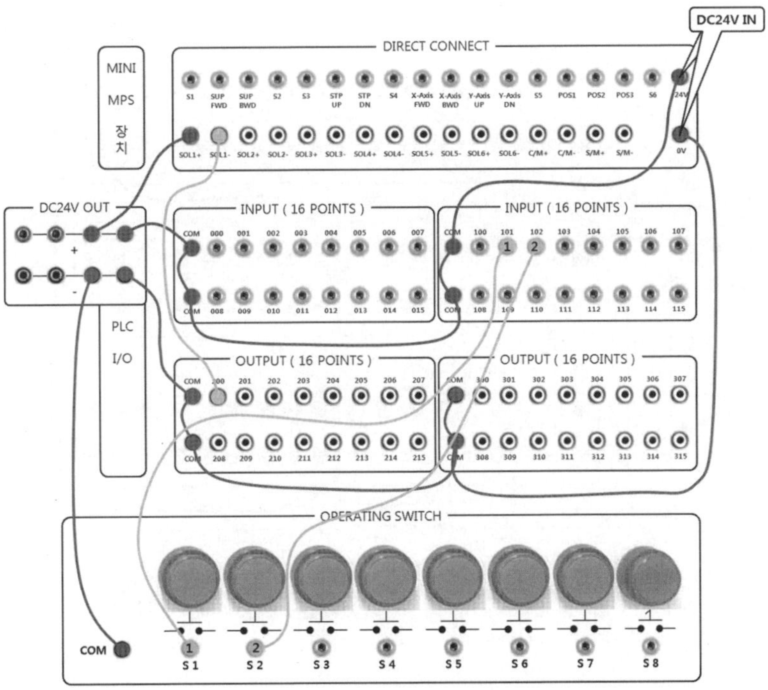

실습과제 9-4

공급실린더 자동왕복회로

1. 동작조건

PB1을 공급실린더가 SOL1에 의해 전진 완료 후 후진하는 회로를 구성하라.

2. 프로그램 실습

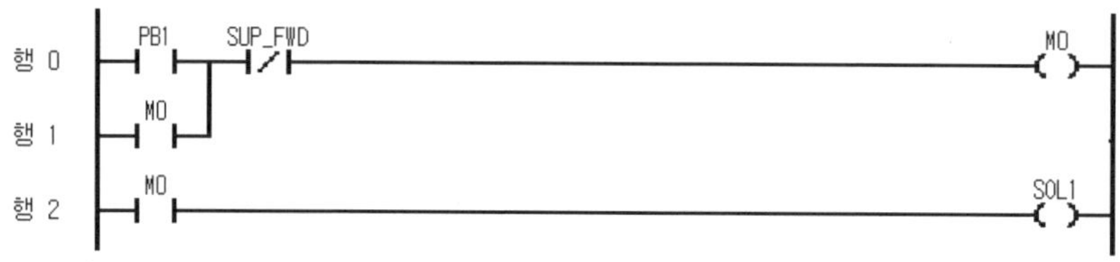

3. 장비와의 결선도

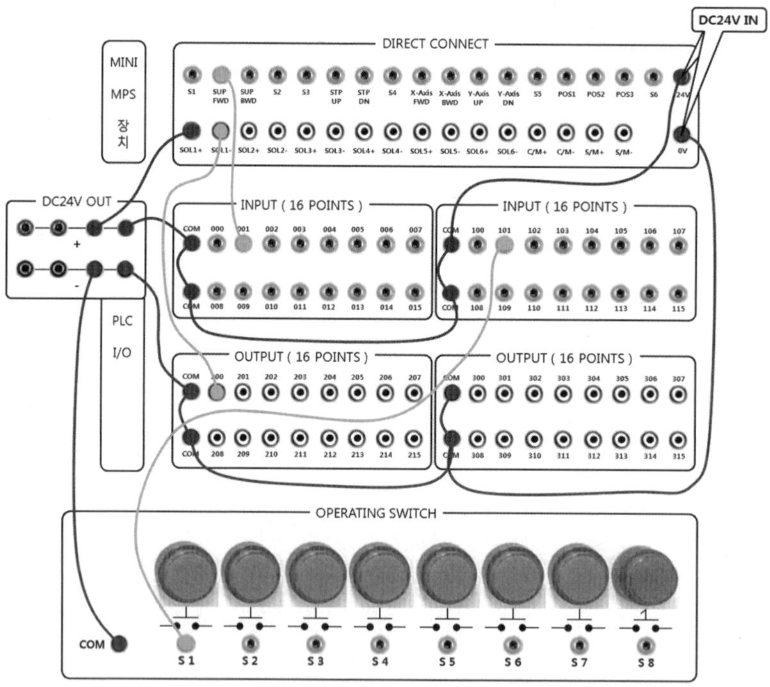

실습과제 9-5

소재감지시 램프 점등회로

1. 동작조건

매거진에 소재가 들어오게 되면 S1(소재감지)에 의해 램프를 점등하는 회로를 구성하라.

2. 프로그램 실습

3. 장비와의 결선도

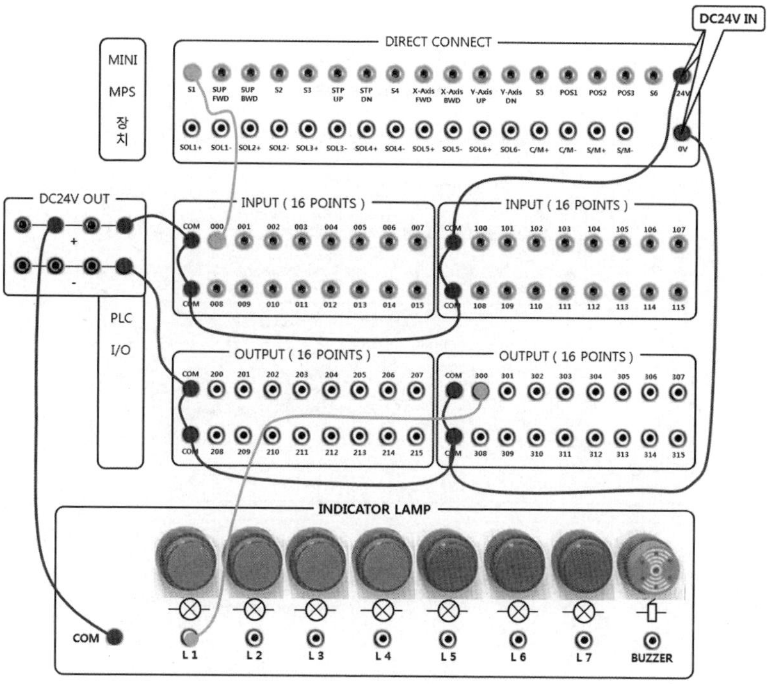

실습과제 9-6

소재감지 후 공급실린더 구동회로1

1. 동작조건

매거진에 소재감지(S1) 후 PB1을 누르면 공급실린더가 전진 완료 후 후진하는 회로를 구성하라.

2. 장비와의 결선도

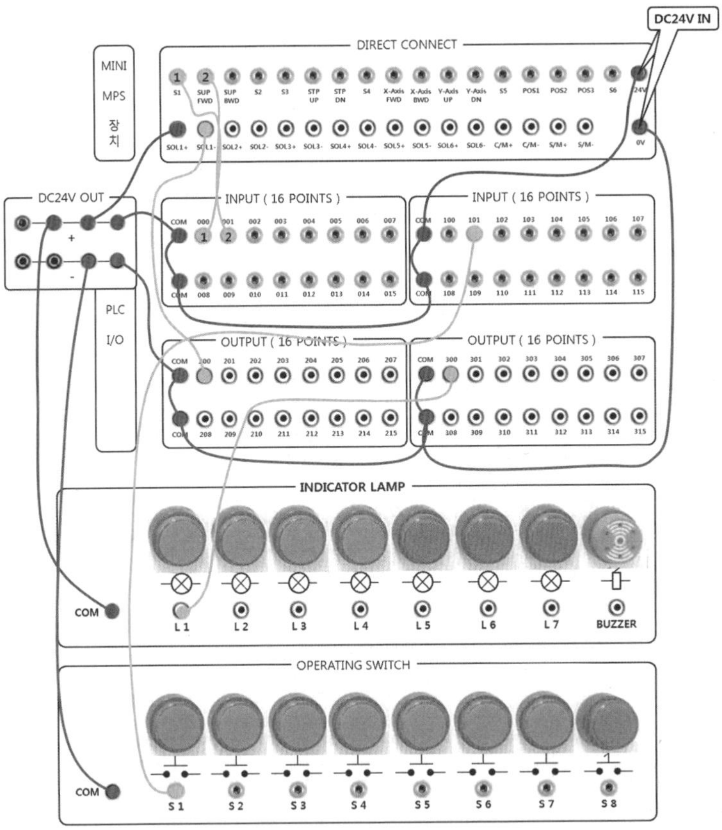

3. 프로그램 실습

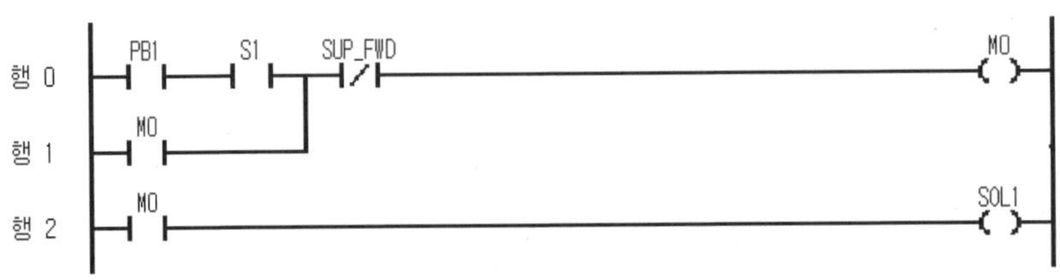

실습과제 9-7

소재감지 후 공급실린더 구동회로2

1. 동작조건

매거진에 소재감지(S1) 후 PB1을 누르면 공급실린더가 5초 간격으로 전, 후진 반복 동작을 하는 회로를 구성하라(매거진에 3초 이상 소재가 없을 경우 시스템 정지).

2. 장비와의 결선도

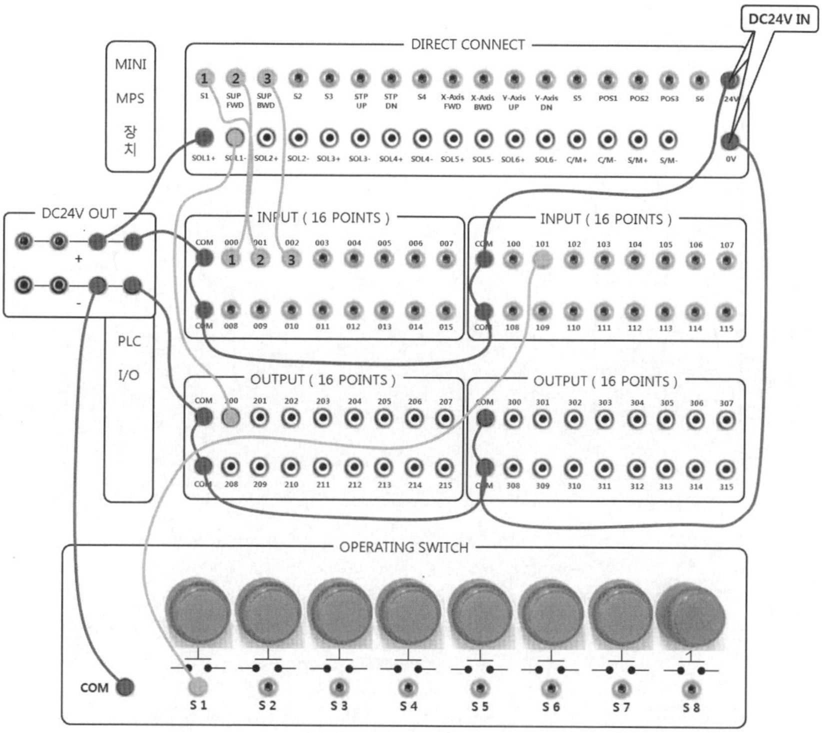

3. 프로그램 실습

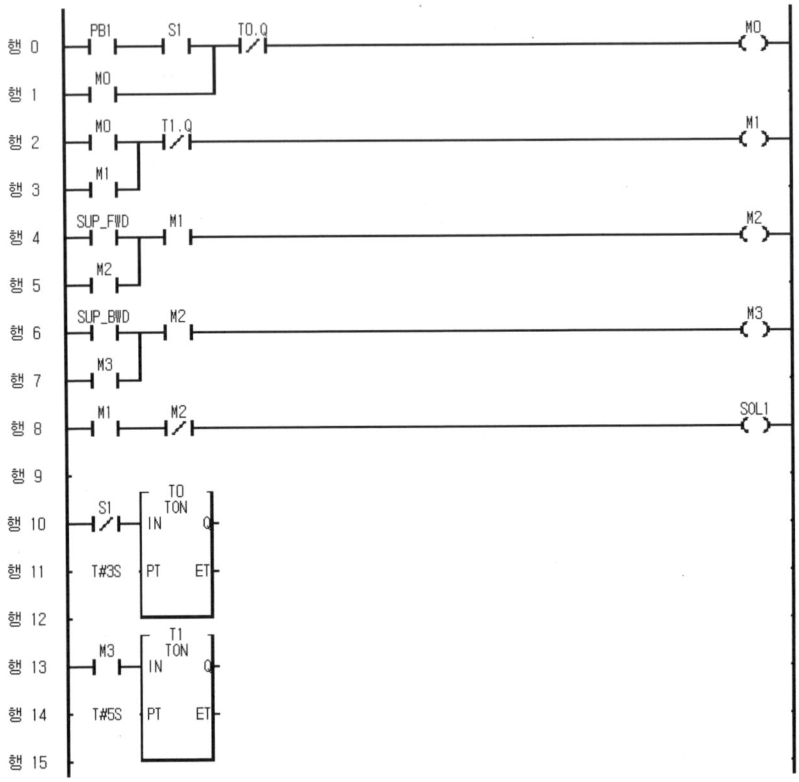

행 0
PB1
S1
T0.Q
M0
행 1
M0
행 2
M0
T1.Q
M1
행 3
M1
행 4
SUP_FWD
M1
M2
행 5
M2
행 6
SUP_BWD
M2
M3
행 7
M3
행 8
M1
M2
SOL1
행 9
행 10
S1
T0
TON
IN
Q
행 11
T#3S
PT
ET
행 12
행 13
M3
T1
TON
IN
Q
행 14
T#5S
PT
ET
행 15

CHAPTER

10

스토퍼실린더 제어

실습과제 10-1

스톱퍼 실린더 상승, 하강회로

1. 동작조건

PB1을 누르면 5초 후 스톱퍼 실린더가 하강하고 3초 후 상승하는 회로를 구성하라.

2. 프로그램 실습

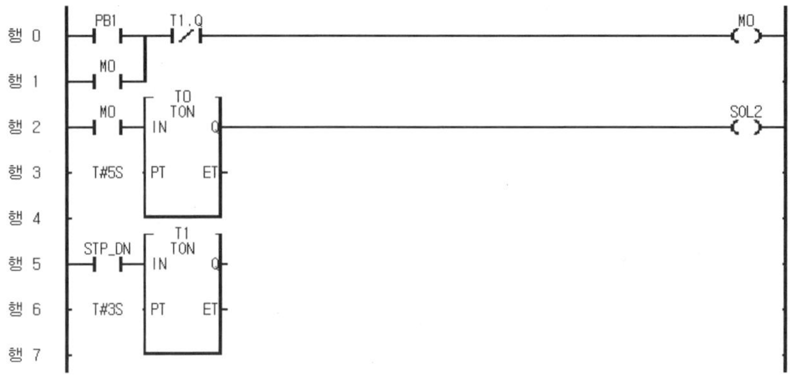

3. 장비와의 결선도

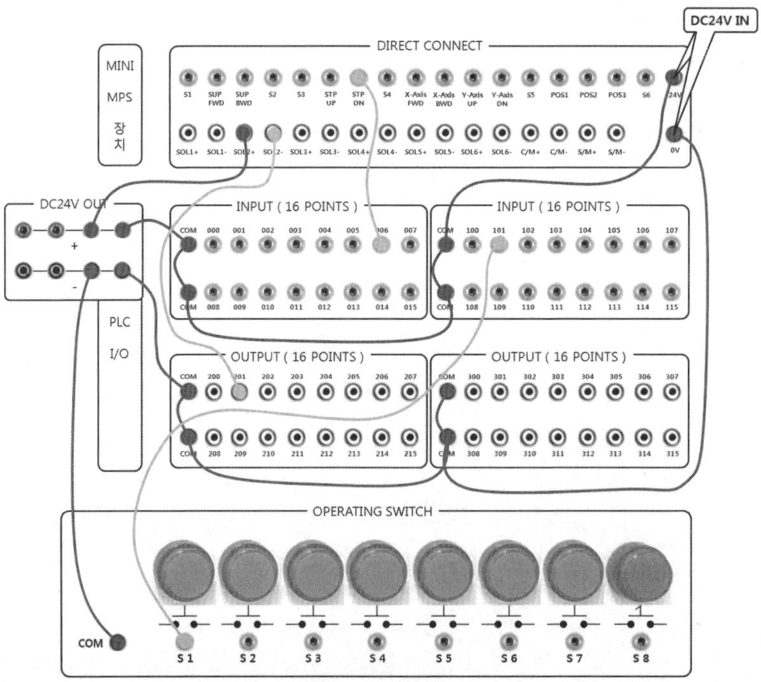

실습과제 10-2

스톱퍼 실린더 상승, 하강회로

1. 동작조건

PB1을 누르면 5초 후 스톱퍼 실린더가 하강하고 소재가 도작 감지되면 상승하는 회로를 구성하라.

2. 프로그램 실습

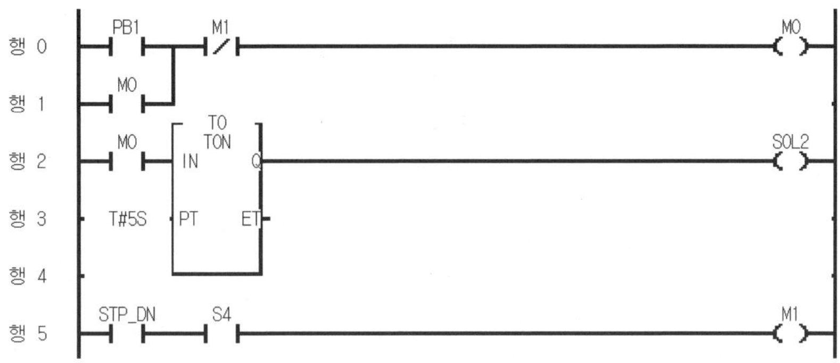

3. 장비와의 결선도

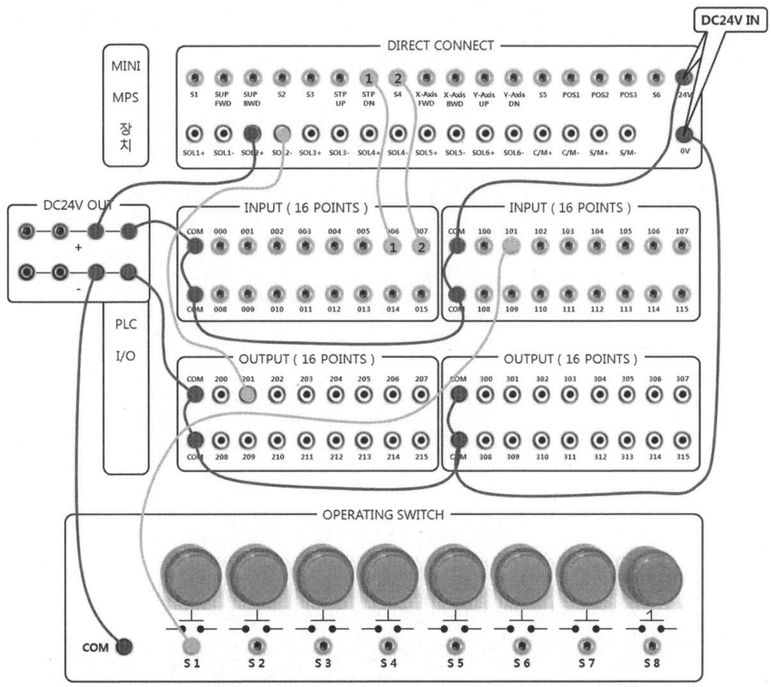

CHAPTER

11

소재별 창고 적재 제어

실습과제 11-1

X축 실린더 전, 후진 회로

1. 동작조건

PB1을 누르면 X축 실린더가 전진 후 후진하는 회로를 구성하라.

2. 프로그램 실습

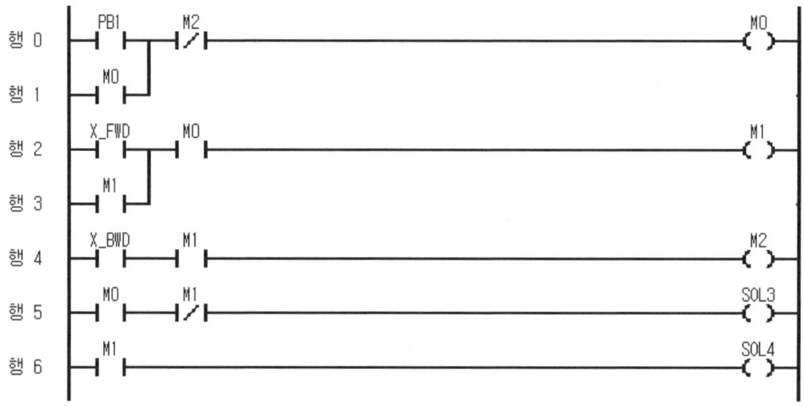

3. 장비와의 결선도

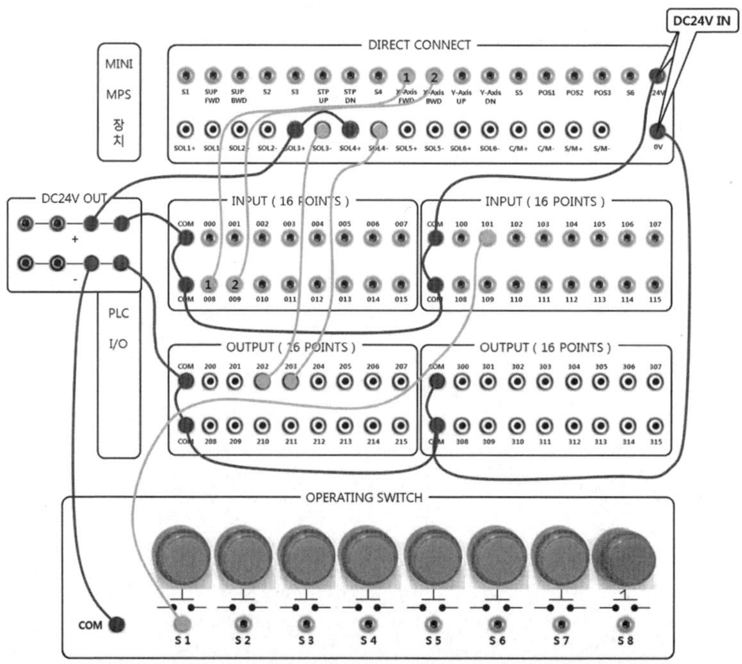

실습과제 11-2

Y축 실린더 전, 후진 회로

1. 동작조건

PB1을 누르면 Y축 실린더가 전진 후 후진하는 회로를 구성하라.

2. 프로그램 실습

3. 장비와의 결선도

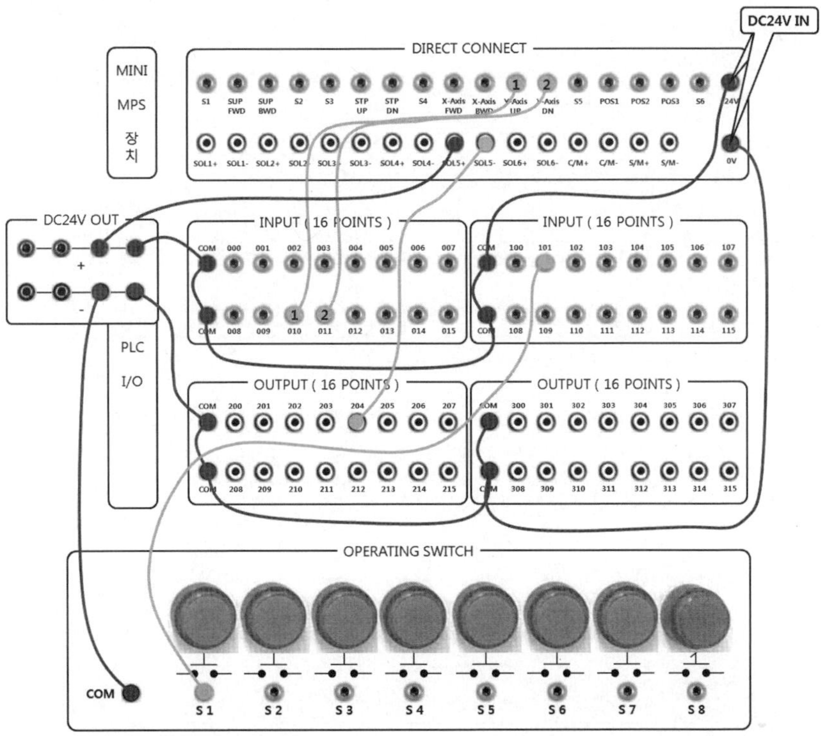

실습과제 11-3

흡착밸브 구동회로

1. 동작조건

PB1을 한 번 누르면 흡착이 ON 되고, 한 번 더 누르면 OFF 되는 회로를 구성하라.

2. 프로그램 실습

3. 장비와의 결선도

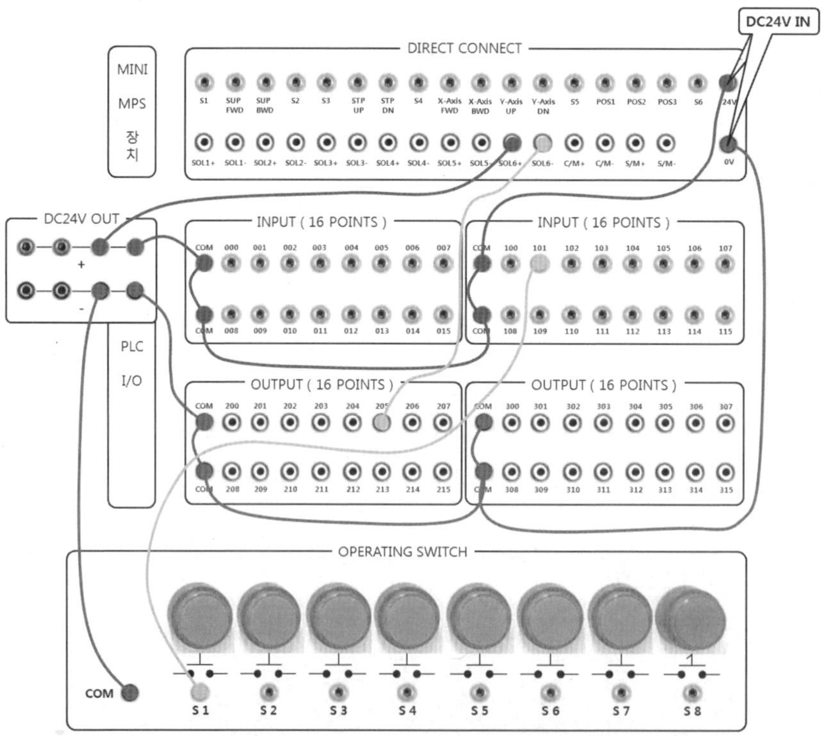

실습과제 11-4

X, Y축 구동1

1. 동작조건

PB1을 누르면 X축 실린더가 전진한 뒤, Y축 실린더가 하강하는 회로를 구성하라.

2. 프로그램 실습

3. 장비와의 결선도

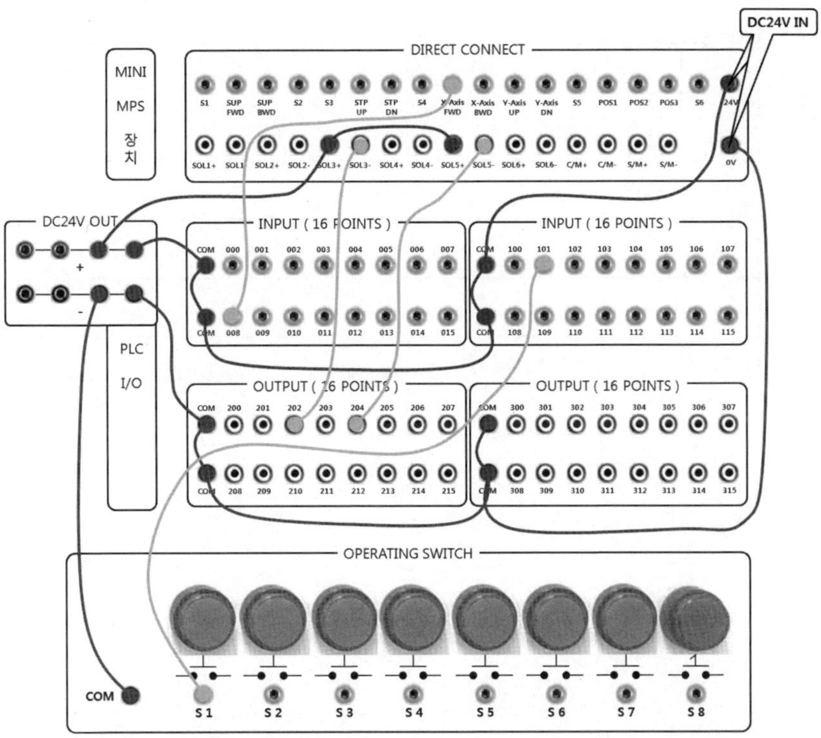

실습과제 11-5

X, Y축 구동2

1. 동작조건

실습과제 11−4에 이어서 Y축 실린더가 하강 상태에서 PB2를 누르면 Y축 실린더는 상승하고, Y축 실린더가 상승 완료하면 X축 실린더가 후진하는 회로를 구성하라.

2. 프로그램 실습

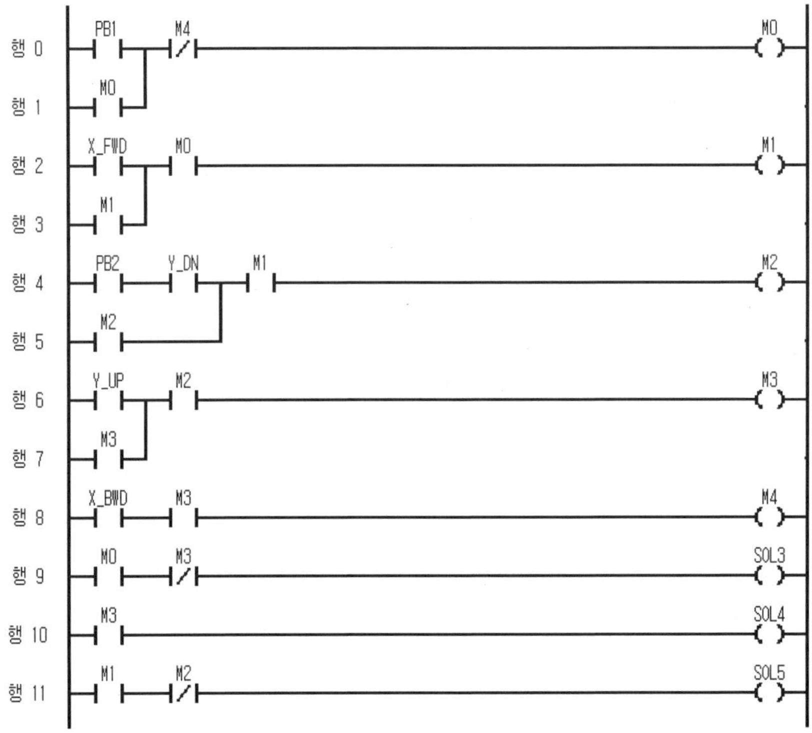

3. 장비와의 결선도

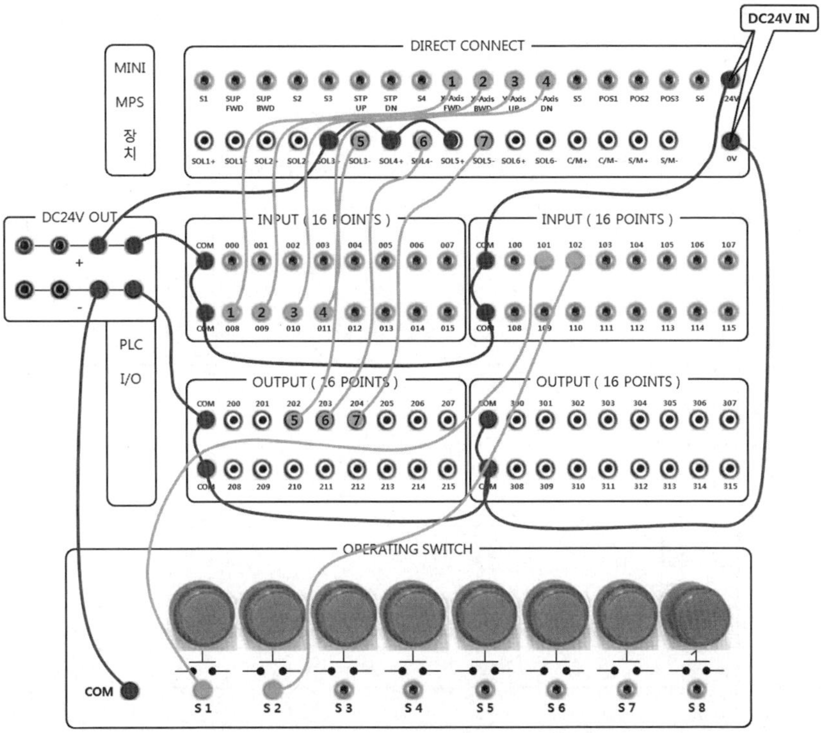
DC24V IN
DIRECT CONNECT
MINI MPS 장치
DC24V OUT
INPUT (16 POINTS)
INPUT (16 POINTS)
PLC I/O
OUTPUT (16 POINTS)
OUTPUT (16 POINTS)
OPERATING SWITCH
COM
S1
S2
S3
S4
S5
S6
S7
S8

실습과제 11-6

X, Y축 + 흡착 1

1. 동작조건

PB1을 누르면 X축 실린더가 전진한 뒤, Y축 실린더가 하강한다. Y축 실린더가 하강을 완료하면 흡착이 ON 되는 회로를 구성하라.

2. 프로그램 실습

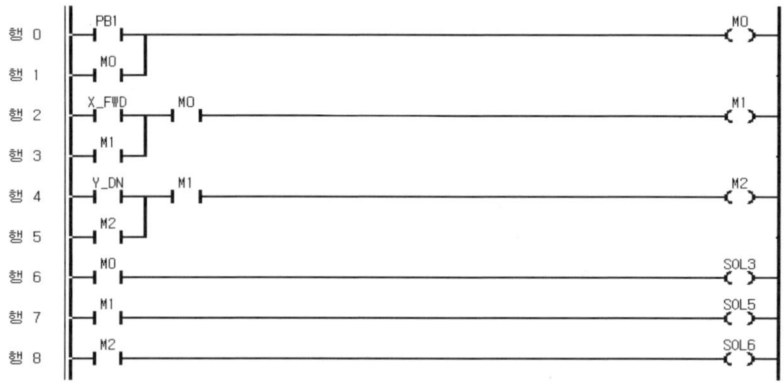

3. 장비와의 결선도

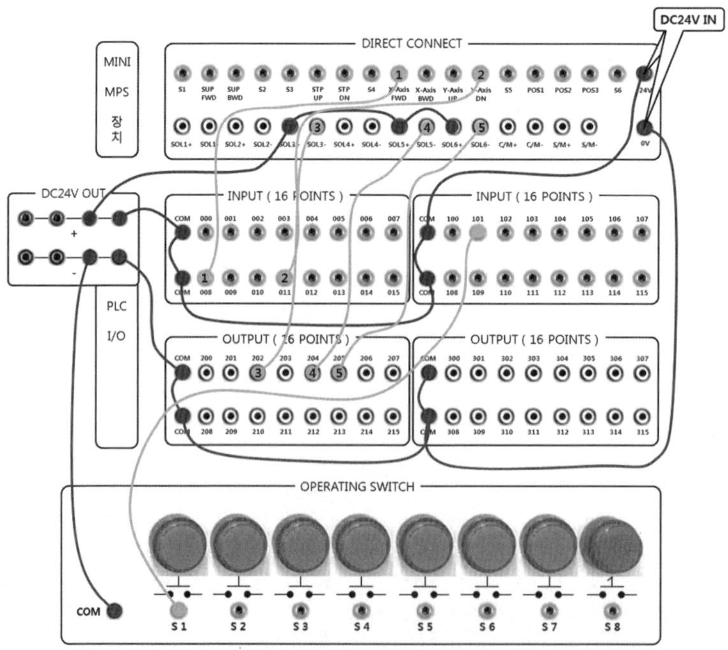

실습과제 11-7

X, Y축 + 흡착 2

1. 동작조건

실습과제 11−6에 이어 PB2를 누르면 흡착이 OFF 되고, 1초 후에 Y축 실린더가 상승, Y축 실린더 상승 후 X축 실린더가 후진하는 회로를 구성하라.

2. 장비와의 결선도

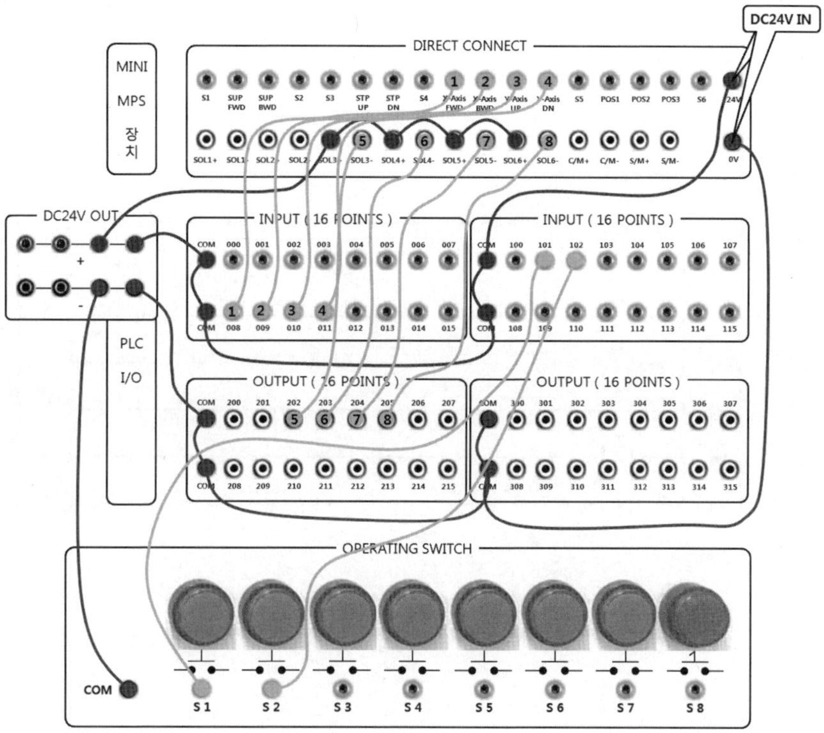

3. 프로그램 실습

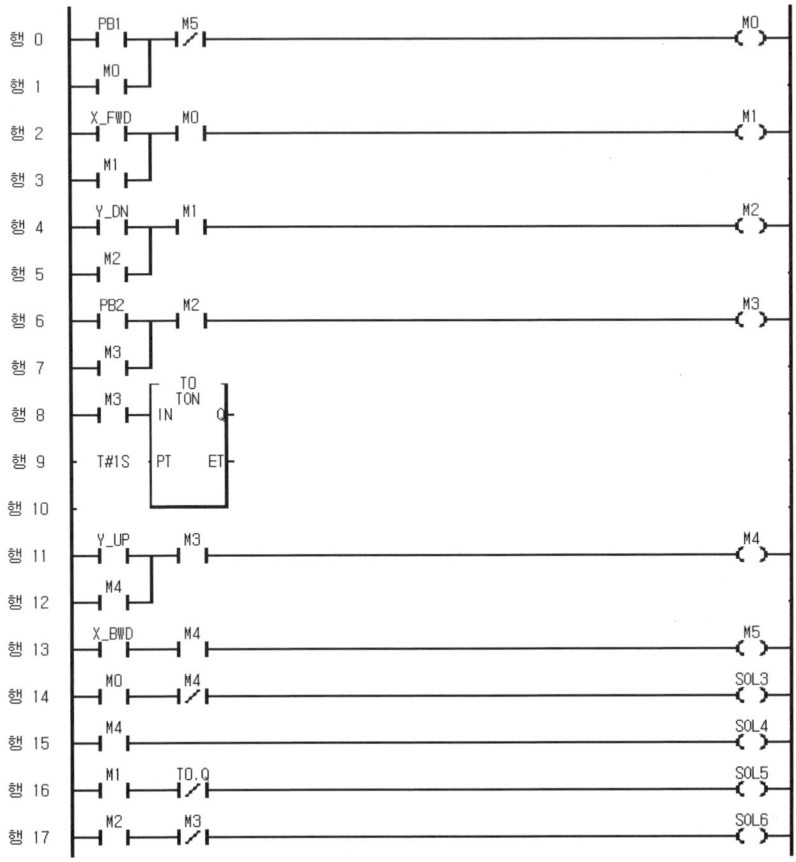
행 0
행 1
행 2
행 3
행 4
행 5
행 6
행 7
행 8
행 9
행 10
행 11
행 12
행 13
행 14
행 15
행 16
행 17
PB1
M5
M0
M0
X_FWD
M0
M1
M1
Y_DN
M1
M2
M2
PB2
M2
M3
M3
M3
T0
TON
IN
Q
T#1S
PT
ET
Y_UP
M3
M4
M4
X_BWD
M4
M5
M0
M4
SOL3
M4
SOL4
M1
T0.Q
SOL5
M2
M3
SOL6

실습과제 11-8

스톱퍼+Y축+흡착

1. 동작조건

PB1을 누르면 스톱퍼 실린더가 하강하고 소재 도착감지 센서가 ON이 되면 Y축 실린더가 하강한다. Y축 실린더가 하강 완료하면, 흡착이 ON 되고 1초 후에 Y축 실린더가 상승하고 3초 후에 스톱퍼 실린더 상승과 흡착이 OFF 되는 회로를 구성하라.

2. 장비와의 결선도

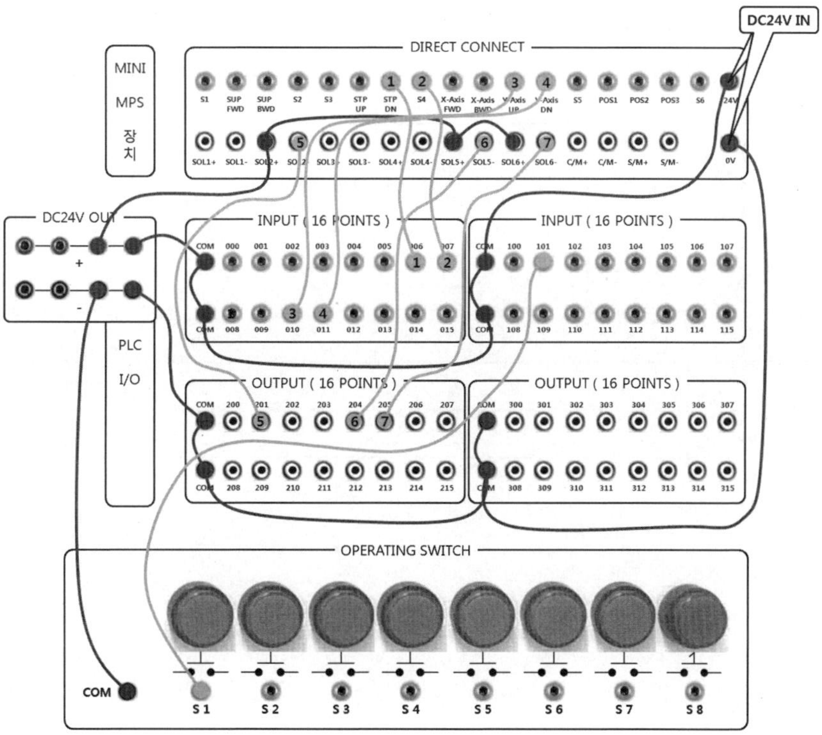

3. 프로그램 실습

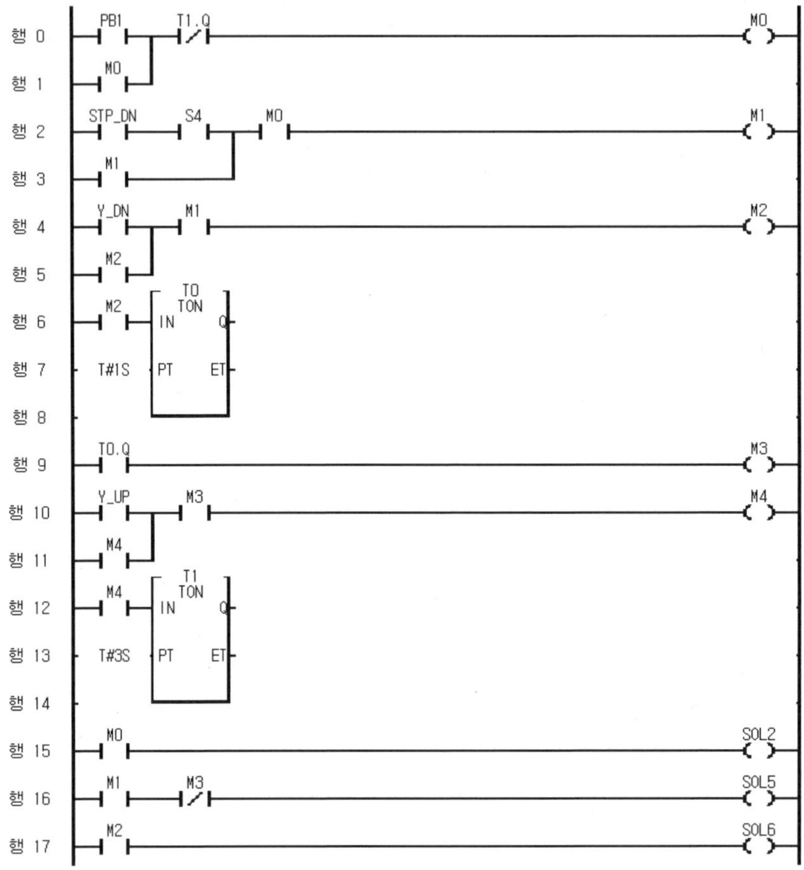
행 0
PB1
T1.Q
M0
행 1
M0
행 2
STP_DN
S4
M0
M1
행 3
M1
행 4
Y_DN
M1
M2
행 5
M2
행 6
M2
T0
TON
IN
Q
행 7
T#1S
PT
ET
행 8
행 9
T0.Q
M3
행 10
Y_UP
M3
M4
행 11
M4
행 12
M4
T1
TON
IN
Q
행 13
T#3S
PT
ET
행 14
행 15
M0
SOL2
행 16
M1
M3
SOL5
행 17
M2
SOL6

실습과제 11-9

Y축+흡착+컨베이어

1. 동작조건

PB1을 누르면 다음 타임차트대로 동작되도록 하라.

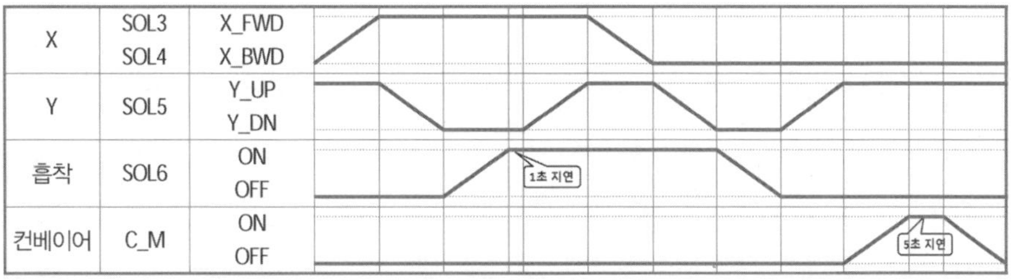

2. 장비와의 결선도

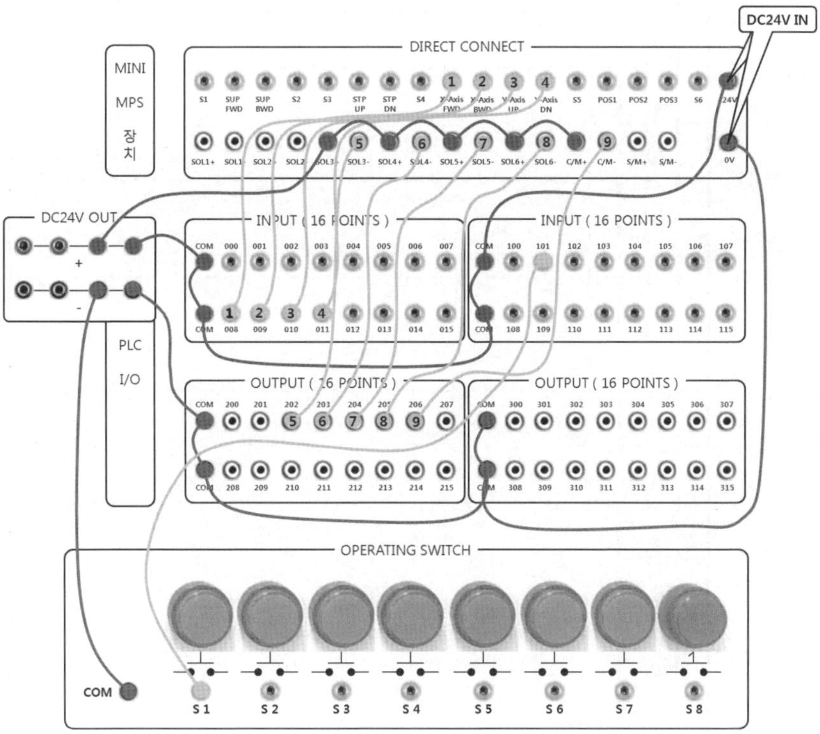

3. 프로그램 실습

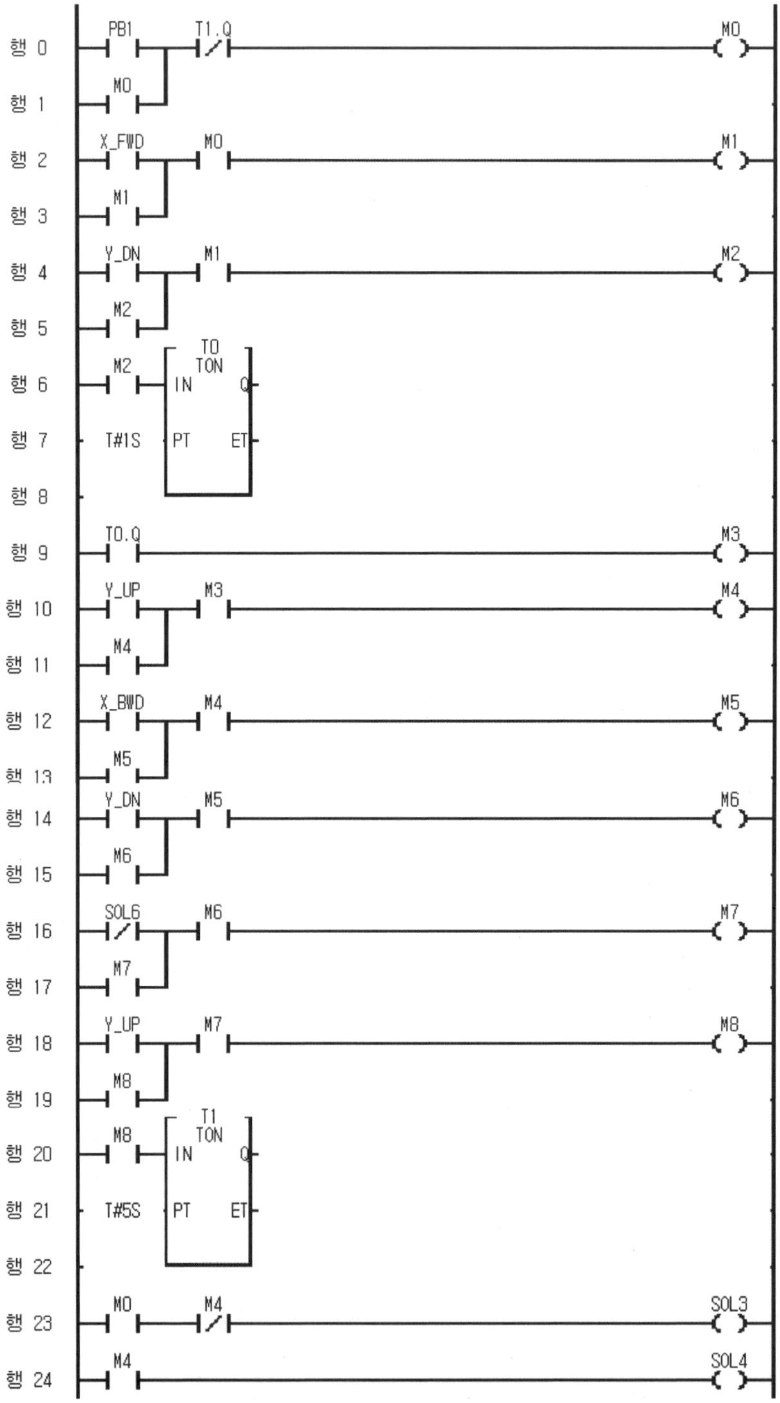
행 0
행 1
행 2
행 3
행 4
행 5
행 6
행 7
행 8
행 9
행 10
행 11
행 12
행 13
행 14
행 15
행 16
행 17
행 18
행 19
행 20
행 21
행 22
행 23
행 24
PB1
T1.Q
M0
M0
X_FWD
M0
M1
M1
Y_DN
M1
M2
M2
M2
T0
TON
IN
Q
T#1S
PT
ET
T0.Q
M3
Y_UP
M3
M4
M4
X_BWD
M4
M5
M5
Y_DN
M5
M6
M6
SOL6
M6
M7
M7
Y_UP
M7
M8
M8
M8
T1
TON
IN
Q
T#5S
PT
ET
M0
M4
SOL3
M4
SOL4

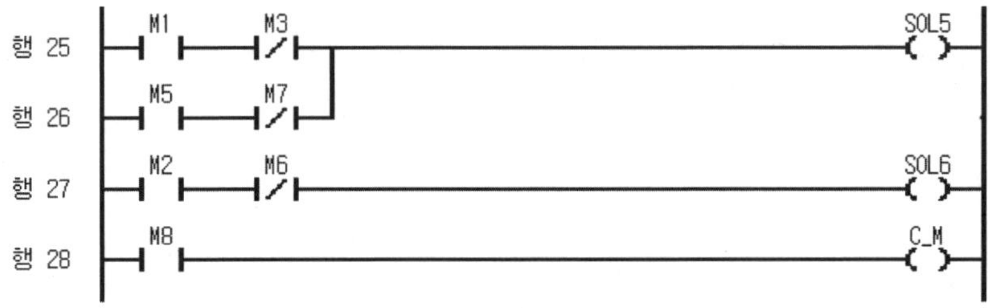
행 25
M1
M3
SOL5
행 26
M5
M7
행 27
M2
M6
SOL6
행 28
M8
C_M

CHAPTER

12

센서를 이용한 소재 판별 제어

1 센서

1) 센서의 정의

센서(Sensor)는 '지각한다', '느낀다' 등의 의미처럼 사람의 5관(보고–눈, 냄새 맡고–코, 듣고–귀, 맛을 보고–혀, 느끼는–피부)을 통하여 외부에서 전달되는 5감(시각, 청각, 후각, 미각, 촉각)과 같이 자연 대상 가운데 물리적, 화학적 반응에 의한 변화 및 크기를 알 수 있도록 하는 감지 물체나 감지부품을 의미한다.

센서는 "온도변화, 압력변화, 유량의 변화, 빛, 소리, 전파 등의 강도를 감지하여 그 정보를 수집 시스템의 입력 신호로 변환하는 부품"으로 정의한다.

표 12–1 인간의 5감과 연관된 센서

<table>
<tr><th>5가지 감각</th><th>기관</th><th>대상</th><th colspan="2">센 서 종 류</th></tr>
<tr><td>시각</td><td>눈</td><td>광</td><td>광 센 서
시각센서</td><td rowspan="3">물리 센서</td></tr>
<tr><td>청각</td><td>귀</td><td>음파</td><td>압력 센서
청각 센서</td></tr>
<tr><td>촉각</td><td>피부</td><td>압력, 온도</td><td>압력 센서
온도 센서</td></tr>
<tr><td>후각</td><td>코</td><td>향내 감지물질</td><td>가스 센서
후각 센서</td><td rowspan="2">화학 센서</td></tr>
<tr><td>미각</td><td>혀</td><td>맛 감지물질</td><td>이온 센서
미각 센서</td></tr>
<tr><td colspan="2">오감이 아닌 종류의 센서</td><td></td><td colspan="2">중력 센서
자기 센서</td></tr>
</table>

2) 센서의 원리

센서는 원초적 정보를 채취하는 것으로 감지장치를 의미하며, 일반적으로 원초적 정보가 센서에 의하여 채취되고 입력 트랜스듀스에 의하여 전기적 신호로 변환 · 출력하는 장치를 말한다. 센서가 스스로 전기신호를 출력할 경우에는 입력 트랜스듀서가 불필요하게 되는데, 이 때문에 센서와 트랜스듀서가 혼용되기도 한다.

(1) 트랜스듀서(Transducer)의 정의

"어떤 종류의 신호 또는 에너지를 다른 종류의 신호 또는 에너지로 변환하는 장치" 또는 "물리 · 화학량을 전기신호로 변환하거나 역으로 전기신호를 다른 물리, 화학량으로 변환하는 장치"

(2) 액추에이터(Actuator)의 정의

"입력된 신호에 대응하여 작동을 수행하는 장치", 또는 "명령신호에 의하여 작동하는 장치"로 정의하는데, 산업 사회의 산업기기 및 장비의 제어계에 적용되는 센서는 다음과 같은 형태로 구성된다.

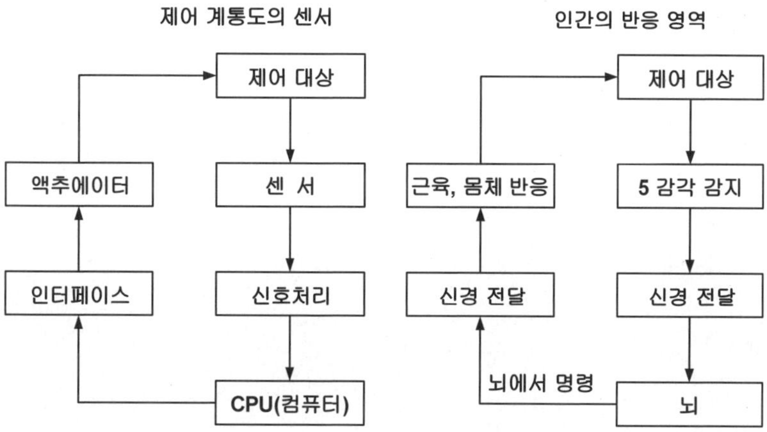

그림 12-1 산업기기의 센서 시스템과 인간의 감각 기관의 비교 블록도

공학적으로 살펴보면 외부로부터 전달된 자극이나 신호를 센서에 의하여 감지하고 트랜스듀서에 의하여 전기적 신호로 변환하여 그 신호를 전송로를 통하여 정보처리 장비(컴퓨터)에 전달한다. 이때 컴퓨터는 그 신호를 처리하여 액추에이터(actuator)에 전송함으로써 액추에이터를 동작시켜 줄 수 있다.

즉, 사람의 반응으로 살펴보면 5감(시각, 청각, 후각, 촉각, 미각)으로 그 신호를 신경을 통하여 뇌에 전달하는 역할을 하며, 전달된 신호를 뇌에서 분석, 처리하여 근육 또는 몸의 모든 부분으로 뇌의 명령을 전달함으로써 동작하는 것과 같다.

2 근접센서

스위치의 검출 면에 접근하는 물체, 혹은 근방에 존재하는 물체의 유무를 전자계의 힘을 이용하여 기계적인 접촉이 없이 검출하는 스위치를 근접스위치라고 한다.

또한, 근접스위치는 기계적인 접촉을 통해서 ON/OFF 출력을 내보내는 것과는 달리 기계적인 접촉 없이 감지 물체가 센서별로 정해진 감지거리 내에 들어오면 ON/OFF 출력을 내보내는 스위치를 말한다.

따라서 접촉식의 스위치보다는 그 수명이 상당히 길며 그 활용도 또한 상당히 높다. 근접스위치의 작동원리는 발진회로에서 발진한 정파의 고주파가 감지물체가 감지거리 내에 접근을 하면 진폭이 감쇄되거나 또는 정지할 수 있다.

이런 변화를 전기적신호로 전환하여 감지 물체의 유·무를 검출하게 된다. 그러므로 고주파 발진 근접스위치와 감지물체 사이에 금속성이 아닌 어떠한 물질이 온다 하더라도 근접스위치는 그 물체의 간섭 없이 검출하고자 하는 감지물체를 검출할 수 있다.

1) 유도형 센서

(1) 정의

① 유도형 센서는 금속의 표면을 검출하는 데 사용된다.
② 페라이트(Ferrite) 코어를 가진 코일과 발진기－검출기(Oscillator－Detector), 그리고 고체 상태(Solid State)의 스위치이다.
③ 센서가 가까이 접근 시 금속 물체의 존재가 있으면, 발진의 크기는 감소한다.
④ 수신기는 변화를 검출하고 고체상태 스위치를 단락시키는데, 센서의 검출 범위를 벗어나게 되면 다시 켜지게 된다.

(2) 특징

① Core에 코일을 감으면 Inductance가 형성되고, 이 Inductance는 Core의 투자율이 저하하는 성질이 있다.
② 전원 IC 채용으로 노이즈 성능이 우수하다.
③ 보호회로가 내장되어 있다(전원 역－접속, 서지 보호회로, 과전류 보호회로).
④ 수명이 길고 신뢰성이 높으며, 경제성과 간편한 작업성과 적색 표시 등이 있어 동작 유무를 식별 가능하다.

(3) 원리

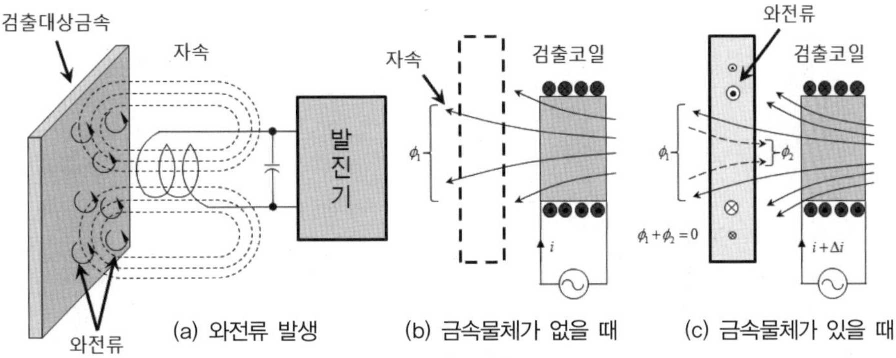

그림 12-2 와전류의 발생과 효과

그림 12-2의 (a)는 검출코일의 자계에 의해서 금속물체에 와전류가 발생한 것을 나타낸다. 만약 금속물체가 없었다면, 그 위치에 검출코일에 의해 형성된 자속은 그림 12-2의 (b)와 같이 되었을 것이다.

이 상태에서 그림 12-2의 (c)와 같이 금속물체가 접근하면 그 내부에 와전류가 흐르고, 이것은 본래(검출코일)의 자속을 $\Phi1$만큼 감소시키려고 반대방향으로 자속을 발생시킨다.

따라서 그림 12-2의 (b)와 같은 자속을 유지하려면 그림 12-2의 (c)에 나타낸 것과 같이 회로에 더 큰 전류를 흘려야 한다. 자속, 전류, 인덕턴스 사이에는

$$N\varnothing = Li$$

의 관계가 있으므로, 같은 자속을 발생시키는 데 더 큰 전류가 요구된다는 것 등가적으로 인덕턴스 L이 감소한다는 것과 동일하다.

이 때문에 검출코일의 인덕턴스 또는 저항 값이 변화한다. 이와 같이 와전류 효과를 이용한 유도형 근접센서를 와전류 센서(eddy current sensor)라고도 부른다.

(4) 코일의 임피던스 변화를 검출하는 방법

발진회로의 발진 주파수 검출, 발진전압 진폭을 검출 금속물체의 접근에 의해 임피던스의 변화율은 일반 금속물체, 철, 알루미늄, 황동, 스테인리스강 등을 검출대상으로 하는 경우 임피던스보다 저항성분의 변화가 더 크다.

따라서 발진전압의 진폭을 검출하는 것이 발진 주파수 검출보다 훨씬 유효한 방법이다. 이러한 변화를 검출하여 출력 신호를 발생시켜 물체의 유무를 검출한다.

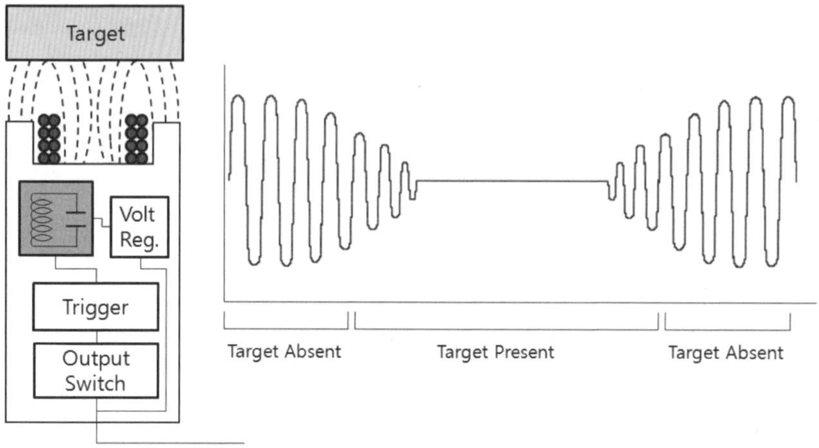

그림 12-3 임피던스 변화 검출 방법

와전류가 발생하면, 금속의 저항에 기인해서 에너지 손실이 발생하고(열 발생), 발진 진폭을 감소시킨다.

그림 12-4 유도형 센서

2) 정전용량형 센서

(1) 정의

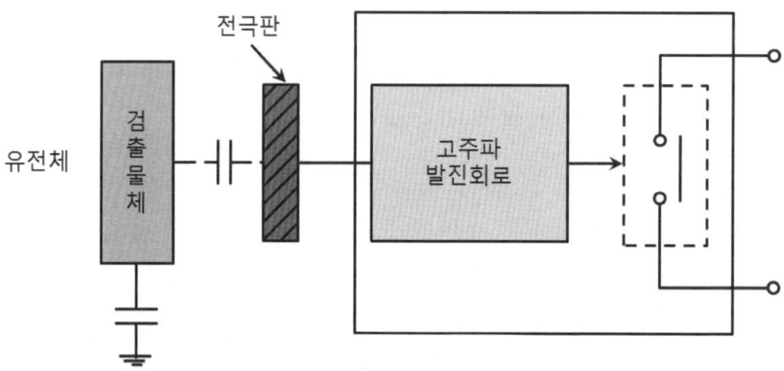

그림 12-5 정전 용량형 센서의 구조도

① 물체가 접근하면 대지 간 정전용량(capacitance)이 증가하여 발진회로의 발진주파수가 변하고 이것을 전기신호로 변환하여 물체의 유무를 검출한다.
② 도체 및 유전체 등 모든 물체의 검출이 가능하다.
③ 정전용량은 전극도체의 면적, 전극간격, 유전체의 종류에 의해서 결정된다.
④ 일반적으로 검출할 용량이 1 pF 이하이기 때문에 검출전극에는 수백 kHz ~ 수 MHz의 고주파 전압이 인가된다.

(2) 특징

① 장점

i 유도형 근접센서와 달리 전계가 검출매체로 사용되므로 금속뿐만 아니라 유전체도 검출할 수 있다.

ii 유전체의 차이로 검출하므로 비금속 용기(종이, 유리, 플라스틱 등) 속에 들어 있는 물체의 검지가 가능하다.

iii 검출물의 표면상태(광택, 색 등)에 영향을 받지 않으며, 투명체의 검출도 가능하다.

② 단점

i 유도형 근접센서에 비해 응답속도가 다소 늦다.

ii 물방울 등의 부착에 약하다(젖은 검출물체를 오동작 없이 검출할 수 있는 정전 용량형 근접센서가 개발되어 있다).

(3) 원리

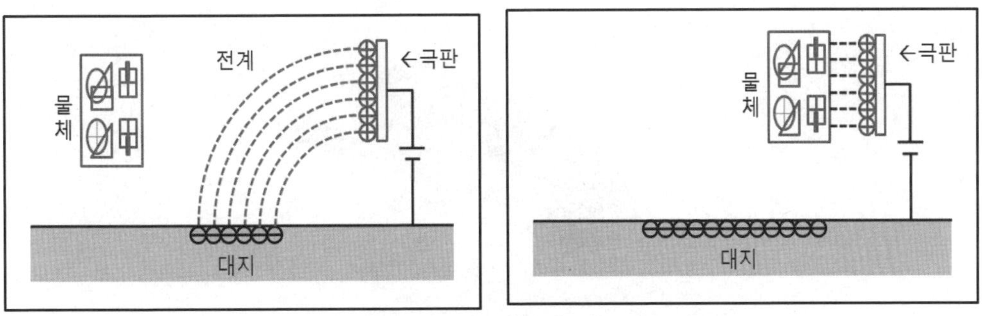

그림 12-6 정전용량형 센서 원리

그림 12-7과 같이 극판에 + 전압을 인가하면 극판 면에는 + 전하가 대지 쪽에는 − 전하가 발생하면서 극판과 대지 사이에 전계가 생긴다. 물체가 극판 쪽으로 접근하면 정전유도를 받아서 물체에 있는 전하들이 극판 쪽으로는 − 전하가, 반대쪽으로는 + 전하가 이동하게 되는데 이것을

분극현상이라고 한다. 물체가 극판에서 멀어지면 분극현상이 약해져서 정전용량이 적어지고, 반대로 극판 쪽으로 접근하면 분극현상이 커져 극판면의 + 전하가 증가하여 정전용량이 커지는데 이 변화량을 검출하여 물체를 판별한다.

그림 12-7 정전용량형 센서

3 광화이버센서

1) 정의

광전센서와 광화이버(광 · 섬유 코드)를 조합시킨 것으로 광학적인 변환부와 수광부 또는 송광부 사이를 공간적으로 제약 받지 않게 띄워 놓아 광학적으로 검출하는 센서이다.

그림 12-8 광화이버센서(엠프)

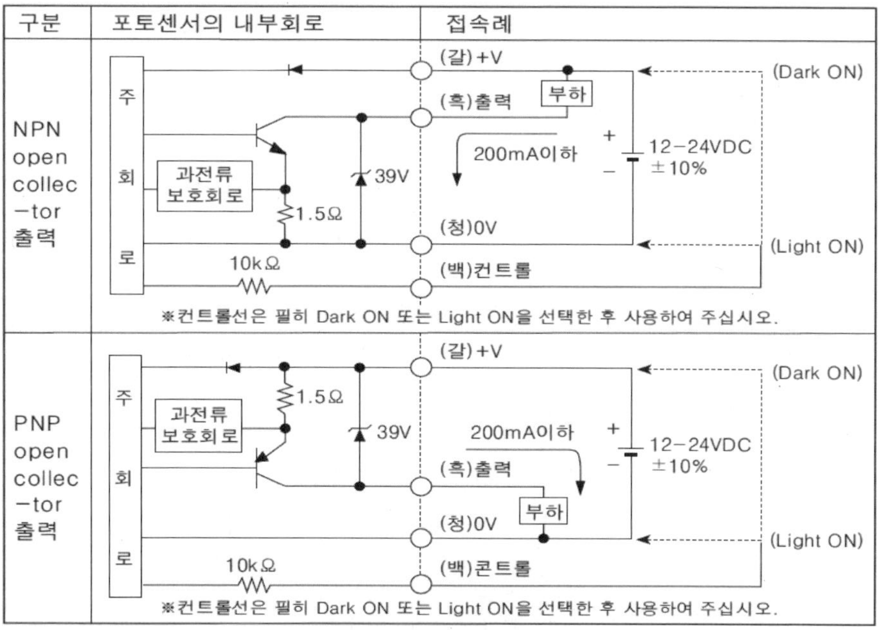

그림 12-9 제어 출력회로도

2) 특징

(1) 편리한 DIN 레일 취부, 고속 응답 속도가 1ms 이하이고 Coarse 볼륨과 Fine 볼륨에 의한 미세한 감도조정이 가능하다.

(2) 컨트롤 선에 의한 Light ON/Dark ON 모드 선택을 할 수가 있고 현장의 설치조건에 맞게 길이를 조정할 수 있는 프리커트 방식 광화이버 케이블 채용이 가능하면서 소형물체 검출에 적합하다.

표 12-2 동작모드와 타이밍도

동작모드	Light ON 모드	Dark ON 모드
수광부 상태	입 광 차 광	
동작표시등 (LED)	ON OFF	
출력 TR	ON OFF	

주) 1. 본 광화이버 센서는 오동작 방지를 위해 전원 인가 후 0.5초 동안 제어출력 TR이 OFF상태로 유지된다.
2. 제어출력 단자를 쇼트시키거나 정격 이상의 전류를 흘리면 보호회로가 동작하여 정상적인 제어신호가 출력되지 않는다.

표 12-3 감도 조정

순서	검출방식		조정방법	VR	
	반사형	투과형		COARSE	FINE
1	초기설정		강조정 VR(COARSE)은 최소(Min.)에 미세 조정 VR(FINE)은 중앙(▼)에 표시 지점에 고정한다.		
2	입광 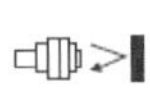	입광 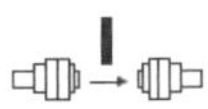	검출상태를 입광 상태로 하여 강조정 VR(COARSE)을 천천히 우회전하여 ON 되는 위치에 고정한다.		
3	입광 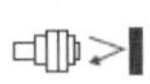	입광 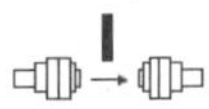	미세조정(FINE)을 (−)으로 회전하여 OFF 되는 지점에서 다시 (+)측으로 회전하여 ON 되는 지점 A를 확인한다.	이후 강조정 VR은 조정 불필요	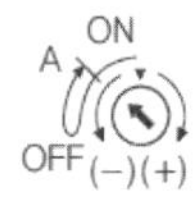
4	차광 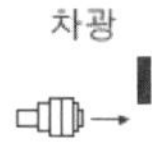	차광 	이후 검출상태를 차광 상태로 하여 미세조정 VR(FINE)을 (+)측으로 회전하여 ON 되는 지점에서 다시 (−)측으로 회전하여 OFF 되는 지점 B를 확인한다(이때 ON되지 않을 때에는 최대점이 B가 된다).		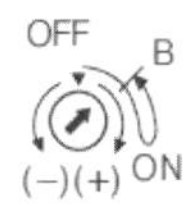
5	−	−	A와 B의 중간 지점에 고정한다. 이 위치가 최상의 설정위치가 된다.		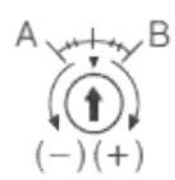
6	입광 	입광 	위의 조정 방법으로 조정이 불가능할 경우 미세 조정 VR(FINE)을 (+)측의 최대 (Max.) 지점에 놓고 위 순서 1번부터 재조정한다.		

4 리드스위치

1) 정의 및 작동 원리

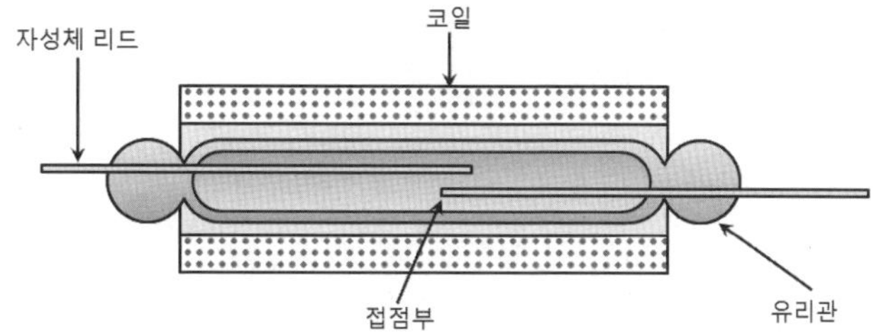

그림 12-10 리드스위치의 구조

접점 부분이 비활성 가스를 충전한 유리관 속에 봉입되어 있는 스위치이다. 코일에 전류를 흘리면 자력선은 자성체로 만들어진 리드 속에 좀 더 많이 통과하기 때문에 자기적 흡인력이 생겨 접촉하게 된다. 다른 곳에서 오는 신호에 의해 코일에 전류가 흐를 때 이것을 리드 릴레이라고도 한다.

2) 특징

응답속도가 빠르고 유리관에 봉입되어 접촉 신뢰성이 높은 장점으로, 현재 전자 제어장치, 기계 제어장치 등 자동기기의 스위칭 소자로서 널리 활용되고 있다. 특히 자동화 장비에서 공압실린더의 전진과 후진 상태를 검출하는 데 많이 사용되고 있다.

그림 12-11 리드센서(D-C73K)

실습과제 12-1

유도형 센서를 이용한 금속감지회로

1. 동작조건

유도형 센서에 금속물체가 감지되면 2초 후에 램프(PL1)를 5초 동안 점등 후 소등되는 회로를 구성하라.

2. 프로그램 실습

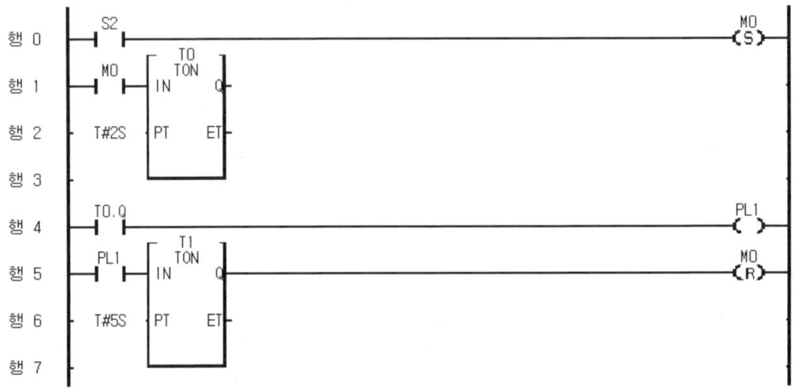

3. 장비와의 결선도

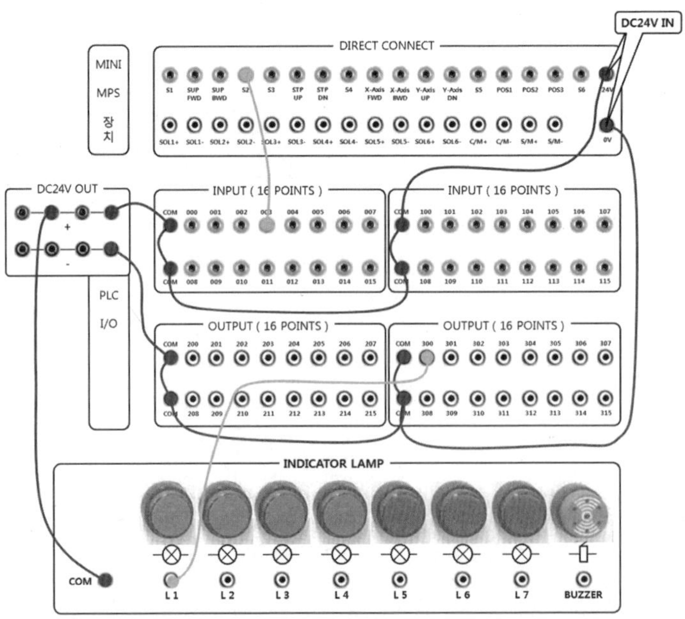

실습과제 12-2

정전용량형 센서를 이용한 소재감지회로

1. 동작조건

정전 용량형 센서에 물체가 감지되면 램프(PL1)가 ON된 후 5초 후 OFF 되는 회로를 구성하라.

2. 프로그램 실습

3. 장비와의 결선도

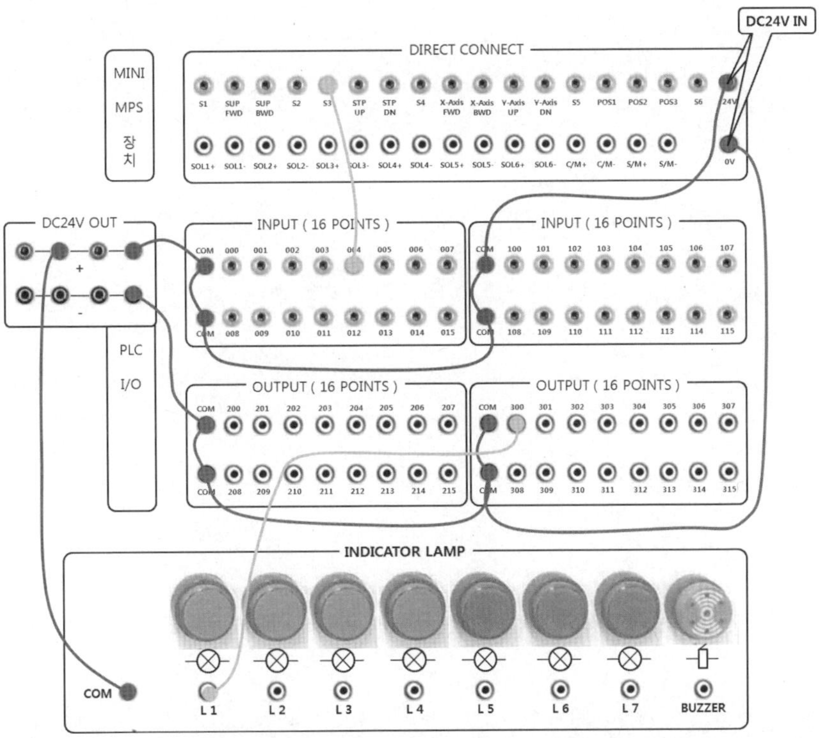

CHAPTER

13

모터 제어

1 DC모터

1) DC모터의 정의

고정자로 영구자석을 사용하고, 회전자(전기자)로 코일을 사용하여 구성한 것으로, 전기자에 흐르는 전류의 방향을 전환함으로써 자력의 반발, 흡인력으로 회전력을 생성시키는 모터이다. 모형자동차, 무선조정용 장난감 등을 비롯하여 여러 방면에서 가장 널리 사용되고 있는 모터이다.

일반적으로 DC 모터는 회전 제어가 쉽고, 제어용 모터로서 아주 우수한 특성을 가지고 있다고 할 수 있다.

그림 13-1 DC모터

2) 원리

자기장 속의 도체에 전류를 흐르게 함으로써 발생하는 전자기력의 응용인데 이 메커니즘은 플레밍의 왼손 법칙으로 설명할 수 있다.

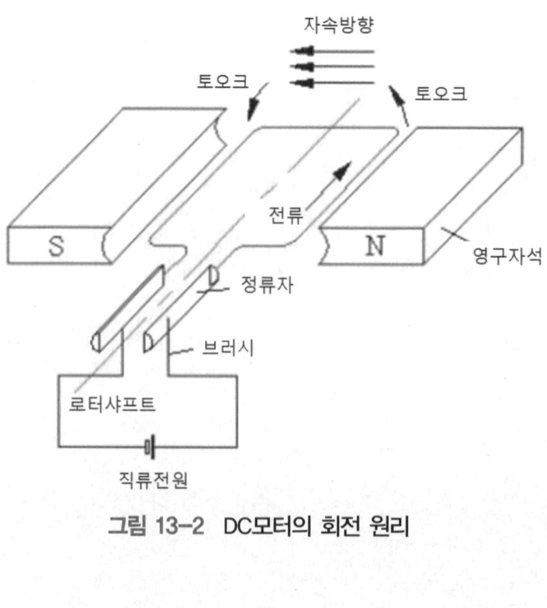

그림 13-2 DC모터의 회전 원리

3) 특징

DC 모터는 제어용 모터로서 매우 우수한 특성을 가지고 있다. 예를 들면 급격한 가속성, 큰 시동토크, 리니어한 회전 특성 등 대체로 제어용 모터에 요구되는 모든 성능을 겸비한 우수한 모터이다.

4) DC 모터의 구조

DC 모터의 구조는 크게 로터(전기자), 계자용 마그넷, 브러시, 베어링 모터케이스 등으로 이루어져 있다.

브러시의 작용은 전기자에 전류를 공급하기 위한 섭동 접점이다. 정류자는 복수의 전기자 권선에 전류를 공급하는 전류 전환 장치이다. 전기자는 회전력을 발생하기 위한 전자석이고 동시에 모터의 회전체(로터)를 구성하는 것이다. 베어링은 로터의 회전구조를 형성하는 것인데 볼 베어링이나 오일리스 메탈이 사용되고 있다. 계자 마그넷은 전기자 권선에 자력을 주는 것으로 전기자에서 발생하는 전자기력과 함께 회전력을 발생시킨다. 기타 모터 케이스, 앞뒤 커버 등이 있는데 이것은 모터의 회전 구조를 지지함과 동시에 보호 역할을 하는 것이다.

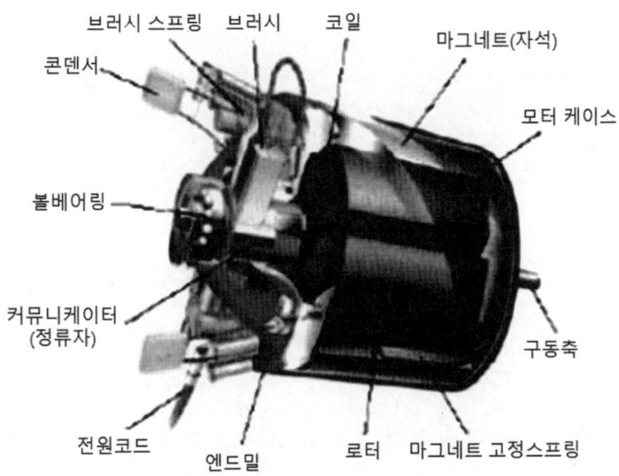

그림 13-3 DC모터의 구조

실습과제 13-1

컨베이어 구동회로

1. 동작조건

PB1을 누르면 3초 후에 컨베이어가 동작하고, 동작 후 10초 후에 정지하는 회로를 구성하라.

2. 프로그램 실습

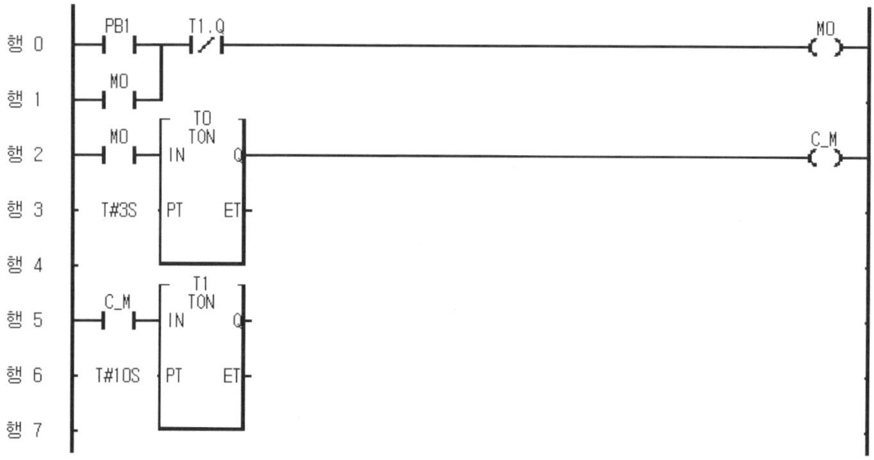

3. 장비와의 결선도

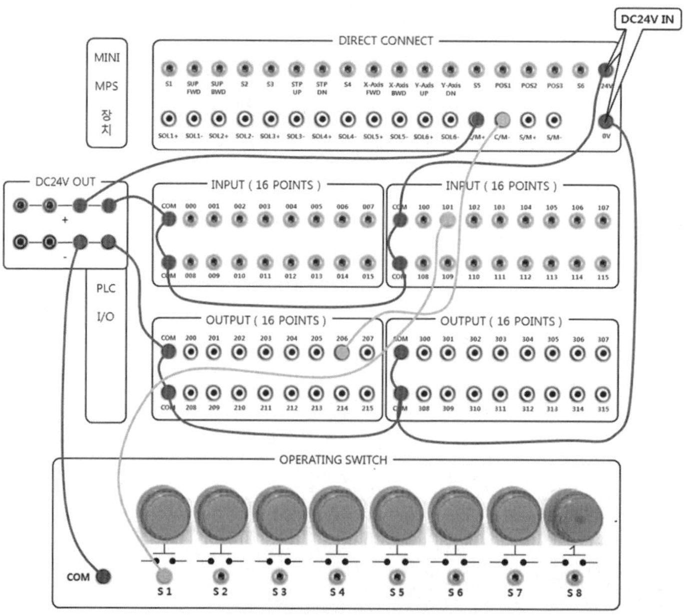

실습과제 13-2

소재감지 후 컨베이어 구동회로

1. 동작조건

소재가 감지된 상태에서 PB1을 누르면 2초 후에 컨베이어가 동작하고, 소재가 없으면 5초 후에 정지하는 회로를 구성하라(소재가 매거진에 있을 경우 컨베이어는 계속 동작하여야 한다).

2. 프로그램 실습

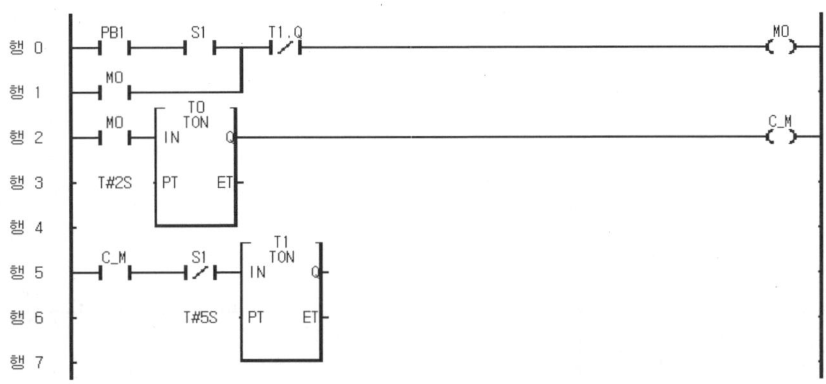

3. 장비와의 결선도

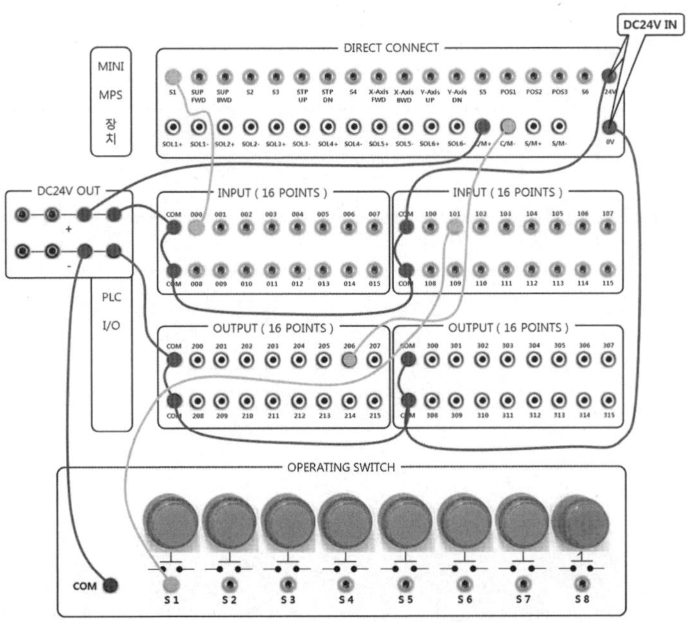

실습과제 13-3

금속분류+컨베이어

1. 동작조건

1) S1이 감지된 상태에서 PB1을 누르면 컨베이어가 회전하고 3초 후 공급실린더가 전진하여 소재를 컨베이어로 이송 후 후진한다.
2) S2와 S3을 사용하여 금속소재가 감지되면 스톱퍼가 하강하여 금속소재를 차단한다.
3) PB2를 누르면 모든 실린더는 초기위치로 돌아가고, 초기위치가 되면 컨베이어는 정지한다.

2. 프로그램 실습

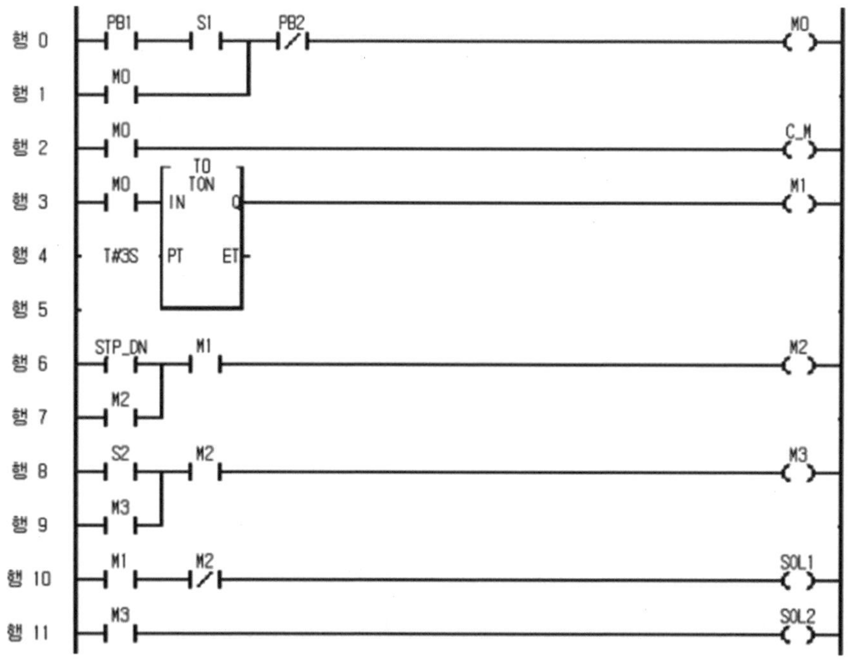

3. 장비와의 결선도

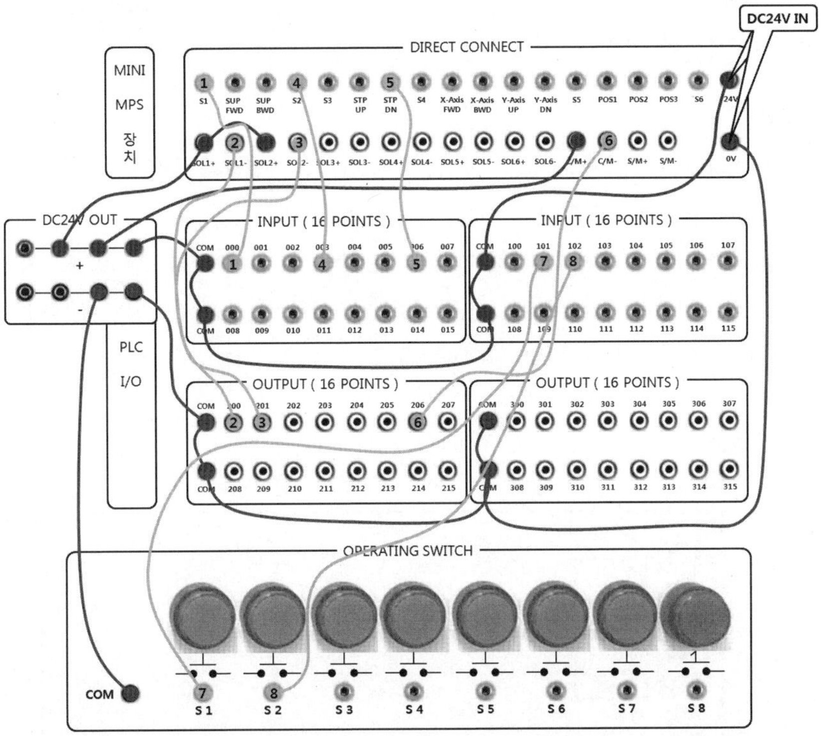
DC24V IN
DIRECT CONNECT
MINI
MPS
장치
DC24V OUT
INPUT (16 POINTS)
OUTPUT (16 POINTS)
PLC
I/O
OPERATING SWITCH
COM
S1
S2
S3
S4
S5
S6
S7
S8

실습과제 13-4

비금속분류+컨베이어

1. 동작조건

1) S1이 감지된 상태에서 PB1을 누르면 컨베이어가 회전하고 5초 후에 공급실린더가 전진하여 소재를 컨베이어로 이송 후 후진한다.
2) S2와 S3을 사용하여 비금속소재가 감지되면 스톱퍼가 하강하여 금속소재를 차단한다.
3) PB2를 누르면 모든 실린더는 초기위치로 돌아가고, 초기위치가 되면 컨베이어는 정지한다.

2. 프로그램 실습

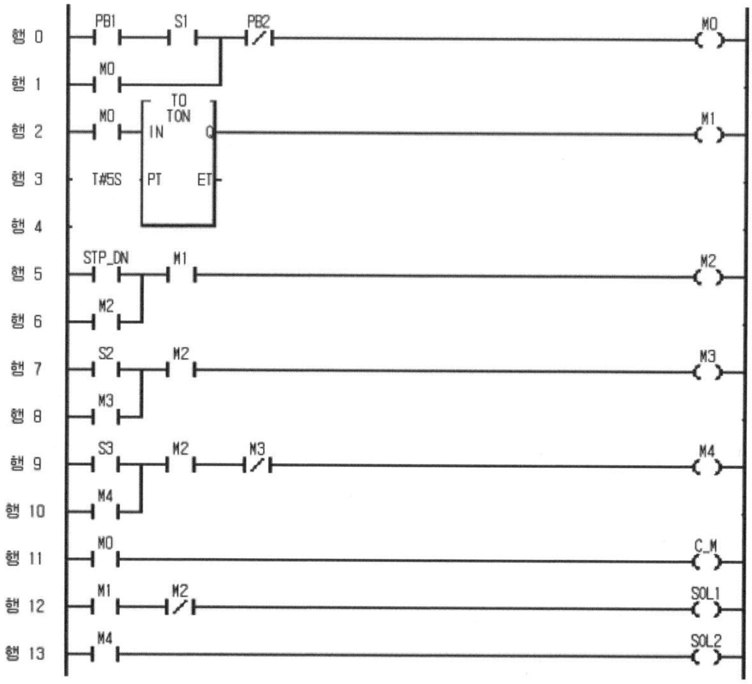

3. 장비와의 결선도

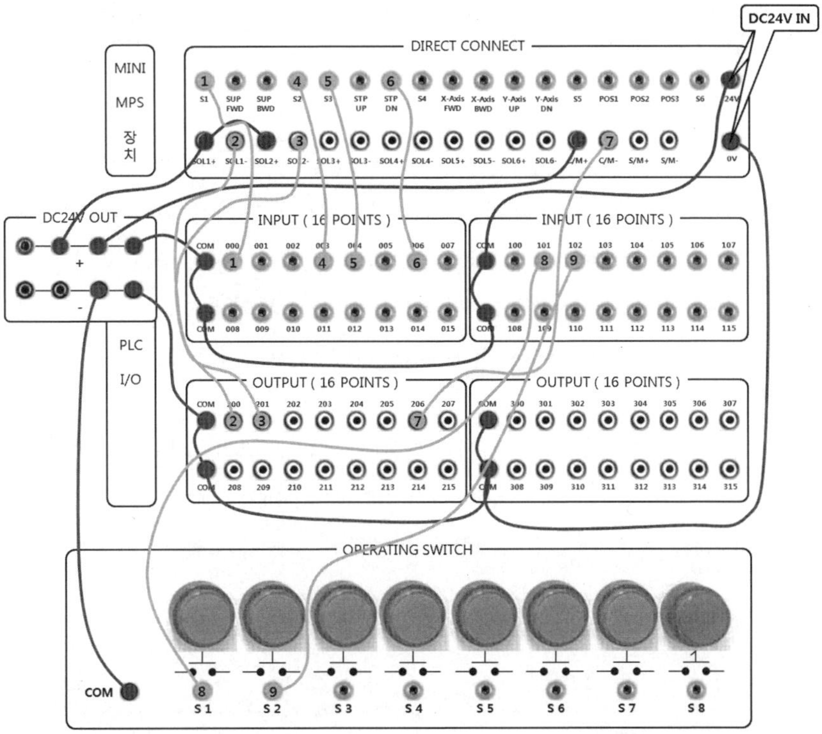
DC24V IN
DIRECT CONNECT
MINI
MPS
장
치
DC24V OUT
INPUT (16 POINTS)
OUTPUT (16 POINTS)
PLC
I/O
OPERATING SWITCH
COM
S 1
S 2
S 3
S 4
S 5
S 6
S 7
S 8

실습과제 13-5

컨베이어 구간별 구분 구동회로

1. 동작조건

1) 소재가 감지된 상태에서 PB1을 누르면 공급실린더가 전진하여 소재를 컨베이어로 이송한 뒤에 후진한다(**스톱퍼의 초기위치는 하강으로 되어 있어야 한다**).
2) 공급실린더가 전진하면 컨베이어가 구동하여 검사공정까지 구동 후에 정지한다.
3) 검사공정에서 2초 정지한 후에 다시 컨베이어가 스톱퍼에 있는 소재 도착센서까지 구동되며, 소재 도착센서에서 소재가 감지되면 컨베이어는 2초 동안 정지한 후에 스톱퍼가 상승한다.
4) 스톱퍼가 상승하면 컨베이어는 다시 동작한다. 이때 스톱퍼가 상승 완료되면 3초 후에 다시 하강이 되어야 하며, 스톱퍼 하강 후 2초 후에 컨베이어도 정지하여야 한다.
5) 위의 1)~4)를 완료하면 다시 1)항부터 동작이 되는 회로를 구성하라.

2. 장비와의 결선도

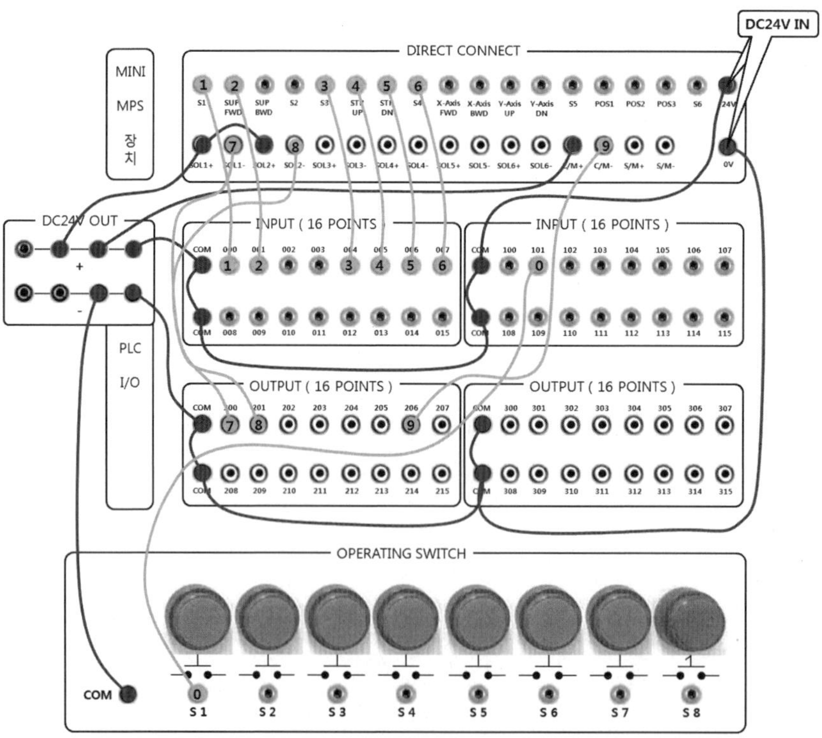

3. 프로그램 실습

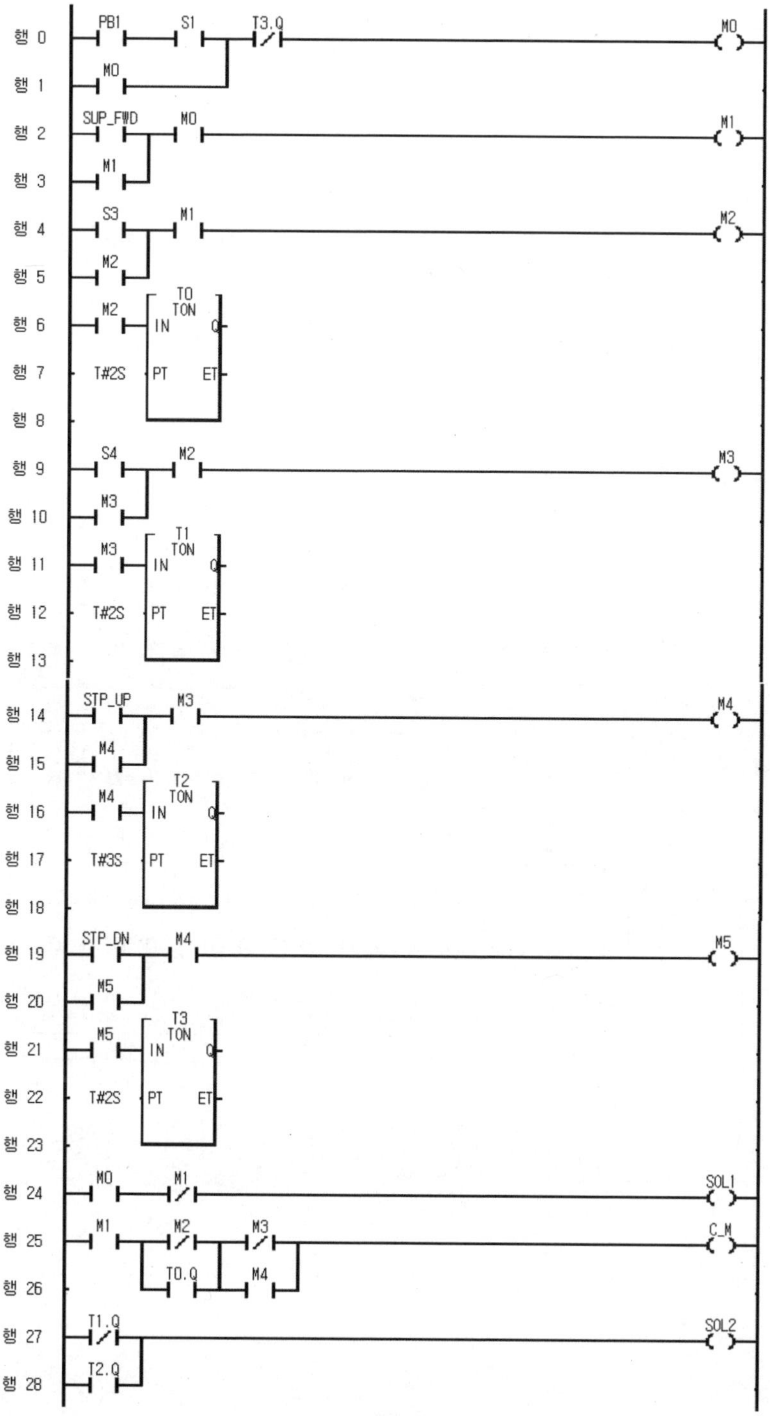
행 0
행 1
행 2
행 3
행 4
행 5
행 6
행 7
행 8
행 9
행 10
행 11
행 12
행 13
행 14
행 15
행 16
행 17
행 18
행 19
행 20
행 21
행 22
행 23
행 24
행 25
행 26
행 27
행 28
PB1
S1
T3.Q
M0
M0
SUP_FWD
M0
M1
M1
S3
M1
M2
M2
M2
T0
TON
IN
Q
T#2S
PT
ET
S4
M2
M3
M3
M3
T1
TON
IN
Q
T#2S
PT
ET
STP_UP
M3
M4
M4
M4
T2
TON
IN
Q
T#3S
PT
ET
STP_DN
M4
M5
M5
M5
T3
TON
IN
Q
T#2S
PT
ET
M0
M1
SOL1
M1
M2
M3
C_M
T0.Q
M4
T1.Q
SOL2
T2.Q

실습과제 13-6

소재수량 카운터

1. 동작조건

1) 매거진에 소재가 있을 경우에 PB1을 누르면 컨베이어가 작동하고 3초 후에 공급실린더가 6초 주기로 소재를 컨베이어로 이송한다.
2) 소재가 3개 이상이 되면 공급실린더는 공급을 멈추고 10초 뒤 컨베이어도 정지하여야 한다.
3) 카운터가 완료되지 않은 상태에서 소재가 없을 경우 공급실린더는 동작하지 않고, 다시 소재가 투입되는 시점부터 6초의 대기 시간 후 다시 작동되어야 한다.

2. 장비와의 결선도

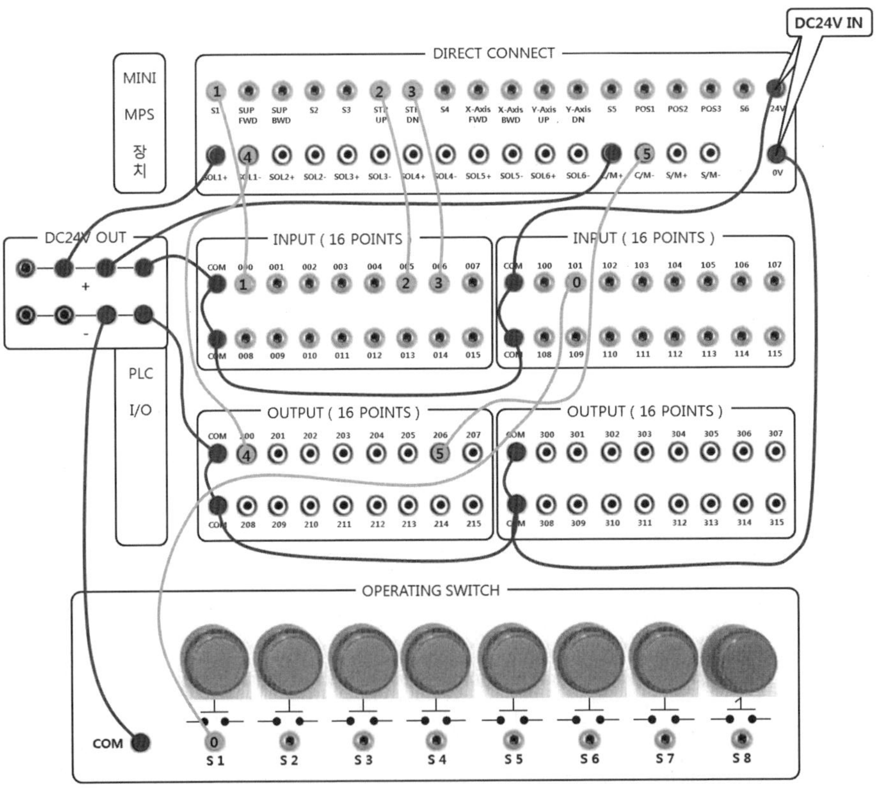

3. 프로그램 실습

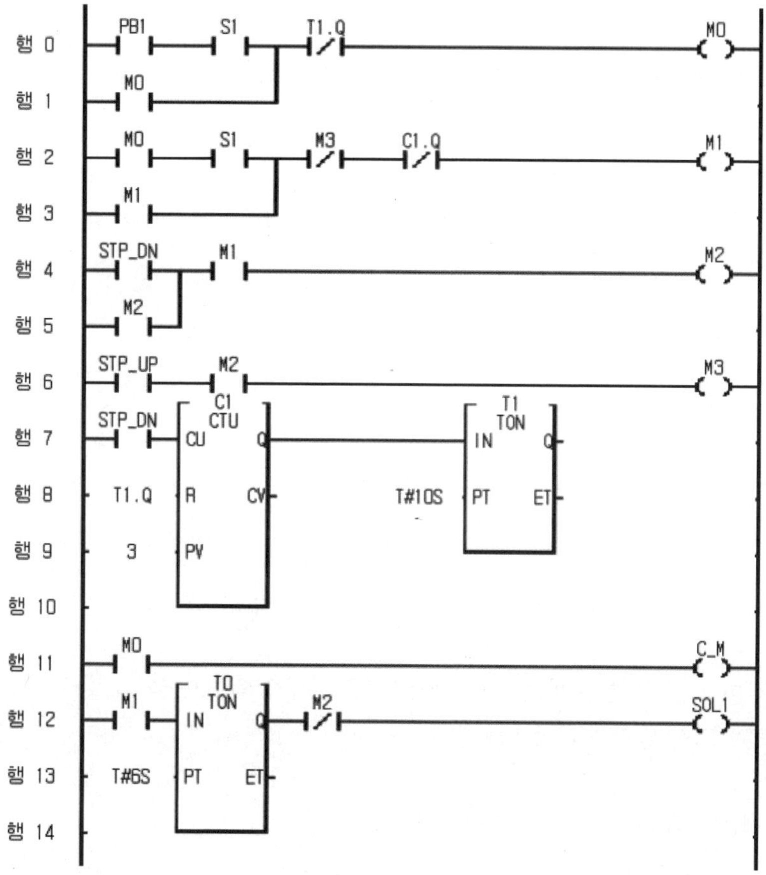

행 0
행 1
행 2
행 3
행 4
행 5
행 6
행 7
행 8
행 9
행 10
행 11
행 12
행 13
행 14
PB1
S1
T1.Q
M0
M0
M0
S1
M3
C1.Q
M1
M1
STP_DN
M1
M2
M2
STP_UP
M2
M3
C1
CTU
STP_DN
CU
Q
T1.Q
R
CV
3
PV
T1
TON
IN
Q
T#10S
PT
ET
M0
C_M
M1
T0
TON
IN
Q
M2
SOL1
T#6S
PT
ET

2 적재 창고 모터(DC)모터 정역 제어

1) 시퀀스 릴레이 1개를 이용한 DC 모터 정역회로 결전

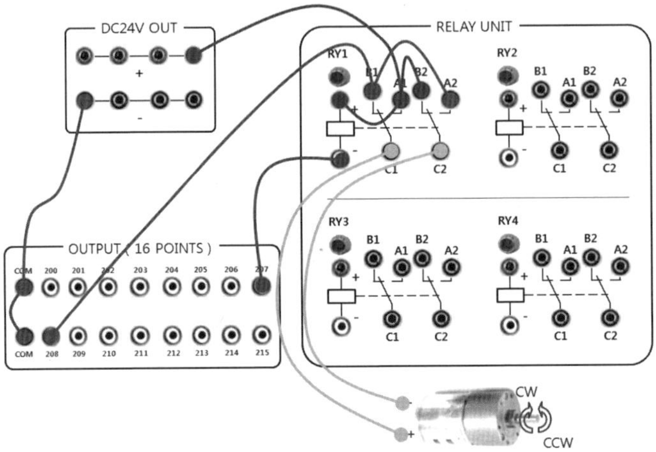

그림 13-4 릴레이 1개를 이용한 DC모터 정역회로 결선 적용 예

시퀀스 릴레이 1개를 이용하여 DC모터 정역회전을 위해 그림 13-4와 같이 결선을 하면 된다. 이때 적용되는 PLC 출력을 나타내는 진리표는 표 13-1과 같다.

표 13-1 릴레이 1개를 이용한 DC모터 정역회로 진리표

	R1 (QX0.2.7)	R2 (QX0.2.8)	구분
0	0	0	STOP
1	0	1	CCW
2	1	1	CW

2) 시퀀스 릴레이 2개를 이용한 DC 모터 정역회로 결전

DC모터 정역회전을 위해서는 인터록 회로가 필요한데, 그림 13-4의 릴레이 1개를 이용한 DC모터 정역회로 결선은 인터록 회로를 사용할 수가 없다. 인터록 회로를 사용할 수 있는 방법은 그림 13-5와 같이 릴레이 2개를 이용한 DC모터 정역회로 결선을 많이 사용한다. 본서에서는 인터록 회로를 활용할 수 있는 그림 13-5를 활용하여 실험 실습하도록 한다.

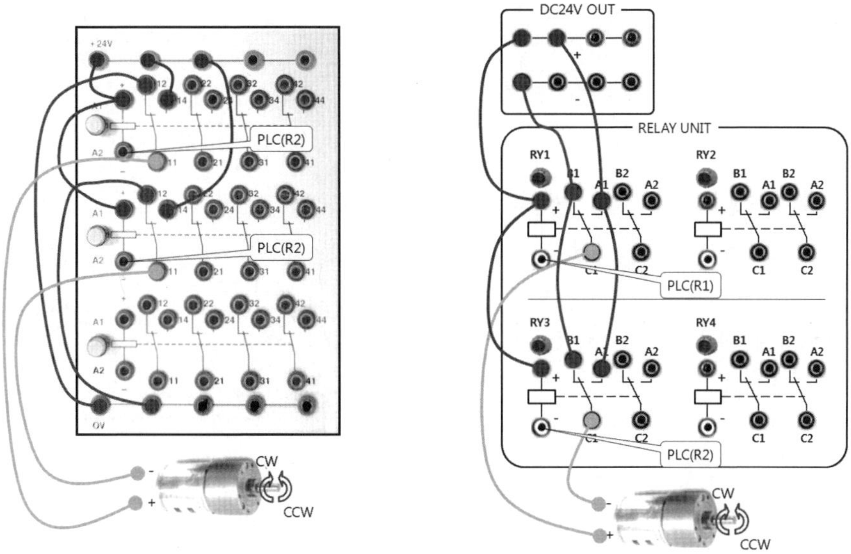

(a) 시퀀스 릴레이 적용 (b) MINI MPS 릴레이 적용

그림 13-5 릴레이 2개를 이용한 DC모터 정역회로 결선 적용 예

실습과제 13-7

창고, 정방향 역방 구동 회로

1. 동작조건

푸시 버튼 PB1을 누르면 적재 창고 모터가 정방향으로 회전하고, 푸시 버튼 PB2를 누르면 적재 창고 모터가 역방향으로 회전되는 회로를 구성하라.

2. 프로그램 실습

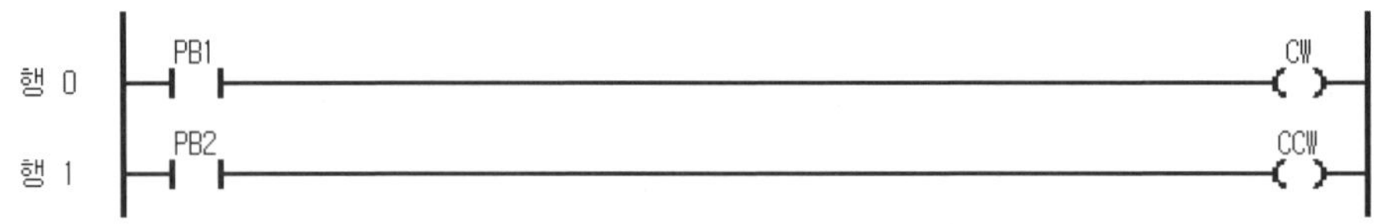

3. 장비와의 결선도

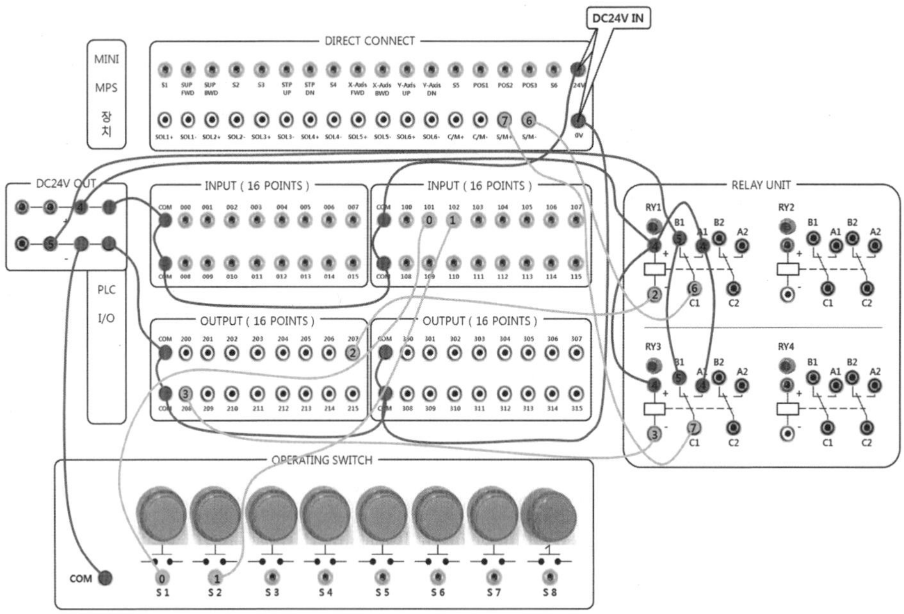

실습과제 13-8

적재 창고 순차이동회로

1. 동작조건

1) PB1을 누르면 적재 창고가 POS1에 있을 경우 POS2로 적재 창고 이동
2) PB1을 누르면 적재 창고가 POS2에 있을 경우 POS3으로 적재 창고 이동
3) PB1을 누르면 적재 창고가 POS3에 있을 경우 POS1로 적재 창고 이동

2. 프로그램 실습

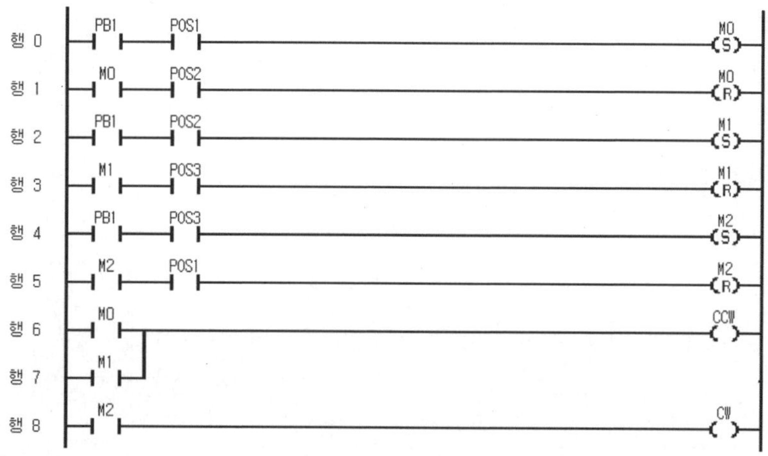

3. 장비와의 결선도

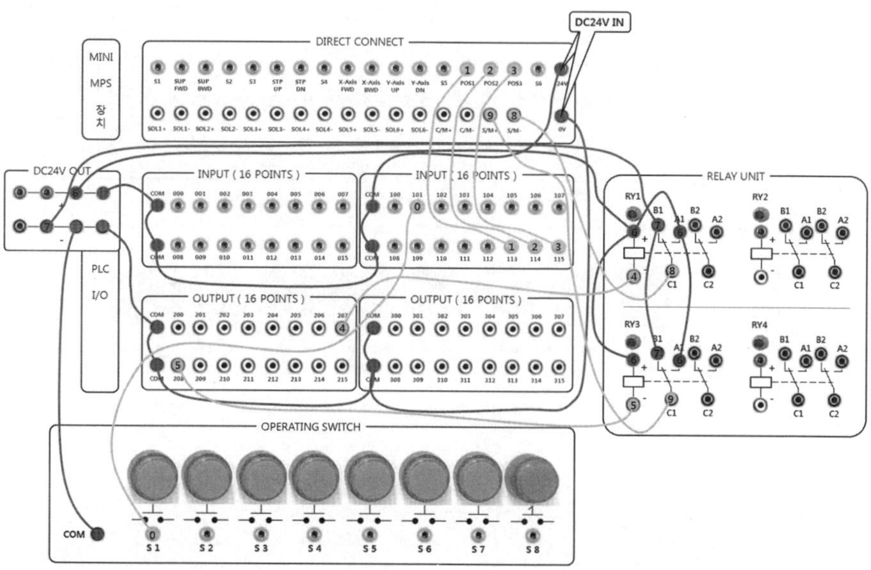

3 소재를 적재 창고로 이송하는 예제

실습과제 13-9

X, Y 축 자동 구동회로

1. 동작조건

PB1을 누르면 다음 타임차트대로 동작되도록 하라.

Y	SOL5	Y_UP
		Y_DN
X	SOL3	X_FWD
	SOL4	X_BWD

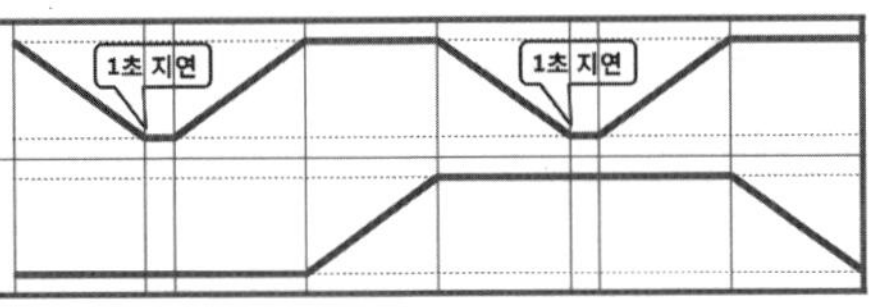

2. 장비와의 결선도

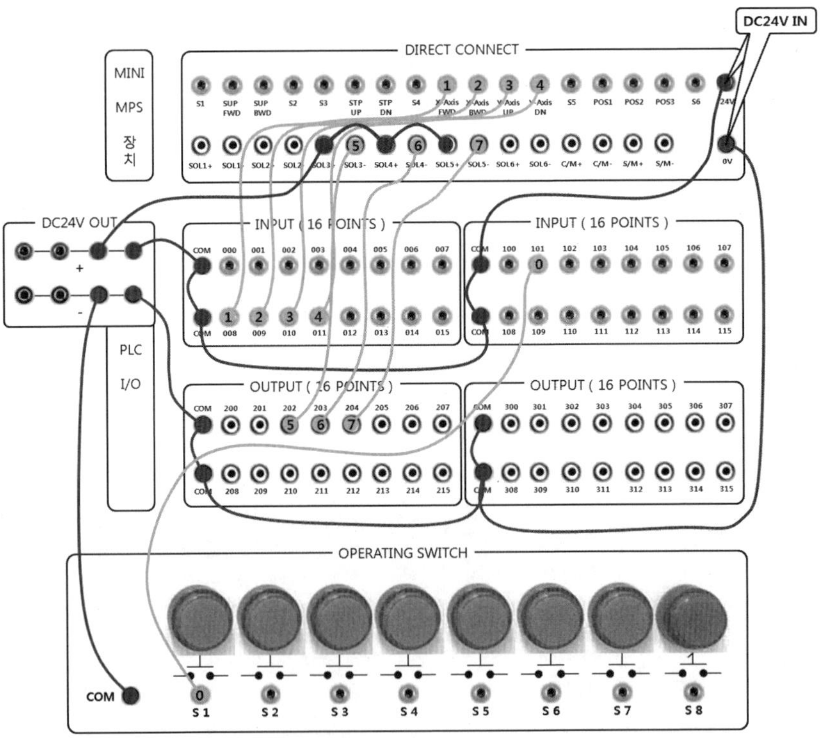

3. 프로그램 실습

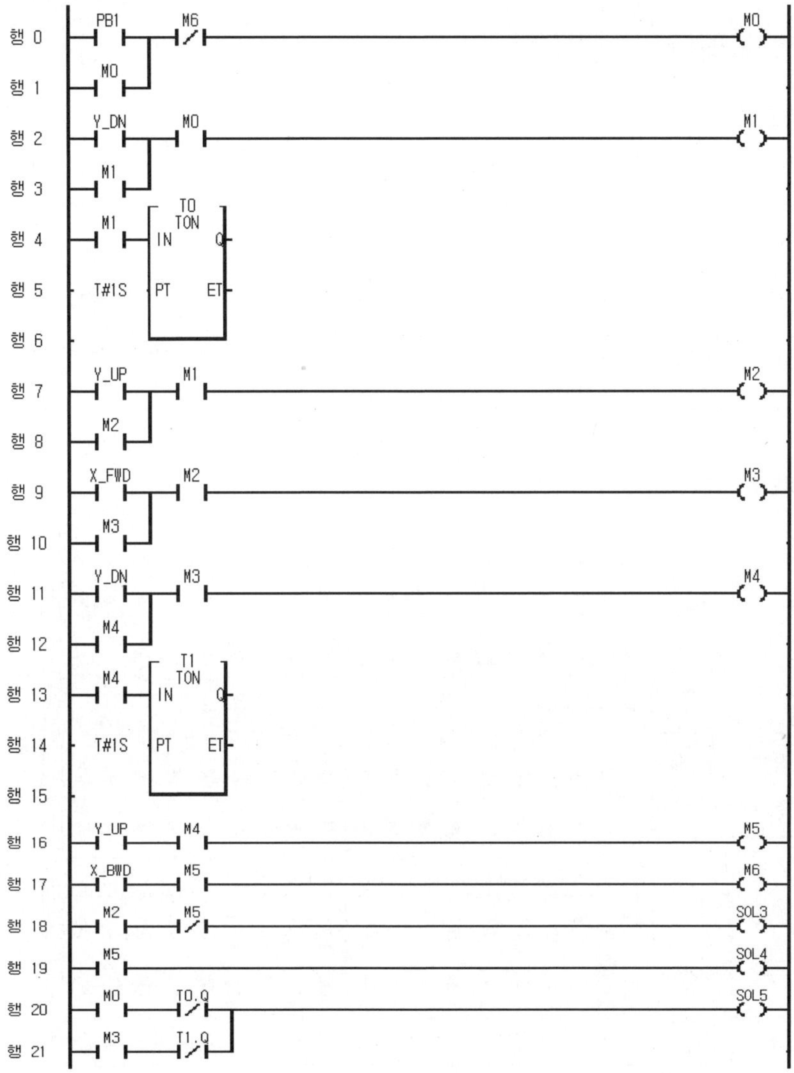

행 0
행 1
행 2
행 3
행 4
행 5
행 6
행 7
행 8
행 9
행 10
행 11
행 12
행 13
행 14
행 15
행 16
행 17
행 18
행 19
행 20
행 21
PB1
M6
M0
Y_DN
M1
T0
TON
IN
Q
T#1S
PT
ET
Y_UP
M2
X_FWD
M3
M4
T1
M5
X_BWD
M6
SOL3
SOL4
SOL5
T0.Q
T1.Q

실습과제 13-10

X, Y축+흡착자동 구동회로

1. 동작조건

PB1을 누르면 다음 타임차트대로 동작되도록 하라.

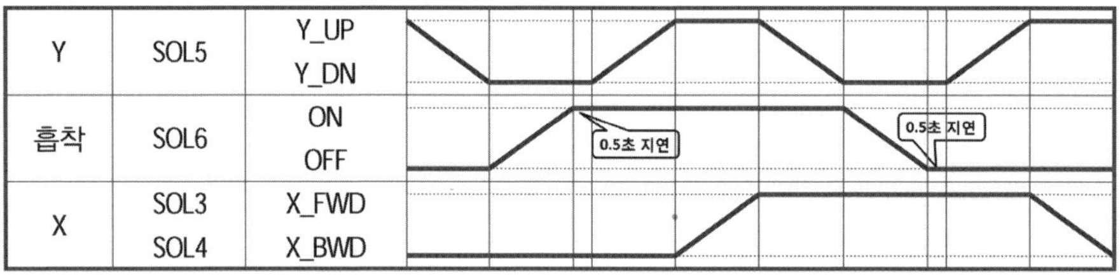

2. 장비와의 결선도

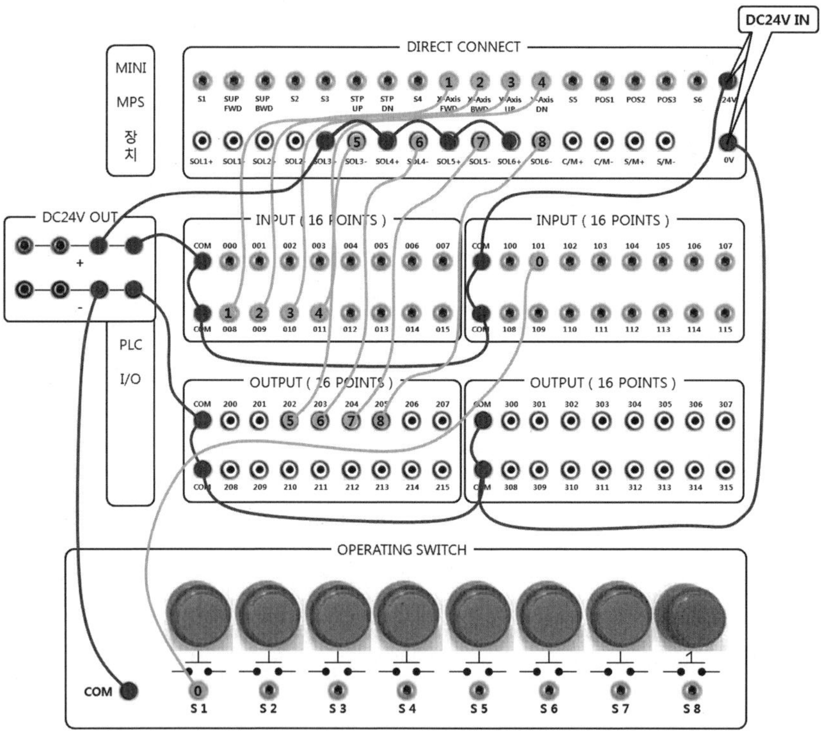

3. 프로그램 실습

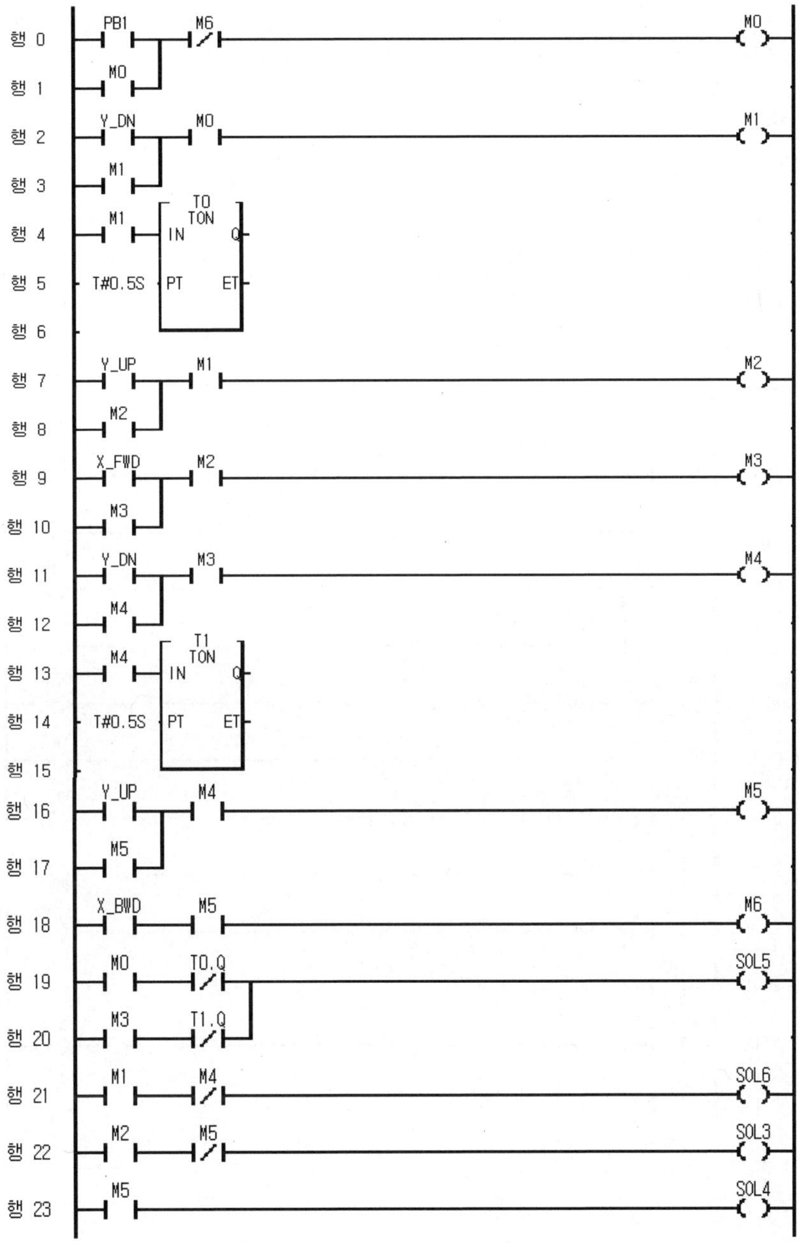
행 0
PB1
M6
M0
행 1
M0
행 2
Y_DN
M0
M1
행 3
M1
행 4
M1
T0
TON
IN
Q
행 5
T#0.5S
PT
ET
행 6
행 7
Y_UP
M1
M2
행 8
M2
행 9
X_FWD
M2
M3
행 10
M3
행 11
Y_DN
M3
M4
행 12
M4
행 13
M4
T1
TON
IN
Q
행 14
T#0.5S
PT
ET
행 15
행 16
Y_UP
M4
M5
행 17
M5
행 18
X_BWD
M5
M6
행 19
M0
T0.Q
SOL5
행 20
M3
T1.Q
행 21
M1
M4
SOL6
행 22
M2
M5
SOL3
행 23
M5
SOL4

실습과제 13-11

적재 창고 선택회로

1. 동작조건

1) PB1을 누르면 적재 창고 위치가 POS2 또는 POS3에 있으면 POS1로 이동
2) PB2를 누르면 적재 창고 위치가 POS1 또는 POS3에 있으면 POS2로 이동
3) PB3을 누르면 적재 창고 위치가 POS1 또는 POS2에 있으면 POS3으로 이동하는 회로를 구성하라.

2. 프로그램 실습

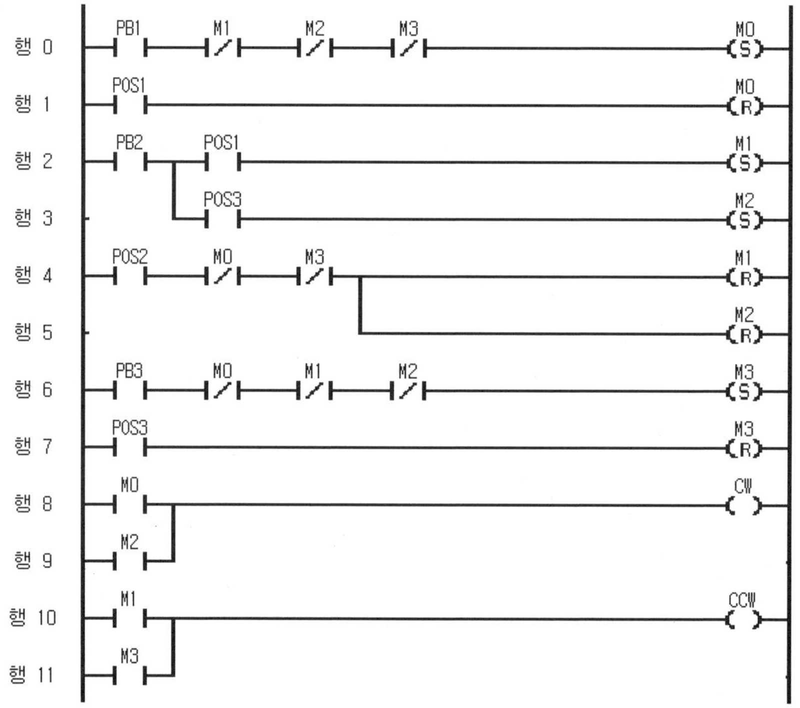

3. 장비와의 결선도

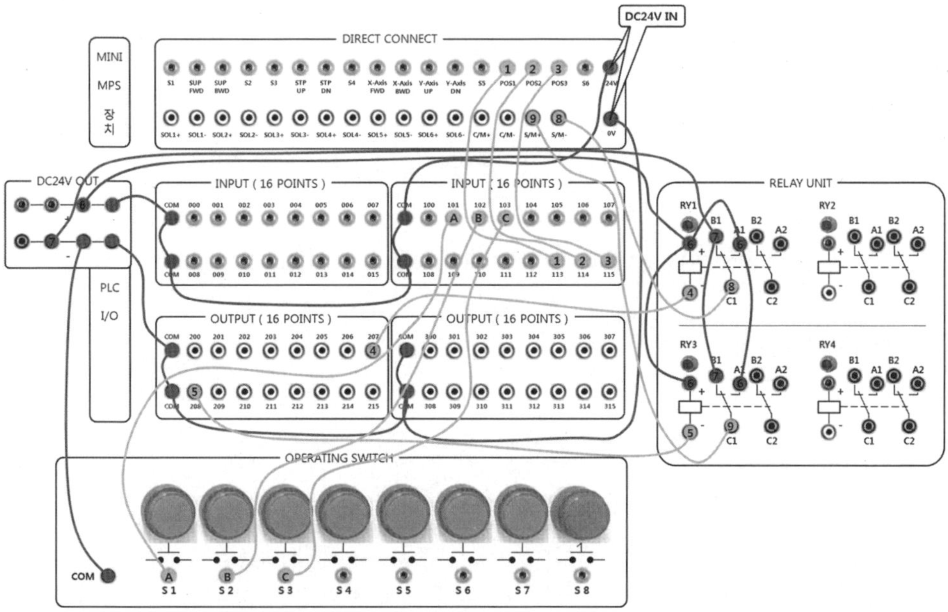
DC24V IN
DIRECT CONNECT
MINI
MPS
장
치
DC24V OUT
INPUT (16 POINTS)
OUTPUT (16 POINTS)
PLC
I/O
RELAY UNIT
RY1
RY2
RY3
RY4
OPERATING SWITCH
COM
S1
S2
S3
S4
S5
S6
S7
S8

실습과제 13-12

적재 창고 위치표시회로

1. 동작조건

1) 실습과제 13-11에 이어서 각 포지션마다 DISPLAY를 사용하여 표시하는 회로를 구성하라(POS1 : 1, POS2 : 2, POS3 : 3).
2) 선택된 위치로 이동중일 때는 이동되는 위치를 표시하도록 하라.

2. 장비와의 결선도

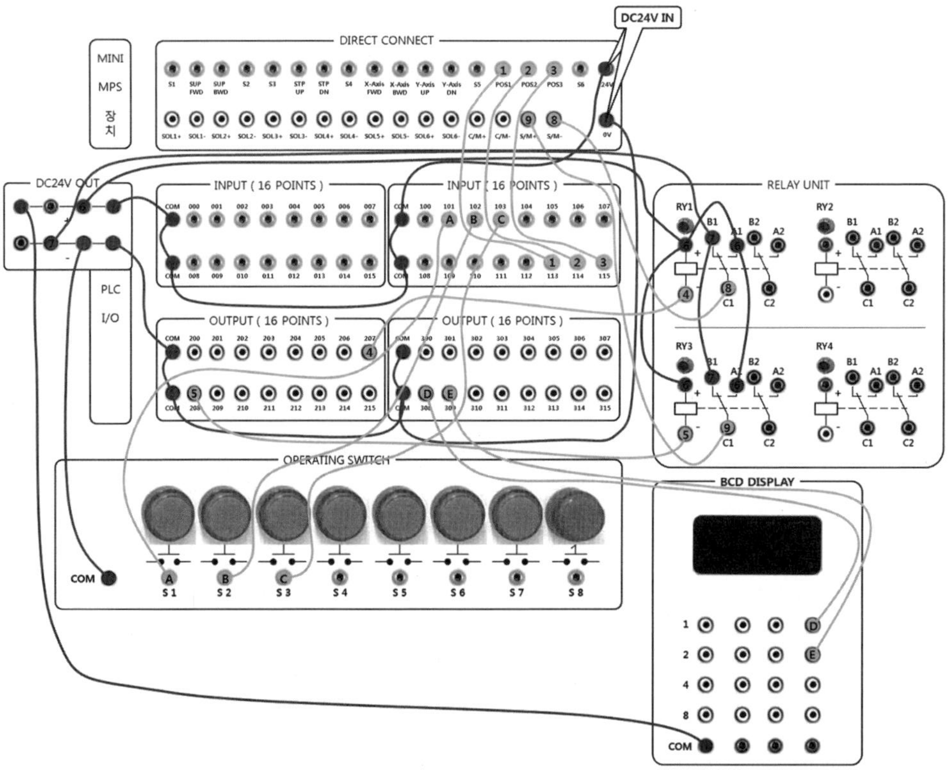

3. 프로그램 실습

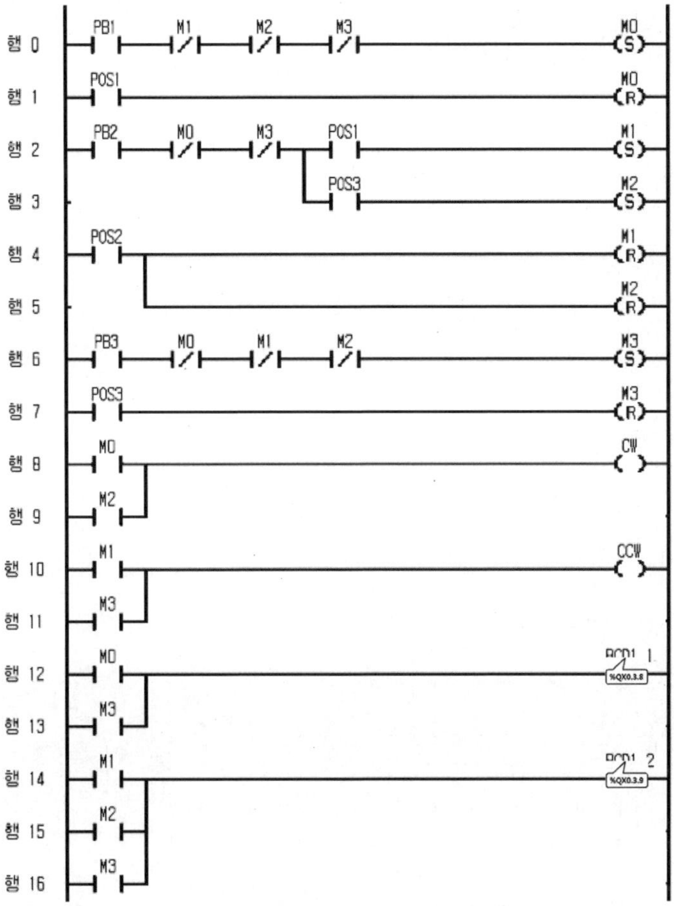
행 0
PB1
M1
M2
M3
M0
(S)
행 1
POS1
M0
(R)
행 2
PB2
M0
M3
POS1
M1
(S)
행 3
POS3
M2
(S)
행 4
POS2
M1
(R)
행 5
M2
(R)
행 6
PB3
M0
M1
M2
M3
(S)
행 7
POS3
M3
(R)
행 8
M0
CW
행 9
M2
행 10
M1
CCW
행 11
M3
행 12
M0
%QX0.3.8
행 13
M3
행 14
M1
%QX0.3.9
행 15
M2
행 16
M3

실습과제 13-13

포토블럭을 이용한 적재 창고제어

1. 동작조건

1) PB1을 누르면 적재 창고가 POS1에서 POS2로 이동되어야 하며, 다시 PB1을 누르면 POS2에서 POS3으로 이동되어야 한다. 다시 PB1을 누르면 POS3에서 POS1로 이동되는 회로를 구성하라.
2) 적재 창고에 장착되어 있는 포토블록의 회전수를 이용(리밋스위치는 사용 금지)하여 적재 창고의 위치를 파악하여야 한다(적재 창고의 초기 위치는 POS1에 있다).

2. 장비와의 결선도

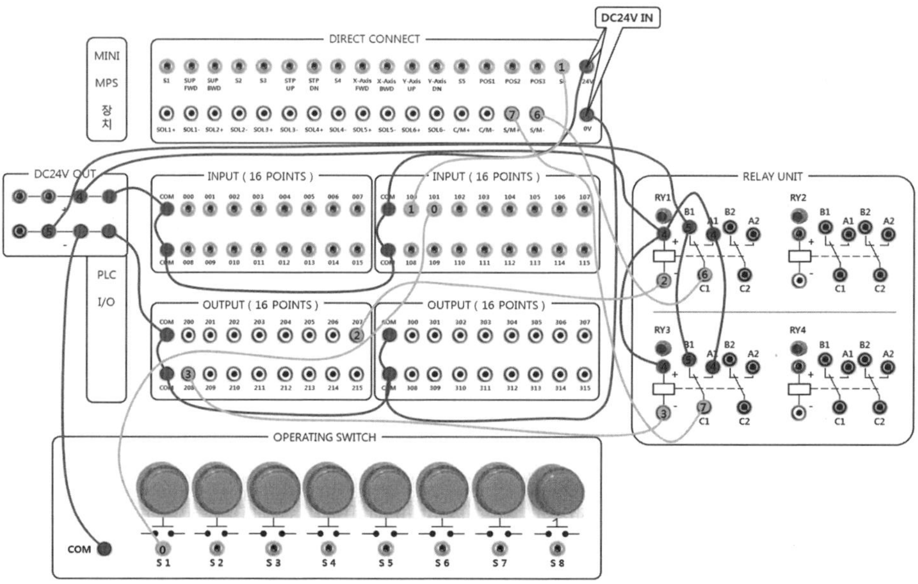

3. 프로그램 실습

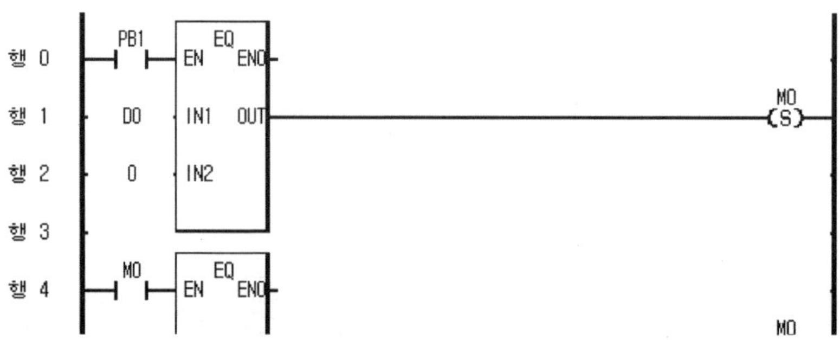

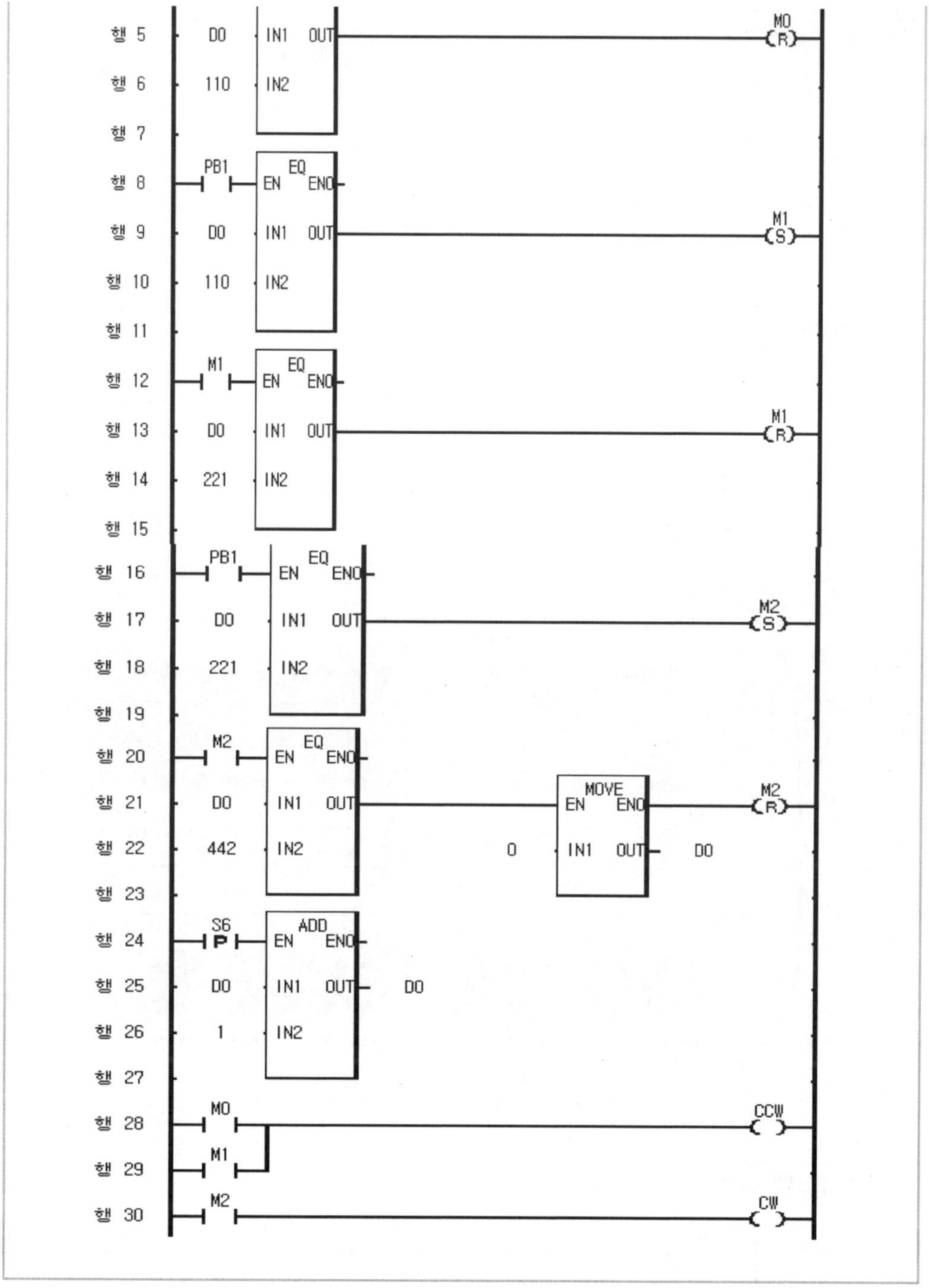
행 5 D0 IN1 OUT M0 (R)
행 6 110 IN2
행 7
행 8 PB1 EN EQ ENO
행 9 D0 IN1 OUT M1 (S)
행 10 110 IN2
행 11
행 12 M1 EN EQ ENO
행 13 D0 IN1 OUT M1 (R)
행 14 221 IN2
행 15
행 16 PB1 EN EQ ENO
행 17 D0 IN1 OUT M2 (S)
행 18 221 IN2
행 19
행 20 M2 EN EQ ENO
행 21 D0 IN1 OUT MOVE EN ENO M2 (R)
행 22 442 IN2 0 IN1 OUT D0
행 23
행 24 S6 P EN ADD ENO
행 25 D0 IN1 OUT D0
행 26 1 IN2
행 27
행 28 M0 CCW
행 29 M1
행 30 M2 CW

실습과제 13-14

X축, Y축 흡착밸브 연동회로1(저장)

1. 동작조건

PB1을 누르면 스톱퍼 실린더에서 감지된 소재를 X축과 Y축 그리고 흡착을 이용하여 적재 창고에 저장하는 회로를 구성하라(컨베이어 측 → 적재 창고 측).

2. 장비와의 결선도

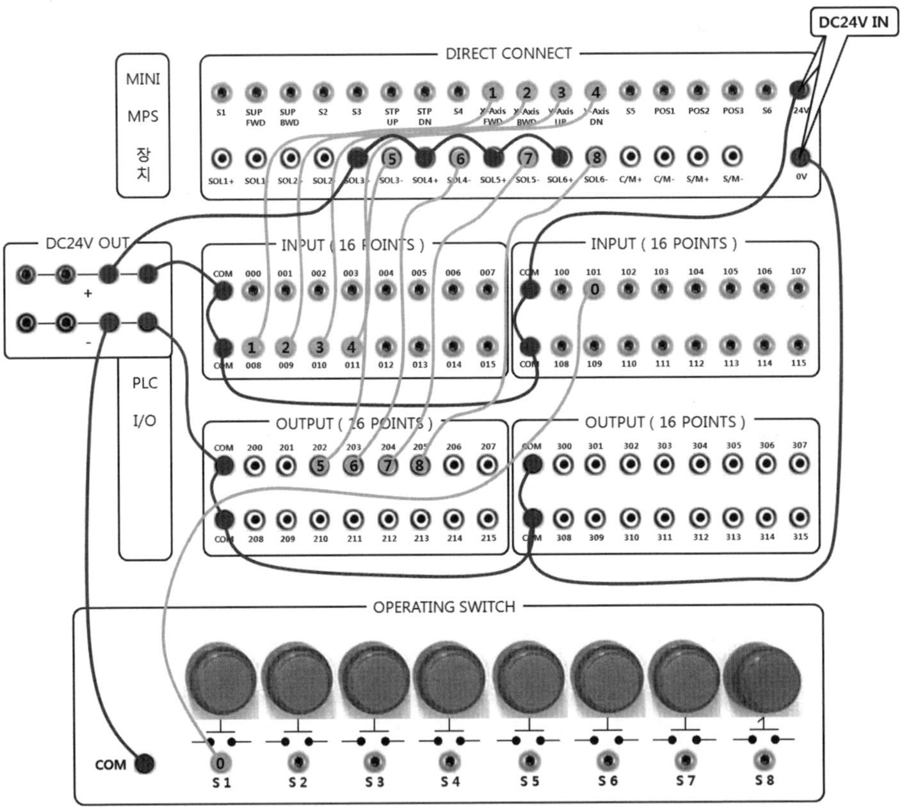

3. 프로그램 실습

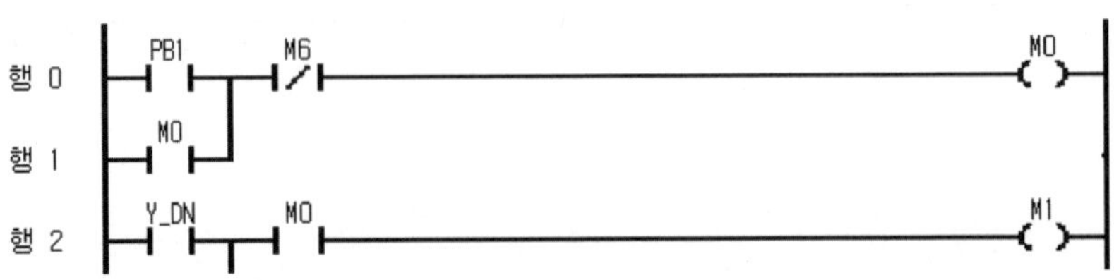

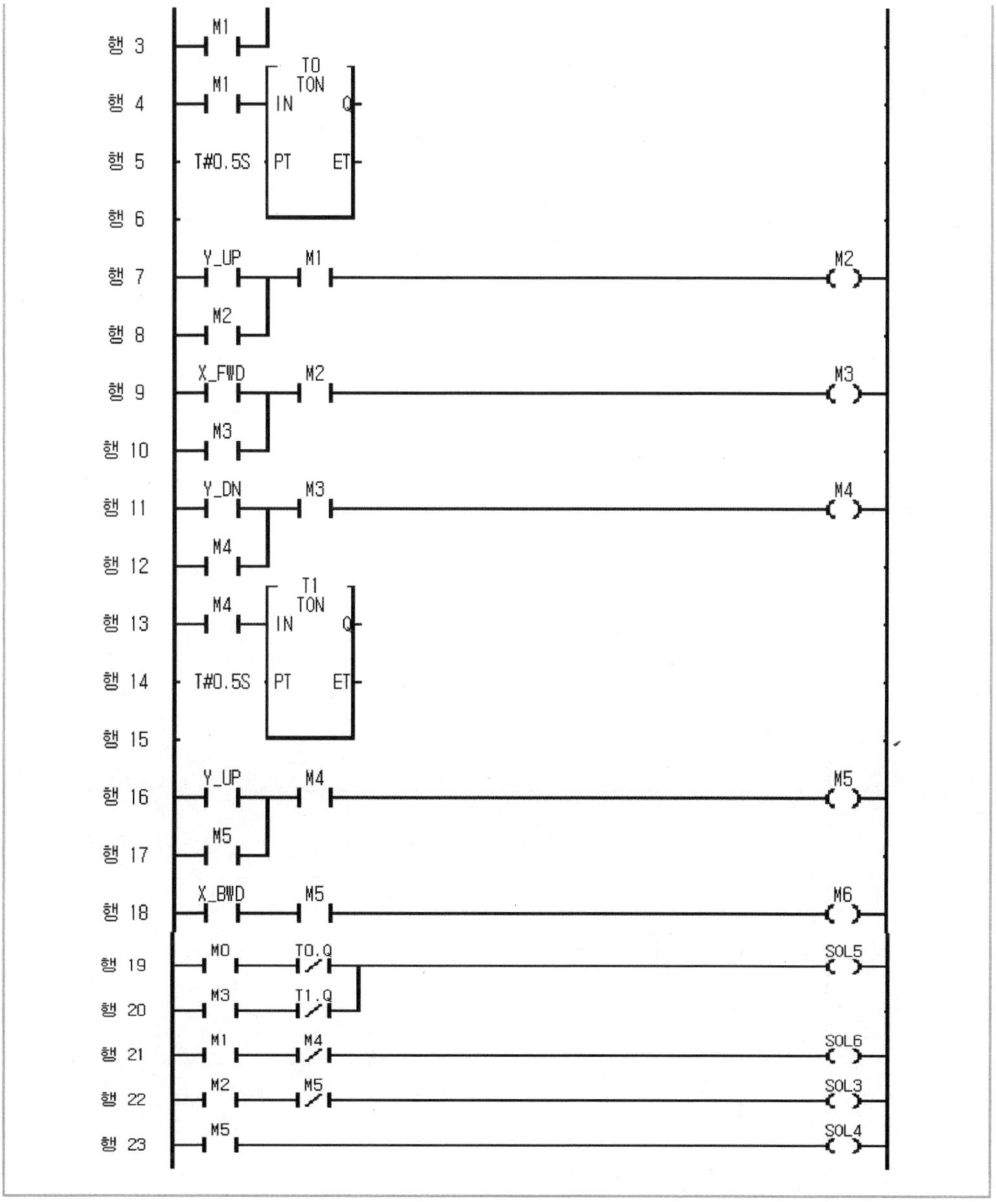
행 3
M1
행 4
M1
T0
TON
IN
Q
행 5
T#0.5S
PT
ET
행 6
행 7
Y_UP
M1
M2
행 8
M2
행 9
X_FWD
M2
M3
행 10
M3
행 11
Y_DN
M3
M4
행 12
M4
행 13
M4
T1
TON
IN
Q
행 14
T#0.5S
PT
ET
행 15
행 16
Y_UP
M4
M5
행 17
M5
행 18
X_BWD
M5
M6
행 19
M0
T0.Q
SOL5
행 20
M3
T1.Q
행 21
M1
M4
SOL6
행 22
M2
M5
SOL3
행 23
M5
SOL4

실습과제 13-15

X축, Y축 흡착밸브 연동회로1(추출)

1. 동작조건

PB1을 누르면 적재 창고에 있는 소재를 X축과 Y축 그리고 흡착을 이용하여 컨베이어로 이동시키는 회로를 구성하라(적재 창고 측 → 컨베이어 측).

2. 장비와의 결선도

장비와의 결선도는 실습과제 13-14와 동일하다.

3. 프로그램 실습

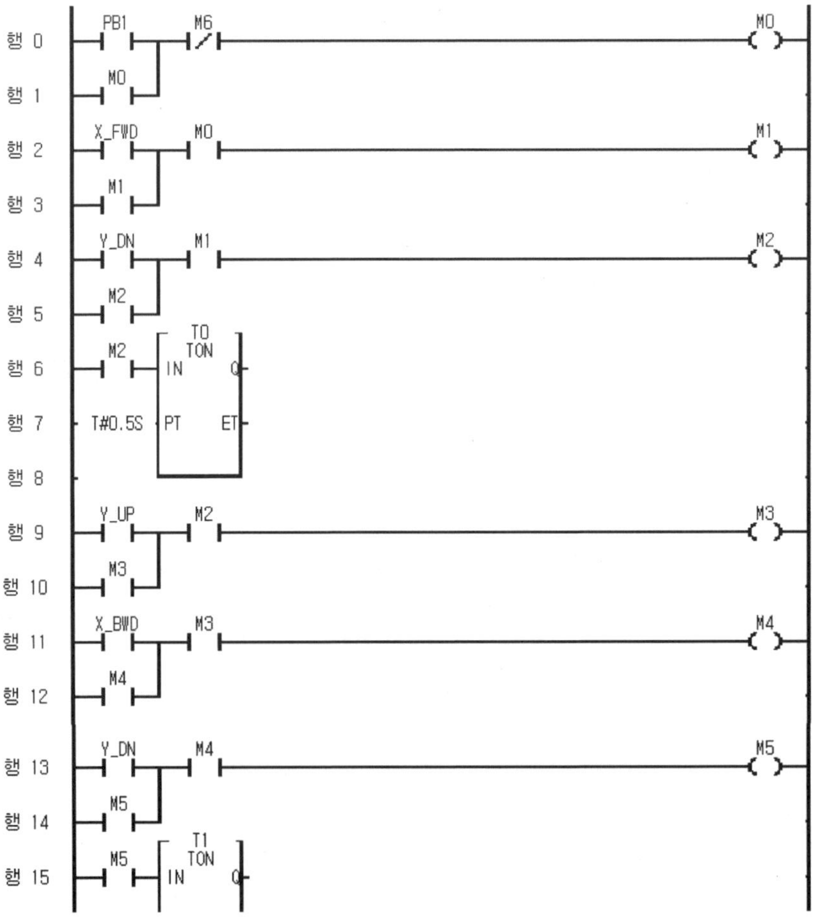

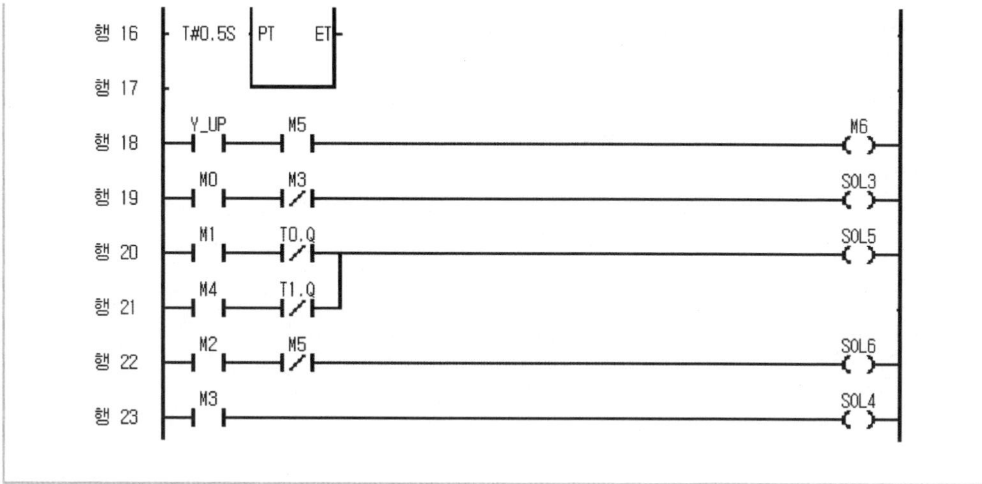

4 알고리즘을 이용한 임의의 적재 창고 찾기

실습과제 13-11 및 13-12에서 적재 창고를 찾을 때 임의의 적재 창고에서 원하는 적재 창고를 찾기 위해서는 찾아갈 순서에 따라 각각 다른 프로그램으로 작성되어야 한다. 즉 창고 순서가 1 → 2 → 3 창고를 찾을 때와 3 → 2 → 1 창고를 찾는 프로그램은 다르다. 매번 다르게 작성되는 프로그램은 현장에서 유지보수하는 데도 많은 어려움이 있을 것이다.

이런 어려움들을 알고리즘으로 해결하고 임의의 적재 창고에서 원하는 적재 창고를 찾을 때 동일한 프로그램을 통하여 확인하도록 한다.

1) 배열변수 선언 방법

알고리즘으로 프로그램을 동일하게 고정하고 임의의 원하는 적재 창고 이동 순서를 배열로 활용하면 된다. PLC 편집화면 상단에서 새로운 변수 추가를 이용하여 변수를 추가하는데, 배열변수 선언 방법은 그림 13-6의 (a)와 같다.

배열변수를 선언하기 위해서 먼저 변수 이름이 필요하다. 여기서는 A로 정하고 데이터 타입에서 Array를 선택한다. 그리고 배열 요소 수는 0번 방에서부터 시작하여 3번 방까지 필요하다. 왜야하면 실험실습에 사용되는 적재 창고 개수는 모두 3개이기 때문이다.
배열변수 유형은 INT 혹은 BYTE 등을 선택하면 된다(여기에서는 BYTE로 선언). 이는 초기값의 유형이 된다.

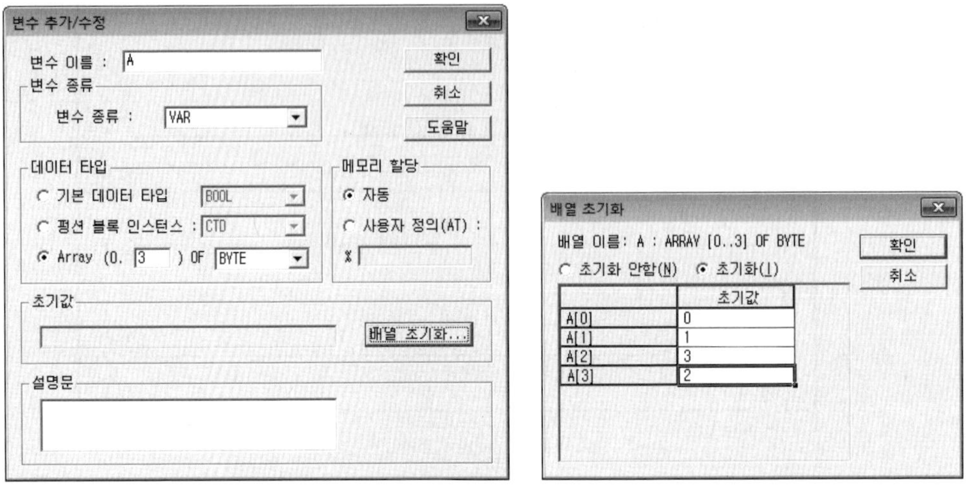

(a) 배열변수 선언 (b) 배열 초기화

그림 13-6 배열변수 선언과 초기화

데이터 타입을 모두 결정하고 배열 초기화를 위해 [배열 초기화] 버튼을 클릭한다. 그림 13-6의 (b)와 같이 [초기화]를 선택하고 초기값을 입력하면 된다. 여기에서는 임의의 적재 창고 순서를 1 → 3 → 2번 창고로 이동하는 것으로 한다. 프로그램에서는 배열 초기화에 기억된 값으로 적재 창고가 이동하게 된다.

나머지 변수들은 그림 13-7을 참고하여 선언하기 바란다.

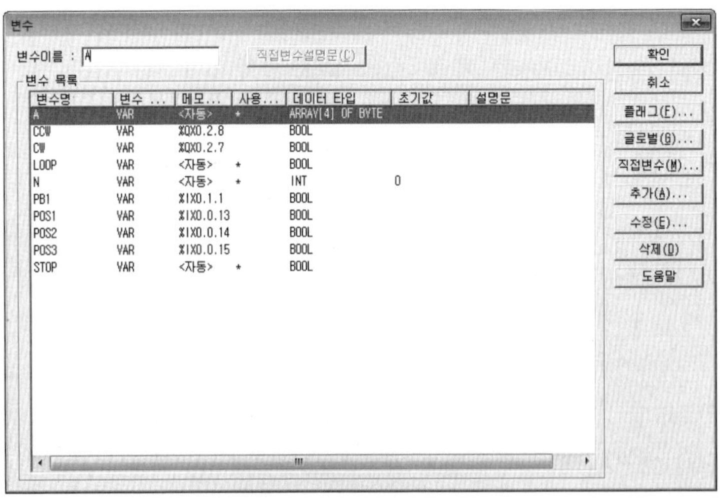

그림 13-7 배열을 이용한 임의의 적재 창고 찾기 변수

2) 동작조건

PB1을 누르면 임의의 위치에 있는 적재 창고가 1 → 3 → 2번 적재 창고로 이동 후 정지하는 회로를 구성하라.

※ 배열 A의 초기값을 수정하면 사용자가 원하는 적재 창고 이동 순서를 변경할 수 있다.

3) 프로그램

그림 13-8은 부프로그램을 이용한 적재 창고 찾는 알고리즘이다. PB1을 누르면 최초 1번 창고를 찾기 위해 N에 1을 기억시키고 동시에 부프로그램(LOOP)을 호출한다.

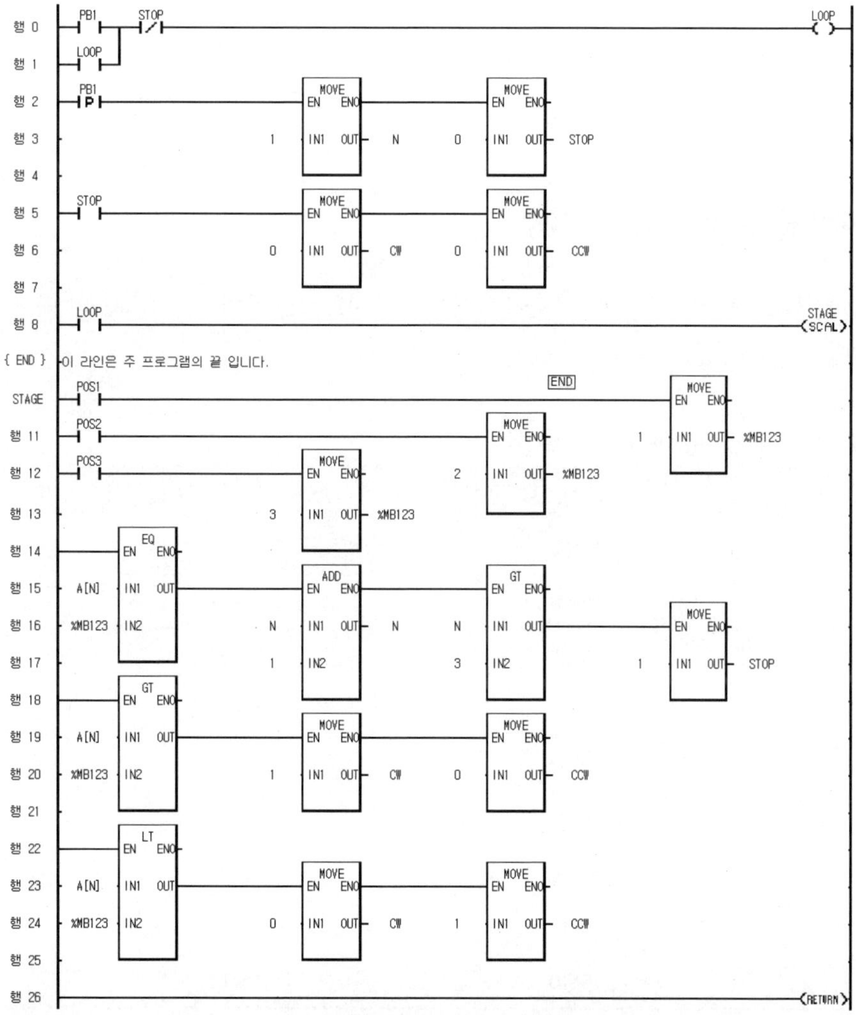

그림 13-8 배열을 이용한 임의의 적재 창고 찾기

행 10[STAGE] : 적재 창고 위치가 POS1이면 %MB123(배열 유형과 같게 선언)에 1을 기억

행 11 : 적재 창고 위치가 POS2이면 %MB123에 2를 기억

행 12 : 적재 창고 위치가 POS3이면 %MB123에 3을 기억

행 14 : 원하는 적재 창고 위치를 찾으면(EQ) 다음 적재 창고를 찾기 위해서 변수 N을 1씩 증가하고, 이때 N의 최대 위치가 기억된 3과 비교하여 만약 N이 3(찾을 마지막 배열방)보다 크면 적재 창고를 모두 찾은 것이다. 적재 창고 찾는 부프로그램을 정지하기 위해 STOP변수에 1(참, TRUE)을 기억시켜 부프로그램 호출(LOOP)의 자기유지를 해제(행 0)한다. 그리고 적재 창고 DC모터도 정지(행 5)한다.

행 18 : 현재 찾을 적재 창고 A(N)와 임의의 적재 창고 %MB123을 비교하여 찾을 적재 창고가 크면 적재 창고 DC모터는 정회전한다.

행 22 : 현재 찾을 적재 창고 A(N)와 임의의 적재 창고 %MB123을 비교하여 찾을 적재 창고가 작으면 적재 창고 DC모터는 역회전한다.

5 배열을 이용한 소재 이송

배열을 이용한 소재 이송은 저장과 추출로 구분된다. 표 13-2는 소재 저장과 추출의 배열 초기값을 표현한 것이다.

표 13-2 소재 이송을 위한 배열 변수 초기화

STAGEA	저장 초기값	추출 초기값
[0]	16#10	16#14
[1]	16#08	16#34
[2]	16#28	16#08
[3]	16#30	16#28
[4]	16#34	16#30
[5]	16#2C	16#10
[6]	16#0C	16#08
[7]	16#14	16#0C
[8]	16#10	16#14

그림 13-9는 배열을 이용한 소재를 컨베이어 측에서 적재 창고 측으로 이송되는 저장 공정 프로그램을 나타낸 것이다. 적재를 위한 X축, Y축, 흡착을 감지하는 각각의 센서가 고장 없이 일정하게 이루어진다고 가정을 한다면 배열 변수에 미리 정해둔 코드 값을 기억하고 1초 간격으로 출력하면 프로그램이 간단하게 된다.

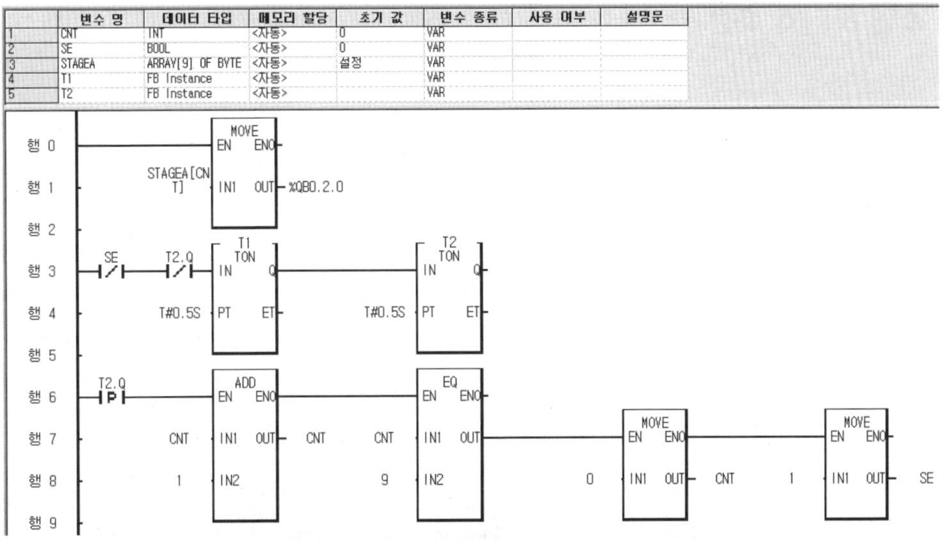

그림 13-9 배열을 이용한 소재를 적재 창고로 이송

행 0 : STAGEA 배열에 기억된 소재 이송을 위한 배열 값을 출력한다.

행 3 : 1초 Flicker(ON → OFF 반복)

행 6 : 1초 간격으로 CNT 변수를 1씩 증가한고 CNT가 9보다 크면 이송이 완료된다.

6 스테핑 모터

1) 스테핑 모터의 정의

최근에 stepping motor(pulse motor, stepper motor)가 가지는 독특한 특성과 정확한 위치 제어 때문에 OA, FA 등에 많이 사용되고 있다. stepping motor는 AC servo, DC servo motor에 비하여 값이 싸고 정확한 각도 제어에 유리하여 우리 주위에서 쉽게 접할 수가 있다.

일반적으로 기계적인 이동량을 정밀하게 제어하는 일에 DC servo motor나 stepping motor가 많이 사용되고 있으며, 특히 stepping motor는 pulse에 의해 digital적으로 제어하는 것이 가능하므로 micom에서 사용하기에 적합한 motor이다.

Stepping motor가 DC motor나 AC motor와 크게 다른 점은 모터의 shaft의 위치를 검출하기 위한 feedback 없이, 정해진 각도를 회전하고, 상당히 높은 정확도로 정지할 수 있는 것이다. 그리고 system에 짜인 뒤에도 초기 성능이 만족되어 있으면, 객년 변화가 적고, 보수가 용이하며, 매우 신뢰성이 높은 system을 구성할 수 있다.

2) 스텝 모터의 특징

(1) 장점

① Motor의 총 회전각은 입력 pulse수의 총 수에 비례하고, motor의 속도는 1초간 당의 입력 pulse 수에 비례한다.

② 1 step 당 각도 오차가 5% 이내이며 회전각 오차는 step마다 누적되지 않는다.

③ 회전각 검출을 위한 feedback이 불필요하여, 제어계가 간단해서 가격이 상대적으로 저렴하다.

④ DC motor등과 같이 brush 교환 등과 같은 보수를 필요로 하지 않고 신뢰성이 높다.

⑤ 모터 축에 직결함으로써 초 저속 동기 회전이 가능하다.

⑥ 기동 및 정지 응답성이 양호하므로 servo motor로써 사용가능하다.

그림 13-10 스테핑 모터

(2) 단점

① 어느 주파수에서는 진동, 공진 현상이 발생하기 쉽고, 관성이 있는 부하에 약하다.

② 고속 운전 시에 탈조하기 쉽다.

③ 보통의 driver도 구동 시에는 권선의 인덕턴스 영향으로 인하여 권선에 충분한 전류를 흘리게 할 수 없으므로 pulse비가 상승함에 따라 torque가 저하하며 DC motor에 비해 효율이 떨어진다.

3) 스텝 모터의 동작 원리

Stepping motor에서 그 내부를 구성하는 고정자라고 불리는 극의 수에 따라 단상(1상), 2상, 3상, 4상, 5상, 6상 등의 종류가 있으며, 기본적으로 이 극의 수에 따라 motor의 step각 등의 기본 특성이 달라진다. 여기서는 일반적으로 가장 많이 사용되고 있는 4상 stepping motor를 예를 들어 동작원리에 대해 설명한다.

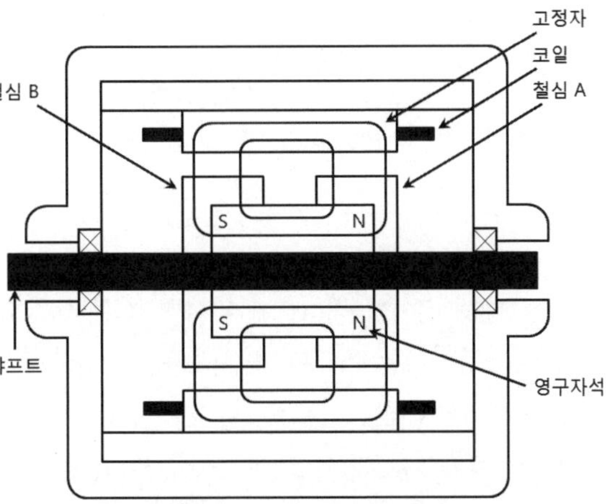

그림 13-11 고정자와 회전자의 구성

Motor는 회전자(rotor)와 고정자(stator)로 구성되어 있으며 그림과 같이 회전자에는 축 방향으로 자화된 영구 자석과 그 바깥쪽에 회전자 이빨의 철심 A, B가 있다. 그리고 각각 N극과 S극으로 자화되고, 철심 A와 B와의 이빨은 반 피치가 어긋나 있다.

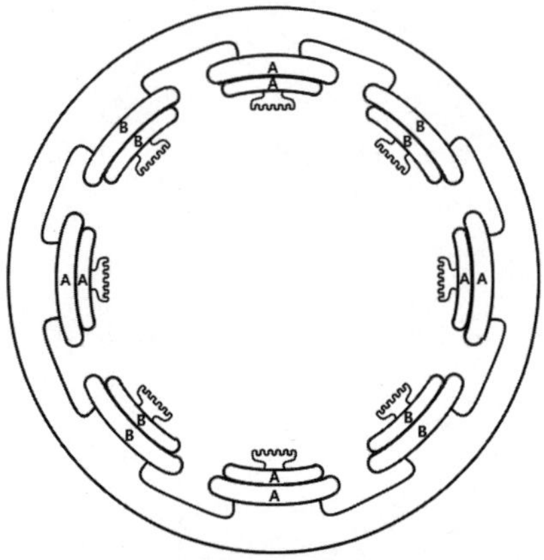

그림 13-12 권선의 상태

고정자에는 4상의 여자 코일이 위 그림과 같이 감겨져 있다. 그리고 coil에 직류를 흐르게 함으로써 고정자는 자화되고 회전자를 끌어당긴다. 또 A상과 A'상, B상, B'상은 감은 방향이 반대로 되어 있으며, 반대의 극성이 발생한다. 각 상씩 여자할 때의 상태를 아래 그림에 나타낸다.

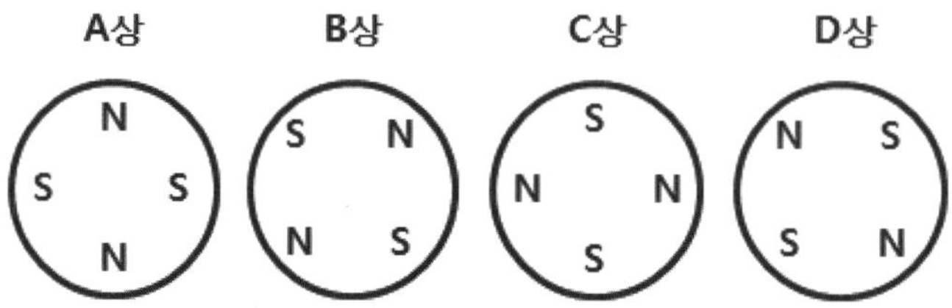

그림 13-13 각 상이 여자 되었을 때의 극의 상태

4) 기본 동작

여기서는 모터의 기본동작을 아는 것이 목적이므로 간단히 스위치로 모터의 여자를 변환해서 회전시켜본다. 따라서 저전류로 동작하는 스테핑모터가 알맞다. 일반적으로 쉽게 구할 수 있고 센터 탭(center tap)이 있는 스텝 각도 15도라는 시방의 모터이다. 모터에 나와 있는 코일의 리드선은 모터의 종류나 메이커에 따라 다르지만, 아래 그림 13-10과 같이 되어있다.

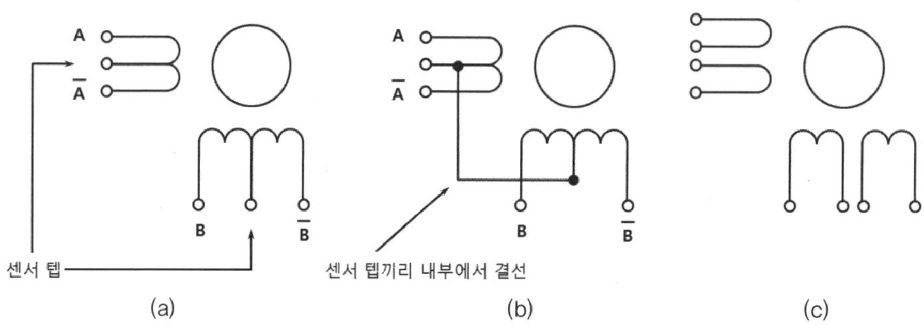

그림 13-14 스텝 모터의 결선의 예

그림 13-10의 (a)는 코일의 센터 탭이 단독으로 나와 있는 것과, 그림 13-10의 (b)와 같이 내부 센터 탭끼리 서로 접속되어 한 가닥이 나오는 것이 있다. 일반적으로는 그림 13-10의 (a)의 유형으로 되어 있다.

5) 스텝 모터의 종류

Stepping motor는 그 구조상 세 가지로 분류할 수 있다.

(1) VR형(variable reluctance type : 가변 릴럭턴스 형)

(2) PM형(permanent type : 영구 자석 형)

(3) HB형(hybrid type : 복합형)

다음 그림 13-15는 각 방식의 구조를 나타낸 것이다.

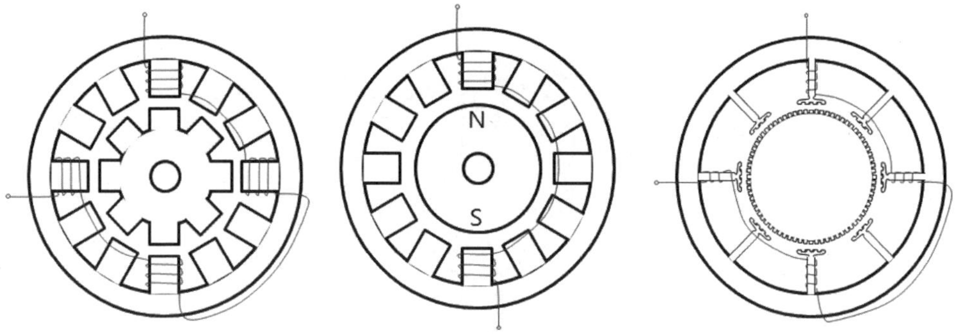

(a) VR형 (b) PM형 (c) 하이브리드 PM형

그림 13-15 스텝 모터의 구조들

① VR형

VR형도 연철 또는 성층강판으로 회전자가 만들어져 있고, 톱니바퀴형의 회전자와 고정자 권선에서 만들어지는 전자력에 의해 끌려 회전한다. 이 motor는 무-여자일 때는 자력이 어느 곳에서도 발생하지 않으므로 유지 torque는 0이 된다. 또한 이 VR형의 것은 회전자의 관성이 적고 고속 응답에 우수하다. Step각은 15도가 일반적이다.

② PM형

PM형은 회전자를 영구 자석으로 사용하고, 고정자 권선에서 만들어지는 전자력으로 당겨 붙여서 회전한다. 이 PM형은 영구 자석을 사용하고 있기 때문에 무여자 시에도 유지 torque가 크다는 점이 특징이다. 영구 자석의 종류에 따라 step 각이 분류되어 있으며, step각도가 큰 90도, 45도의 motor에는 일반적으로 알니코계의 자석을, 18도, 15도, 7.5도 등의 motor에는 페라이트계의 자석이 사용되고 있다.

③ HB형

PM형과 VR형을 복합한 type인데, 회전자의 바깥쪽에 이빨이 만들어져 있다. 또 회전자에는 축 방향으로 자화된 영구자석이 끼워져 있으며, 그 바깥쪽에 이빨이 있는 2개의 철심으로 구성되어 있다. 복합형은 고정밀도, 고토크, 소스 텝의 motor에 많이 사용되고 있다.

6) 스텝 모터의 상 여자

Stepping motor의 구동방법은 그 권선 코일에 어떤 형태로 전류를 흐르게 하는가에 따라 구별되고 있다. 이것은 모터의 종류에 따라서도 달라지지만, 가장 많이 사용되고 있는 PM형 stepping motor의 step값이 90도일 경우를 예로 설명한다. 그림은 PM형 4상 motor의 권선 구조이며 각도가 작은 motor에서는 기본적인 구조나 사고방식은 같다. 일반적으로 유니폴러 구동과 바이폴라 구동으로 구별할 수 있다.

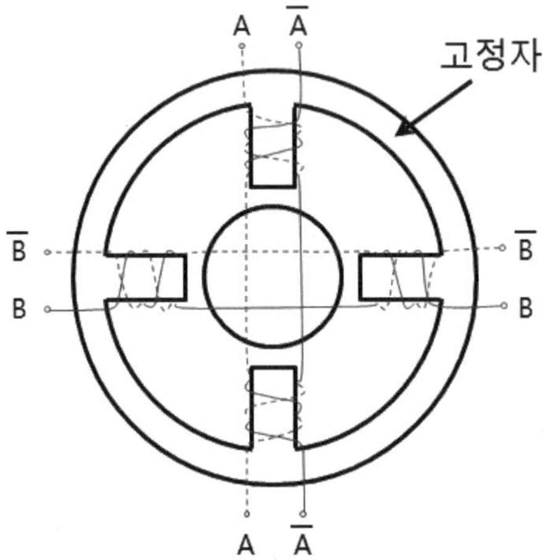

그림 13-16 스텝 모터 권선의 구조

7) 4상 motor 의 1상 여자동작

그림 13-17은 1상 여자에서의 motor의 동작을 나타낸다.

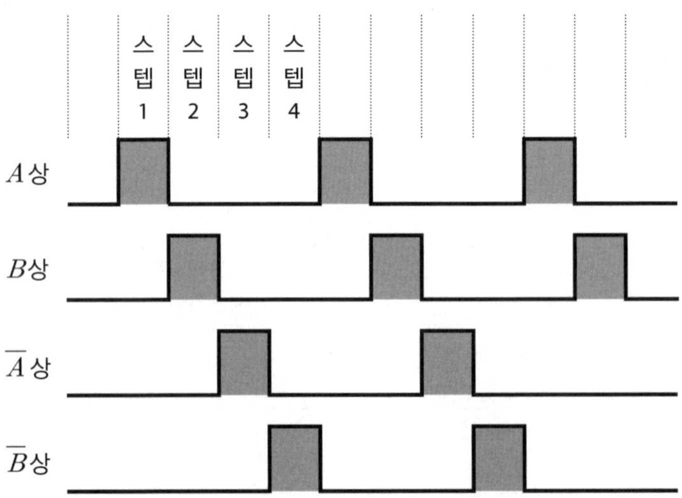

그림 13-17 4상 motor 의 1상 여자동작 타임 차트

표 13-3 4상 motor 의 1상 여자동작

스텝	1	2	3	4
전류	$\overline{A}\rightarrow A$	$\overline{B}\rightarrow B$	$\overline{A}'\rightarrow\overline{A}$	$\overline{B}'\rightarrow\overline{B}$
회전자 위치	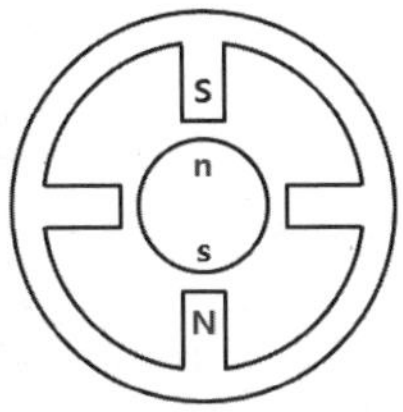	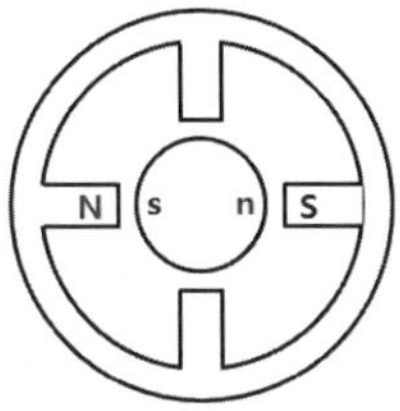	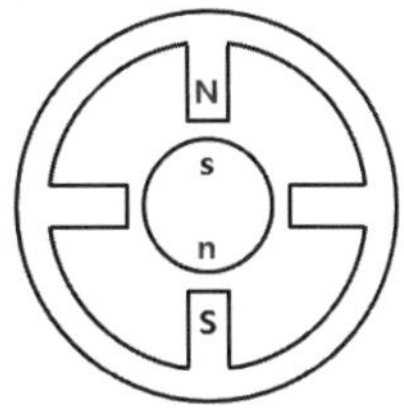	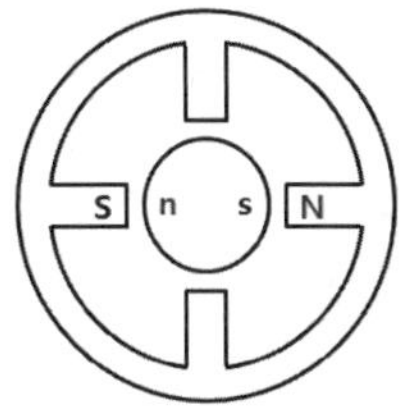

Step 1에서 transistor가 on 되고 A'→ A로 전류가 흐른다. Coil에 전류가 흐름으로써 고정자의 이빨은 n, s극으로 여자된다. 이때 B 쪽에는 전류가 흐르고 있지 않으므로 B 쪽의 stator의 이빨은 비여자이지만, A쪽의 여자에 동반해서 회전자의 영구자석은 각각 N 과 S, S와 N이 결합해서 안정한 위치에 정지한다.

다음에 step 2로 진행하면 먼저 on하고 있던 Tr1은 off 되고, 대신에 Tr3이 on 된다. Tr3이 on 되면 B'→ B의 coil에 전류가 흘러 이번에는 90도씩 어긋나고 있는 고정자가 여자된다. 그리고 여자 위치가 이동한 것으로 회전자도 시계 방향으로 당겨져 90도 회전하게 된다.

같은 방법으로 step 3과 step 4의 동작을 함으로써 모터는 각 step당 90도씩 진행시켜 회전시킬 수 있다.

8) 4상 motor 의 2상 여자동작

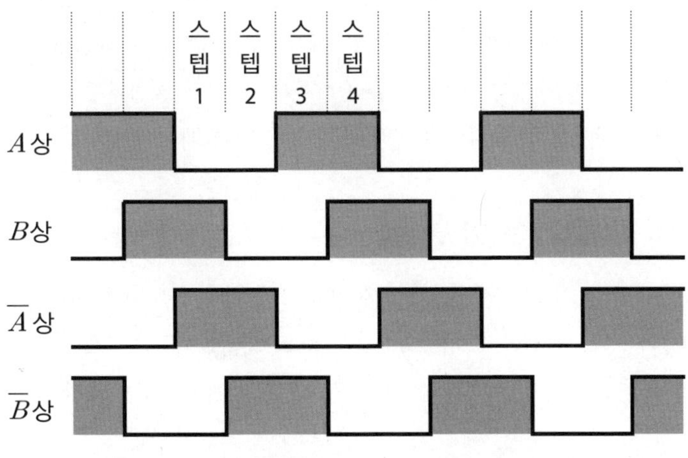

그림 13-18 4상 motor 의 2상 여자동작 타임 차트

그림 13－18은 2상 여자의 동작을 나타내며, 2상 여자의 경우는 A, B쪽의 coil이 동시에 1가닥씩 여자된다.

표 13-4 4상 motor 의 2상 여자동작

스텝	1	2	3	4
전류	$A'\to A$ $B'\to B$	$B'\to B$ $\overline{A}'\to A$	$\overline{A}'\to A$ $\overline{B}'\to B$	$\overline{B}'\to B$ $A'\to A$
회전자 위치	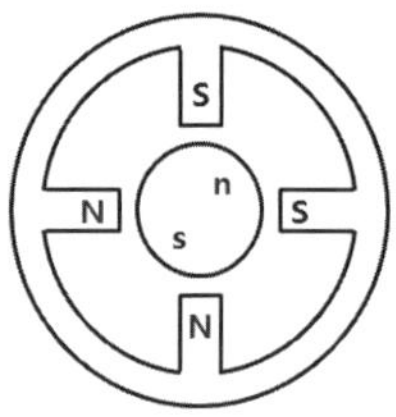	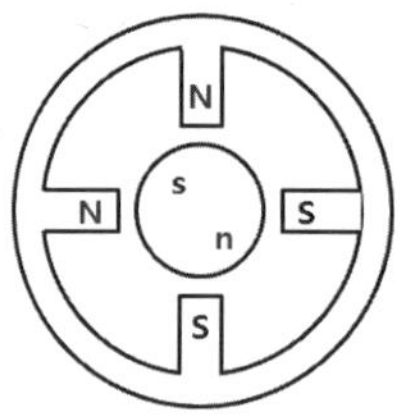	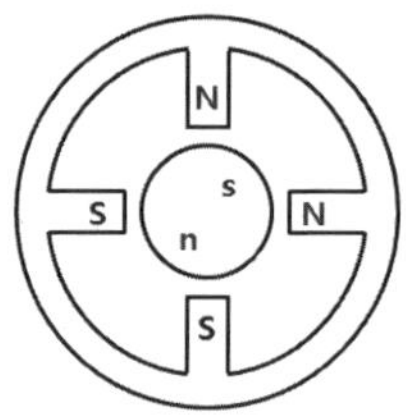	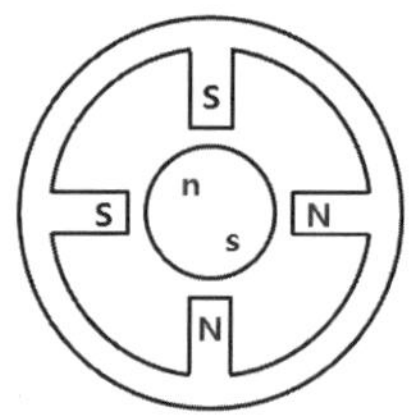

우선 step 1에서는 A'→ A, B'→ B의 coil에 전류가 흐른다. 고정자의 극은 1상 여자와 같이 12시와 3시가 S극,6시와 9시의 위치가 N극으로 여자된다. 그 결과로써 회전자의 N극은 12시와 3시의 S극의 중간의 위치에 정지한다.

다음으로 step 2에서는 A상의 coil이 전환되고 A' → A 로 전류가 흐른다. 그리고 12시의 극이 N, 6시의 극이 S로 된다. 그 결과 회전자의 N극은 12시의 N극과 반발해서 3시와 6시의 S극의 중간 위치에 안정한다.

이렇게 해서 회전자는 시계 방향으로 90도 회전하는 셈이며, step3, step4 에서도 마찬가지로 2장씩 같은 극으로 여자되어 회전자의 극이 그 중간의 위치에서 정지하면서 회전하게 된다. 또한 2상 여자는 1상 여자와 비교해서 2배의 전류가 흐른다. 그러나 코일의 2상이 여자되어 있으므로 1상 여자에 비하면 정지상의 오버슈터나 언더슈터가 작고 과도 특성이 좋아진다.

9) 4상 motor 의 1-2 상 여자동작

그림 13－19의 1－2 상 여자는 전술한 1상 여자와 2상 여자가 교대로 반복하는 것이다. 따라서 회전자는 step마다 45도 회전한다. 즉 step 각은 maker가 표시하는 각도의 1/2이 된다. 1－2상 여자는 1상 여자와 2상 여자의 특성을 갖고 있으므로 step rate는 배가 된다.

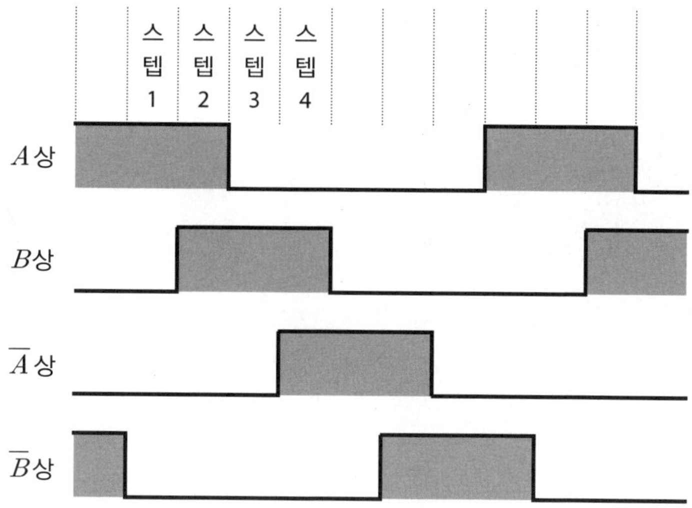

그림 13-19 4상 motor의 1-2 상 여자동작 타입 차트

표 13-5 4상 motor 의 1-2 상 여자동작

스텝	1	2	3	4
전류	$A' \rightarrow A$	$A' \rightarrow A$ $B' \rightarrow B$	$B' \rightarrow B$	$B' \rightarrow B$ $A' \rightarrow A$
회전자 위치	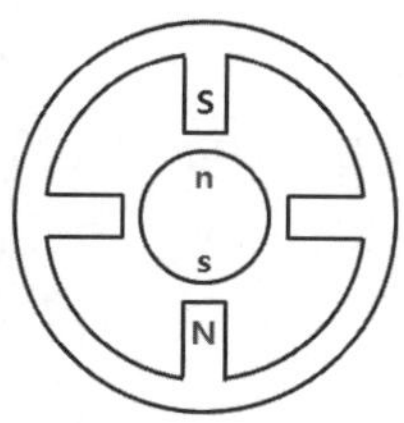	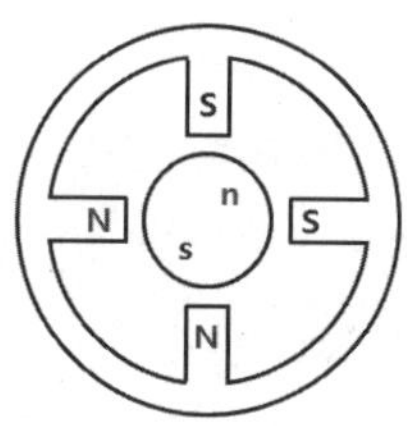	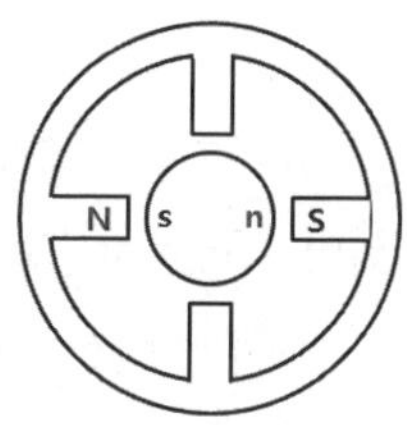	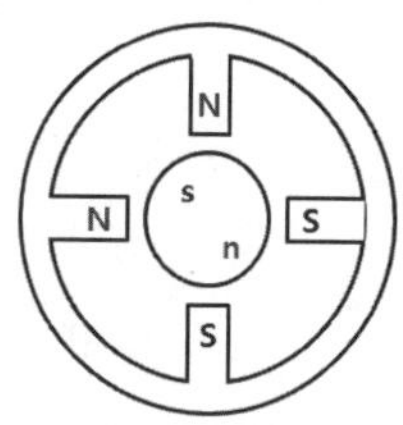

7 스텝 모터 제어 예제

실습과제 13-16

STEPPING MOTOR구동 회로

1. 동작조건

PB1을 누르고 있는 동안 정 방향으로 STEPPING 모터(1.8°/Step)가 회전하는 회로를 구성하라.

2. 프로그램 실습

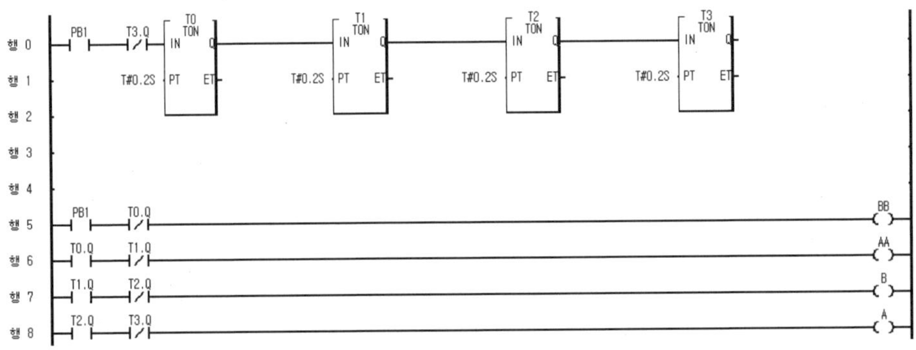

행 0 : PB1을 누르면 0.2초 간격으로 STEPPING 모터가 회전을 한다. 최초 0.2초 후에 T0이 ON 되면 이어서 0.2초 후에 T1이 ON 되고 계속해서 T2, T3이 ON 된다. 마지막 T3에 의해서 다시 시작하게 된다.

행 5 : PB1을 누르면 0.2초 동안 BB(%QX0.3.4)에 출력 신호를 보낸다.

행 6 : T0이 ON 되면 0.2초 동안 AA(%QX0.3.5)에 출력 신호를 보낸다.

행 7 : T1이 ON 되면 0.2초 동안 B(%QX0.3.6)에 출력 신호를 보낸다.

행 8 : T2가 ON 되면 0.2초 동안 A(%QX0.3.7)에 출력 신호를 보낸다.

3. 장비와의 결선도

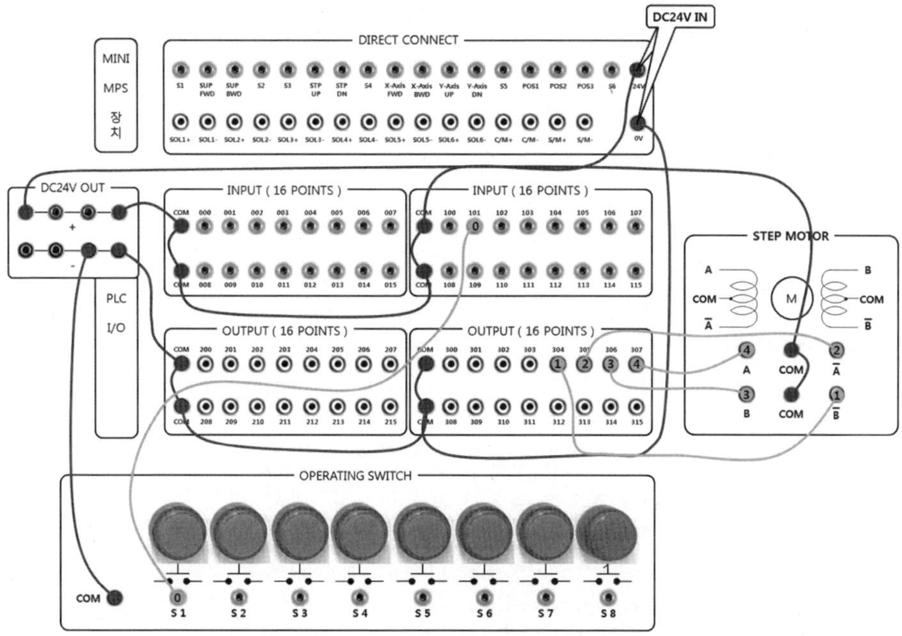

실습과제 13-17

STEPPING MOTOR각도 제어회로

1. 동작조건

실습과제 13-17에 이어 PB1을 누르면 STEPPING 모터(1.8°/Step)가 정방향으로 180도씩 회전하는 회로를 구성하라.

2. 프로그램 실습

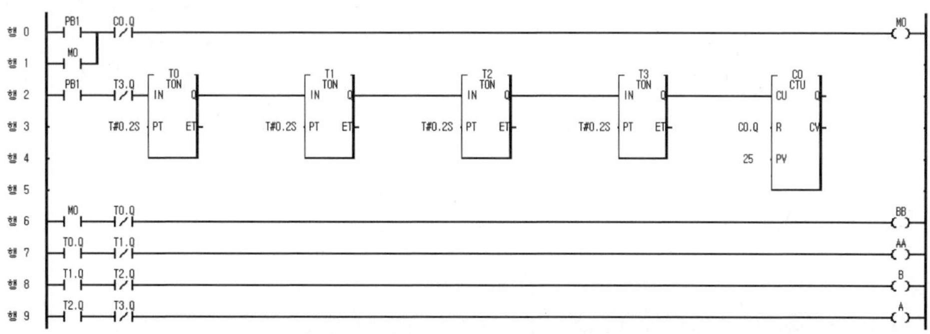

행 2 : CTU의 C0이 25회 증가를 하면 180도 회전을 나타낸다.

실습과제 13-18

STEPPING MOTOR 응용

1. 동작조건

PB1을 누를 때마다 STEPPING 모터(1.8°/Step)가 90도씩 시계방향으로 회전하며, 회전하는 동안에 각도를 DISPLAY에 표시하는 회로를 구성하라(1회전을 백분율로 나누어 표시).

2. 장비와의 결선도

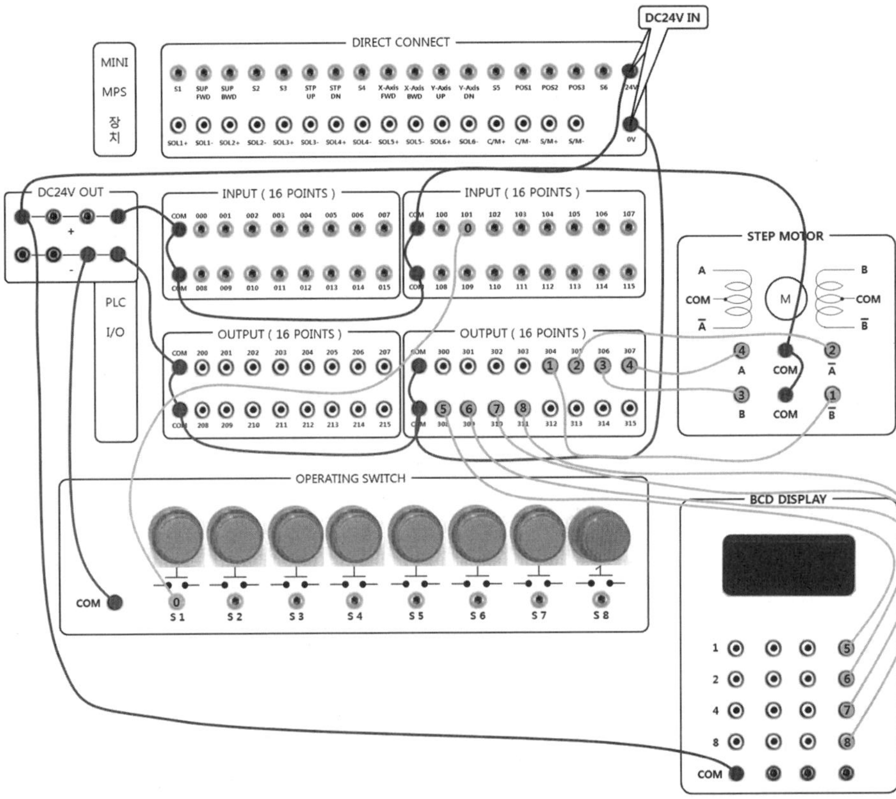

3. 프로그램 실습

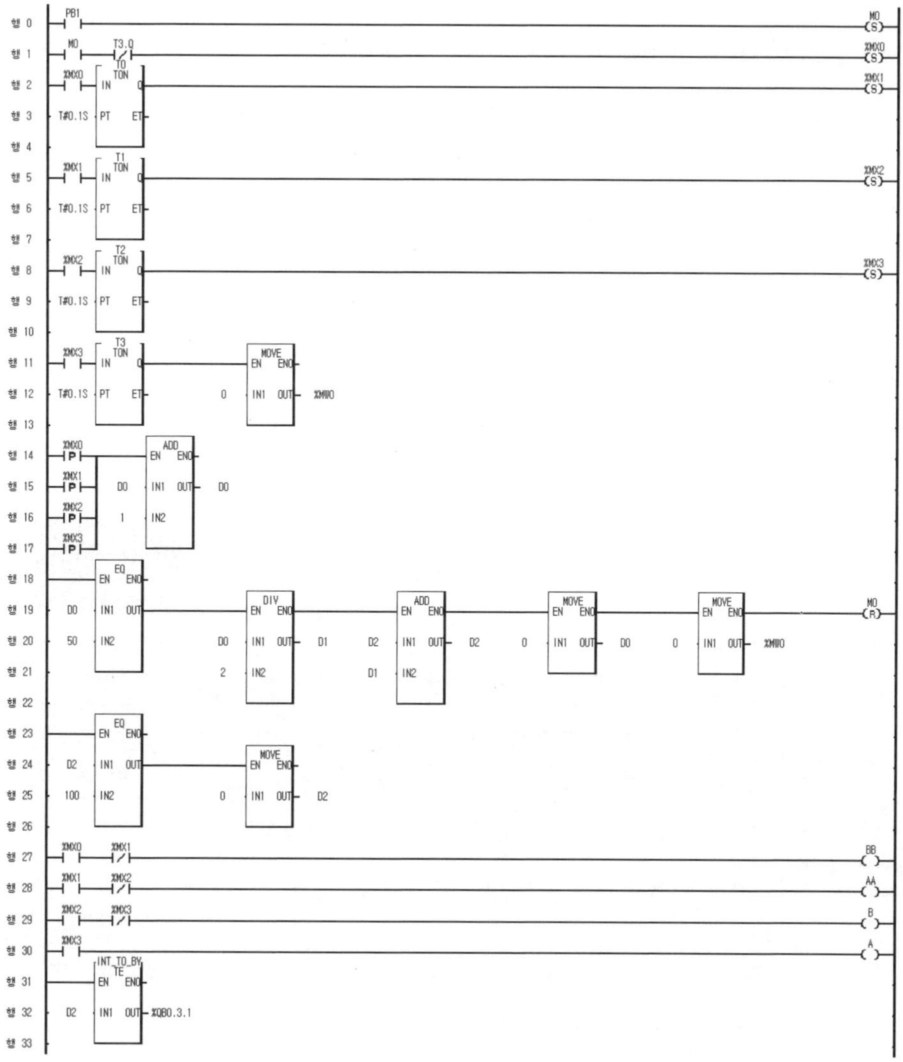
행 0
행 1
행 2
행 3
행 4
행 5
행 6
행 7
행 8
행 9
행 10
행 11
행 12
행 13
행 14
행 15
행 16
행 17
행 18
행 19
행 20
행 21
행 22
행 23
행 24
행 25
행 26
행 27
행 28
행 29
행 30
행 31
행 32
행 33
PB1
M0
T3.Q
%MX0
%MX1
%MX2
%MX3
T0
T1
T2
T3
TON
IN
PT
Q
ET
T#0.1S
MOVE
EN
ENO
IN1
OUT
%MW0
ADD
IN2
D0
D1
D2
1
0
2
50
100
EQ
DIV
BB
AA
B
A
INT_TO_BYTE
%QB0.3.1

실습과제 13-19

DIGITAL스위치를 이용한 STEPPING 각도제어

1. 동작조건

1) 1~100까지 DIGITAL스위치로 회전각을 설정한 다음 PB1을 누르면 회전하는 회로를 구성하라(1회전을 백분율로 환산하여 DIGITAL스위치가 50을 표시하면 반회전이고, 100을 표시하면 1회전).
2) DIGITAL스위치가 200을 표시하면 STEPPING 모터는 2회전 후 정지하는 방식으로 300이면 3회전, 900이면 9회전한다.

2. 장비와의 결선도

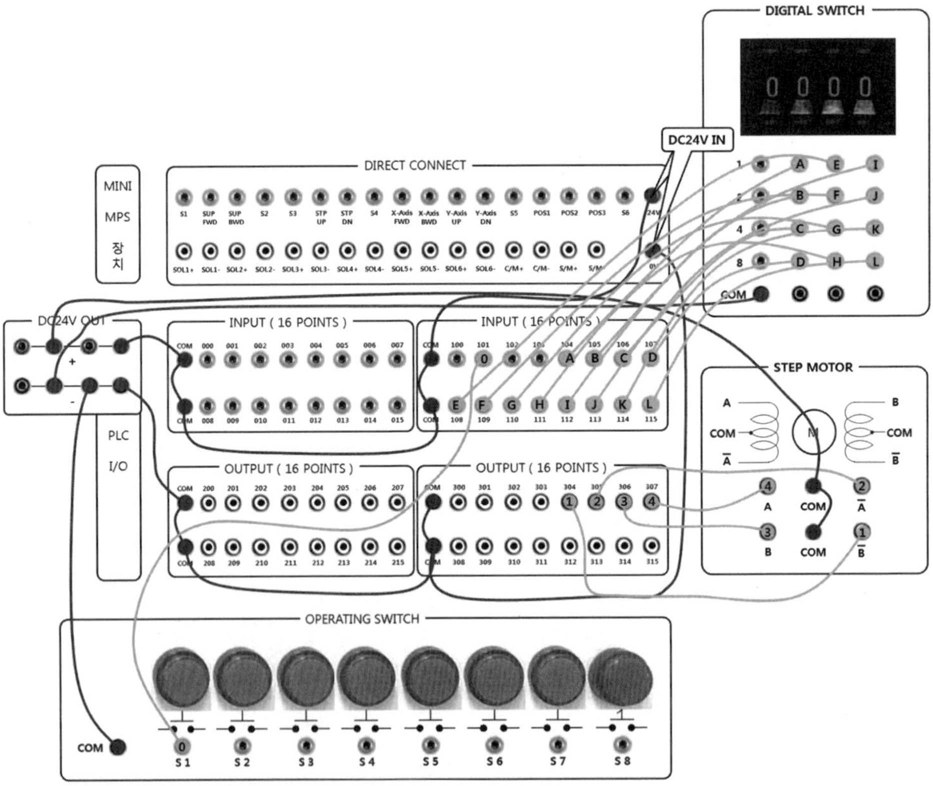

결선 A~D만으로도 100~900을 표현할 수 있으므로 결선 E~L까지는 생략 가능하다.

3. 프로그램 실습

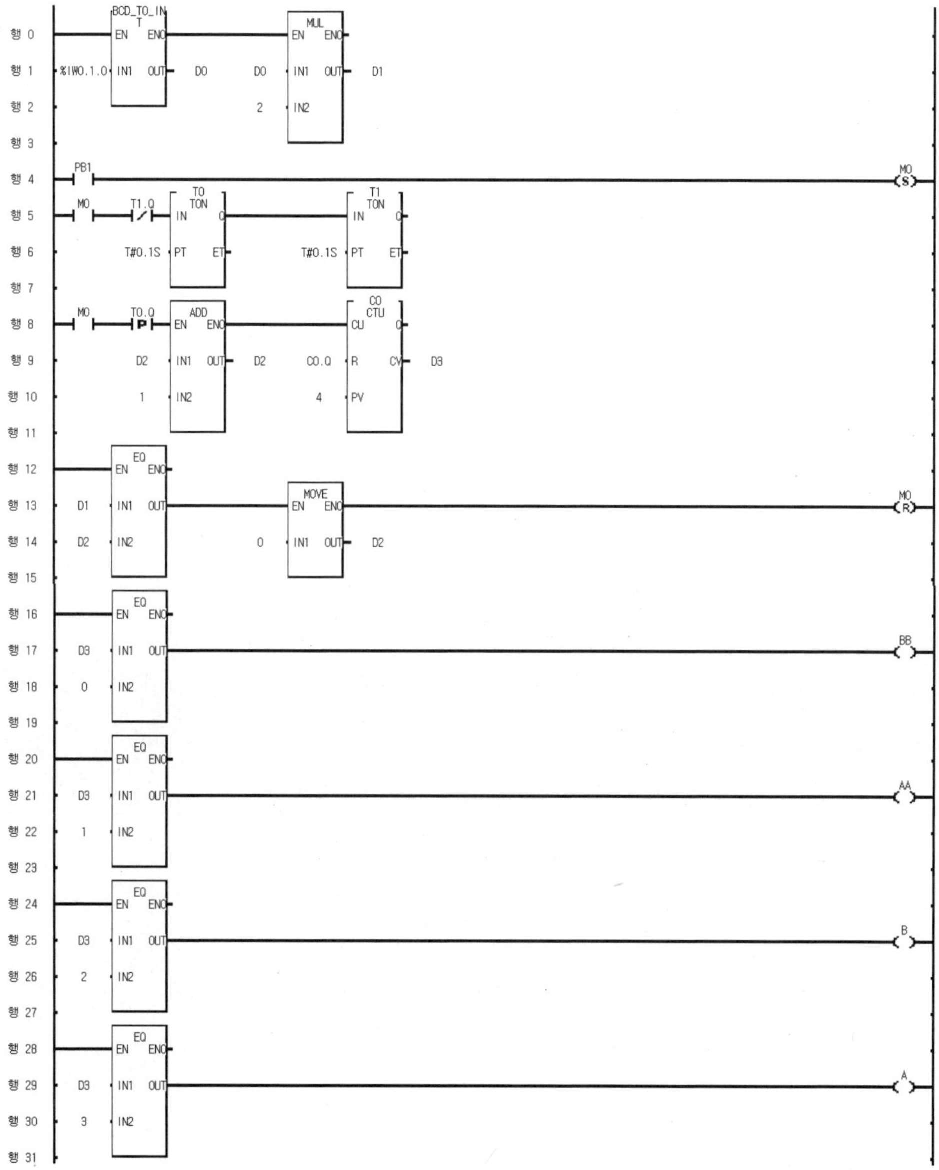
BCD_TO_INT
MUL
%IW0.1.0
D0
D1
PB1
M0
T1.Q
T0
TON
T1
T#0.1S
T0.Q
ADD
C0
CTU
D2
C0.Q
D3
EQ
MOVE
BB
AA
B
A

PART

4

응용 제어 실습

CHAPTER

14

응용 제어 실습

1 자동화 공정 초기동작 제어

실습과제 14-1

기본동작 회로(단속)

1. 동작조건

1) 매거진에 소재가 감지된 상태에서 PB1을 누르면 컨베이어가 동작하고, 3초 후에 공급실린더가 동작하여 소재를 컨베이어로 이송한다(소재 이송 후 공급실린더 후진).
2) 컨베이어에 의해 소재가 검사공정에 도착하게 되면 금속 또는 비금속을 판별한다.
3) 비금속일 경우에는 스톱퍼가 하강하여 소재가 도착센서에 감지되면 적재 창고1번부터 X, Y축을 사용하여 저장하게 된다(저장이 완료가 되면 스톱퍼는 다시 상승하여야 한다).
4) 금속일 경우에는 스톱퍼는 상승을 유지하고 컨베이어의 끝에 있는 적재함에 저장되게 한다.
5) 위에 조건을 완료 후에는 시스템은 모두 초기화되어야 한다.

2. 프로그램 실습

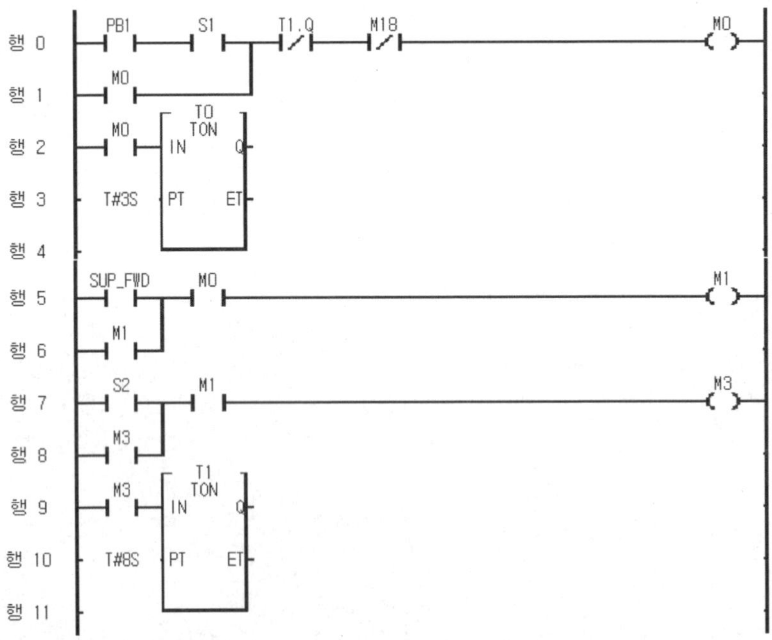

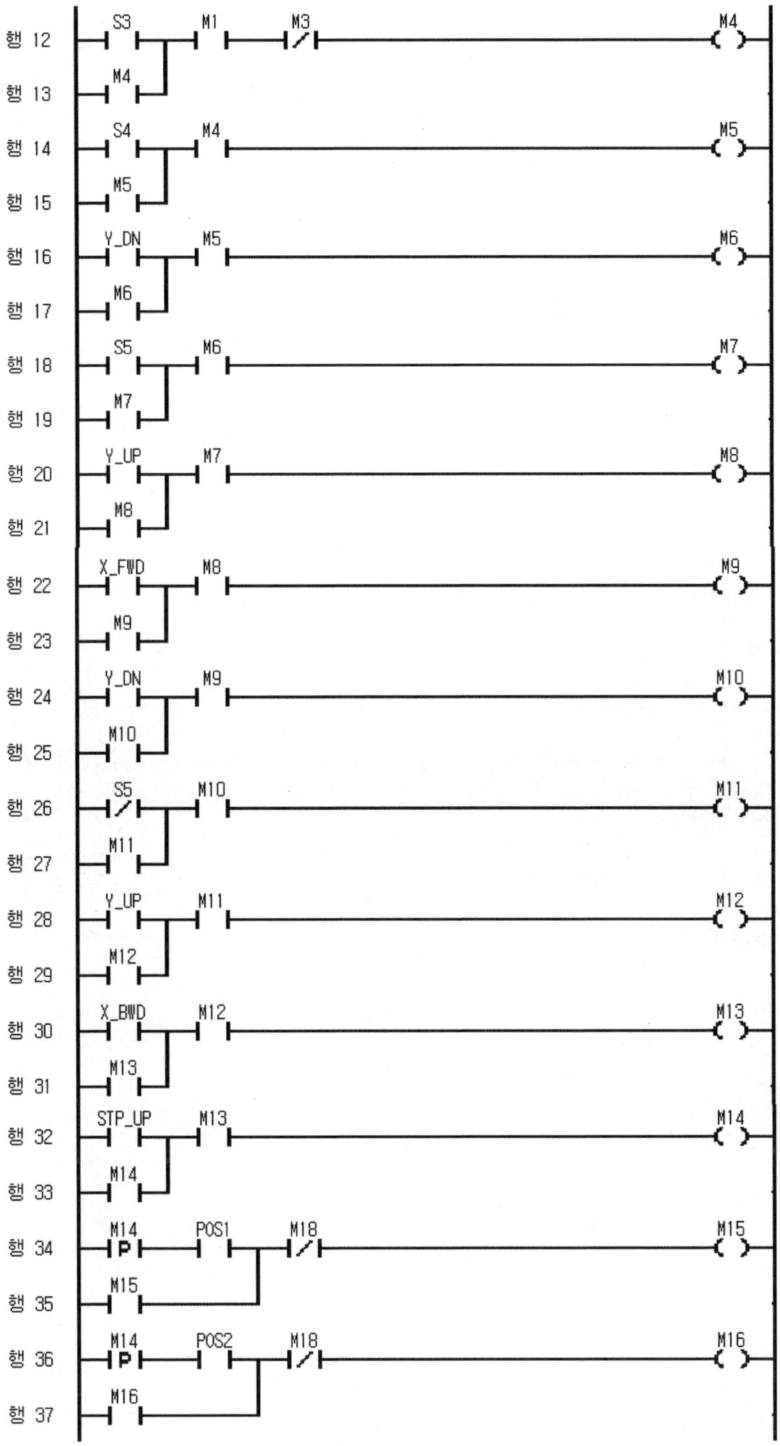

행 12 S3 M1 M3 M4
행 13 M4
행 14 S4 M4 M5
행 15 M5
행 16 Y_DN M5 M6
행 17 M6
행 18 S5 M6 M7
행 19 M7
행 20 Y_UP M7 M8
행 21 M8
행 22 X_FWD M8 M9
행 23 M9
행 24 Y_DN M9 M10
행 25 M10
행 26 S5 M10 M11
행 27 M11
행 28 Y_UP M11 M12
행 29 M12
행 30 X_BWD M12 M13
행 31 M13
행 32 STP_UP M13 M14
행 33 M14
행 34 M14 P POS1 M18 M15
행 35 M15
행 36 M14 P POS2 M18 M16
행 37 M16

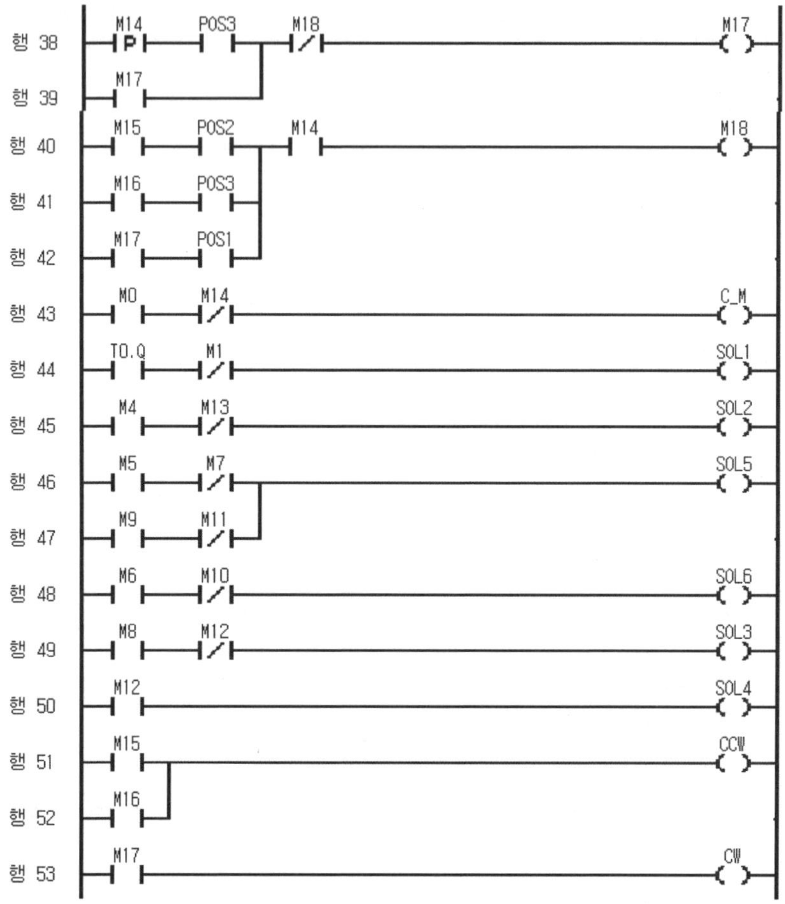

행 38
M14
POS3
M18
M17
행 39
M17
행 40
M15
POS2
M14
M18
행 41
M16
POS3
행 42
M17
POS1
행 43
M0
M14
C_M
행 44
T0.Q
M1
SOL1
행 45
M4
M13
SOL2
행 46
M5
M7
SOL5
행 47
M9
M11
행 48
M6
M10
SOL6
행 49
M8
M12
SOL3
행 50
M12
SOL4
행 51
M15
CCW
행 52
M16
행 53
M17
CW

실습과제 14-2

기본동작 회로(연속)

1. 동작조건

1) 매거진에 소재가 감지가 된 상태에서 PB1을 누르면 컨베이어가 동작하고, 2초 후에 공급실린더가 동작하여 소재를 컨베이어로 이송한다(소재 이송 후 공급실린더 후진).
2) 컨베이어에 의해 소재가 검사공정에 도착하게 되면 금속 또는 비금속을 판별한다.
3) 비금속일 경우에는 스톱퍼가 하강하여 소재가 도착센서에 감지되면 적재 창고 1번부터 X, Y축을 사용하여 저장하게 된다(저장이 완료가 되면 스톱퍼는 다시 상승하여야 한다).
4) 금속일 경우에는 스톱퍼는 상승을 유지하고 컨베이어의 끝에 있는 적재함에 저장되게 한다.
5) 위에 조건을 완료 후 매거진에 소재가 더 있을 경우 PB1을 누르지 않아도 1)~4)항까지 소재가 감지되지 않을 때까지 계속되어야 한다.

2. 프로그램 실습

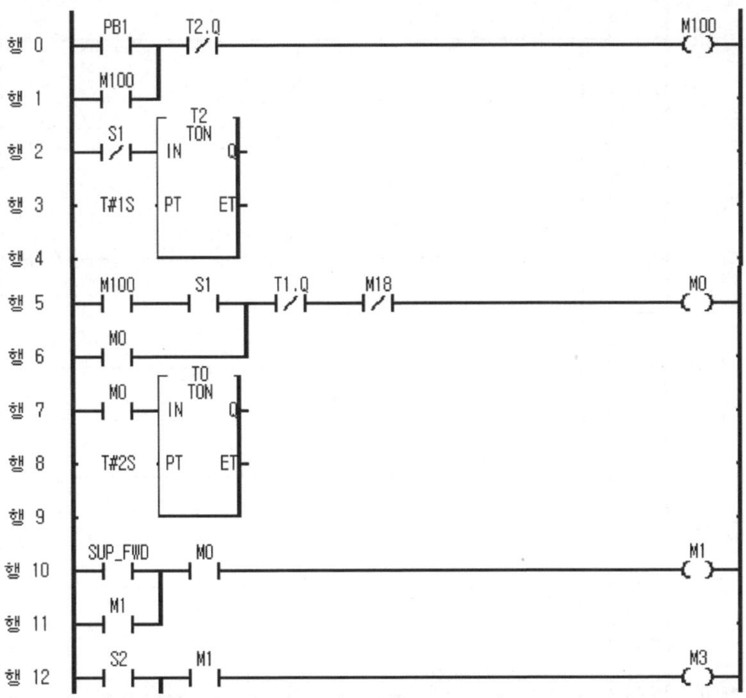

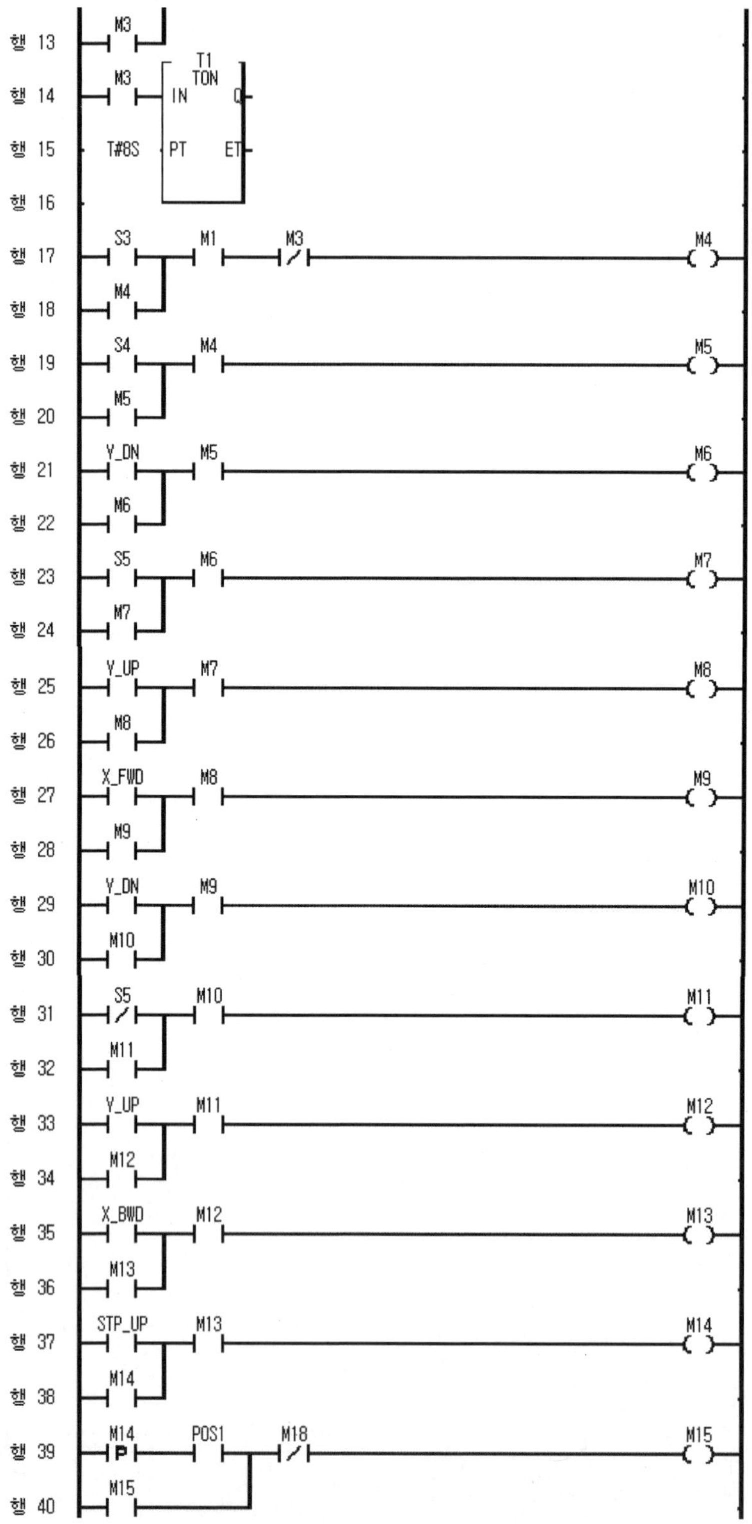

행 13
M3
행 14
M3
T1
TON
IN
Q
행 15
T#8S
PT
ET
행 16
행 17
S3
M1
M3
M4
행 18
M4
행 19
S4
M4
M5
행 20
M5
행 21
Y_DN
M5
M6
행 22
M6
행 23
S5
M6
M7
행 24
M7
행 25
Y_UP
M7
M8
행 26
M8
행 27
X_FWD
M8
M9
행 28
M9
행 29
Y_DN
M9
M10
행 30
M10
행 31
S5
M10
M11
행 32
M11
행 33
Y_UP
M11
M12
행 34
M12
행 35
X_BWD
M12
M13
행 36
M13
행 37
STP_UP
M13
M14
행 38
M14
행 39
M14
P
POS1
M18
M15
행 40
M15

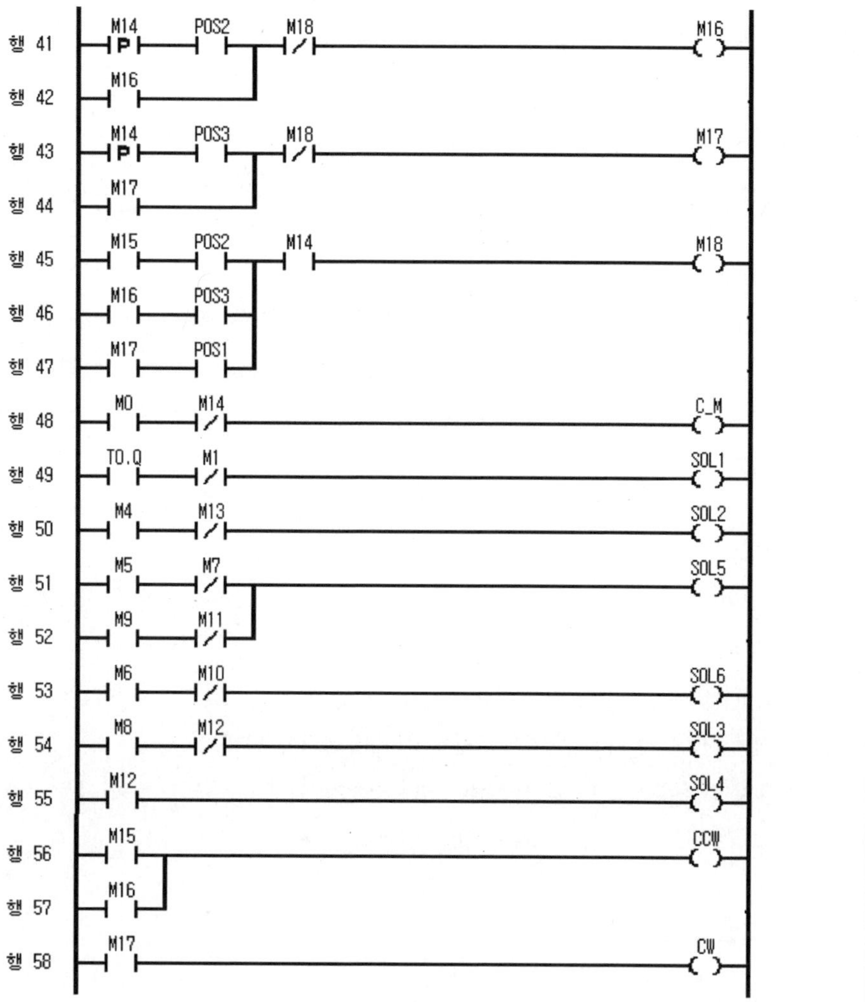

행 41
M14
POS2
M18
M16
행 42
M16
행 43
M14
POS3
M18
M17
행 44
M17
행 45
M15
POS2
M14
M18
행 46
M16
POS3
행 47
M17
POS1
행 48
M0
M14
C_M
행 49
T0.Q
M1
SOL1
행 50
M4
M13
SOL2
행 51
M5
M7
SOL5
행 52
M9
M11
행 53
M6
M10
SOL6
행 54
M8
M12
SOL3
행 55
M12
SOL4
행 56
M15
CCW
행 57
M16
행 58
M17
CW

2 자동화 공정 기본동작 제어

실습과제 14-3

기본동작회로+일시정지

1. 동작조건

1) 매거진에 소재가 감지가 된 상태에서 PB1을 누르면 컨베이어가 동작하고, 2초 후에 공급실린더가 동작하여 소재를 컨베이어로 이송한다(소재 이송 후 공급실린더 후진).
2) 컨베이어에 의해 소재가 검사공정에 도착하면 금속 또는 비금속을 판별한다.
3) 비금속일 경우에는 스톱퍼가 하강하여 소재가 도착센서에 감지되면 적재 창고 1번부터 X, Y축을 사용하여 저장하게 된다(저장이 완료가 되면 스톱퍼는 다시 상승하여야 한다).
4) 금속일 경우에는 스톱퍼는 상승을 유지하고 컨베이어의 끝에 있는 적재함에 저장되게 한다.
5) 위의 조건을 완료 후 매거진에 소재가 더 있을 경우 PB1을 누르지 않아도 1)항~4)항까지 소재감지가 되지 않을 때까지 계속되어야 한다.
6) 운전 중 PB2를 누르면 시스템은 일시정지가 되고 다시 PB2를 일시정지가 해제되어 정지되기 전부터의 동작을 이어서 해야 한다.

2. 프로그램 실습

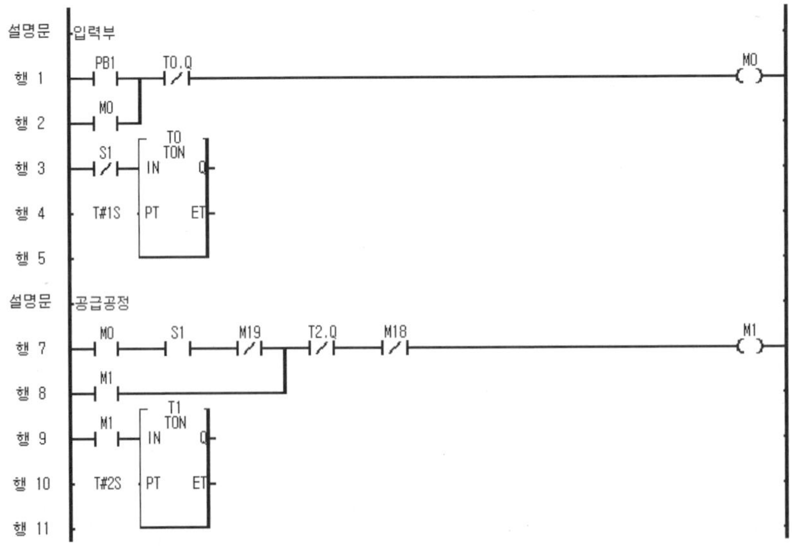

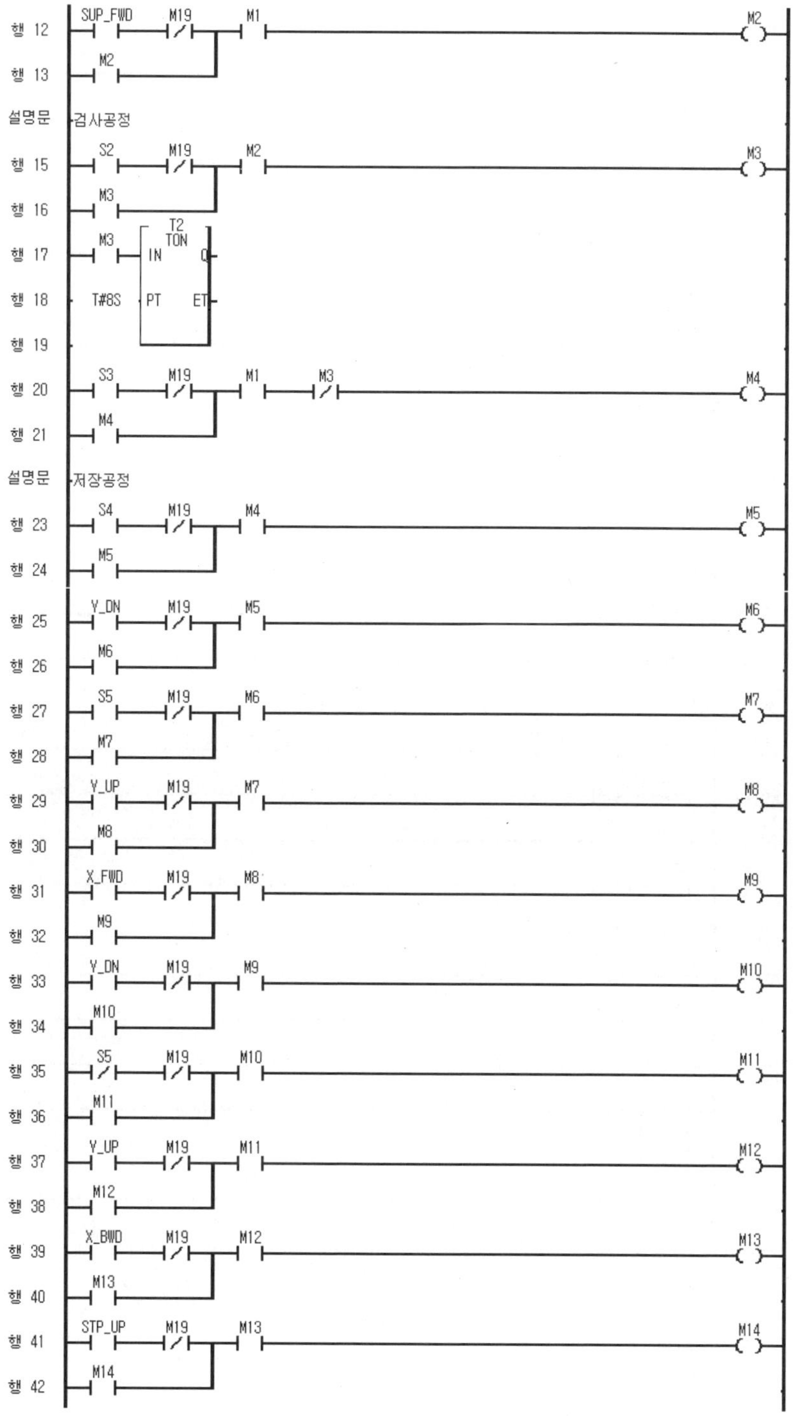

행 12 SUP_FWD M19 M1 M2
행 13 M2
설명문 검사공정
행 15 S2 M19 M2 M3
행 16 M3
행 17 M3 T2 TON IN Q
행 18 T#8S PT ET
행 19
행 20 S3 M19 M1 M3 M4
행 21 M4
설명문 저장공정
행 23 S4 M19 M4 M5
행 24 M5
행 25 Y_DN M19 M5 M6
행 26 M6
행 27 S5 M19 M6 M7
행 28 M7
행 29 Y_UP M19 M7 M8
행 30 M8
행 31 X_FWD M19 M8 M9
행 32 M9
행 33 Y_DN M19 M9 M10
행 34 M10
행 35 S5 M19 M10 M11
행 36 M11
행 37 Y_UP M19 M11 M12
행 38 M12
행 39 X_BWD M19 M12 M13
행 40 M13
행 41 STP_UP M19 M13 M14
행 42 M14

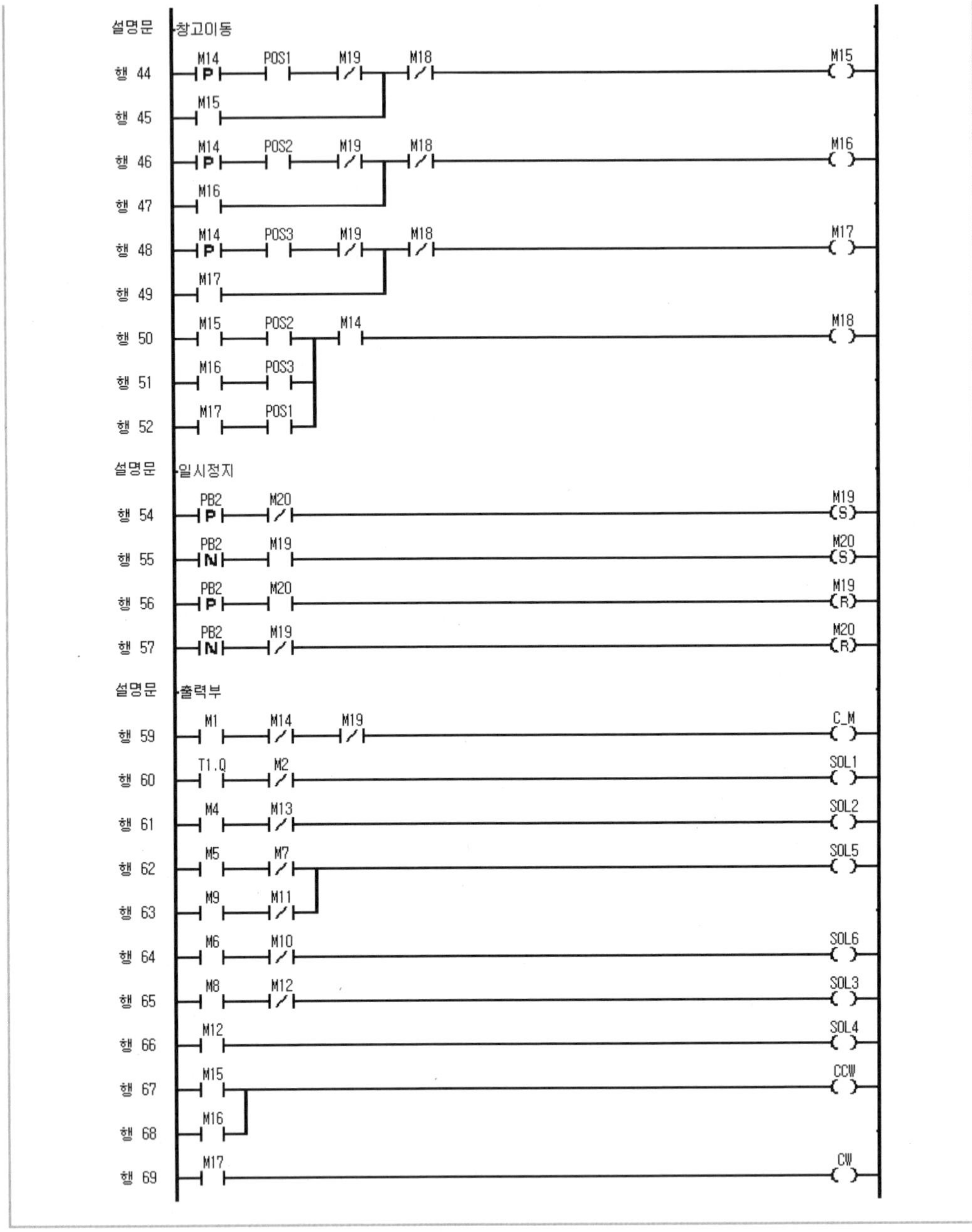
설명문 창고이동
행 44 M14 P POS1 M19 M18 M15
행 45 M15
행 46 M14 P POS2 M19 M18 M16
행 47 M16
행 48 M14 P POS3 M19 M18 M17
행 49 M17
행 50 M15 POS2 M14 M18
행 51 M16 POS3
행 52 M17 POS1
설명문 일시정지
행 54 PB2 P M20 M19 S
행 55 PB2 N M19 M20 S
행 56 PB2 P M20 M19 R
행 57 PB2 N M19 M20 R
설명문 출력부
행 59 M1 M14 M19 C_M
행 60 T1.Q M2 SOL1
행 61 M4 M13 SOL2
행 62 M5 M7 SOL5
행 63 M9 M11
행 64 M6 M10 SOL6
행 65 M8 M12 SOL3
행 66 M12 SOL4
행 67 M15 CCW
행 68 M16
행 69 M17 CW

실습과제 14-4

기본동작회로 (연속2)

1. 동작조건

1) 매거진에 소재가 감지가 된 상태에서 PB1을 누르면 컨베이어가 동작하고, 13초 후에 공급실린더가 13초 주기로 동작하여 소재를 컨베이어로 이송한다(소재 이송 후 공급 실린더 후진).
2) 컨베이어에 의해 소재가 검사공정에 도착하게 되면 금속 또는 비금속을 판별한다.
3) 비금속일 경우에는 스톱퍼가 하강하여 소재가 도착센서에 감지되면 적재 창고 1번부터 X, Y축을 사용하여 저장하게 된다(저장이 완료가 되면 스톱퍼는 다시 상승하여야 하고 적재 창고가 이동 중일 때는 Y축이 하강하였다가 흡착 후 다시 상승한 다음에 이동이 완료될 때까지 대기한 후에 작업을 속행한다).
4) 금속일 경우에 스톱퍼는 상승을 유지하고 컨베이어의 끝에 있는 적재함에 저장되게 한다.
5) 위의 조건을 완료 후 매거진에 소재가 더 있을 경우 PB1을 누르지 않아도 1)~4)항까지 소재감지가 되지 않을 때까지 계속되어야 한다.

2. 프로그램 실습

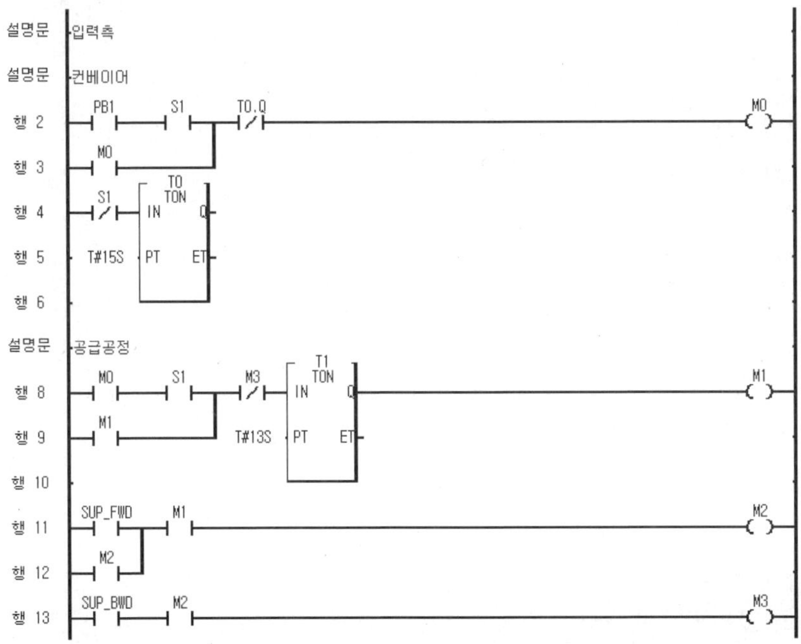

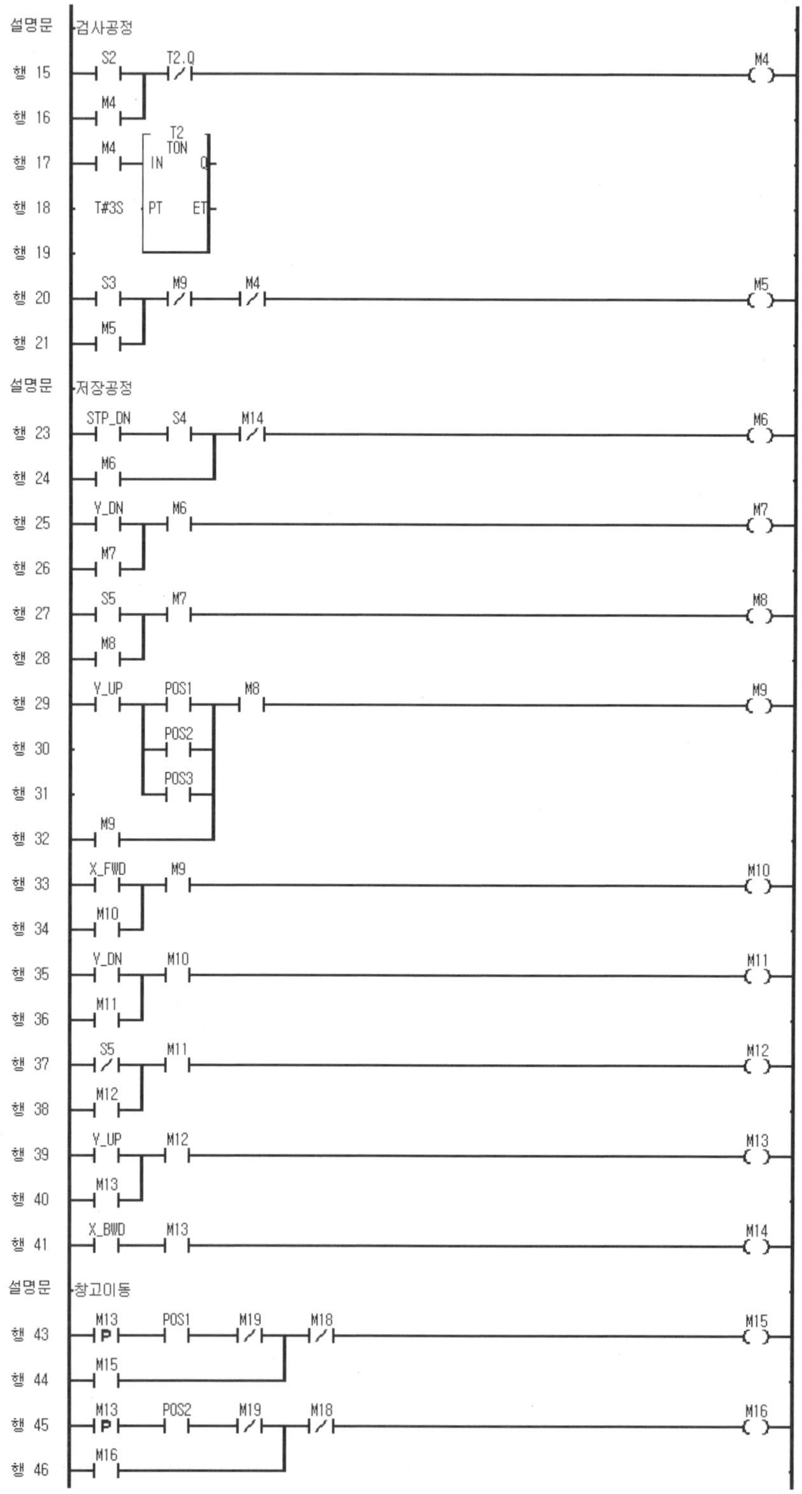
설명문 검사공정
행 15 S2 T2.Q M4
행 16 M4
행 17 M4 T2 TON IN Q
행 18 T#3S PT ET
행 19
행 20 S3 M9 M4 M5
행 21 M5
설명문 저장공정
행 23 STP_DN S4 M14 M6
행 24 M6
행 25 Y_DN M6 M7
행 26 M7
행 27 S5 M7 M8
행 28 M8
행 29 Y_UP POS1 M8 M9
행 30 POS2
행 31 POS3
행 32 M9
행 33 X_FWD M9 M10
행 34 M10
행 35 Y_DN M10 M11
행 36 M11
행 37 S5 M11 M12
행 38 M12
행 39 Y_UP M12 M13
행 40 M13
행 41 X_BWD M13 M14
설명문 창고이동
행 43 M13 P POS1 M19 M18 M15
행 44 M15
행 45 M13 P POS2 M19 M18 M16
행 46 M16

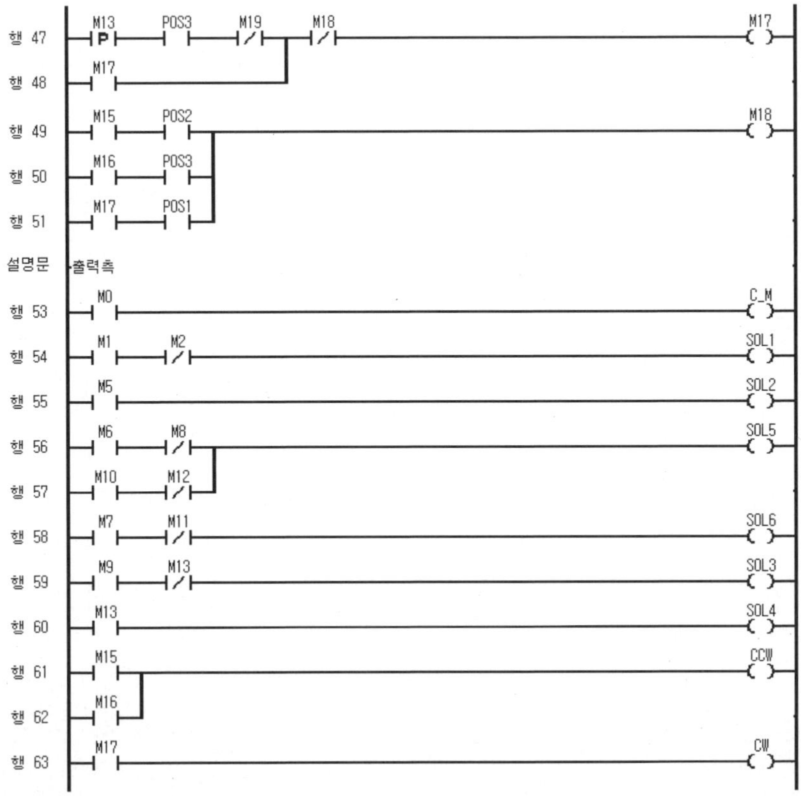

행 47
M13
P
POS3
M19
M18
M17
행 48
M17
행 49
M15
POS2
M18
행 50
M16
POS3
행 51
M17
POS1
설명문
출력측
행 53
M0
C_M
행 54
M1
M2
SOL1
행 55
M5
SOL2
행 56
M6
M8
SOL5
행 57
M10
M12
행 58
M7
M11
SOL6
행 59
M9
M13
SOL3
행 60
M13
SOL4
행 61
M15
CCW
행 62
M16
행 63
M17
CW

3 자동화 공정 응용동작 제어

실습과제 14-5

DIGITAL스위치를 이용한 연속횟수 지정

1. 동작조건

1) DIGITAL스위치를 사용하여 작업횟수를 1~99까지 지정한 뒤 소재가 감지된 상태에서 PB1을 누르면 기본 동작회로가 DIGITAL스위치의 수량만큼 동작 후 시스템이 초기화되는 회로를 구성하라.
2) 작업 도중 매거진에 소재가 없을 경우 소재가 들어 올 때까지 대기한 후 소재가 들어오면 지정된 수량이 될 때까지 계속 작업을 진행하여야 한다.
3) 지정된 수량이 완료되거나 매거진에 소재가 없을 경우 PB2를 누르면 시스템은 리셋되어 초기화된다.

2. 프로그램 실습

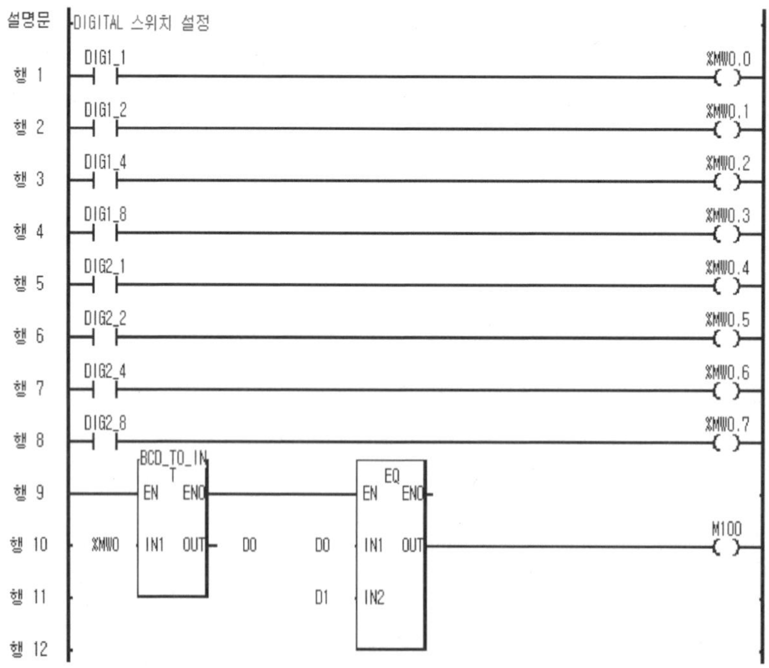

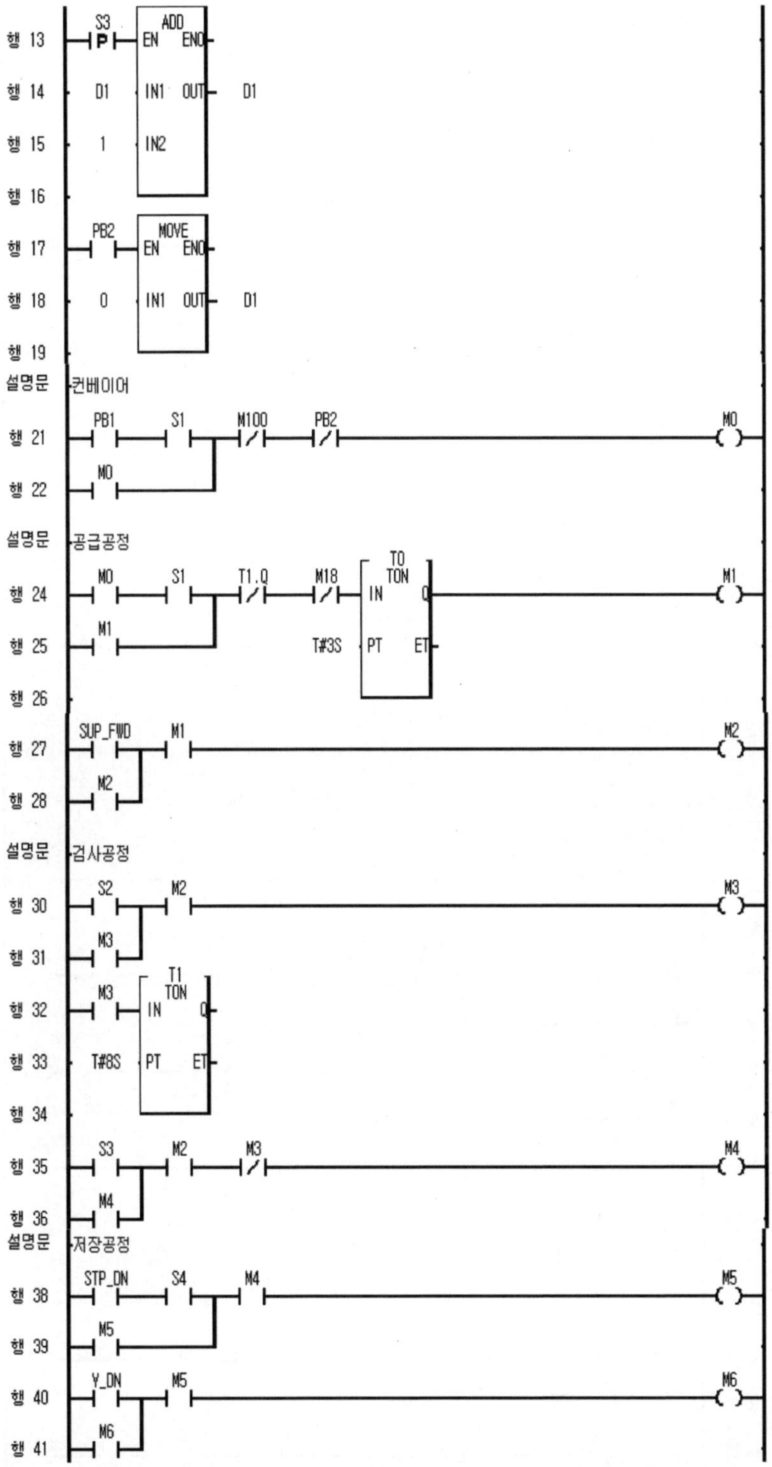
행 13
S3
P
ADD
EN ENO
행 14
D1
IN1 OUT
D1
행 15
1
IN2
행 16
행 17
PB2
MOVE
EN ENO
행 18
0
IN1 OUT
D1
행 19
설명문
컨베이어
행 21
PB1
S1
M100
PB2
M0
행 22
M0
설명문
공급공정
행 24
M0
S1
T1.Q
M18
T0
TON
IN Q
M1
행 25
M1
T#3S
PT ET
행 26
행 27
SUP_FWD
M1
M2
행 28
M2
설명문
검사공정
행 30
S2
M2
M3
행 31
M3
행 32
M3
T1
TON
IN Q
행 33
T#8S
PT ET
행 34
행 35
S3
M2
M3
M4
행 36
M4
설명문
저장공정
행 38
STP_DN
S4
M4
M5
행 39
M5
행 40
Y_DN
M5
M6
행 41
M6

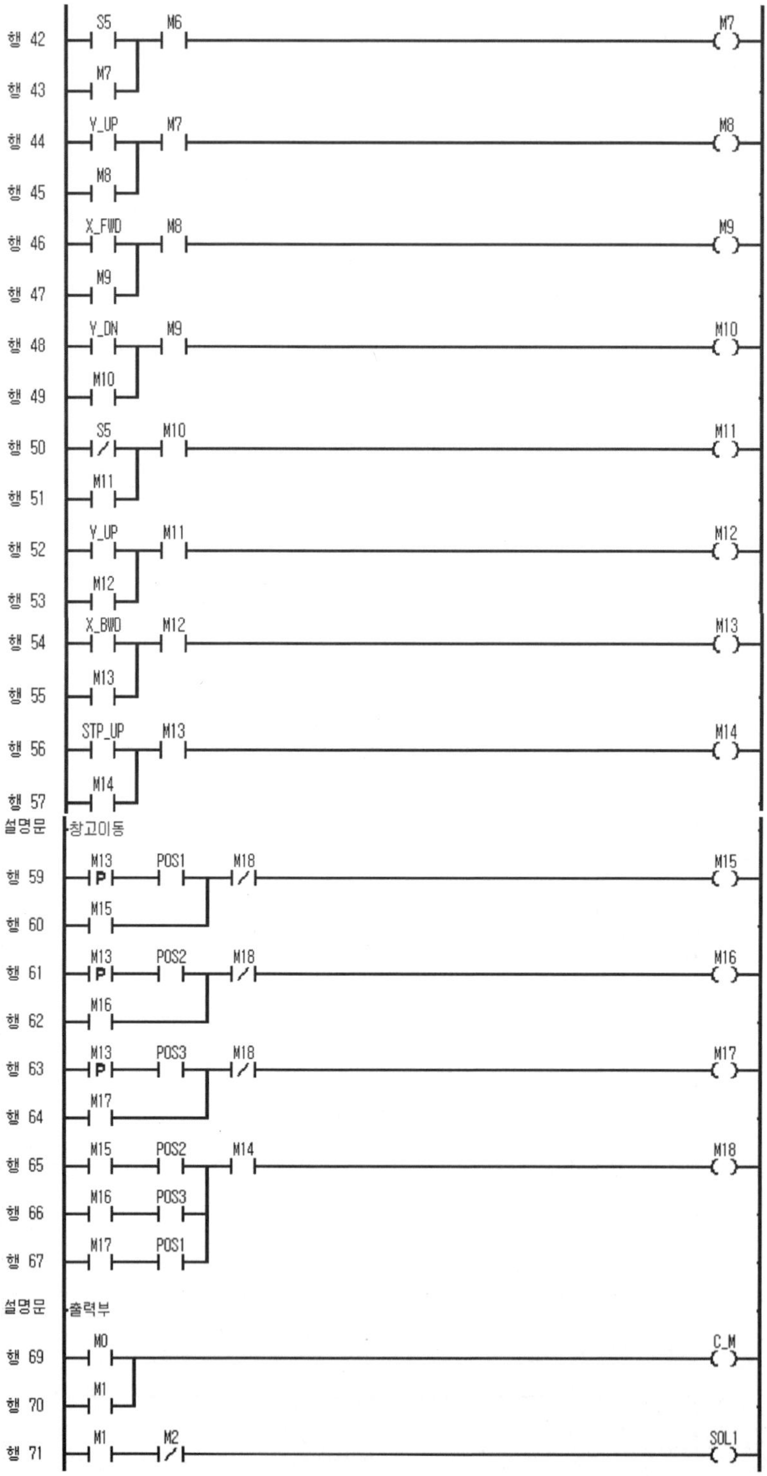
행 42 S5 M6 M7
행 43 M7
행 44 Y_UP M7 M8
행 45 M8
행 46 X_FWD M8 M9
행 47 M9
행 48 Y_DN M9 M10
행 49 M10
행 50 S5 M10 M11
행 51 M11
행 52 Y_UP M11 M12
행 53 M12
행 54 X_BWD M12 M13
행 55 M13
행 56 STP_UP M13 M14
행 57 M14
설명문 창고이동
행 59 M13 P POS1 M18 M15
행 60 M15
행 61 M13 P POS2 M18 M16
행 62 M16
행 63 M13 P POS3 M18 M17
행 64 M17
행 65 M15 POS2 M14 M18
행 66 M16 POS3
행 67 M17 POS1
설명문 출력부
행 69 M0 C_M
행 70 M1
행 71 M1 M2 SOL1

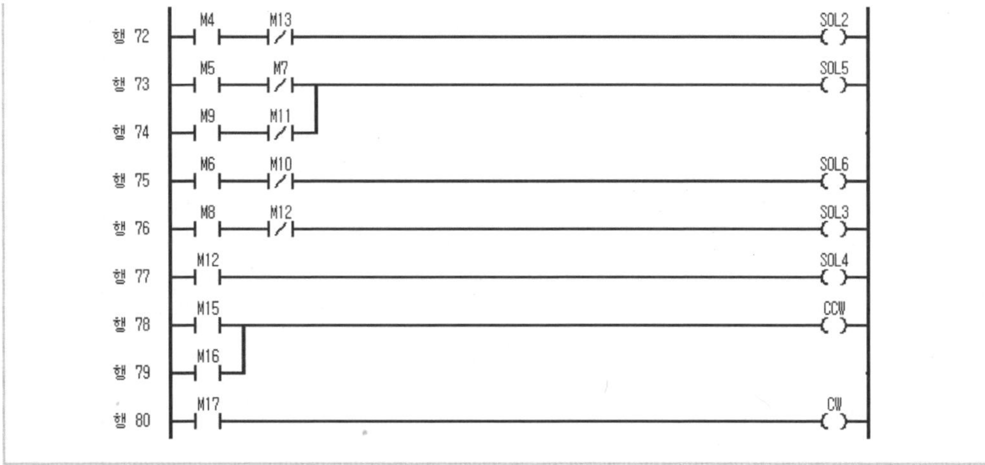

실습과제 14-6

DISPLAY를 이용한 소재수량 표시

1. 동작조건

1) 소재가 감지된 상태에서 PB1을 누르면, 컨베이어가 동작하고 3초 후에 공급 실린더가 동작하여 소재를 컨베이어로 이송한다.
2) 검사공정에 금속과 비금속을 판별한 후에 비금속은 적재 창고에 저장하고 금속은 그대로 컨베이어를 통과한다.
3) 위에 사항들이 완료한 후에도 매거진에 소재가 있을 경우에는 PB1을 누르지 않아도 자동적으로 위의 내용을 이행하여야 한다.
4) 작업 도중 매거진에 소재가 5초 이상 감지가 되지 않았을 경우에 시스템은 정지한다.
5) PB2를 누르면 DISPLAY는 초기화되어야 한다.

2. 프로그램 실습

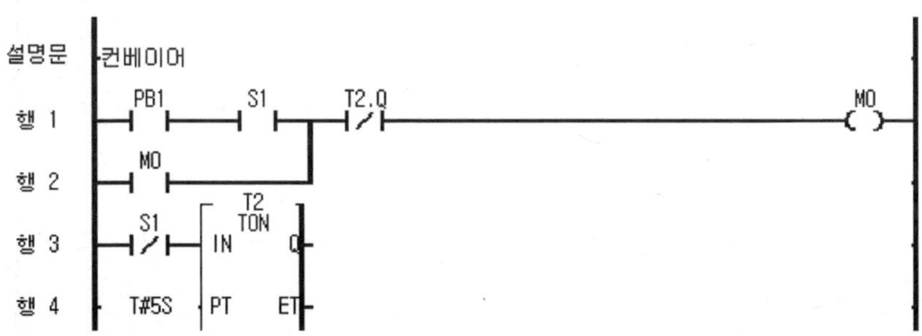

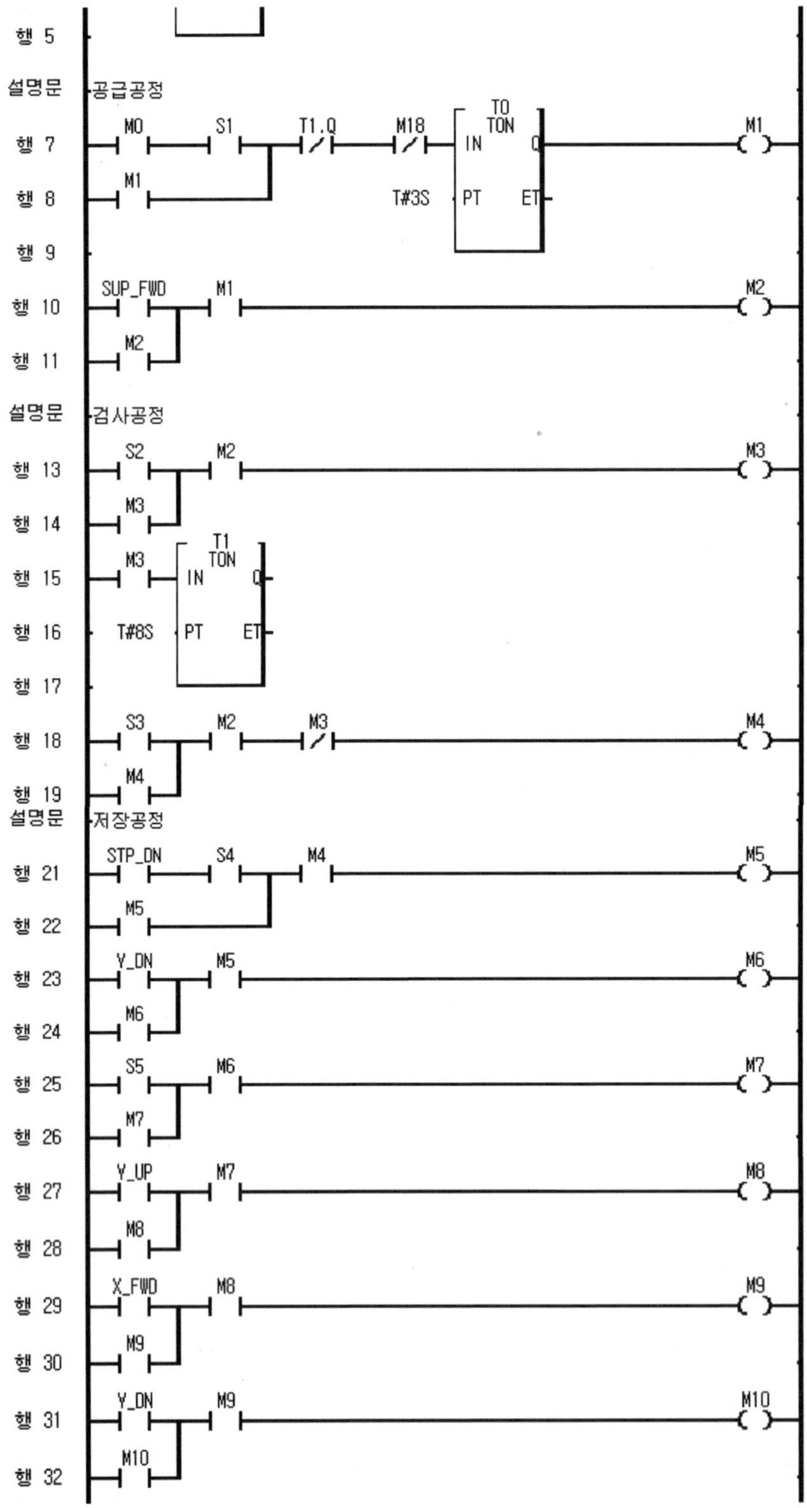

행 5
설명문 공급공정
행 7 M0 S1 T1.Q M18 T0 TON IN Q M1
행 8 M1 T#3S PT ET
행 9
행 10 SUP_FWD M1 M2
행 11 M2
설명문 검사공정
행 13 S2 M2 M3
행 14 M3
행 15 M3 T1 TON IN Q
행 16 T#8S PT ET
행 17
행 18 S3 M2 M3 M4
행 19 M4
설명문 저장공정
행 21 STP_DN S4 M4 M5
행 22 M5
행 23 Y_DN M5 M6
행 24 M6
행 25 S5 M6 M7
행 26 M7
행 27 Y_UP M7 M8
행 28 M8
행 29 X_FWD M8 M9
행 30 M9
행 31 Y_DN M9 M10
행 32 M10

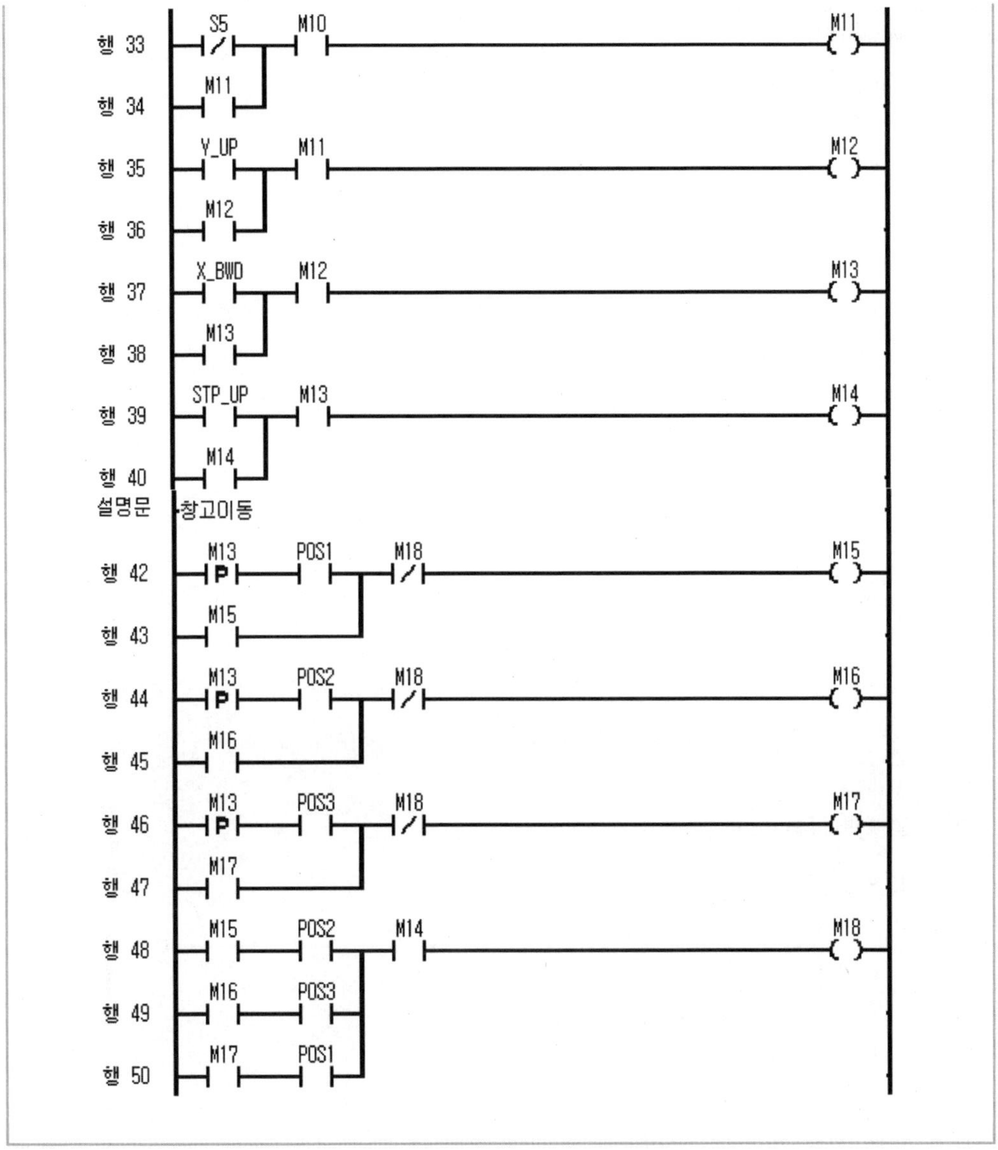
행 33
S5
M10
M11
행 34
M11
행 35
Y_UP
M11
M12
행 36
M12
행 37
X_BWD
M12
M13
행 38
M13
행 39
STP_UP
M13
M14
행 40
M14
설명문
창고이동
행 42
M13
POS1
M18
M15
행 43
M15
행 44
M13
POS2
M18
M16
행 45
M16
행 46
M13
POS3
M18
M17
행 47
M17
행 48
M15
POS2
M14
M18
행 49
M16
POS3
행 50
M17
POS1

실습과제 14-7

기본회로+구간별 램프동작

1. 동작조건

1) 소재가 감지된 상태에서 PB1을 누르면, 컨베이어가 동작하고 2초 후에 공급실린더가 전, 후진하여 매거진에 있는 소재를 컨베이어로 이송시킨다.
2) 검사공정에서 금속 또는 비금속을 판별한 값을 가지고 비금속은 적재 창고에 적재하고 금속은 컨베이어 끝에 장착되어 있는 창고에 적재되게 한다.
3) 검사공정에서 비금속 소재가 검출되었을 경우에는 스톱퍼가 하강하고 비금속 소재가 소재 도착센서에 감지되면 컨베이어가 정지 → Y축 하강 → 소재를 흡착 → Y축 상승 → X축 전진 → 스톱퍼 상승, Y축 하강 → 흡착 0FF → Y축 상승 → X축 후진, 창고이동
4) 적재 창고의 이동순서는 POS1 → POS2 → POS3 또는 POS3 → POS2 → POS1의 순으로 되어야 한다.
5) 램프동작은 PL1 = 운전 , PL2 = 공급공정, PL3 = 금속, PL4 = 비금속, PL5 = 저장공정 시, PL6 = 창고 이동 시 각각 점등되어야 한다.

2. 프로그램 실습

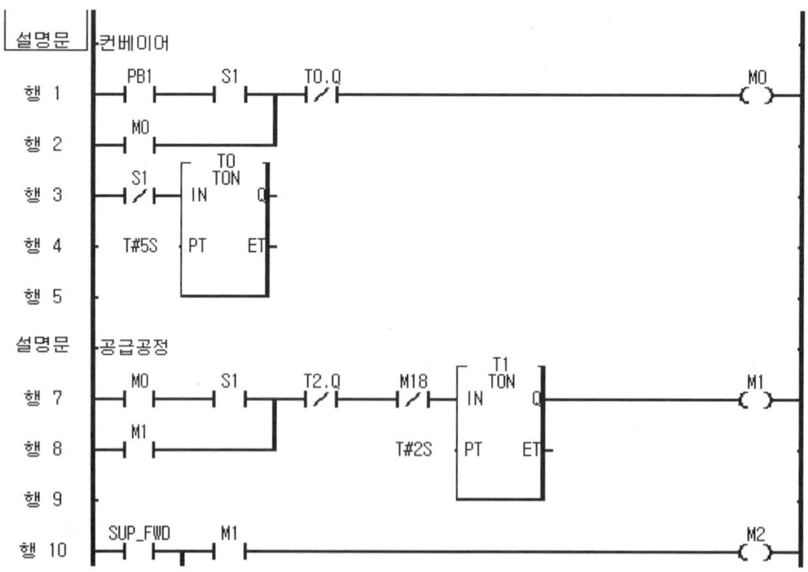

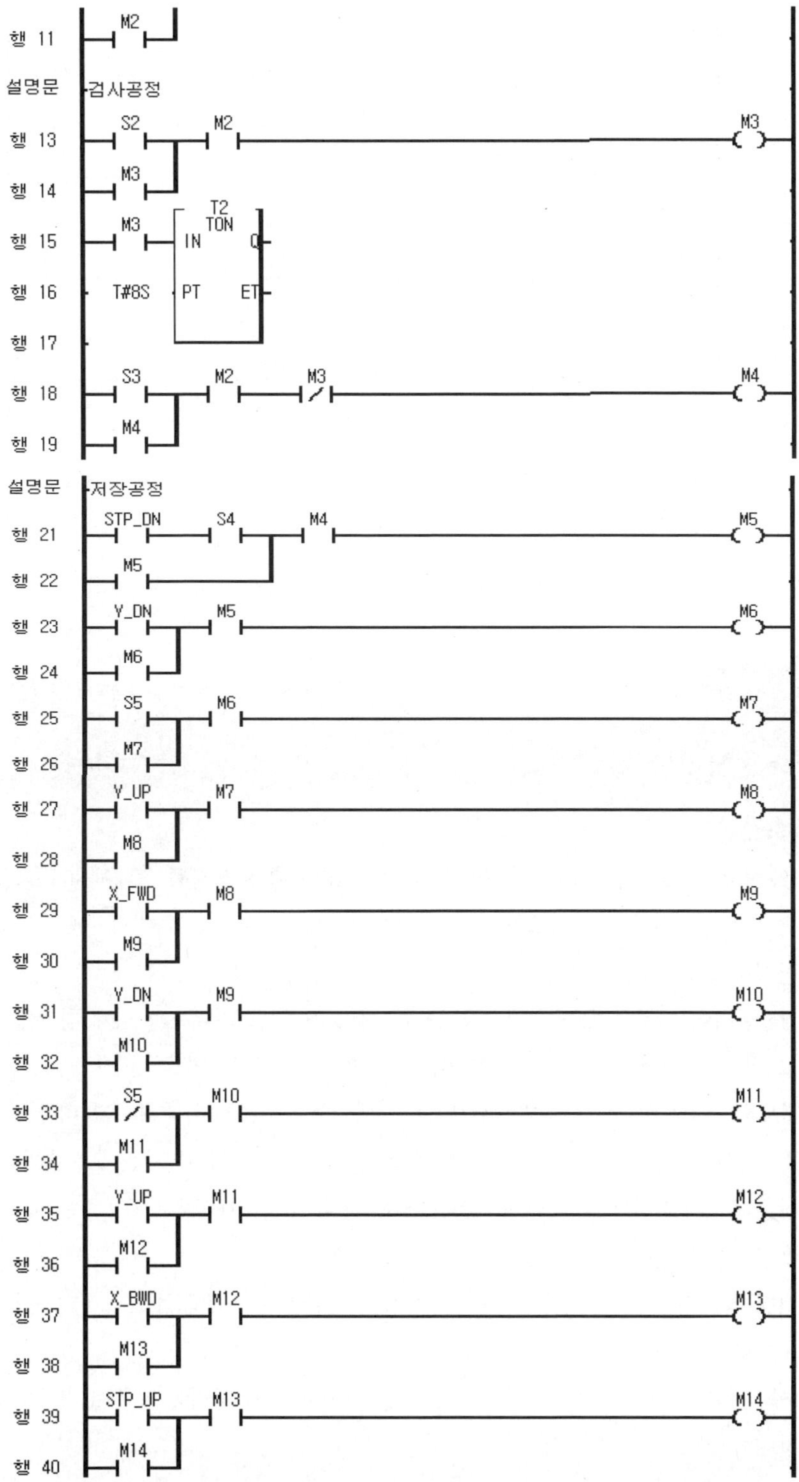

행 11 M2
설명문 검사공정
행 13 S2 M2 M3
행 14 M3
행 15 M3 T2 TON IN Q
행 16 T#8S PT ET
행 17
행 18 S3 M2 M3 M4
행 19 M4
설명문 저장공정
행 21 STP_DN S4 M4 M5
행 22 M5
행 23 Y_DN M5 M6
행 24 M6
행 25 S5 M6 M7
행 26 M7
행 27 Y_UP M7 M8
행 28 M8
행 29 X_FWD M8 M9
행 30 M9
행 31 Y_DN M9 M10
행 32 M10
행 33 S5 M10 M11
행 34 M11
행 35 Y_UP M11 M12
행 36 M12
행 37 X_BWD M12 M13
행 38 M13
행 39 STP_UP M13 M14
행 40 M14

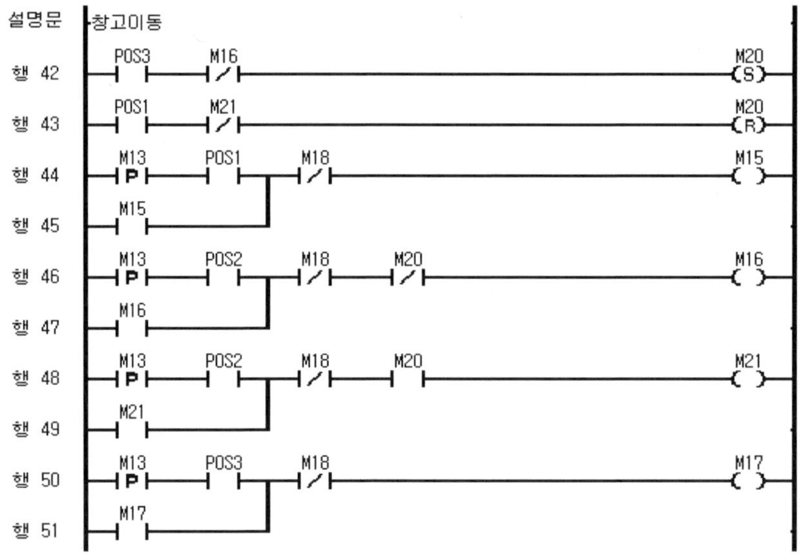

실습과제 14-8

기본회로+자동/수동선택

1. 동작조건

1) 자동(PB2) 또는 수동(PB3)동작을 선택한 다음 소재가 감지된 상태에서 PB1을 누르면, 컨베이어가 동작하고 2초 후에 공급실린더가 전, 후진하여 매거진에 있는 소재를 컨베이어로 이송시킨다.
2) 검사공정에서 금속 또는 비금속을 판별한 값을 가지고 비금속은 적재 창고에 적재하고 금속은 컨베이어 끝에 장착되어 있는 창고에 적재되게 한다.
3) 검사공정에서 비금속 소재가 검출되었을 경우에는 스톱퍼가 하강하고 비금속 소재가 소재 도착센서에 감지가 되면 컨베이어가 정지 → Y축 하강 → 소재를 흡착 → Y축 상승 → X축 전진 → 스톱퍼 상승, Y축 하강 → 흡착 0FF → Y축 상승 → X축 후진, 창고이동
4) 적재 창고의 이동순서는 POS1 → POS2 → POS3 → POS1 → POS2 → POS3 순으로 되어야 한다.
5) 수동 선택 시에는 PB1을 1회 ON_OFF할 때마다 위의 동작을 1STEP씩 동작하도록 하여야 한다.

2. 프로그램 실습

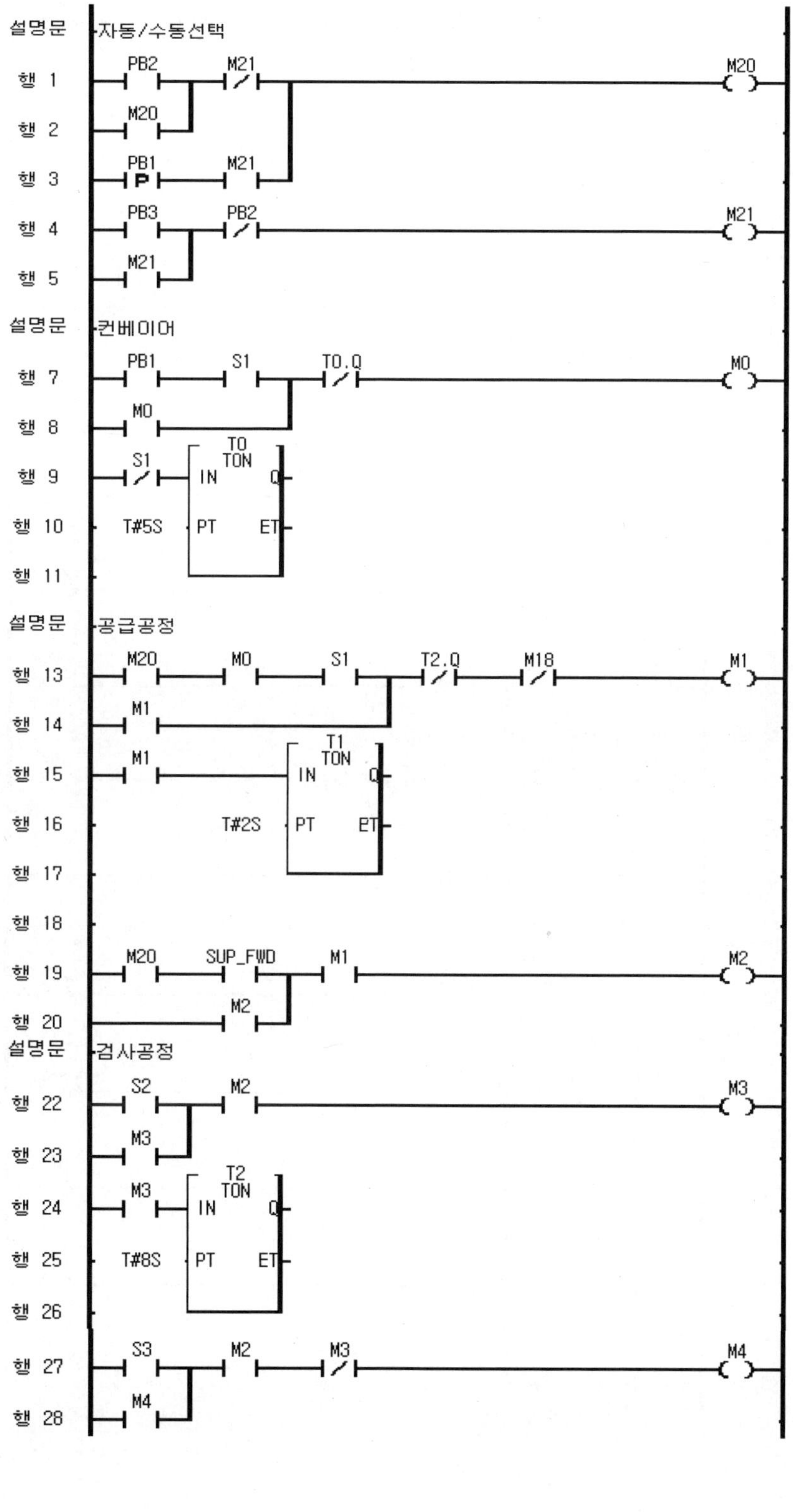
설명문 자동/수동선택
행 1 PB2 M21 M20
행 2 M20
행 3 PB1 P M21
행 4 PB3 PB2 M21
행 5 M21
설명문 컨베이어
행 7 PB1 S1 T0.Q M0
행 8 M0
행 9 S1 T0 TON IN Q
행 10 T#5S PT ET
행 11
설명문 공급공정
행 13 M20 M0 S1 T2.Q M18 M1
행 14 M1
행 15 M1 T1 TON IN Q
행 16 T#2S PT ET
행 17
행 18
행 19 M20 SUP_FWD M1 M2
행 20 M2
설명문 검사공정
행 22 S2 M2 M3
행 23 M3
행 24 M3 T2 TON IN Q
행 25 T#8S PT ET
행 26
행 27 S3 M2 M3 M4
행 28 M4

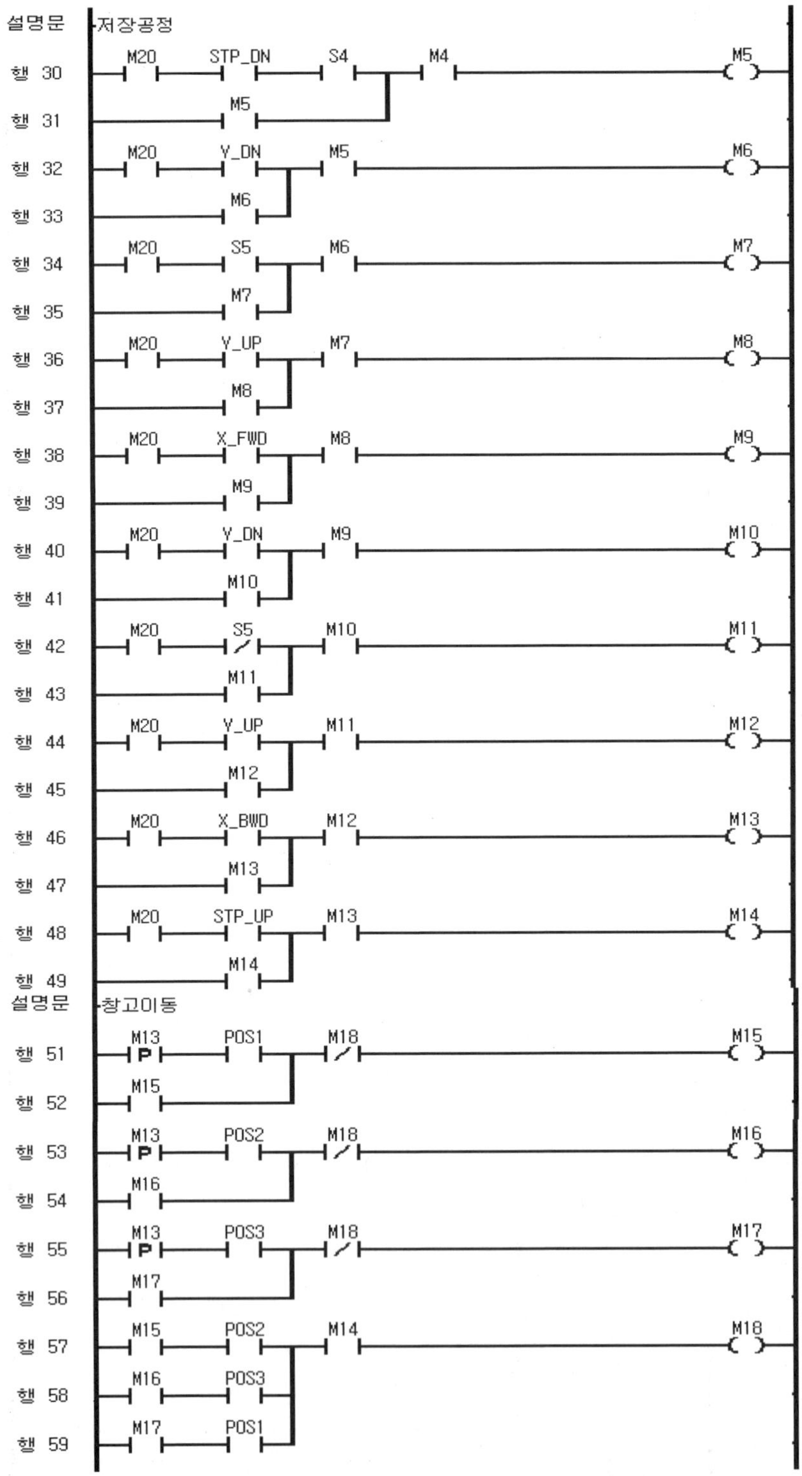
설명문 저장공정
행 30 M20 STP_DN S4 M4 M5
행 31 M5
행 32 M20 Y_DN M5 M6
행 33 M6
행 34 M20 S5 M6 M7
행 35 M7
행 36 M20 Y_UP M7 M8
행 37 M8
행 38 M20 X_FWD M8 M9
행 39 M9
행 40 M20 Y_DN M9 M10
행 41 M10
행 42 M20 S5 M10 M11
행 43 M11
행 44 M20 Y_UP M11 M12
행 45 M12
행 46 M20 X_BWD M12 M13
행 47 M13
행 48 M20 STP_UP M13 M14
행 49 M14
설명문 창고이동
행 51 M13 P POS1 M18 M15
행 52 M15
행 53 M13 P POS2 M18 M16
행 54 M16
행 55 M13 P POS3 M18 M17
행 56 M17
행 57 M15 POS2 M14 M18
행 58 M16 POS3
행 59 M17 POS1

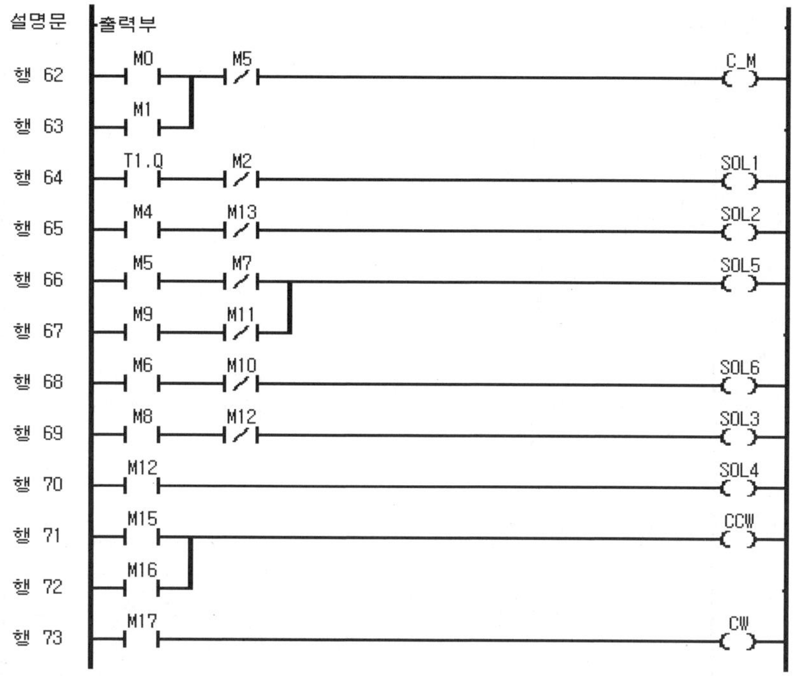

실습과제 14-9

기본회로+적재 창고위치표시

1. 동작조건

1) 소재가 감지된 상태에서 PB1을 누르면, 컨베이어가 동작하고 2초 후에 공급실린더가 전, 후진하여 매거진에 있는 소재를 컨베이어로 이송시킨다.
2) 검사공정에서 금속 또는 비금속을 판별한 값을 가지고 비금속은 적재 창고에 적재하고 금속은 컨베이어 끝에 장착되어 있는 창고에 적재되게 한다.
3) 검사공정에서 비금속 소재가 검출 되었을 경우에는 스톱퍼가 하강하고 비금속 소재가 소재 도착센서에 감지가 되면 컨베이어가 정지 → Y축 하강 → 소재를 흡착 → Y축 상승 → X축 전진 → 스톱퍼 상승, Y축 하강 → 흡착 0FF → Y축 상승 → X축 후진, 창고이동
4) 적재 창고의 이동순서는 POS1 → POS2 → POS3 →POS1 →POS2 →POS3 순으로 되어야 한다.
5) 적재 창고위치가 POS1이면 DISPLAY에서는 1을 표시하고 POS2이면 2를 POS3이면 3을 표시하여야 한다.

2. 프로그램 실습

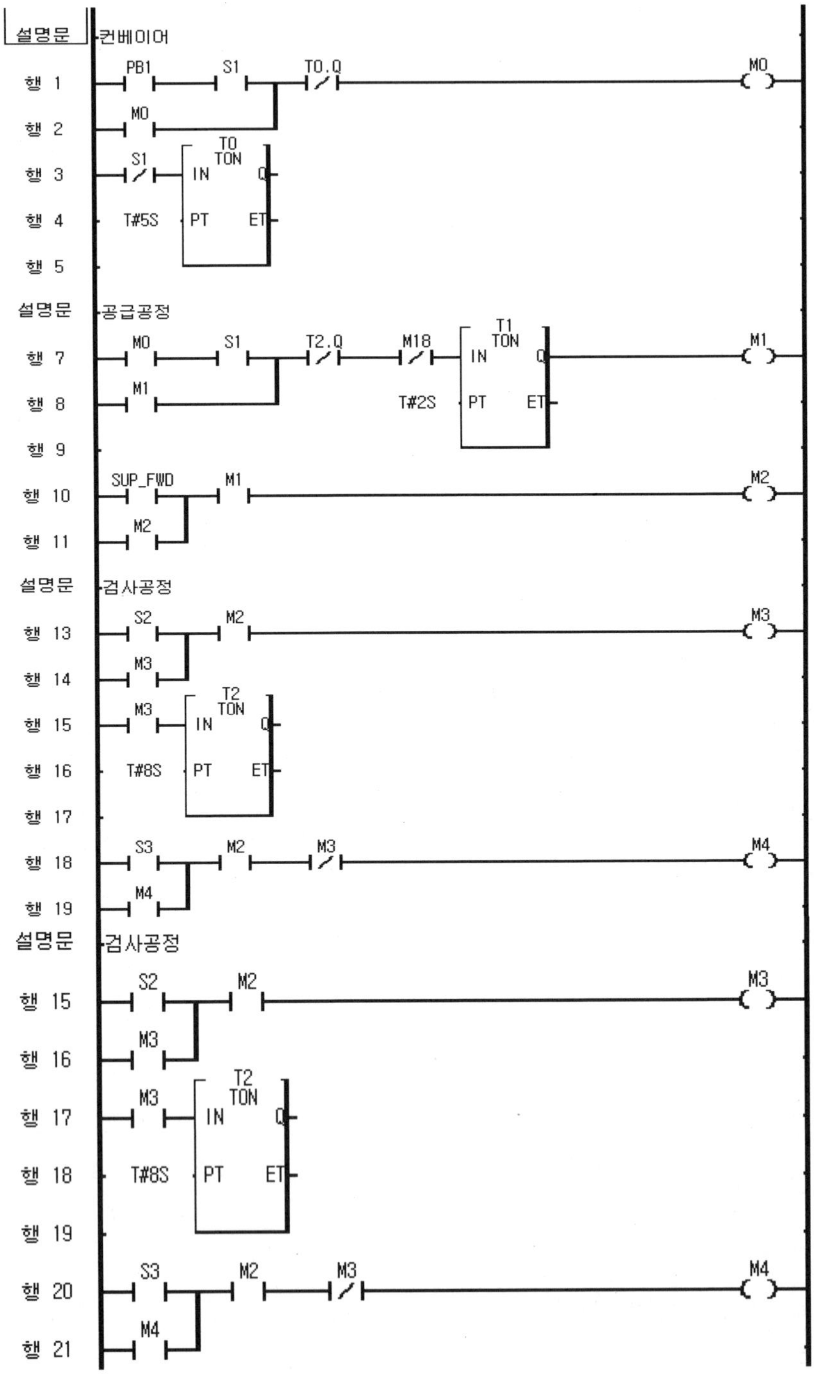
설명문
컨베이어
행 1
PB1
S1
T0.Q
M0
행 2
M0
행 3
S1
T0
TON
IN
Q
행 4
T#5S
PT
ET
행 5
설명문
공급공정
행 7
M0
S1
T2.Q
M18
T1
TON
IN
Q
M1
행 8
M1
T#2S
PT
ET
행 9
행 10
SUP_FWD
M1
M2
행 11
M2
설명문
검사공정
행 13
S2
M2
M3
행 14
M3
행 15
M3
T2
TON
IN
Q
행 16
T#8S
PT
ET
행 17
행 18
S3
M2
M3
M4
행 19
M4
설명문
검사공정
행 15
S2
M2
M3
행 16
M3
행 17
M3
T2
TON
IN
Q
행 18
T#8S
PT
ET
행 19
행 20
S3
M2
M3
M4
행 21
M4

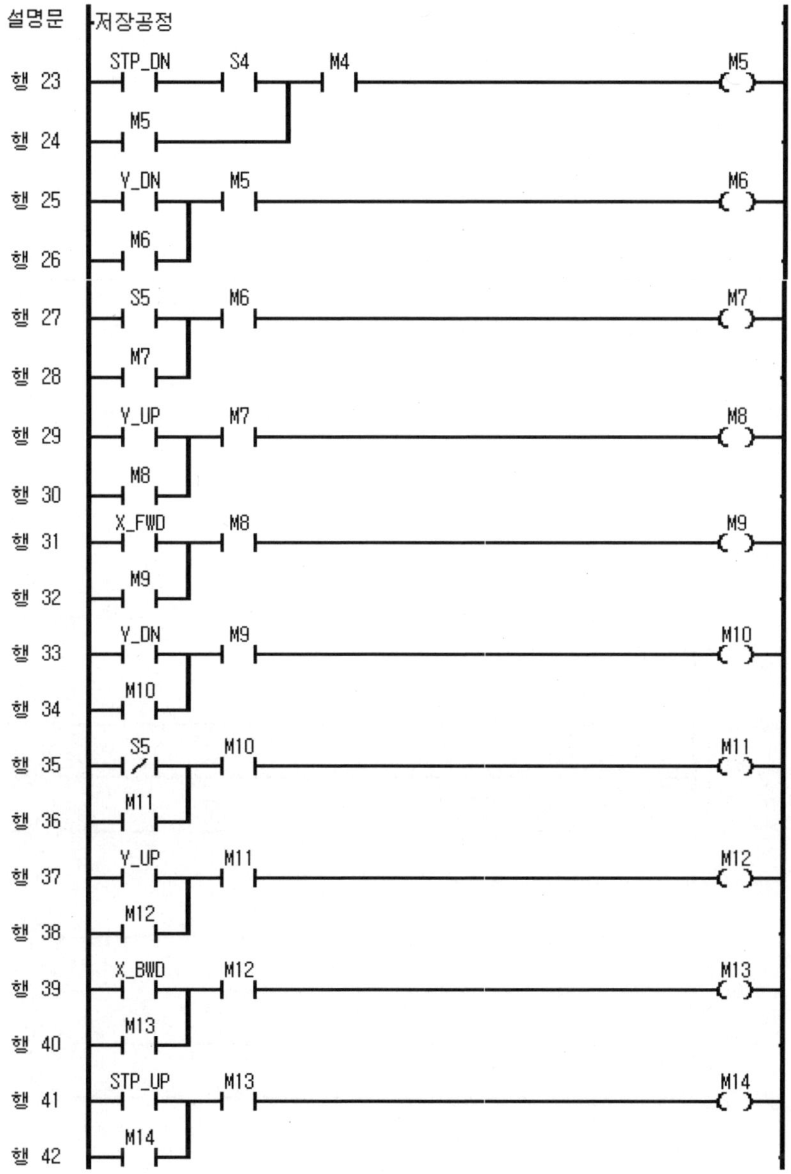
설명문
저장공정
행 23
STP_DN
S4
M4
M5
행 24
M5
행 25
Y_DN
M5
M6
행 26
M6
행 27
S5
M6
M7
행 28
M7
행 29
Y_UP
M7
M8
행 30
M8
행 31
X_FWD
M8
M9
행 32
M9
행 33
Y_DN
M9
M10
행 34
M10
행 35
S5
M10
M11
행 36
M11
행 37
Y_UP
M11
M12
행 38
M12
행 39
X_BWD
M12
M13
행 40
M13
행 41
STP_UP
M13
M14
행 42
M14

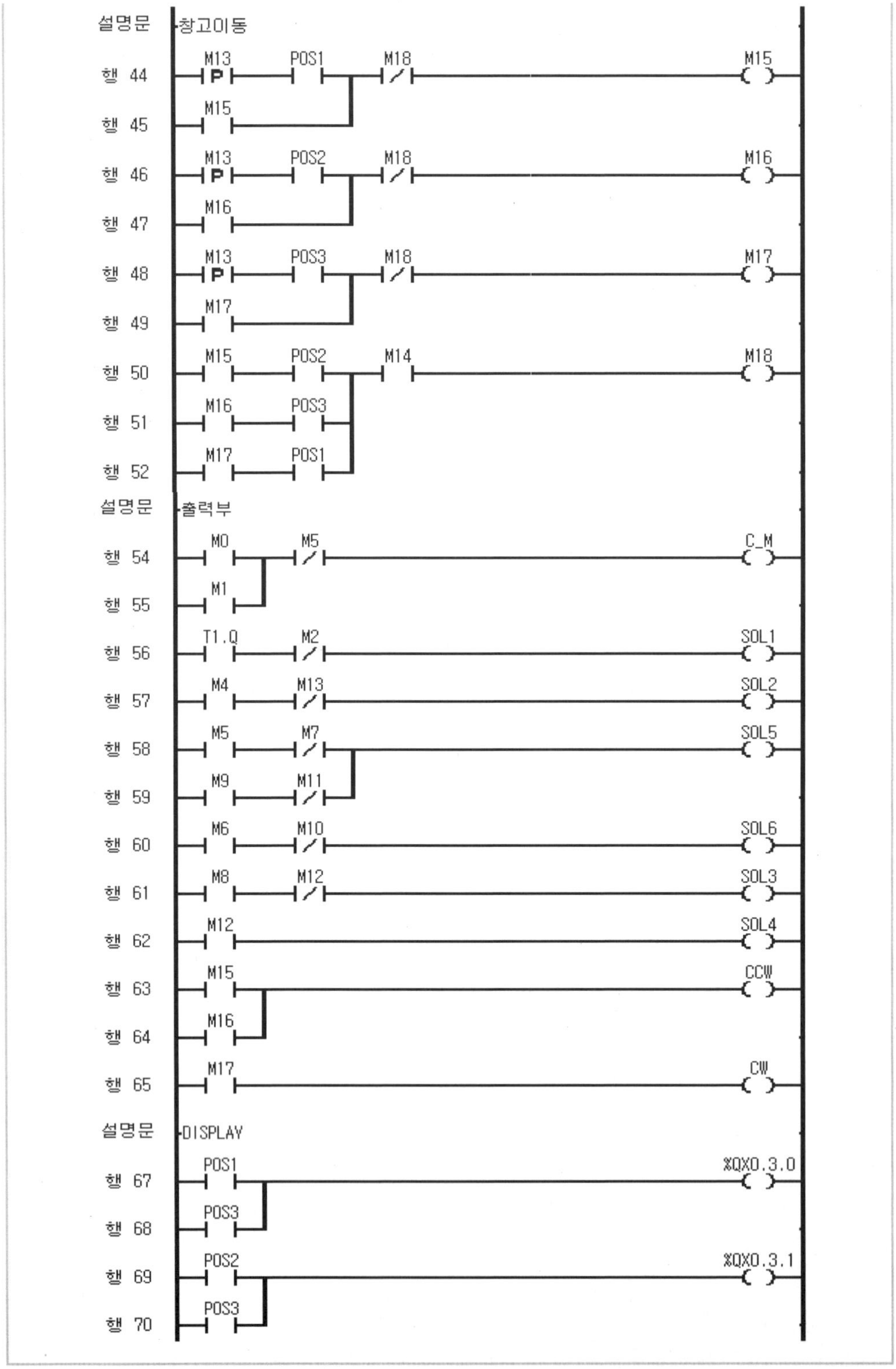
설명문 창고이동
행 44 M13 P POS1 M18 M15
행 45 M15
행 46 M13 P POS2 M18 M16
행 47 M16
행 48 M13 P POS3 M18 M17
행 49 M17
행 50 M15 POS2 M14 M18
행 51 M16 POS3
행 52 M17 POS1
설명문 출력부
행 54 M0 M5 C_M
행 55 M1
행 56 T1.Q M2 SOL1
행 57 M4 M13 SOL2
행 58 M5 M7 SOL5
행 59 M9 M11
행 60 M6 M10 SOL6
행 61 M8 M12 SOL3
행 62 M12 SOL4
행 63 M15 CCW
행 64 M16
행 65 M17 CW
설명문 DISPLAY
행 67 POS1 %QX0.3.0
행 68 POS3
행 69 POS2 %QX0.3.1
행 70 POS3

실습과제 14-10

기본회로+단속/연속선택+연속정지

1. 동작조건

1) 단속(PB2) 또는 연속을 선택한 후에 소재가 감지된 상태에서 PB1을 누르면, 컨베이어가 동작하고 5초 후에 공급실린더가 전, 후진하여 매거진에 있는 소재를 컨베이어로 이송시킨다.
2) 검사공정에서 금속 또는 비금속을 판별한 값을 가지고 비금속은 적재 창고에 적재하고 금속은 컨베이어 끝에 장착되어 있는 창고에 적재되게 한다.
3) 검사공정에서 비금속 소재가 검출되었을 경우에는 스톱퍼가 하강하고 비금속 소재가 소재 도착센서에 감지가 되면 컨베이어가 정지 → Y축 하강 → 소재를 흡착 → Y축 상승 → X축 전진 → 스톱퍼 상승, Y축 하강 → 흡착 0FF → Y축 상승 → X축 후진, 창고이동
4) 적재 창고의 이동순서는 POS1 → POS2 → POS3 → POS1 → POS2 → POS3 순으로 되어야 한다.
5) 단속의 경우 위에 공정을 완료한 후에 시스템이 초기화되고, 연속의 경우 매거진에 6초 이상 소재가 없을 경우 시스템은 정지된다. 이때 다시 소재를 공급한 뒤 PB1을 누르면 다시 연속 동작이 실행되어야 한다.
6) 연속 작업중 PB4를 누르면 작업중이던 작업을 완료한 후에 시스템은 초기화되어야 한다.

2. 프로그램 실습

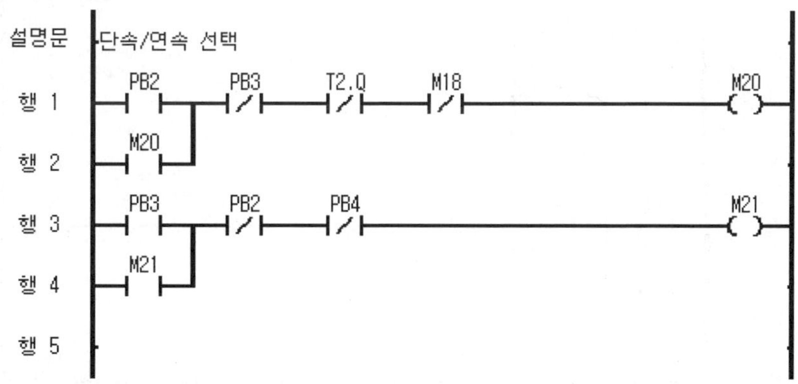

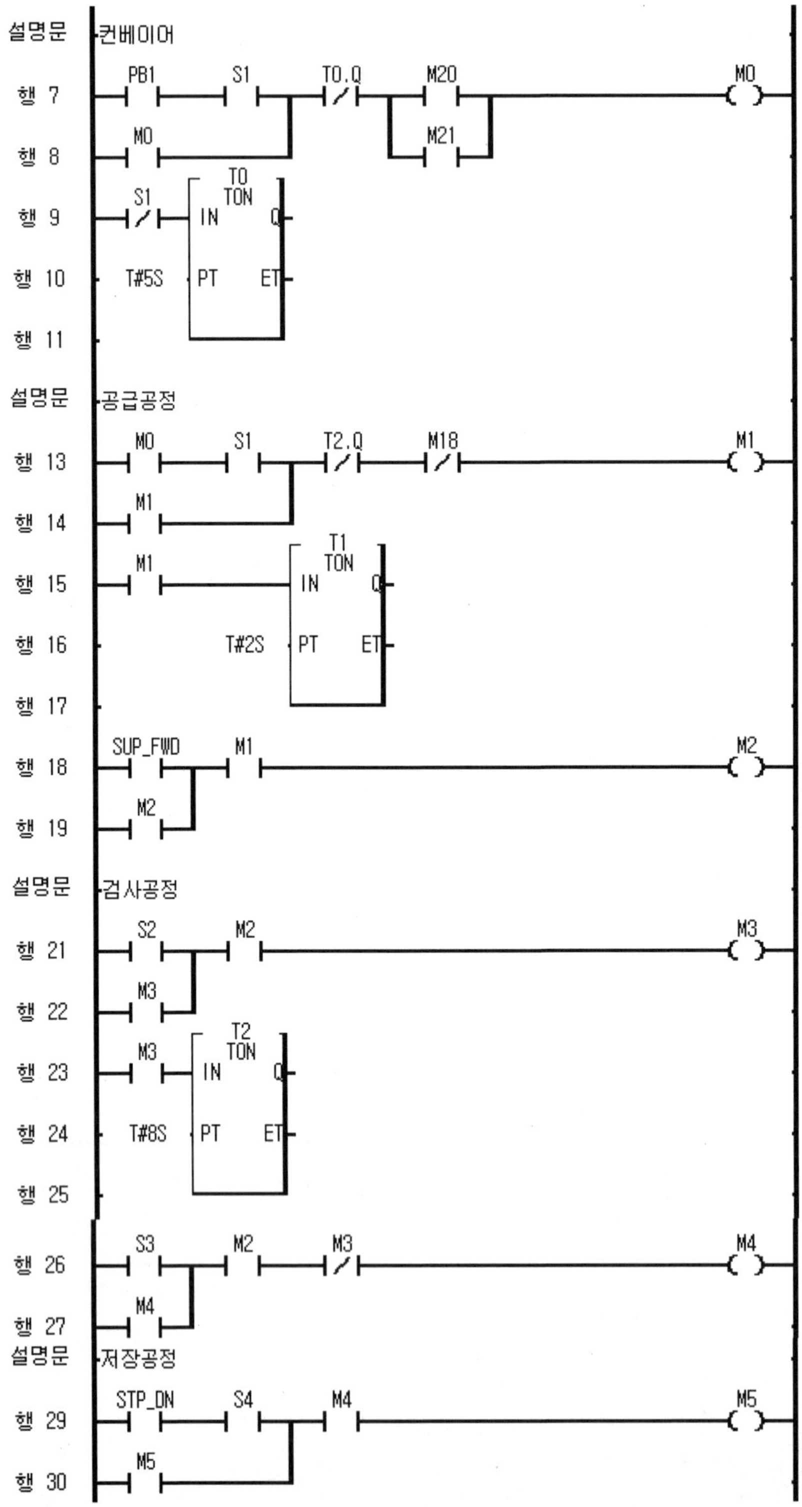
설명문 컨베이어
행 7 PB1 S1 T0.Q M20 M0
행 8 M0 M21
행 9 S1 T0 TON IN Q
행 10 T#5S PT ET
행 11
설명문 공급공정
행 13 M0 S1 T2.Q M18 M1
행 14 M1
행 15 M1 T1 TON IN Q
행 16 T#2S PT ET
행 17
행 18 SUP_FWD M1 M2
행 19 M2
설명문 검사공정
행 21 S2 M2 M3
행 22 M3
행 23 M3 T2 TON IN Q
행 24 T#8S PT ET
행 25
행 26 S3 M2 M3 M4
행 27 M4
설명문 저장공정
행 29 STP_DN S4 M4 M5
행 30 M5

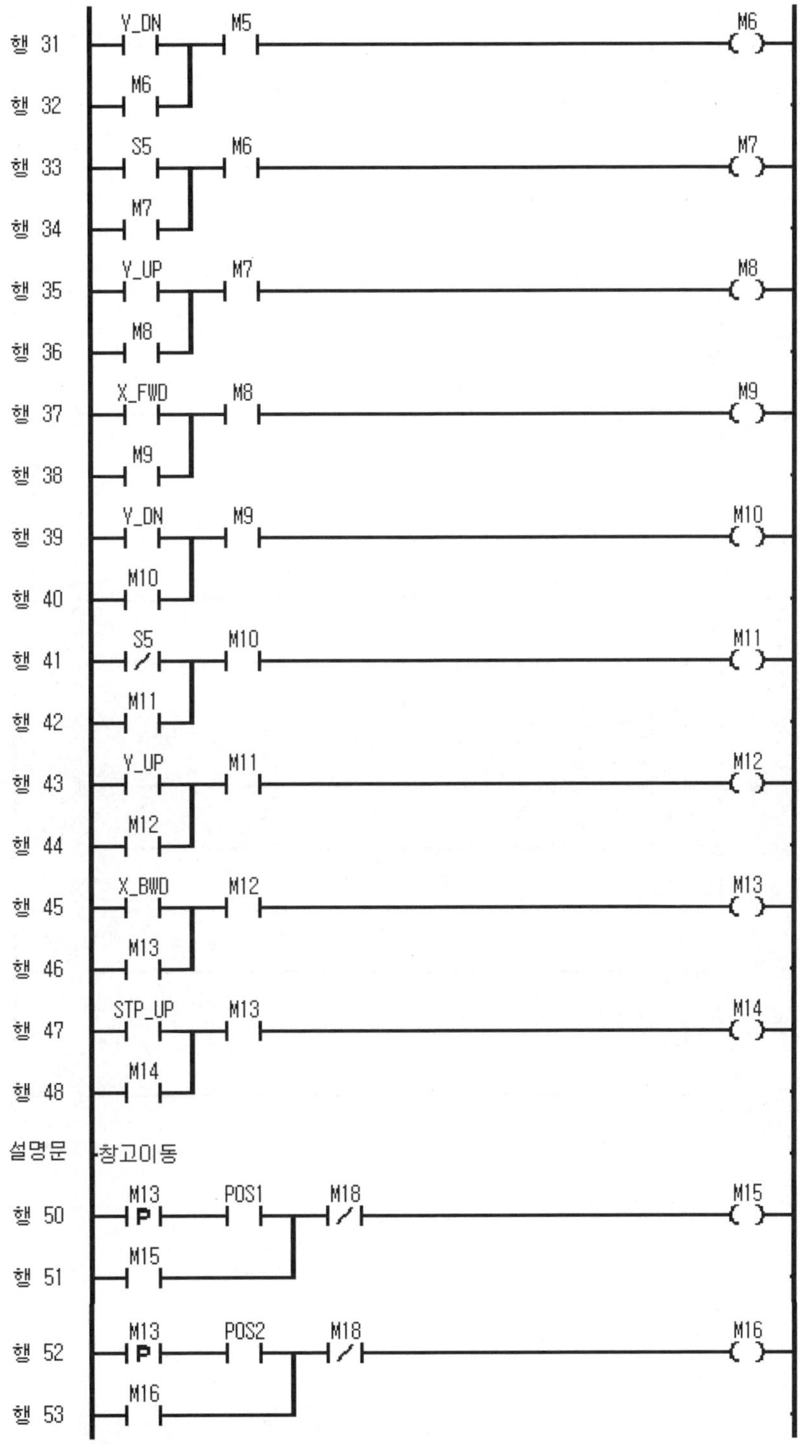
행 31 Y_DN M5 M6
행 32 M6
행 33 S5 M6 M7
행 34 M7
행 35 Y_UP M7 M8
행 36 M8
행 37 X_FWD M8 M9
행 38 M9
행 39 Y_DN M9 M10
행 40 M10
행 41 S5 M10 M11
행 42 M11
행 43 Y_UP M11 M12
행 44 M12
행 45 X_BWD M12 M13
행 46 M13
행 47 STP_UP M13 M14
행 48 M14
설명문 창고이동
행 50 M13 P POS1 M18 M15
행 51 M15
행 52 M13 P POS2 M18 M16
행 53 M16

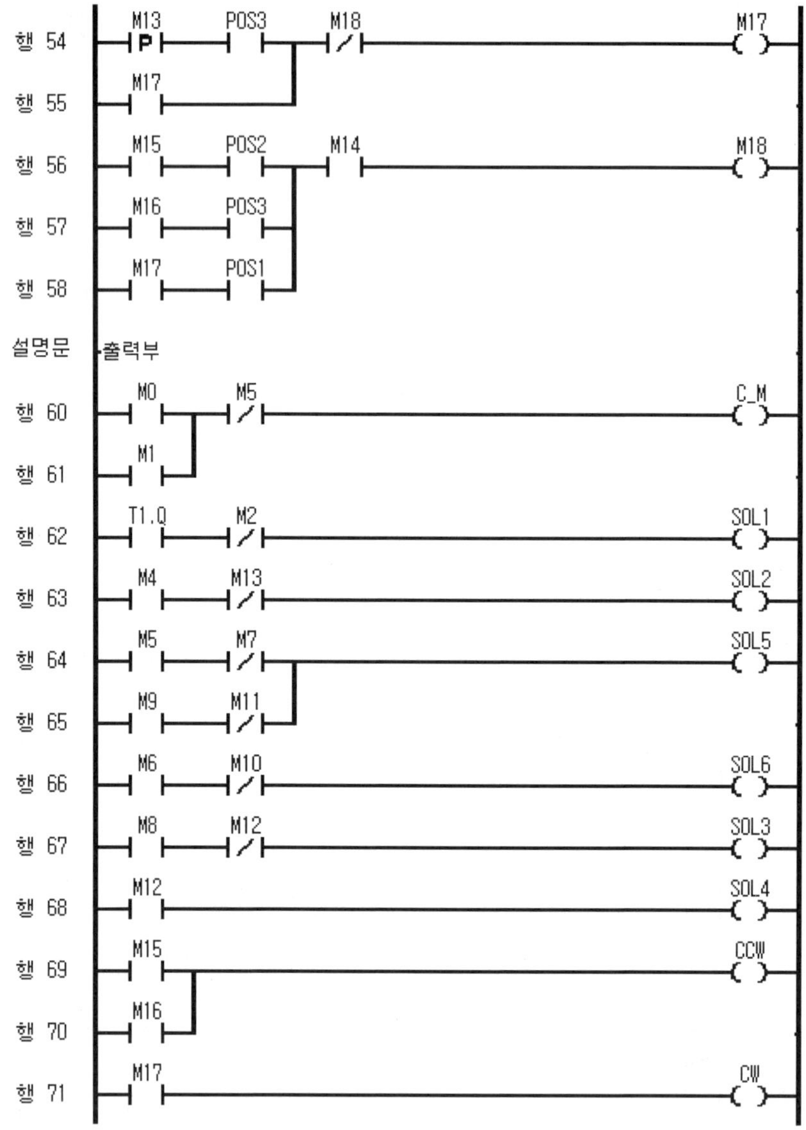
행 54 M13 P POS3 M18 M17
행 55 M17
행 56 M15 POS2 M14 M18
행 57 M16 POS3
행 58 M17 POS1
설명문 출력부
행 60 M0 M5 C_M
행 61 M1
행 62 T1.Q M2 SOL1
행 63 M4 M13 SOL2
행 64 M5 M7 SOL5
행 65 M9 M11
행 66 M6 M10 SOL6
행 67 M8 M12 SOL3
행 68 M12 SOL4
행 69 M15 CCW
행 70 M16
행 71 M17 CW

※ 다음 PLC 프로그램을 해석해 보자(행 0 : 푸시버튼을 토글버튼으로 사용한 것임).

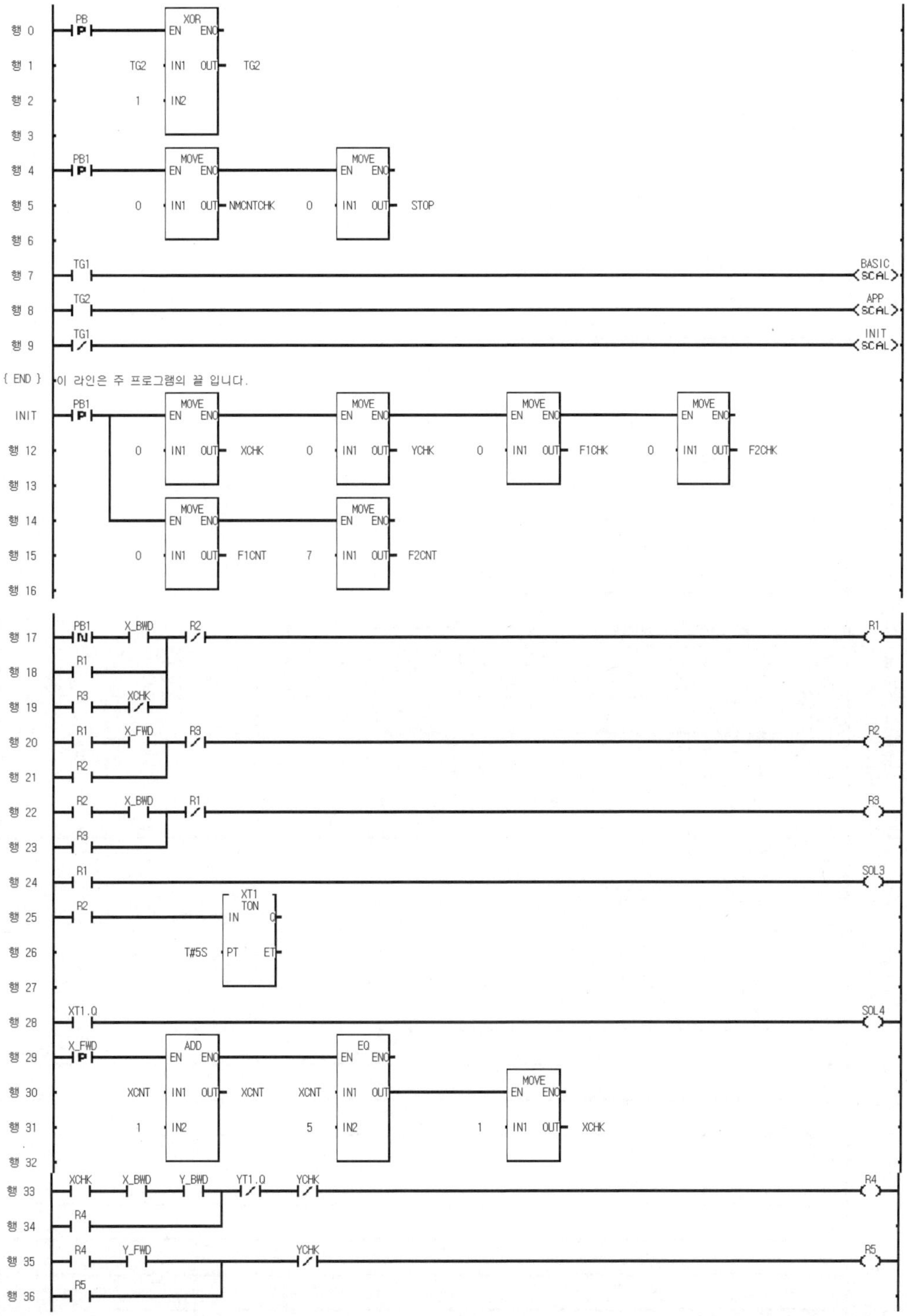

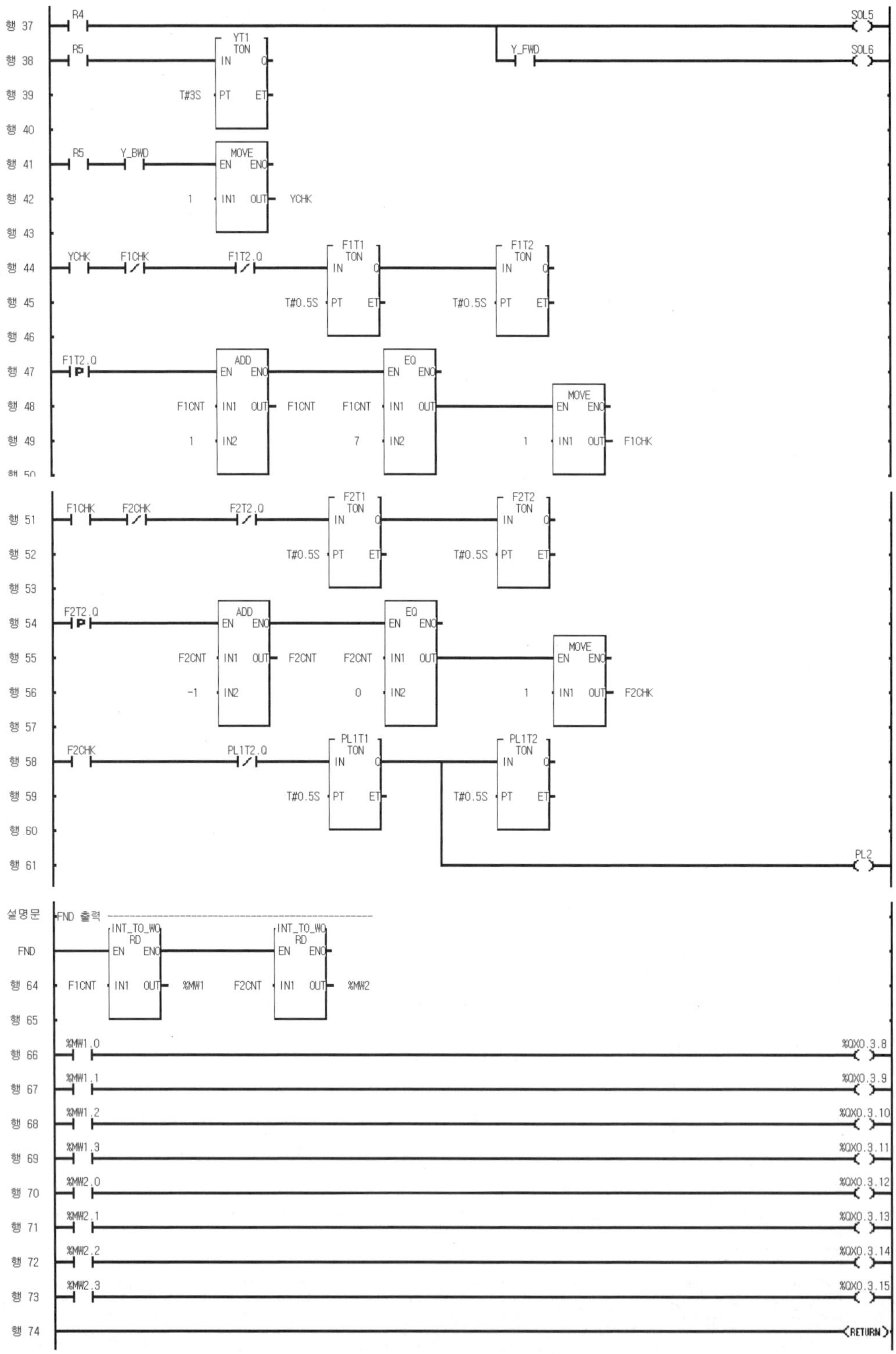

행 37 R4 SOL5
행 38 R5 YT1 TON IN Q Y_FWD SOL6
행 39 T#3S PT ET
행 40
행 41 R5 Y_BWD MOVE EN ENO
행 42 1 IN1 OUT YCHK
행 43
행 44 YCHK F1CHK F1T2.Q F1T1 TON IN Q F1T2 TON IN Q
행 45 T#0.5S PT ET T#0.5S PT ET
행 46
행 47 F1T2.Q P ADD EN ENO EQ EN ENO
행 48 F1CNT IN1 OUT F1CNT F1CNT IN1 OUT MOVE EN ENO
행 49 1 IN2 7 IN2 1 IN1 OUT F1CHK
행 51 F1CHK F2CHK F2T2.Q F2T1 TON IN Q F2T2 TON IN Q
행 52 T#0.5S PT ET T#0.5S PT ET
행 53
행 54 F2T2.Q P ADD EN ENO EQ EN ENO
행 55 F2CNT IN1 OUT F2CNT F2CNT IN1 OUT MOVE EN ENO
행 56 -1 IN2 0 IN2 1 IN1 OUT F2CHK
행 57
행 58 F2CHK PL1T2.Q PL1T1 TON IN Q PL1T2 TON IN Q
행 59 T#0.5S PT ET T#0.5S PT ET
행 60
행 61 PL2
설명문 FND 출력
FND INT_TO_WORD EN ENO INT_TO_WORD EN ENO
행 64 F1CNT IN1 OUT %MW1 F2CNT IN1 OUT %MW2
행 65
행 66 %MW1.0 %QX0.3.8
행 67 %MW1.1 %QX0.3.9
행 68 %MW1.2 %QX0.3.10
행 69 %MW1.3 %QX0.3.11
행 70 %MW2.0 %QX0.3.12
행 71 %MW2.1 %QX0.3.13
행 72 %MW2.2 %QX0.3.14
행 73 %MW2.3 %QX0.3.15
행 74 RETURN

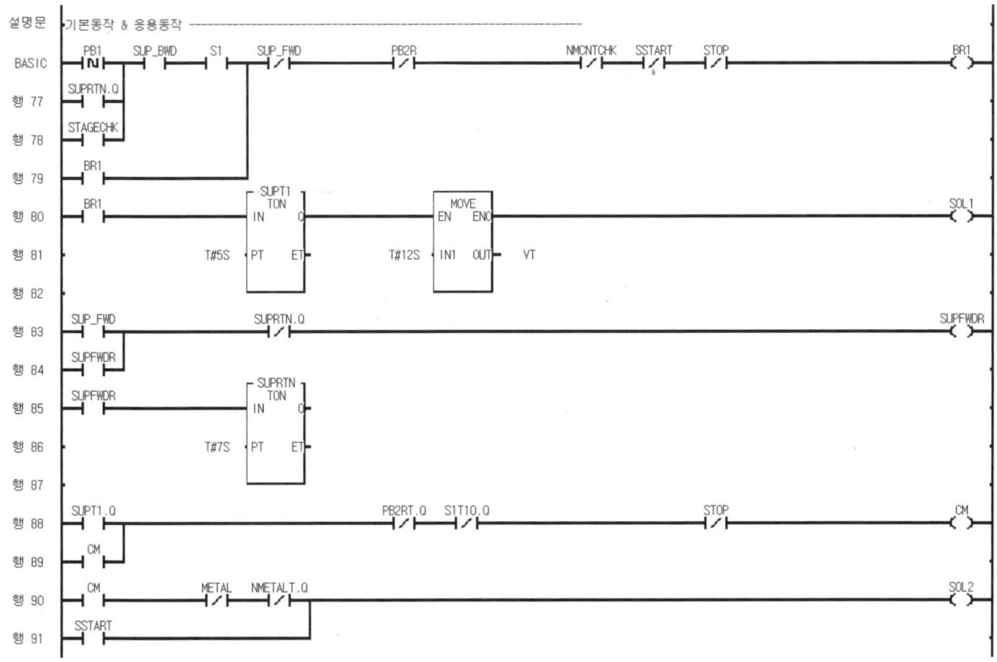
설명문
기본동작 & 응용동작
BASIC
PB1 SUP_BWD S1 SUP_FWD PB2R NMCNTCHK SSTART STOP BR1
SUPRTN.Q
STAGECHK
BR1
BR1 SUPT1 TON IN Q PT ET MOVE EN ENO IN1 OUT SOL1
T#5S T#12S VT
SUP_FWD SUPRTN.Q SUPFWDR
SUPFWDR
SUPFWDR SUPRTN TON IN Q
T#7S PT ET
SUPT1.Q PB2RT.Q S1T10.Q STOP CM
CM
CM METAL NMETALT.Q SOL2
SSTART

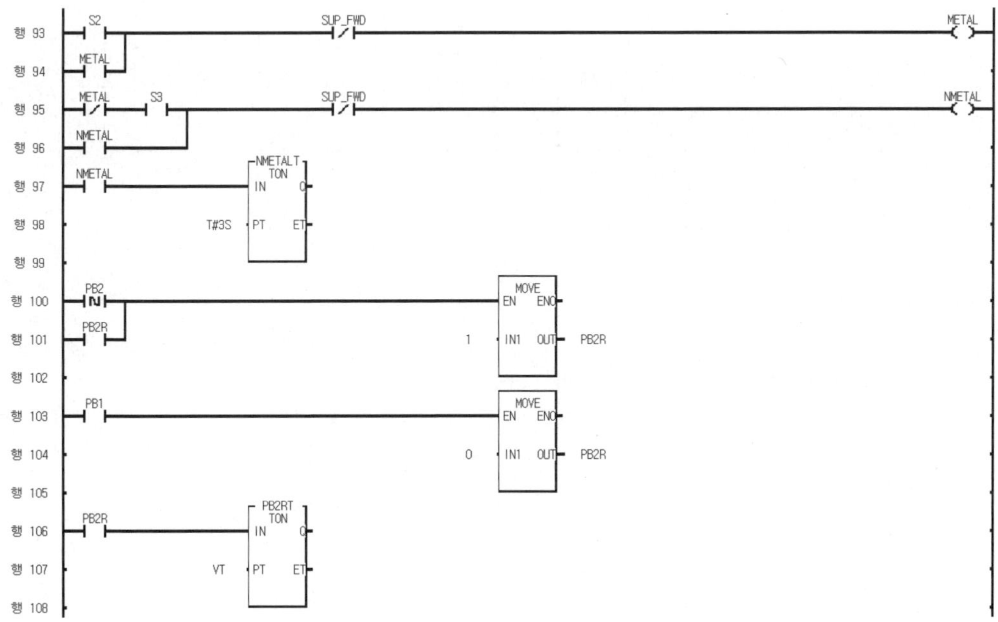
S2 SUP_FWD METAL
METAL
METAL S3 SUP_FWD NMETAL
NMETAL
NMETAL NMETALT TON IN Q
T#3S PT ET
PB2 MOVE EN ENO
PB2R 1 IN1 OUT PB2R
PB1 MOVE EN ENO
0 IN1 OUT PB2R
PB2R PB2RT TON IN Q
VT PT ET

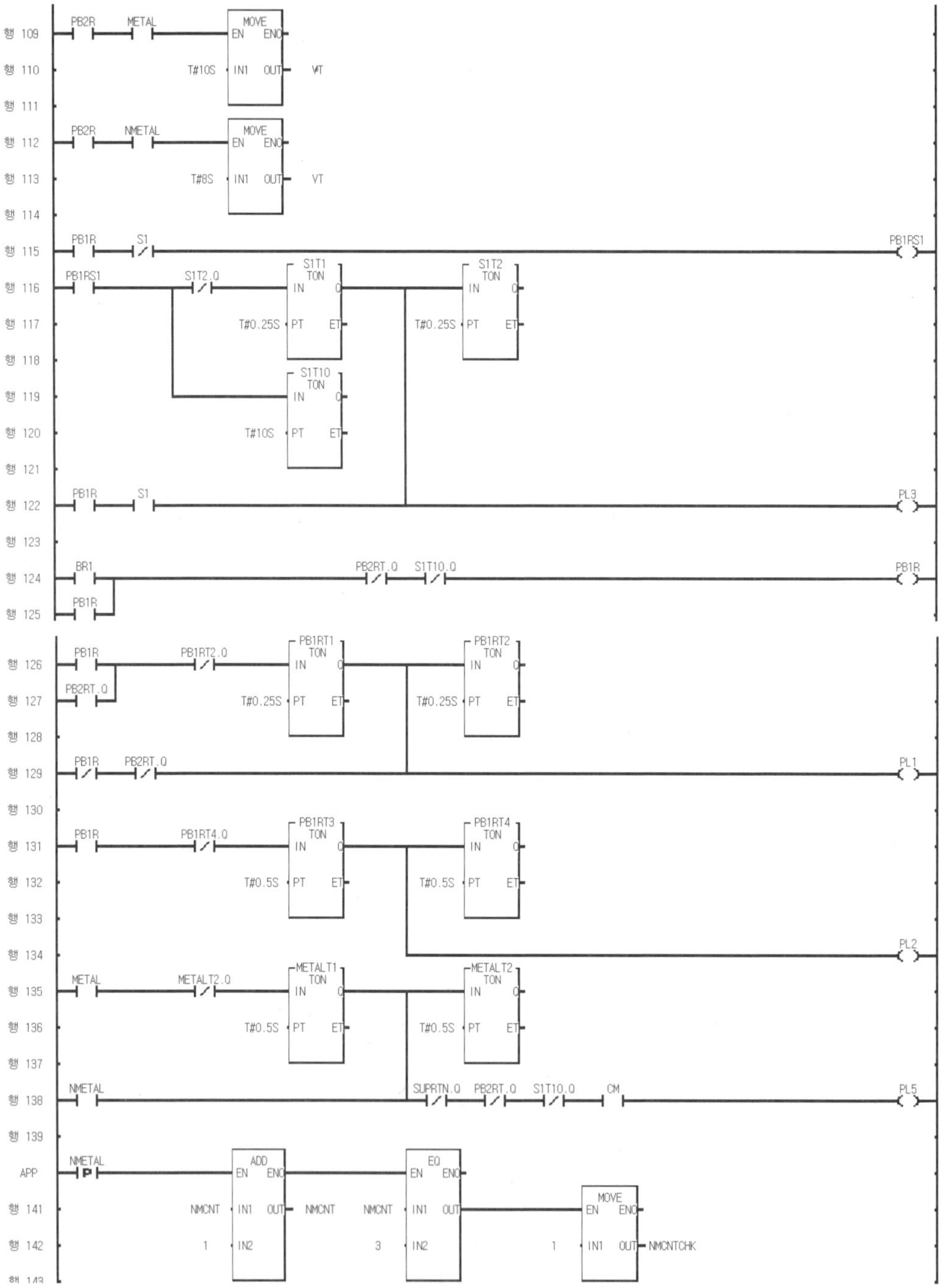

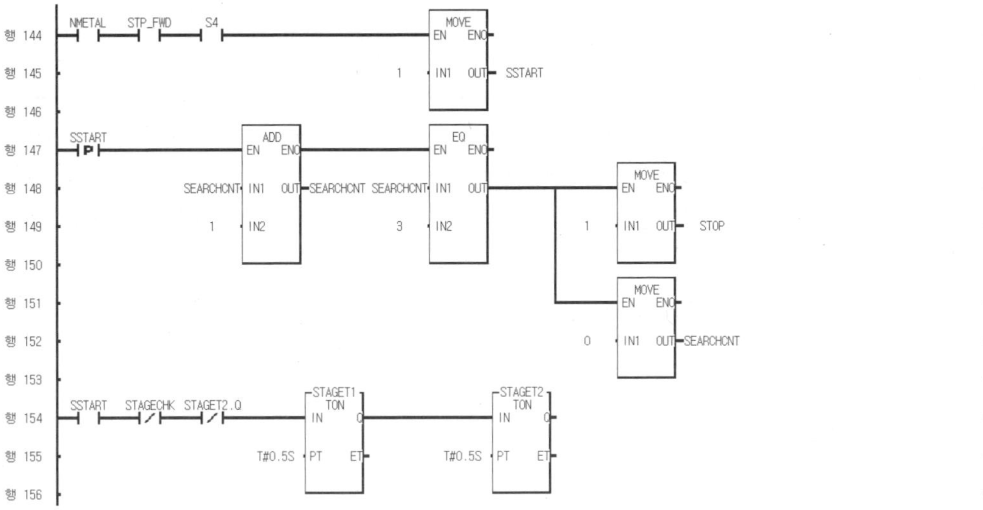

행 144
행 145
행 146
행 147
행 148
행 149
행 150
행 151
행 152
행 153
행 154
행 155
행 156
NMETAL
STP_FWD
S4
MOVE
EN ENO
IN1 OUT
1
SSTART
ADD
SEARCHCNT
SEARCHCNT
EQ
3
STOP
0
STAGECHK
STAGET2.Q
STAGET1
TON
IN Q
PT ET
T#0.5S
STAGET2

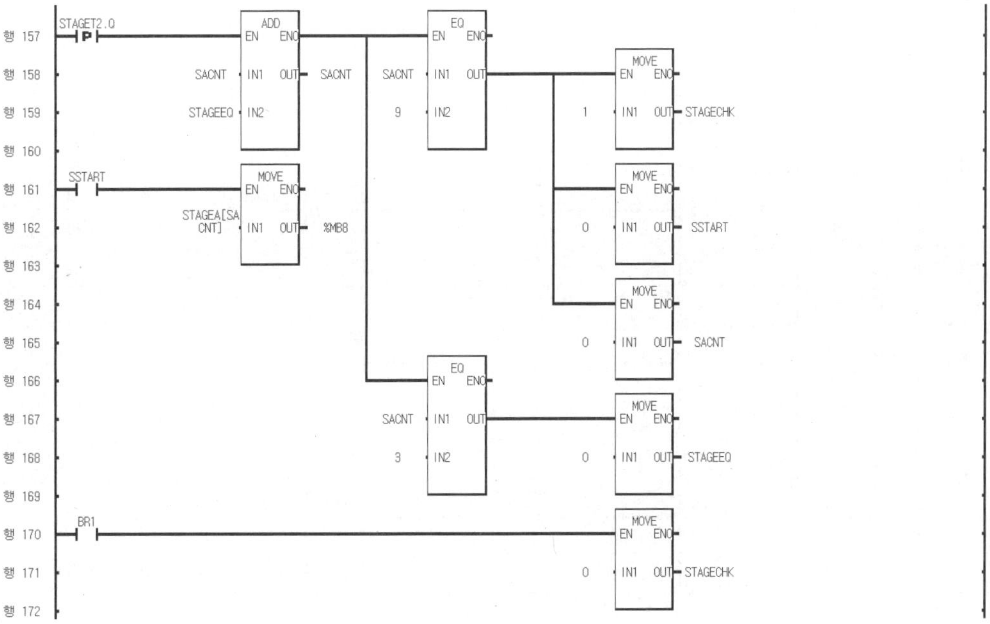

행 157
행 158
행 159
행 160
행 161
행 162
행 163
행 164
행 165
행 166
행 167
행 168
행 169
행 170
행 171
행 172
STAGET2.Q
ADD
SACNT
STAGEEQ
EQ
9
MOVE
STAGECHK
SSTART
STAGEA[SACNT]
%MB8
0
3
BR1

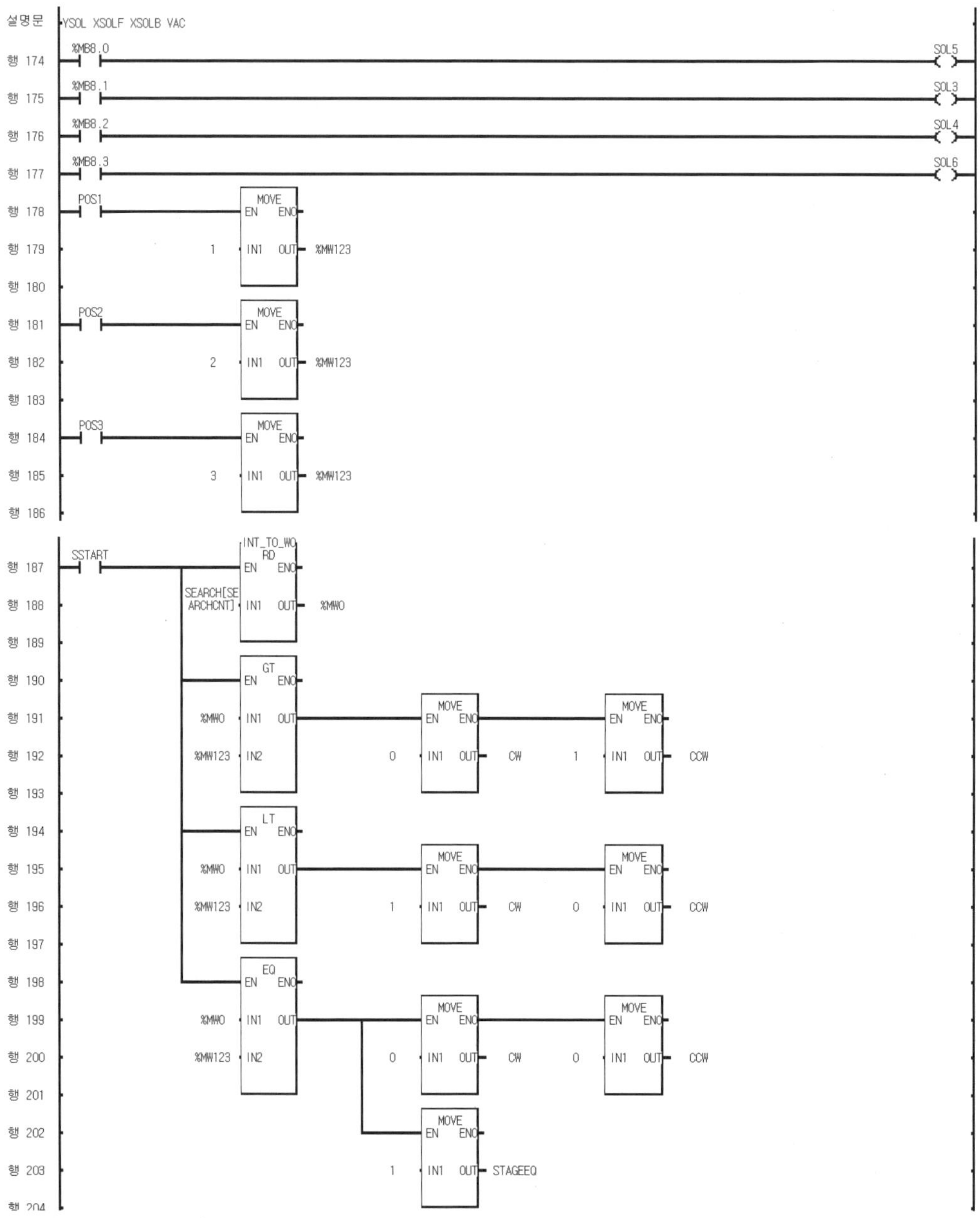

설명문 YSOL XSOLF XSOLB VAC
행 174 %MB8.0 SOL5
행 175 %MB8.1 SOL3
행 176 %MB8.2 SOL4
행 177 %MB8.3 SOL6
행 178 POS1 MOVE EN ENO
행 179 1 IN1 OUT %MW123
행 180
행 181 POS2 MOVE EN ENO
행 182 2 IN1 OUT %MW123
행 183
행 184 POS3 MOVE EN ENO
행 185 3 IN1 OUT %MW123
행 186
행 187 SSTART INT_TO_WORD EN ENO
행 188 SEARCH[SEARCHCNT] IN1 OUT %MW0
행 189
행 190 GT EN ENO
행 191 %MW0 IN1 OUT MOVE EN ENO MOVE EN ENO
행 192 %MW123 IN2 0 IN1 OUT CW 1 IN1 OUT CCW
행 193
행 194 LT EN ENO
행 195 %MW0 IN1 OUT MOVE EN ENO MOVE EN ENO
행 196 %MW123 IN2 1 IN1 OUT CW 0 IN1 OUT CCW
행 197
행 198 EQ EN ENO
행 199 %MW0 IN1 OUT MOVE EN ENO MOVE EN ENO
행 200 %MW123 IN2 0 IN1 OUT CW 0 IN1 OUT CCW
행 201
행 202 MOVE EN ENO
행 203 1 IN1 OUT STAGEEQ
행 204

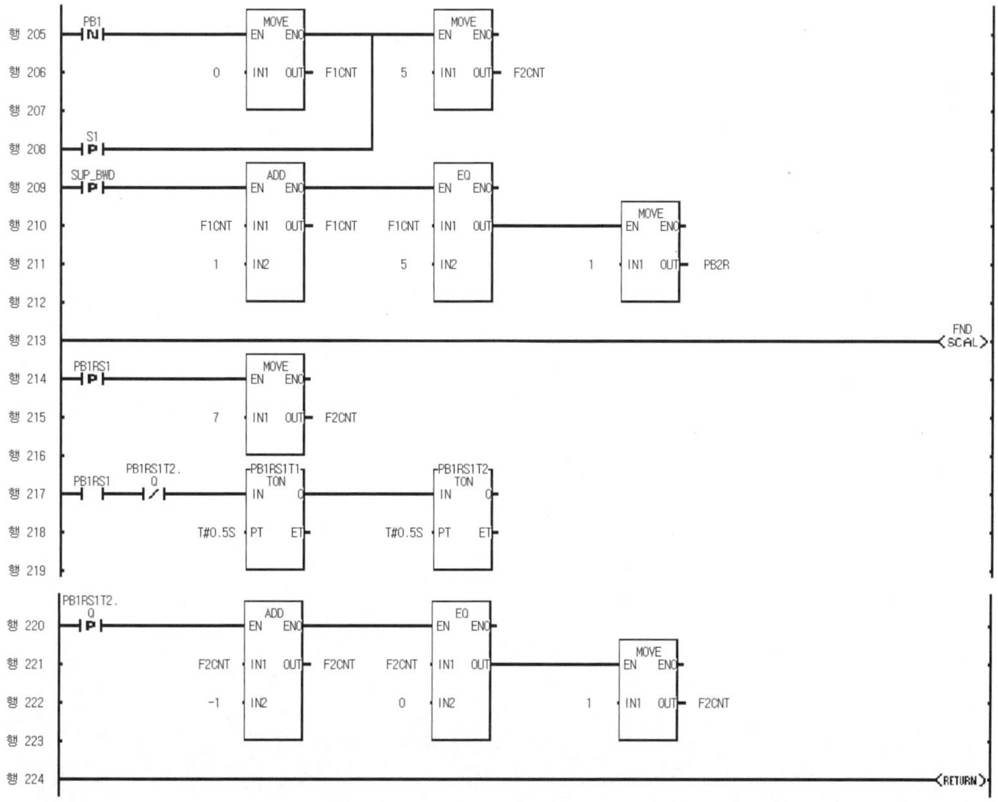

행 205
PB1
MOVE
EN ENO
0 IN1 OUT F1CNT
5 IN1 OUT F2CNT
S1
SLP_BWD
ADD
F1CNT IN1 OUT F1CNT
1 IN2
EQ
F1CNT IN1 OUT
5 IN2
1 IN1 OUT PB2R
END
SCAL
PB1RS1
7 IN1 OUT F2CNT
PB1RS1T2.Q
PB1RS1T1
TON
IN Q
T#0.5S PT ET
PB1RS1T2
F2CNT IN1 OUT F2CNT
-1 IN2
F2CNT IN1 OUT
0 IN2
1 IN1 OUT F2CNT
RETURN

부록

국가기술자격검정 실기시험문제(2012.04.26시행)

자격종목	생산자동화 산업기사	과제명	PLC 기반제어 작업	척도	NS

※ 시험시간 : [○ 표준시간 : 2시간 30분, ○ 연장시간 : 30분]

1. 요구사항

※ 다음의 요구사항을 시험시간 내에 완성하시오.

가) [그림1]의 시스템 구성도와 I/O 할당표를 참고하여 시스템을 구성하시오.

나) 다음 동작을 요구 조건에 맞도록 PLC 프로그램을 작성하고, ①,②,③ 동작 순서를 지켜 시운전하시오.

① 초기 동작 ② 기본 동작 ③ 응용 동작

다) 수험자가 작성한 PLC 프로그램을 프린트해서 저장 파일과 함께 감독위원에게 제출하시오.

가. 초기 동작

1) 시스템 구성 및 초기 상태

구 분	실린더 구분	초기 상태	제어용 솔레노이드
공급 실린더	실린더1(CYL1)	후 진	양 솔레노이드
스토퍼 실린더	실린더2(CYL1)	후 진	편 솔레노이드
상하이송 실린더	실린더3(CYL1)	후 진	편 솔레노이드
전후이송 실린더	실린더4(CYL1)	후 진	편 솔레노이드
흡착컵	흡착컵1	정 지	편 솔레노이드

2) 초기 동작

○ **초기 동작은 기본 동작 및 응용 동작과 연결되는 동작은 아니다.**

가) 시작 스위치(PB1)를 누르면(ON) 시스템이 동작 순서에 따라 다음과 같이 동작한다.

나) 동작이 완료되면 시작 스위치(PB1)에 의해 초기 동작을 다시 시작할 수 있다.

동작순서	동작 요소	제어 조건
1	스토퍼 실린더	전진하여 3초간 정지한 후 후진하는 동작을 3회 반복하고 정지한다.
2	상하이송 실린더 및 흡착컵	1) 실린더는 전진하여 5초 후 후진한다. 2) 흡착컵은 실린더가 전진 완료 후 5초간 동작하고 정지한다.
3	FND1, FND2	1) FND1은 [7],[6],[5],[4],[3],[2],[1],[0]을 1초 간격으로 순차적으로 표시한다. 2) FND2는 [0],[1],[2],[3],[4],[5],[6],[7]을 1초 간격으로 순차적으로 표시한다. ※ FND1이 먼저 표시되고, FND2가 표시되어야 한다.
4	표시램프	FND1, FND2에 [0],[7] 표시되면 PL2가 1초 간격으로 점멸한다.

나. 기본 동작

○ **기본 동작은 초기 동작을 수행한 수험자에 한하여 수행한다.**

가) 매거진에 공작물을 재질 구분 없이 공급한다.

나) 토글스위치(TG1)을 ON하고 시작 스위치(PB1)를 눌렀다 떼면(ON/OFF) 시스템이 연속 동작한다.

다) 연속 동작이 정지되면 시작 스위치(PB1)에 의해 기본 동작을 다시 시작할 수 있다.

동작 요소	제어 조건		
	상태 / 램프	동작 중	정지 중
표시 램프 (PL1, PL2, PL3)	준비 램프(PL1)	점멸(1초 간격)	점 등
	운전표시 램프(PL2)	점멸(0.5초 간격)	소 등
	매거진 공작물 재고표시 램프(PL3)	공작물이 있으면 점등 공작물이 없으면 점멸(1초 간격)	소 등
공급 실린더(CYL1)	1) 첫 번째 공작물은 시작 스위치(PB1)를 눌렀다 떼면(ON/OFF) 3초 후 공급하고 후진한다. 2) 두 번째 공작물부터는 작업 중인 공작물이 배출 또는 저장이 완료되면 공급하고 후진한다. 3) 매거진에 공작물이 없으면 동작하지 않는다.		

동작 요소	제어 조건
컨 베 이 어	1) 시작 스위치(PB1)를 눌렀다 떼면(ON/OFF) 3초 후 동작한다. 2) 연속 동작을 종료하면 정지한다.
센 서(S10, S11)	1) 금속이 검출되면 표시램프(PL4)를 배출 또는 저장 완료 시까지 점멸(0.5초 간격) 한다. 2) 비금속이 검출되면 표시램프(PL5)를 배출 완료 시까지 점등한다.
스토퍼 실린더 (CYL2)	1) 컨베이어가 동작하면 전진한다. 2) 센서(S12)에 금속 공작물이 검출되면 5초 후 후진한다. 3) 센서(S12)에 비금속 공작물이 검출되면 즉시 후진한다.
연속 동작 정지	1) 정지 스위치(PB2)를 눌렀다 떼면(ON/OFF) 작업중인 공작물이 배출 또는 저장이 완료되면 정지한다. 2) 재고 표시램프(PL3)가 7초간 점멸하면 정지한다. 3) 정지되면 실린더는 초기상태가 되며 준비 램프(PL1)가 점등한다.

다. 응용 동작

ㅇ 응용 동작은 기본 동작을 수행한 수험자에 한하여 수행한다.

가) 기본 동작 제어조건에 응용 동작1, 2의 제어조건을 추가하여 동작되도록 한다.

나) 기본 동작이 완료된 상태에서 토글스위치(TG1), 토글스위치(TG2)를 ON하고, 시작 스위치(PB1)를 눌렀다 떼면(ON/OFF) 시스템이 연속 동작한다.

다) 연속 동작이 정지되면 시작 스위치(PB1)에 의해 응용 동작을 다시 시작할 수 있다.

1) 응용 동작 1

동작 요소	제어 조건
공급 실린더(CYL1)	센서(S10, S11)가 금속 공작물 2개를 검출하면 공작물 공급을 중지한다.
흡착, 이송 실린더 (흡착컵1, CYL3, CYL4)	스토퍼 실린더의 센서(S12)에 금속 공작물이 검출되면 공작물을 적재부(STAGE)로 이송한다. ※ 공작물 이송을 위한 실린더 및 흡착컵1의 동작순서는 간섭이 없고, 원활한 동작이 되도록 수검자가 판단하여 정한다.
적 재 부	1) 흡착컵1이 금속 공작물을 흡착하여 후진하면 적재 위치로 이동한다. 2) 공작물은 STAGE 2, 3 순으로 적재한다.
연속 동작 정지	1) 적재부에 2개의 공작물이 저장되면 정지한다.

2) 응용 동작 2

가) 시작 스위치(PB1)를 눌렀다 떼면(ON/OFF) FND1, FND2는 [5][0]을 표시한다.

나) 연속동작중 디스플레이 유닛(FND1, FND2)은 다음과 같이 표시한다.

디스플레이 유닛	제어 조건
FND1	1) 매거진(MAGAZINE)에 저장된 공작물의 잔여 수량을 표시한다. ※ 공급 실린더(CYL1)가 공작물을 공급하고 후진하면 [5]에서 1씩 감소하여 표시한다. 2) FND1에 [0]이 표시되면 연속 동작을 정지한다.
FND2	1) 매거진에 공작물이 없어 재고표시 램프(PL3)가 점멸하면, 1초 간격으로 시간을 1씩 증가하여 표시한다. ※ 재고표시 램프(PL3)가 점멸하면 [1],[2],[3],[4],[5],[6],[7] 순으로 1씩 증가하여 표시한다. 2) 시간을 표시하다 매거진에 공작물을 공급하면 [0]를 표시한다.

2. 수험자 유의사항

※ 다음의 유의사항을 고려하여 요구사항을 완성하시오

1) PLC의 입출력 단자 및 부분품과 메카트로닉스 미니 MPS 장치의 연결은 반드시 준비된 케이블과 Y 단자 커넥터를 이용하시오.
2) 수험자가 연장시간을 사용할 경우는 매 10분마다 5점씩 감점한다.
3) 프로그램 작성 시 학습서의 형태는 일체 지참을 금한다.
4) 작업이 완료되면 수험자는 감독위원의 확인을 받아야 하고, 감독위원의 지시에 따라 작성한 프로그램을 이용해서 동작을 시킬 수 있어야 한다. 이때 기본 동작을 먼저 감독관에게 확인받고, 그 다음 감독관의 입회하에 응용동작을 해야 한다.
5) PC에 작성된 프로그램은 드라이브를 이용해서 저장하고 프린트하여 디스켓과 프린트 출력물을 감독관에게 제출하고 PC에 있는 프로그램은 지워야 한다.
6) 장치는 여러 가지 경우의 조건으로 구성할 수가 있으나 과제에서 제시한 조건에 따라 구성하고 동작해야 한다.
7) PLC기반제어 동작 관련 프로그램이 발견될 시는 부정행위자로 간주하여 처리한다.
8) 공기압 조정유닛의 공급압력을 5kgf/cm^{2}로 설정한다. 이때 설정압력의 오차는 ±0.5 kgf/cm^2 이내이어야 한다.
9) 안전사고에 유의하여야 한다.
10) 다음 사항에 해당하는 작품은 미완성, 오작 또는 실격으로 채점하지 않는다.

① 시험시간(표준시간+연장시간)을 초과한 작품
② 초기동작, 기본동작이 완성되지 않는 수험자의 작품
③ 프로그램을 프린트해 제출하지 않거나, 디스켓(파일포함)을 제출하지 않은 수험자의 작품
④ 장비 공구 등의 사용이 미숙하여 안전에 문제가 있거나, 수험자로서의 자세가 불량한 수험자의 작품
⑤ 컴퓨터에 타인의 프로그램이 있는 경우 및 타인의 프로그램으로 시스템 구동시킬 경우
⑥ 생산자동화 산업기사 모든 시험 과정을 응시하지 않은 수험자
⑦ PLC 기반제어작업, PC 기반제어작업, CAD작업 등 3개 과제 중 1개 과제의 전체득점이 0점인 작품
⑧ 요구사항을 준수하지 않은 작품

3. 도면

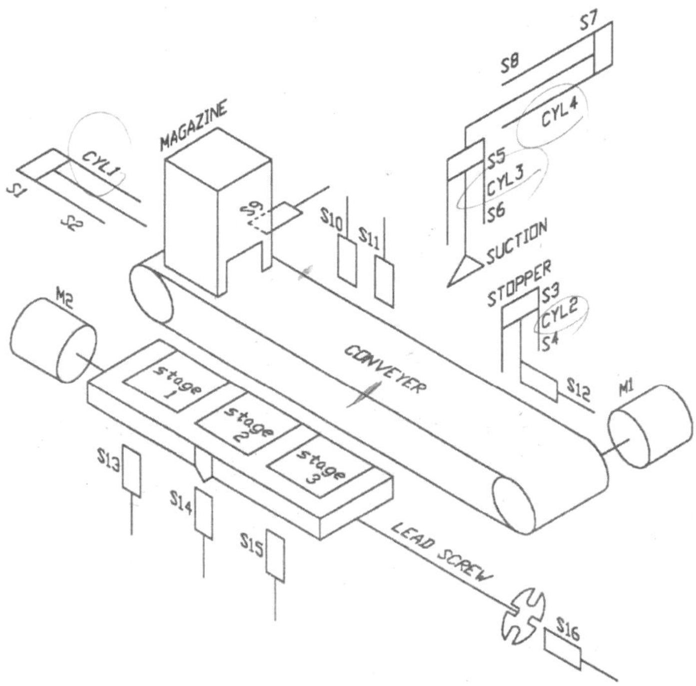

그림 1 시스템 구성도

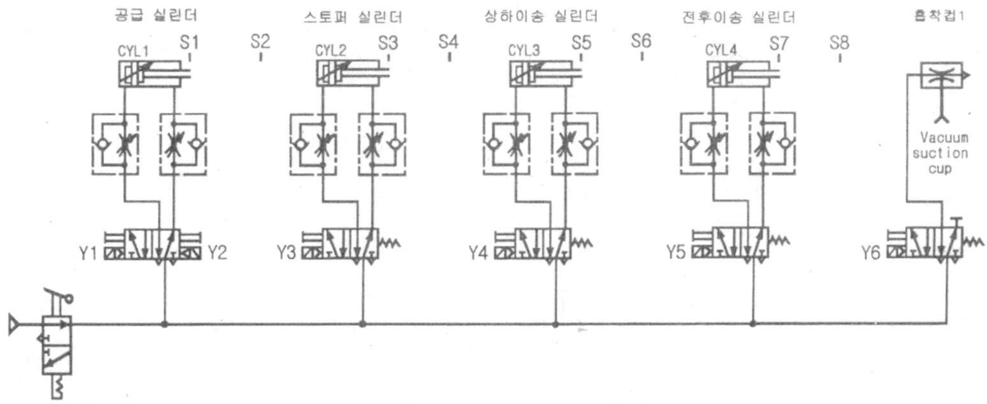

그림 2 공압 회로도(참고용)

PLC I/O 할당표(참고용)

입 력			출 력		
번호	기능	기호	번호	기능	기호
1	시작 스위치	PB1	1	공급 실린더 후진 동작	Y1
2	정지 스위치	PB2	2	공급 실린더 전진 동작	Y2
3	일시정지 스위치	PB3	3	스토퍼 실린더 동작	Y3
4	공급 실린더 후진 센서	S1	4	상하이송 실린더 동작	Y4
5	공급 실린더 전진 센서	S2	5	전후이송 실린더 동작	Y5
6	스토퍼 실린더 후진 센서	S3	6	흡착컵 동작	Y6
7	스토퍼 실린더 전진 센서	S4	7	컨베어 모터(M1) 구동	R1
8	상하이송 실린더 후진 센서	S5	8	적치대 모터(M2) 정회전	R2
9	상하이송 실린더 전진 센서	S6	9	적치대 모터(M2) 역회전	R3
10	전후이송 실린더 후진 선서	S7	10	표시 램프(1)	PL1
11	전후이송 실린더 전진 선서	S8	11	표시 램프(2)	PL2
12	매거진 공작물 검출 센서	S9	12	표시 램프(3)	PL3
13	공작물 분류 센서(1)	S10	13	표시 램프(4)	PL4
14	공작물 분류 센서(2)	S11	14	표시 램프(5)	PL5
15	스토퍼 공작물 검출 센서	S12	15	표시 램프(6)	PL6
16	STAGE1 위치 센서	S13	16	FND1 A	BCD1_A

입 력			출 력		
번호	기능	기호	번호	기능	기호
17	STAGE2 위치 센서	S14	17	FND1 B	BCD1_B
18	STAGE3 위치 센서	S15	18	FND1 C	BCD1_C
19	엔코더 센서	S16	19	FND1 D	BCD1_D
20	토글스위치(1)	TG1	20	FND2 A	BCD2_A
21	토글스위치(2)	TG2	21	FND2 B	BCD2_B
22			22	FND2 C	BCD2_C
23			23	FND2 D	BCD2_D
24			24	FND3 A	BCD3_A
25			25	FND3 B	BCD3_B
26			26	FND3 C	BCD3_C
27			27	FND3 D	BCD3_D
28			28		
29			29		
30			30		

부록

※ GMWIN 4 소프트웨어 설치

LS 산전 홈페이지(www.lsis.com)에 접속하여 다음 조건으로 GMWIN 소프트웨어를 검색하고 다운받아 설치한다.

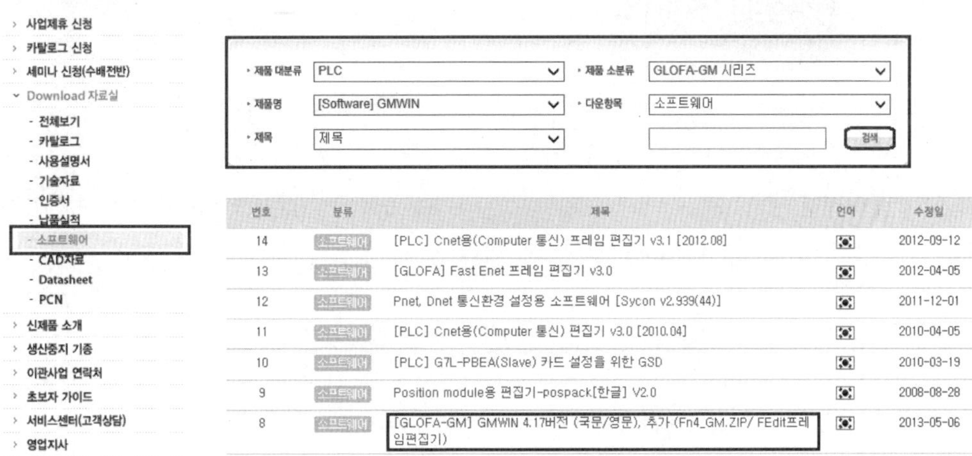

제목에서 "[GLOFA-GM] GMWIN 4.17버전 (국문/영문), 추가 (Fn4_GM.ZIP/ FEdit프레임편집기)"를 선택하여 다음 프로그램을 다운받아 설치한다.

GMWIN 417(KOR)_080605.exe (19.79 Mbyte)

다운받은 파일을 더블클릭하여 실행한다.

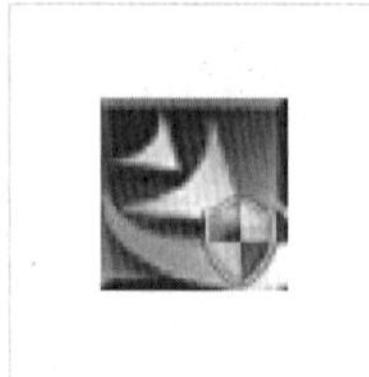

GMWIN
417(KOR)_08060
5

윈도우 Vista이상에서 **사용자 계정 컨트롤** 대화상자가 나타나면 **[예]**를 클릭하여 계속 진행하면 된다.

[다음]을 클릭하여 계속 진행한다. 설치가 마무리될 때 질문 대화상자가 나타나는데 여기서는 사용자가 선택적으로 [예/**아니오**]를 결정하기 바란다.

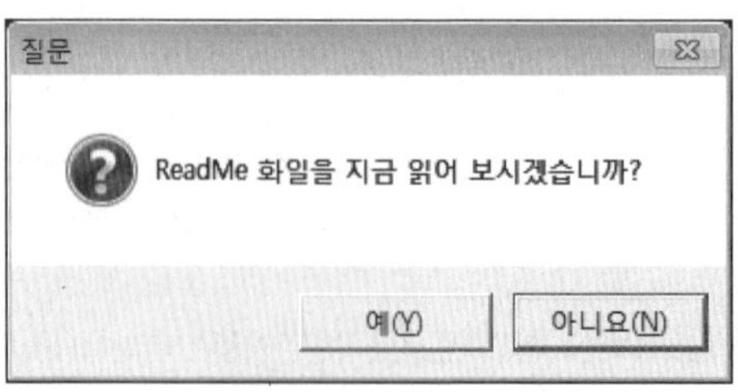

설치 완료 대화상자에서 [예, 지금 컴퓨터를 다시 시작하겠습니다.]를 선택하고 [완료] 버튼을 누르면 정상적으로 소프트웨어가 설치가 완료되어 사용할 수가 있다.

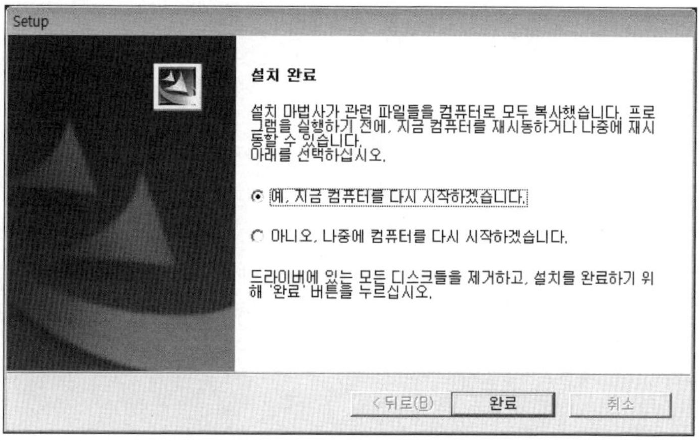
Setup
설치 완료
설치 마법사가 관련 파일들을 컴퓨터로 모두 복사했습니다. 프로그램을 실행하기 전에, 지금 컴퓨터를 재시동하거나 나중에 재시동할 수 있습니다.
아래를 선택하십시오.
예, 지금 컴퓨터를 다시 시작하겠습니다.
아니오, 나중에 컴퓨터를 다시 시작하겠습니다.
드라이버에 있는 모든 디스크들을 제거하고, 설치를 완료하기 위해 '완료' 버튼을 누르십시오.
< 뒤로(B)
완료
취소